面向“十二五”高职高专土木与建筑规划教材

建筑制图与CAD

刘　颖　主　编

郭邦军　李艳敏　副主编

清华大学出版社

北　京

内 容 简 介

本书共包括建筑制图与识图和建筑 CAD 两部分。建筑制图与识图部分介绍了识图的基础知识，并结合大量工程实际案例介绍了民用建筑的建筑施工图和结构施工图的识读。建筑 CAD 部分首先介绍了绘图的基本命令，并重点介绍了如何运用 CAD 命令绘制民用建筑施工图。附录以工程实例作为本课程的综合实训内容。

本书注重把建筑制图，识图与建筑 CAD 融会贯通，以培养学生专业及岗位能力为重心，除附有大量工程案例外，每章内容包括内容提要、技能目标、引例、课堂实训、总结、习题等栏目，以便于读者学以致用。

本书可作为高职高专院校建筑工程管理、建筑工程技术、建筑工程监理、工程造价、建筑装饰等土建类专业的教学用书，也可作为岗前培训教材或供土建技术人员学习参考。

图书在版编目(CIP)数据

建筑制图与 CAD/刘颖主编. —北京：清华大学出版社，2016(2021.2 重印)
面向“十二五”高职高专土木与建筑规划教材
ISBN 978-7-302-42519-9

Ⅰ. ①建… Ⅱ. ①刘… Ⅲ. ①建筑制图—计算机辅助设计—AutoCAD 软件—高等职业教育—教材 Ⅳ. ①TU204

中国版本图书馆 CIP 数据核字(2015)第 316547 号

责任编辑：桑任松
封面设计：刘孝琼
责任校对：周剑云
责任印制：宋 林
出版发行：清华大学出版社
网 址：http://www.tup.com.cn, http://www.wqbook.com
地 址：北京清华大学学研大厦 A 座 邮 编：100084
社 总 机：010-62770175 邮 购：010-62786544
投稿与读者服务：010-62776969, c-service@tup.tsinghua.edu.cn
质量反馈：010-62772015, zhiliang@tup.tsinghua.edu.cn
课件下载：http://www.tup.com.cn, 010-62791865
印 装 者：小森印刷霸州有限公司
经 销：全国新华书店
开 本：185mm×260mm 印 张：22 字 数：530 千字
版 次：2016 年 5 月第 1 版 印 次：2021 年 2 月第 8 次印刷
定 价：45.00 元

产品编号：060409-01

前　言

本书是根据高职高专院校土建类专业建筑制图、识图与建筑 CAD 教学的基本要求和人才培养目标，并结合高职高专教学改革的实践，为适应 21 世纪高职高专教育需要而编写的。

本书共包括建筑制图与识图和建筑 CAD 两部分，以现行的建筑制图国家标准为基础，制图与识图部分介绍了识图的基础知识，并结合大量工程实际案例介绍了民用建筑的建筑施工图和结构施工图的识读。建筑 CAD 部分首先介绍了绘图的基本命令，并重点介绍了运用 CAD 命令如何绘制民用建筑施工图。附录是以工程实例作为本课程的综合实训内容。本书在内容安排和编写风格上着力突出以下特点。

(1) 本书内容的取舍以应用为目的，以必需、够用为原则，结合专业需要，把培养学生专业及岗位能力作为重心，优化教材结构，突出其综合性、应用性和技能性的特色。

(2) 本书采用以任务为导向的编写方式，以引例设置案例，提出任务，阐述知识点，引导学生学习。

(3) 本书在内容阐述上力求深入浅出，层次分明，图文并茂，使教材内容简单易学。除附有大量工程案例外，每章包括内容提要、技能目标、引例、课堂实训、总结、习题等栏目，以便于读者学以致用。

(4) 本书注重理论联系实际，书中附图全部为工程实际，便于学生理论联系实际，提高识图与 CAD 制图的能力。

本书可作为高职高专院校建筑工程管理、建筑工程技术、建筑工程监理、工程造价、建筑装饰等土建类专业的教学用书，也可作为岗前培训教材或土建技术人员学习参考。

本书由天津城市建设管理职业技术学院刘颖主编，天津城市建设管理职业技术学院郭邦军、李艳敏副主编。具体编写分工为：刘颖编写了绪论、第 1 章、第 2 章、第 3 章、第 4 章、第 5 章；李艳敏编写了第 6 章；郭邦军编写了第 7 章、第 8 章、第 9 章，第 10 章。天津市建筑设计院张重阳完成本教材的最终统稿、修改与定稿工作。本书由天津城市建设管理职业技术学院陶红霞主审。

本教材在编写过程中，参考了有关书籍、标准、图片及其他资料等文献，在此谨向这些文献的作者表示深深的谢意。同时也得到了出版社和编者所在单位领导及同事的指导与大力支持，在此一并致谢。

由于编者水平有限，本书中难免存在疏漏和不妥之处，恳请各位读者批评指正。

编　者

目　录

导　论

【内容提要】

本章为本课程的导论，主要介绍了本课程的定位、作用、内容，以及课程的目标和学习方法，本书是研究投影原理、建筑工程图的识读和软件绘图技能的一门课程。课程安排了一套完整的施工图进行识读，包括施工图的基本知识、平面图的识读、立面图的识读、剖面图与详图的识读等。

【技能目标】

- 正确表述本课程的定位，正确领悟本课程的性质及其与其他课程间的联系。
- 正确表述本课程的作用，正确领悟本课程与建筑工程的关系。
- 正确表述本课程的内容，基本领悟本课程的学习方法和要求。

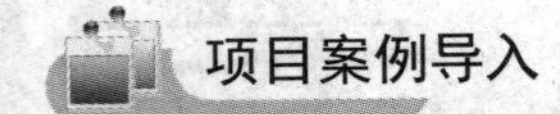

项目案例导入

准备 10～20 min 的教学录像，主要介绍施工图与建筑物的关系及施工图绘制的发展历程。然后以一张实际工程的施工图展示给学生，使学生建立起本章学习目标的感性认识。

0.1　课程的定位和作用

【学习目标】了解课程的性质，课程作用，相关的前导课程、平行课程及后续课程。

1. 课程的定位

建筑工程图的识读与绘制是每个工程技术人员必须具备的能力，其识读与绘制的准确性与建筑物的正确施工密切相关。“建筑工程施工图及安装工程施工图识读与绘制”是建筑工程建设项目的一个行动领域，转换为课程后，是建筑工程管理专业教学计划中的核心专业课程之一。其课程定位如表 0-1 所示。

表 0-1　课程定位

课程性质	专业课程、核心课程
课程功能	以培养学生识图为主、绘图为辅的技能为主要目标，同时兼顾后续专业课程的需要
前导课程	无
平行课程	建筑工程材料的检测与选择
后续课程	建筑构造、建筑工程测量、建筑施工技术、建筑施工组织、建筑工程计量与计价、工程招投标与合同管理

2. 课程的作用

建筑物是人类生产、生活的场所，是一个社会科技水平、经济实力、物质文明的象征。表达建筑物形状、大小、构造以及各组成部分相互关系的图纸称为建筑工程图。建筑工程图是建筑工程中一种重要的技术资料，是工程技术人员表达设计思想、进行技术交流、组织现场施工不可缺少的工具，是工程界的语言，每个建筑工程技术人员都必须能够阅读和绘制建筑图样。

在建筑工程的实践活动中，无论设计、预算，还是施工、管理、维修，任何环节都离不开图纸，设计师把人们对建筑物的使用要求、空间结构关系绘制成图样，工程师根据图样把建筑物建造出来。常见的建筑工程图样有建筑施工图、结构施工图、建筑设备施工图、钢结构施工图、装饰装修施工图等。

小组讨论：为什么说工程图样是工程界的语言？

0.2　课程的内容和目标

【学习目标】了解课程的内容，课程的目标。

1．课程的内容

本课程以图纸为载体，设计了 3 个学习模块，每个学习模块中均以不同的任务引领组织教学，培养学生的空间想象能力、空间构形能力和工程图样的识读与绘制能力。目的是为顺利完成“识读与绘制建筑工程施工图(综合识图)、识读工程相关图集”这两项典型工作任务奠定基础。

(1) 模块一主要介绍制图的基础知识和投影的基本原理。

(2) 模块二主要培养学生识读和绘制各类建筑图样的基本能力。

(3) 模块三主要培养学生使用 AutoCAD、天正等软件完成绘图的操作技能。

2．课程目标

(1) 能够贯彻制图标准及相应规定。

(2) 能够正确使用制图工具，规范选用线型、书写字体及尺寸标注等。

(3) 能利用点、线、面、几何体的投影规律分析建筑物的构造。

(4) 能够正确绘制建筑构件的剖面图、断面图和轴测图。

(5) 能正确表述工程图的类型及相应的图示方法和图示内容，正确识读与绘制工程图。

(6) 能利用计算机绘图软件绘制工程图并打印。

(7) 具有认真细致的工作作风、较好的团队协作精神和诚实、守信的优秀品质。

0.3　课程的学习

【学习目标】了解课程的学习方法，了解课程的要求。

1．课程的学习方法及要求

1) 理论联系实际

在认知点、线、面、体的投影规律的基础上不断地由物画图，由图想物，分析和想象空间形体与图纸上图形之间的对应关系，逐步提高空间想象能力和空间分析能力。

2) 主动学习

本课程前后知识的关联度较大，在每个学习情境中对相同的过程均有重复，因此在课堂上应专心听讲，在小组活动中应积极发言和思考，配合教师循序渐进，捕捉要点，记下重点。

3) 及时复习并完成作业

本课程作业量较大，且前后联系紧密，环环相扣，须做到每一次学习之后，及时完成相应的练习和作业，否则将直接影响下次学习效果。

4) 遵守国家标准的有关规定

以国家最新标准为基础，按照正确的绘图方法和步骤作图，养成正确使用绘图工具和仪器的习惯。

5) 认真负责、严谨细致

建筑图纸是施工的根据，图纸上一根线条的疏忽或一个数字的差错均会造成严重的返工浪费，因此应严格要求自己，养成认真负责的工作态度和严谨细致的工作作风。

集体观摩：观看教师主评上一届好、中、差的习题集和大作业。

2. 课程的发展概况

工程图样在人类认识自然、创建文明社会的过程中发挥着不可替代的重要作用。近年来，计算机绘图技术的发展在很大程度上改变了传统作图方法，提高了绘图的质量和效率，降低了劳动强度。基于工作过程的理念，我们认为该课程中有些复杂的三维形体均可用二维的方法准确、充分地表示。工程图样是工程信息的有效载体，计算机绘图只是一种绘图手段，它不应该也不可能取代传统工程制图的内容。所以在内容编排上本书按照制图标准介绍及选用→投影认知→工程图识读与绘制→手工绘图→计算机绘图的顺序，加强投影认知的训练，加强对学生空间思维能力和空间想象能力的培养，加强对学生阅读工程图样的能力训练。淡化对手工绘图质量的要求，适当减少手工绘图的训练，从以传统的仪器绘图为主发展为徒手绘草图、仪器绘图、计算机绘图 3 种方法并用的格局。

课 堂 实 训

实训内容

教师不做任何讲解，让学生根据自己的理解识读与抄绘一张完整的建筑施工图。

实训目的

在学生还未学习本课程的情况下，结合已有的知识结构和对该图纸的理解，抄绘一张建筑施工图。目的是引导学生进一步思考该课程到底有什么作用，激发学生对该门课程的学习兴趣。

实训要点

(1) 分组绘制与讨论。教师不做任何讲解，学生自己讨论，培养学生团队协作的能力，独立解决问题的能力，进一步加强对专业知识学习的兴趣。

(2) 学生通过对施工图的识读与抄绘，通过亲身实践，加深对工程图纸的作用的理解。

实训过程

(1) 学生根据讨论结果，自行抄绘建筑施工图；

(2) 教师指导点评和疑难解答；

(3) 进行总结。

实训项目基本步骤

步 骤	教师行为	学生行为
1	交代工作任务背景，引出实训项目	① 分好小组； ② 准备图纸、绘图工具、参考图样
2	布置绘制建筑施工图	
3	学生分组讨论与抄绘施工图，教师巡回指导	完成一张建筑施工图的抄绘

续表

步　骤	教师行为	学生行为
4	绘图结束后，指导点评绘图成果	自我评价或小组评价
5	布置下节课的预习要求	明确下一步的课程内容

实训小结

项目：　　　　　　　　　　　　　　　　　　　　　　指导老师：

项目技能	技能达标分项		备　注
抄绘施工图	1．图面整洁 2．布图均衡 3．线条平直交接正确 4．线型粗细分明 5．画图符合比例	得 0.5 分 得 0.5 分 得 1.5 分 得 1.5 分 得 1 分	根据职业岗位所需，技能需求，学生可以补充完善达标项
自我评价	对照达标分项 对照达标分项 对照达标分项	得 3 分为达标 得 4 分为良好 得 5 分为优秀	客观评价
评议	各小组间互相评价 取长补短，共同进步		提供优秀作品观摩学习

自我评价__________________　　　　　　　　个人签名_______________

小组评价　达标率___________　　　　　　　　组长签名_______________

良好率___________

优秀率___________

年　　月　　日

总　　结

本章介绍了课程的性质，课程作用，相关的前导课程、平行课程及后续课程；介绍了课程的内容，课程的学习目标以及课程的学习方法和课程的要求。

通过课堂实训激发学生学习专业课的兴趣，激发识读与绘制建筑施工图的兴趣，为以后建筑专业课的学习做好铺垫。

任务 1　建筑制图的基本知识

【内容提要】

建筑工程图被称为工程界交流的语言，本章介绍了建筑制图的基本标准，包括图幅、图线、字体、比例、尺寸标注的规范规定，介绍了常用的手工绘图工具，包括图板、丁字尺、三角板、针管笔等的使用方法。目前，计算机绘图在我国已普及，学习常用手工绘图工具的使用方法是为计算机绘图奠定基础，也便于养成严谨的制图习惯。

【技能目标】

- 熟练掌握《房屋建筑制图统一标准》(GB/T 50001—2010)中有关图幅、图线、字体、比例等的相关规范要求。
- 通过对常用制图工具与仪器的使用方法的学习，熟悉建筑制图的常用工具与仪器的使用方法及维护方法。
- 了解建筑制图的绘制过程和步骤。

项目案例导入

看图 1-1，回答下列问题：

(1) 图中所示的建筑平面图，手工绘图时应采用什么工具绘制？

(2) 图中线型有粗有细，不同的线型各代表什么含义？

(3) 在该图中，各种图例符号代表什么含义？

(4) 图形的大小和实际建筑物的大小又是如何对应的呢？

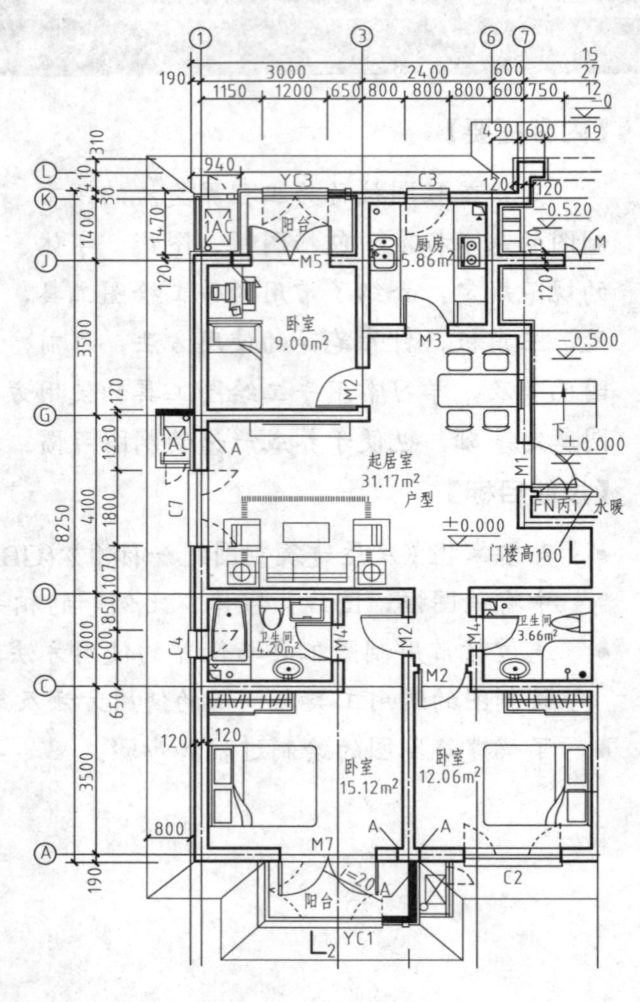

图 1-1 某建筑平面图

1.1 国家制图标准基本规定及应用

【学习目标】了解国家有关建筑制图方面的相关规范要求，熟练掌握《房屋建筑制图统一标准》(GB/T 50001—2010)中有关图幅、图线、字体、比例等的相关规范要求。

1.1.1 图幅、标题栏及会签栏

1. 图幅

图纸的幅面是指图纸宽度与长度组成的图面；图框是指在图纸上绘图范围的界线。图纸幅面及图框尺寸应符合表 1-1 的规定。一般 A0～A3 图纸宜横式使用，必要时也可立式使用。

表 1-1　幅面及图框尺寸

(单位：mm)

幅面代号	尺寸代号				
	A0	A1	A2	A3	A4
$b \times l$	841×1189	594×841	420×594	297×420	210×297
c	10			5	
a	25				

需要微缩复制的图纸时，其一个边上应附有一段准确米制尺度，四个边上也应均附有对中标志，米制尺度的总长应为 100 mm，分格应为 10 mm。对中标志应画在图纸内框各边的中点处，线宽 0. 35 mm，应伸入内框边，在框外为 5 mm。

图纸的短边一般不应加长，A0，A3 幅面长边尺寸可加长，但应符合表 1-2 的规定。

表 1-2　图纸长边加长尺寸

(单位：mm)

幅面代号	长边尺寸	长边加长后尺寸
A0	1189	1486，1635，1783，1932，2080，2230，2378
A1	841	1051，1261，1471，1682，1892，2102
A2	594	743，891，1041，1189，1338，1486，1635，1783，1932，2080
A3	420	630，841，1051，1261，1471，1682，1892

注：有特殊需要的图纸，可采用 $b \times l$ 为 841 mm×891mm 与 1189 mm×1 261 mm 的幅面。

《房屋建筑制图统一标准》(CB 50001—2010)对图纸标题栏、图框线、幅面线、装订边线、对中标志和会签栏的尺寸、格式和内容都有规定，如图 1-2 所示。

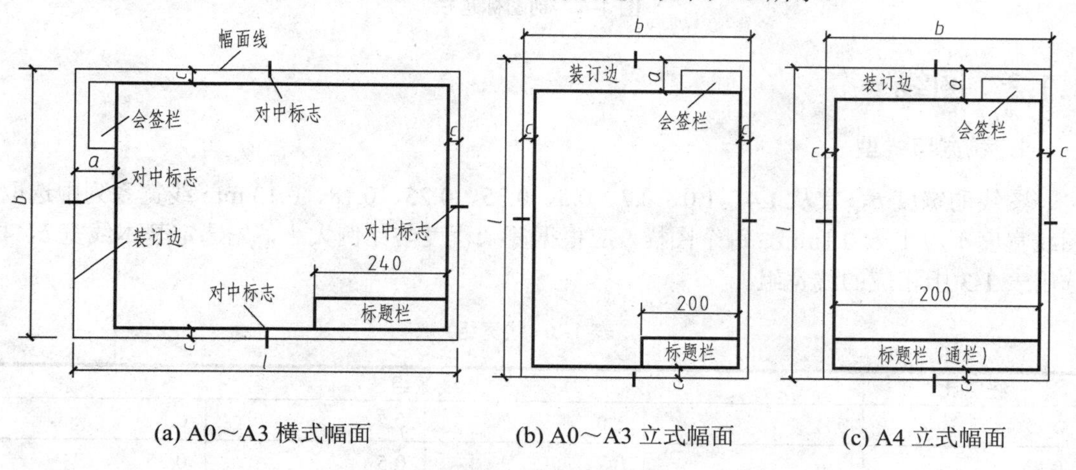

(a) A0～A3 横式幅面　(b) A0～A3 立式幅面　(c) A4 立式幅面

图 1-2　图纸的幅面格式

图纸以短边作为垂直边的为横式图纸，以短边作为水平边的为立式图纸。A0～A3 图纸宜横式使用；必要时，也可立式使用。一个工程设计中，每个专业所使用的图纸，不宜多于两种幅面，不含目录及表格所采用的 A4 幅面。

2. 标题栏及会签栏

在每张施工图中，为了方便查阅图纸，图纸右下角都有标题栏，形式如图 1-3(a)所示。标题栏主要以表格形式表达本张图纸的一些属性，如设计单位名称、工程名称、图样名称、图样类别、编号以及设计、审核、负责人的签名，如涉外工程应加注“中华人民共和国”字样。会签栏则是各专业工种负责人签字区，一般位于图纸的左上角图框线外，形式如图 1-3(b)所示。学生制图作业的标题栏可自行设计，图 1-4 所示的是制图作业的标题栏。

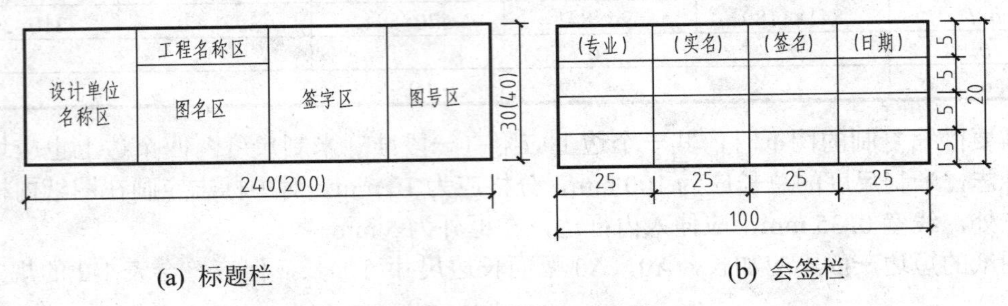

(a) 标题栏　　(b) 会签栏

图 1-3　标题栏与会签栏

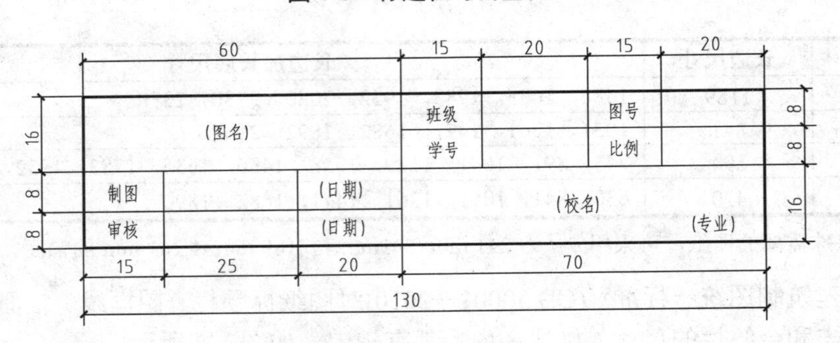

图 1-4　制图标题栏

1.1.2　图线

1. 线宽与线型

图线的宽度 b，宜从 1.4、1.0、0.7、0.5、0.35、0.25、0.18、0.13 mm 线宽系列中选取。图线宽度不应小于 0.1mm，每个图样，应根据复杂程度与比例大小，先选定基本线宽 b，再选用表 1-3 中相应的线宽组。

表 1-3　线宽组

线宽比	线宽组			
b	1.4	1.0	0.7	0.5
$0.7b$	1.0	0.7	0.5	0.35
$0.5b$	0.7	0.5	0.35	0.25
$0.25b$	0.35	0.25	0.18	0.13

任何工程图样都是采用不同的线型与线宽的图线绘制而成的。工程建设制图中的各类图线的线型、线宽及用途如表 1-4 所示。

表 1-4　线型、线宽及用途

名称		线型	线宽	一般用途
实线	粗	————————	b	主要可见轮廓线
	中粗	————————	$0.7b$	可见轮廓线
	中	————————	$0.5b$	可见轮廓线、尺寸线、变更云线
	细	————————	$0.25b$	图例填充线、家具线
虚线	粗	----------------	b	参见相关专业制图标准
	中粗	----------------	$0.7b$	不可见轮廓线
	中	----------------	$0.5b$	不可见轮廓线、图例线
	细	----------------	$0.25b$	图例填充线、家具线
单点长画线	粗	———— · ———— · ————	b	见各相关专业制图标准
	中	———— · ———— · ————	$0.5b$	见各相关专业制图标准
	细	———— · ———— · ————	$0.25b$	中心线、对称线、轴线等
双点长画线	粗	—— · · —— · · ——	b	见各相关专业制图标准
	中	—— · · —— · · ——	$0.5b$	见各相关专业制图标准
	细	—— · · —— · · ——	$0.25b$	假想轮廓线、成型前原始轮廓线
波浪线		～～～～	$0.25b$	断开界线
折断线		——\/\——	$0.25b$	断开界线

同一张图纸内，相同比例的各图样，应选用相同的线宽组。图纸的图框和标题栏线，可采用表 1-5 的线宽。

表 1-5　图框线、标题栏线的宽度

(单位：mm)

幅面代号	图框线	标题栏外框线	标题栏分格线
A0、A1	b	$0.5b$	$0.25b$
A2、A3、A4	b	$0.7b$	$0.35b$

2. 图线的画法

在图线与线宽确定后，具体画图时还应注意如下事项。

(1) 相互平行的图例线，其净间隙或线中间隙不宜小于 0. 2 mm。

(2) 虚线的线段长度和间隔，宜各自相等。

(3) 单点长画线或双点长画线，当在较小图形中绘制有困难时，可用实线代替。

(4) 单点长画线或双点长画线的两端不应是点。点画线与点画线交接点或点画线与其他图线交接时，应是线段交接。

(5) 虚线与虚线交接或虚线与其他图线交接时，也应是线段交接。虚线为实线的延长线时，不得与实线相接。

(6) 图线不得与文字、数字或符号重叠、混淆，不可避免时，应首先保证文字的清晰。各种图线正误画法示例，如表 1-6 所示。

表 1-6 各种图线正误画法示例

图线	正确	错误	说明
虚线与单点长画线	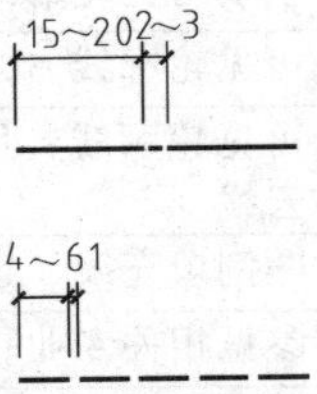	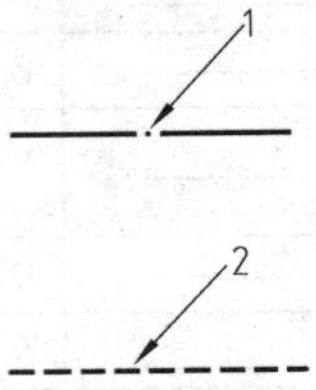	①单点长画线的线段长，通常画 15～20 mm，空隙与点共 2～3 mm。点常常画成很短的短画线，而不是画成小圆黑点 ②虚线的线段长度通常画 4～6 mm，间隙约 1mm，不要画得太短、太密
圆的中心线	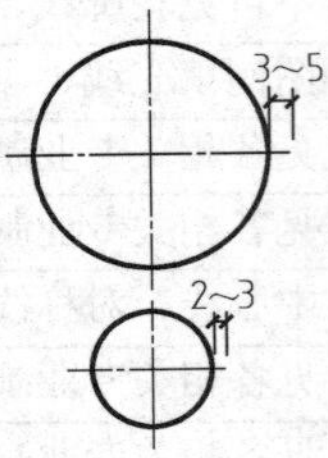	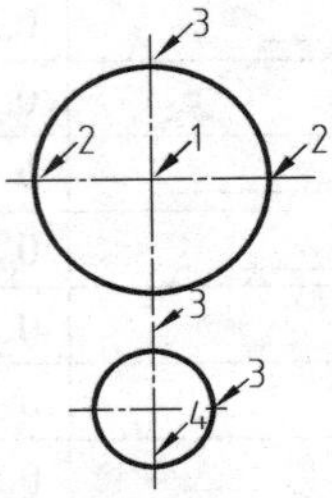	①两单点长画线相交，应在线段处相交，单点长画线与其他图线相交，也在线段处相交 ②单点长画线的起始和终止处必须是线段，不是点 ③单点长画线应出头 3～5 mm ④单点长画线很短时，可用细实线代替
图线的交接	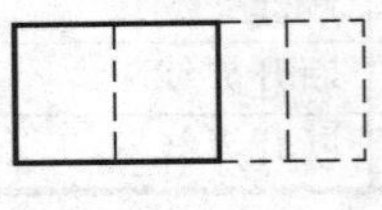	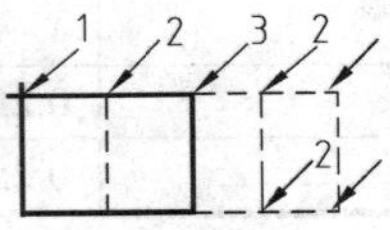	①两粗实线相交，应画到交点处，线段两端不出头 ②两虚线相交，应在线段处相交，不要留间隙 ③虚线是实线的延长线时，应留有间隙
折断线与波浪线	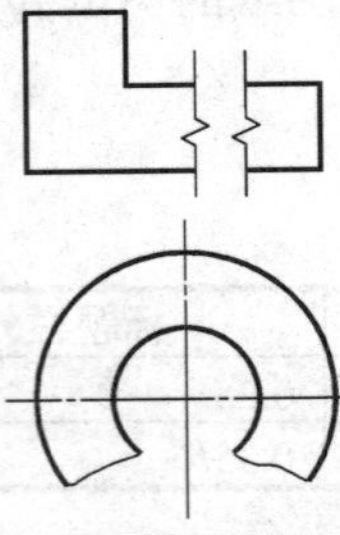	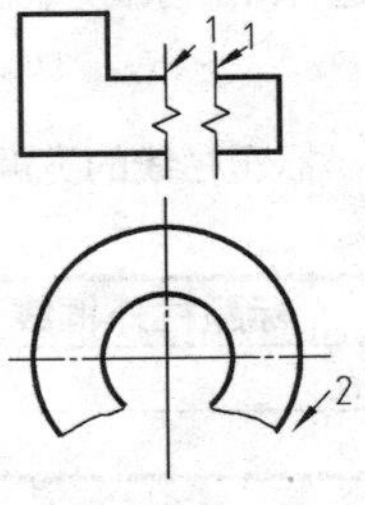	①折断线两端分别超出图形轮廓线 ②波浪线画到轮廓线为止，不要超出图形轮廓线

提示：在同一张图纸内，相同比例的各个图样，应采用相同的线宽组。图线不得与文字、数字或符号重叠、混淆，不可避免时，应首先保证文字的清晰。

1.1.3 字体

图纸上所需书写的汉字、数字、字母、符号等必须做到：笔画清晰、字体端正、排列整齐、间隔均匀；标点符号应清楚正确。

字体的号数即为字体的高度 h，文字的高度应从表 1-7 中选用。字高大于 10 mm 的文字宜采用 TRUETYPE 字体，如需书写更大的字，其高度应按 $\sqrt{2}$ 倍数递增。

表 1-7　文字的高度

字体种类	中文矢量字体	TRUETYPE 字体及非中文矢量字体
字高	3.5、5、7、10、14、20	3、4、6、8、10、14、20

1. 汉字

图样及说明中的汉字，宜采用长仿宋体(矢量字体)或黑体，同一图纸字体种类不应超过两种。长仿宋体的宽度与高度的关系应符合表 1-8 的规定，黑体字的宽度与高度应相同。大标题、图册封面、地形图等的汉字，也可书写成其他字体，但应易于辨认。长仿宋字的书写要领是：横平竖直、注意起落、填满方格、结构匀称。长仿宋字体示例如图 1-5 所示。

表 1-8　长仿宋高宽关系

字高	20	14	10	7	5	3.5
字宽	14	10	7	5	3.5	2.5

工业民用建筑厂房屋平立剖面详图
结构施说明比例尺寸长宽高厚砖瓦
木石土砂浆水泥钢筋混凝截校核梯
门窗基础地层楼板梁柱墙厕浴标号
轴材料设备标号节点东南西北校核
制审定日期一二三四五六七八九十

图 1-5　长仿宋字体示例

2. 字母和数字

拉丁字母、阿拉伯数字、罗马数字分为直体字与斜体字两种。斜体字的斜度为 75°，小写字母应为大写字母高 h 的 7/10。数字和字母的字高应不小于 2.5 mm。图 1-6 为书写示例。

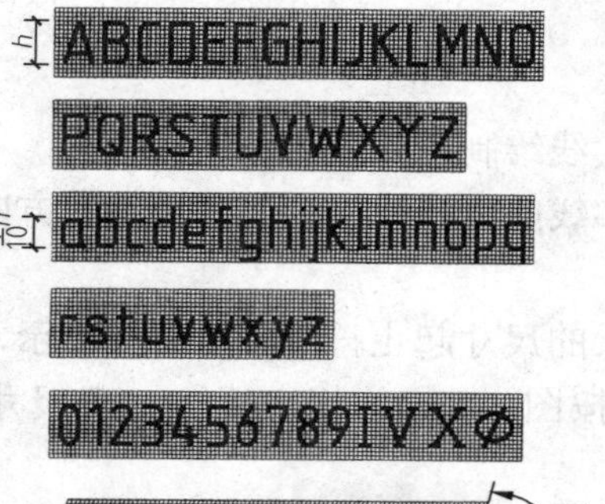

h ABCDEFGHIJKLMNO
PQRSTUVWXYZ
$\frac{7}{10}h$ abcdefghijklmnopq
rstuvwxyz
0123456789ⅠⅤⅩΦ
ABCabcd1234ⅠⅤ 75°

图 1-6　数字和字母的书写

3. 比例

建筑工程图中，图样的比例，应为图形与实物相对应的线性尺寸之比。比例的大小，是指其比值的大小，如 1∶50 大于 1∶100。比值大于 1 的比例，称为放大的比例，如 5∶1；比值小于 1 的比例，称为缩小的比例，如 1∶100。

建筑工程图中所用的比例，应根据图样的用途与被绘对象的复杂程度从表 1-9 中选用，并应优先选用表中的常用比例。比例宜注写在图名的右侧，字的底线应取平齐，比例的字高应比图名字高小一号或两号。如图 1-7 所示。

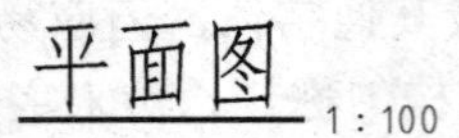

图 1-7 比例的注写

表 1-9 绘图所用的比例

常用比例	1∶1，1∶2，1∶5，1∶10，1∶20，1∶30，1∶50，1∶100，1∶150，1∶200，1∶500，1∶1000，1∶2000
可用比例	1∶3，1∶4，1∶6，1∶15，1∶25，1∶40，1∶60，1∶80，1∶250，1∶300，1∶400，1∶600，1∶5000，1∶10000，1∶20000，1∶50000

4. 尺寸标注

1) 尺寸的组成及其标注的基本规定

如图 1-8(a)所示，图样上的尺寸应包括尺寸线、尺寸界线、尺寸起止符号和尺寸数字四个要素。

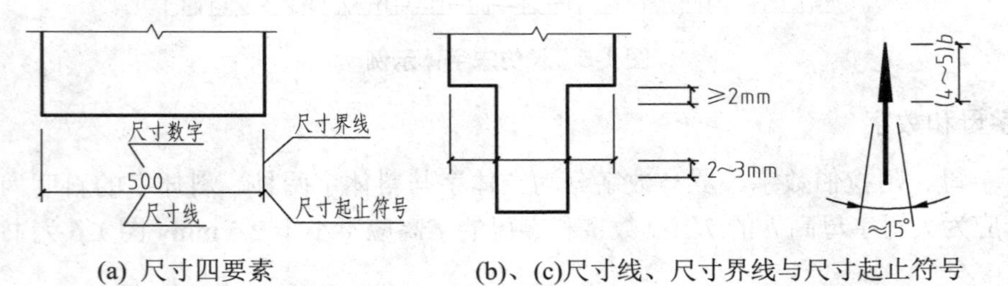

(a) 尺寸四要素　　(b)、(c)尺寸线、尺寸界线与尺寸起止符号

图 1-8 尺寸的组成

尺寸线、尺寸界线用细实线绘制，如图 1-8 所示。

尺寸起止符号一般用中实线的斜短线绘制，其倾斜的方向应与尺寸界线成顺时针 45°角，长度宜为 2～3 mm。

半径、直径、角度、弧长的尺寸起止符号宜用箭头表示，箭头的画法如图 1-8(c)所示。

尺寸数字的读图方向应按图 1-9(a)的规定标注；若尺寸数字在 30° 斜线区内，宜按图 1-9(a)阴影中的形式标注。

尺寸数字应依其读数方向写在尺寸线的上方中部，如没有足够的注写位置，最外面的数字可注写在尺寸界线的外侧，中间相邻的尺寸数字可错开注写，也可引出注写，如图 1-9(c)所示。

为保证图上的尺寸数字清晰，任何图线不得穿过尺寸数字。不可避免时，应将图线断开，如图 1-9(b)左图所示。

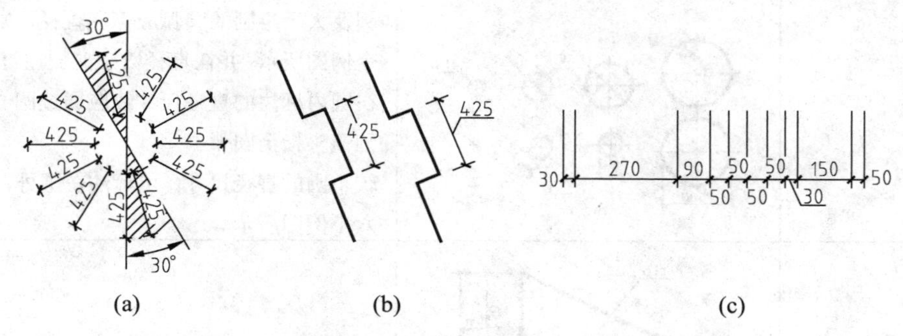

图 1-9　尺寸数字的注写方向

2) 尺寸的排列和布置

如图 1-10 所示，尺寸的排列与布置应注意以下几点。

① 尺寸宜注写在图样轮廓线以外，不宜与图线、文字及符号相交。必要时，也可标注在图样轮廓线以内。

② 互相平行的尺寸线，应从被注写的图样轮廓线由近向远整齐排列，小尺寸在里面，大尺寸在外面。小尺寸距图样轮廓线的距离不小于 10 mm，平行排列的尺寸线间距宜为 7～10 mm。

③ 总尺寸的尺寸界线，应靠近所指部位，中间的分尺寸的尺寸界线可稍短，但其长度应相等。

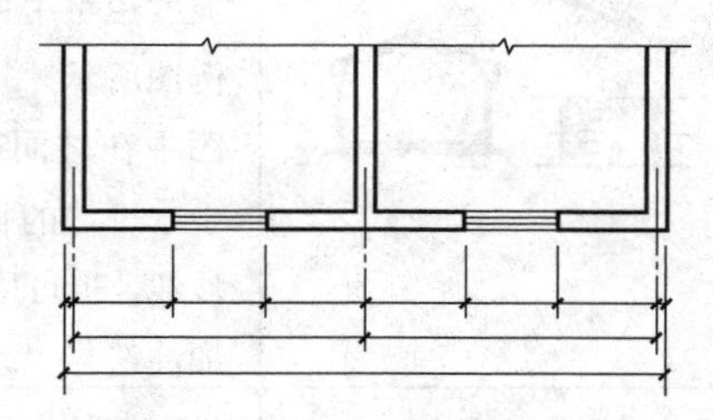

图 1-10　尺寸的布置

3) 尺寸标注的其他规定

尺寸标注的其他规定可参阅表 1-10 所示的例图。

表 1-10　尺寸标注示例

注写内容	注法示例	说　明
半径	R1200　R1200　R16　R16　R20　R12　R8	半圆或小于半圆的圆弧，应标注半径。如左下方的例图所示，标注半径的尺寸线，一般应从圆心开始，另一端画箭头指向圆弧，半径数字前应加注符号“*R*”。较大圆弧的半径，可按上方两个例图的形式标注；较小圆弧的半径，可按右下方四个例图的形式标注

续表

注写内容	注法示例	说　明
直径	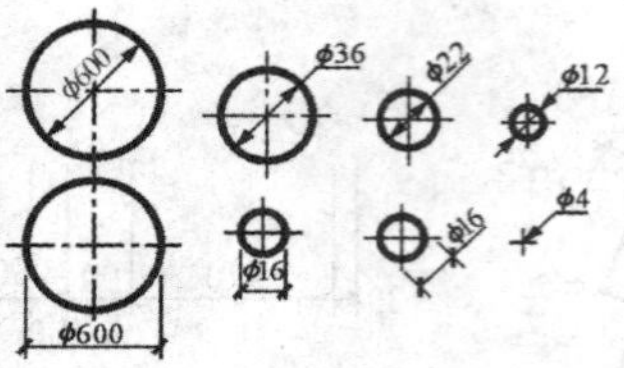	圆及大于半圆的圆弧应标注直径，如左侧两个例图所示，并在直径数字前加注符号“ϕ”。在圆内标注的直径尺寸线应通过圆心，两端画箭头指至圆弧 较小圆的直径尺寸，可标注在圆外，如右侧六个例图所示
薄板厚度	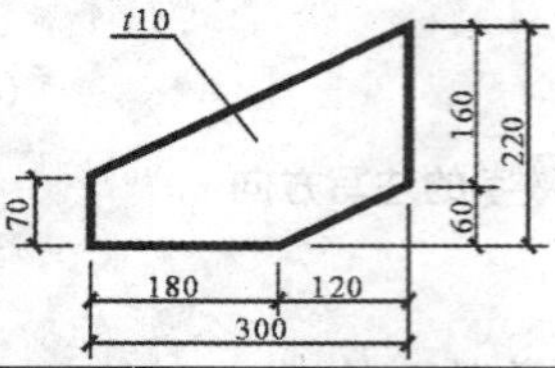	应在厚度数字前加注符号“t”
正方形	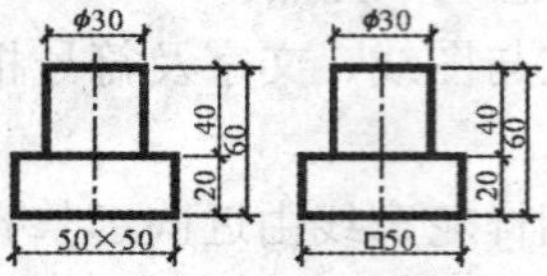	在正方形的侧面标注该正方形的尺寸，可用“边长×边长”标注，也可在边长数字前加正方形符号“□”
坡度	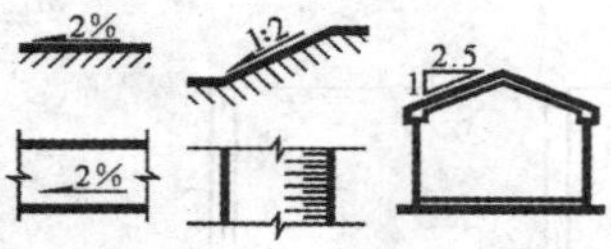	标注坡度时，在坡度数字下应加注坡度符号，坡度符号为单面箭头，一般指向下坡方向 坡度也可用直角三角形形式标注，如右侧的例图所示 图中在坡面高的一侧水平边上所画的垂直于水平边的长短相间的等距细实线，称为示坡线，也可用它来表示坡面应在厚度数字前加注符号“t”
角度、弧长与弦长	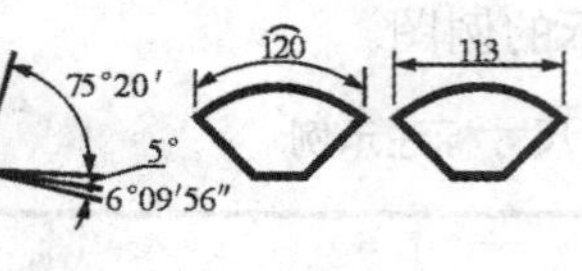	如左侧的例图所示，角度的尺寸线是圆弧，圆心是角顶，角边是尺寸界线。尺寸起止符号用箭头；如没有足够的位置画箭头，可用圆点代替。角度的数字应水平方向注写。 如中间例图所示，标注弧长时，尺寸线为同心圆弧，尺寸界线垂直于该圆弧的弦，起止符号用箭头，弧长数字上方加圆弧符号。 如右侧的例图所示，圆弧的弦长的尺寸线应平行于弦，尺寸界线垂直于弦
连续排列的等长尺寸	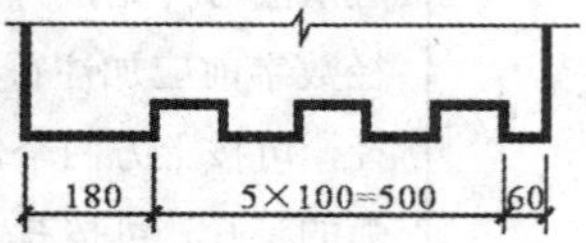	可用“个数×等长尺寸＝总长”的形式标注

续表

注写内容	注法示例	说　明
相同要素	6×ϕ30　ϕ120　ϕ200	当构配件内的构造要素(如孔、槽等)相同时，可仅标注其中一个要素的尺寸及个数

1.2 仪 器 绘 图

【学习目标】通过对常用制图工具与仪器的使用方法的学习，熟悉建筑制图的常用工具与仪器的使用方法和维护方法。

1.2.1 制图工具及仪器应用

下面将简单介绍一些常用绘图工具和仪器的使用方法。

1. 图板、丁字尺、三角板

如图 1-11(a)所示，图板用于固定图纸，作为绘图的垫板，要求板面平整，板边平直。

丁字尺由尺头和尺身两部分组成，主要用于画水平线。使用时，要使尺头紧靠图板左边缘，上下移动到需要画线的位置，自左向右画水平线。应该注意，尺头不可以紧靠图板的其他边缘画线。

三角板可配合丁字尺自下而上画一系列铅垂线，如图 1-11(b)所示。用丁字尺和三角板还可画与水平线成 30°、45°、60°、15°、75°的斜线。这些斜线都是按自左向右的方向画出，如图 1-11(c)、(d)所示。

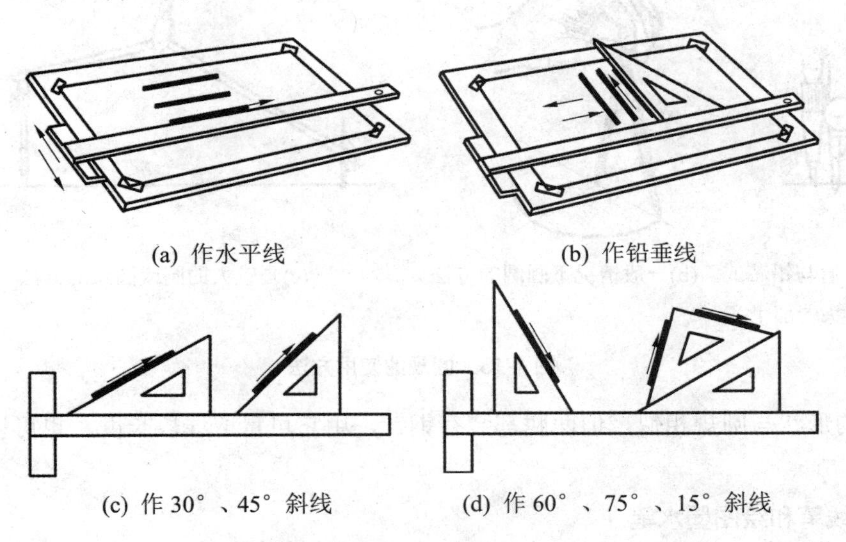

(a) 作水平线　(b) 作铅垂线

(c) 作 30°、45°斜线　(d) 作 60°、75°、15°斜线

图 1-11　图板、丁字尺、三角板的用法

2. 比例尺

常见的比例尺如图1-12所示。比例尺的使用方法如下：首先，在尺上找到所需的比例，然后，看清尺上每单位长度所表示的相应长度，就可以根据所需要的长度，在比例尺上找出相应的长度作图。例如，要以1∶100的比例画3000 mm的线段，只要从比例尺1∶100的刻度上找到单位长度1 m(实际长度仅是10 mm)，并量取从0到3 m刻度点的长度，就可量取这段长度绘图了。

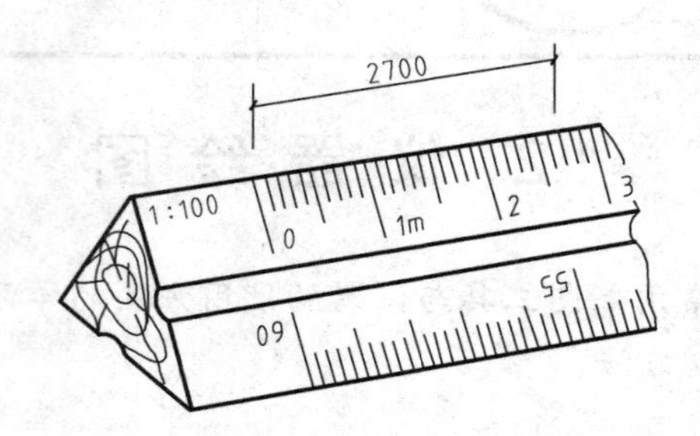

图1-12　比例尺的用法

3. 圆规和分规

圆规是画圆和圆弧的主要工具。常见的圆规是三用圆规，定圆心的一条腿为钢针，两端都为圆锥形，应选用有台肩的一端放在圆心处，并按需要适当调节长度；另一条腿的端部则可按需要装上有铅芯的插腿、有墨线笔头的插腿或有钢针的插腿，分别用来绘制铅笔线的圆、墨线圆或当作分规用。在画圆或圆弧前，应将定圆心的钢针台肩调整到与铅芯的端部平齐，铅芯应伸出芯套6～8 mm，如图1-13(a)所示。在一般情况下画圆或圆弧时，应使圆规按顺时针方向转动，并稍向画线方向倾斜，如图1-13(b)所示。在画较大的圆或圆弧时，应使圆规的两条腿都垂直于纸面，如图1-13(c)所示。

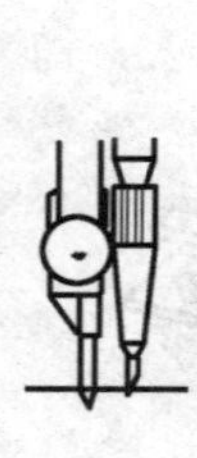

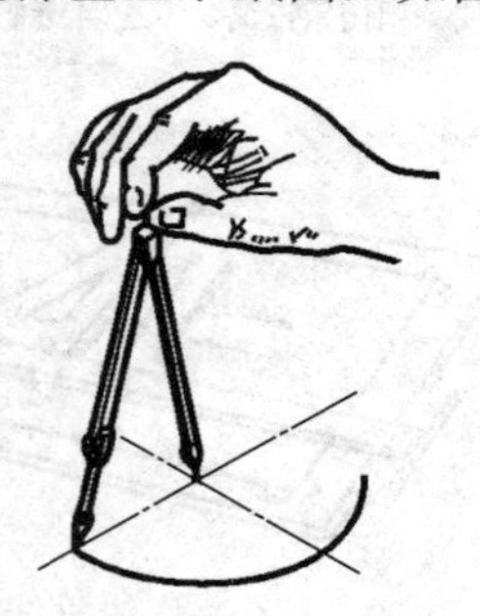

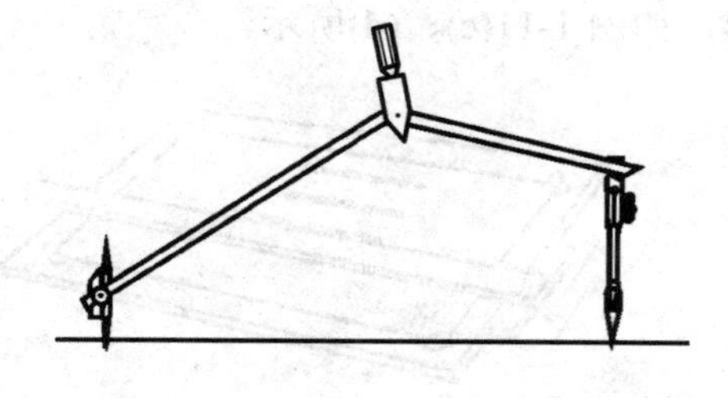

(a) 钢针台肩与铅芯或墨线笔头端部平齐　(b)一般情况下画圆的方法　(c)画较大的圆或圆弧的方法

图1-13　圆规的使用方法

分规的形状与圆规相似，但两腿都装有钢针，用它可量取线段长度，也可以等分线段或圆弧。

4. 墨线笔和绘图墨水笔

墨线笔也称直线笔，是上墨、描图的工具。使用前，旋转调整螺钉，使两叶片间距约

为线型的宽度，用蘸水钢笔将墨水注入两叶片间，正确的笔位如图 1-14(a)所示，墨线笔与尺边垂直，图 1-14(b)是不正确笔位。

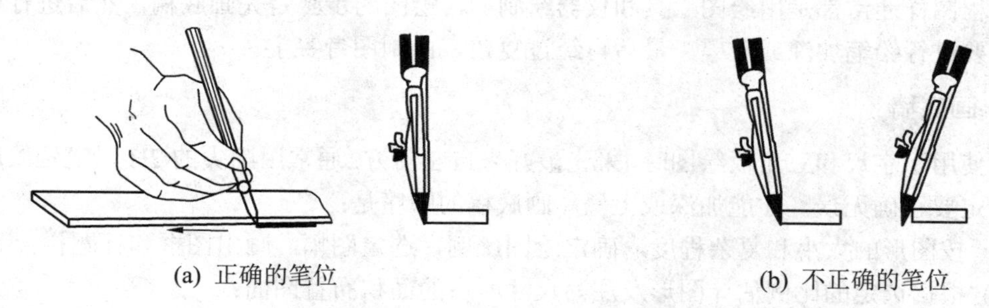

(a) 正确的笔位　　(b) 不正确的笔位

图 1-14　墨线笔的使用方法

图 1-15 所示是绘图墨水笔，又叫针管笔，它的笔头是一个针管，针管直径有粗细不同的规格，可画出不同线宽的墨线，使用时应注意必须使用碳素墨水或专用绘图墨水，用后要用清水及时把针管冲洗干净，以防堵塞。

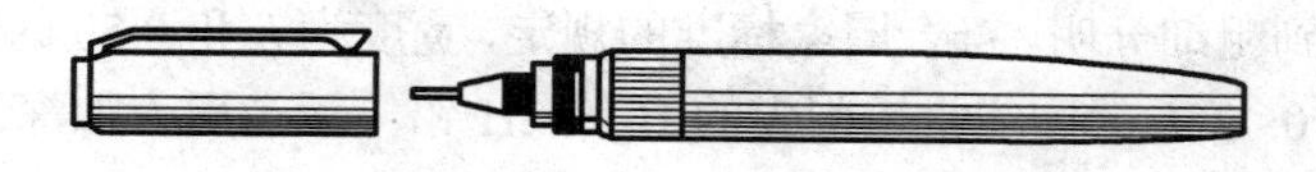

图 1-15　针管笔

5. 铅笔

绘图铅笔按铅芯的软、硬程度可分为 B 型和 H 型两类。“B”表示软铅芯，“H”表示硬铅芯，HB 介于两者之间，画图时，可根据使用要求选用不同的铅笔型号。

6. 曲线板

曲线板是用于画非圆曲线的工具。 如图 1-16(a)所示，先将曲线上的点用铅笔轻轻连成曲线。如图 1-16(b)所示，在曲线板上选取相吻合的曲线段，从曲线起点开始，至少要通过曲线上的 3～4 个点，并沿曲线板描绘这一段吻合的曲线，但不能把吻合的曲线段全部描完，而应留下最后一小段。用同样的方法选取第二段曲线，两段曲线相接处，应有一段曲线重合。如此分段描绘，直到描完最后一段，如图 1-16(c)所示。

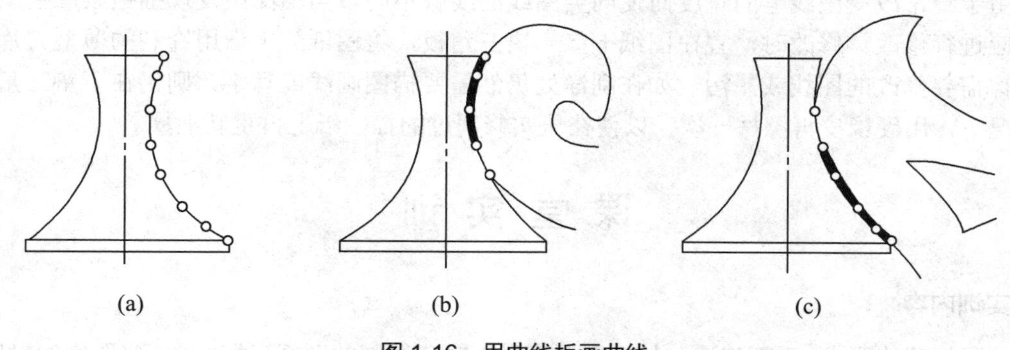

(a)　　(b)　　(c)

图 1-16　用曲线板画曲线

1.2.2 平面图形的绘制

工程图样通常都是用绘图工具和仪器绘制的，绘图的步骤是先画底稿，然后进行校对，根据需要进行铅笔加深或上墨，最后再经过复核，由制图者签字。

1. 画底稿

在使用丁字尺和三角板绘图时，采光最好来自左前方。通常用削尖的 2H 铅笔轻绘底稿，底稿一定要正确无误，才能加深或上墨。画底稿的顺序是：

(1) 按图形的大小和复杂程度，确定绘图比例，选定图幅，画出图框和标题栏；

(2) 根据选定的比例估计图形及注写尺寸所占的面积布置图面；

(3) 开始画图，画图时，先画图形的轴线和基本框架再逐步画出细部；

(4) 图形完成后，画尺寸界线和尺寸线；

(5) 对所绘的图稿进行仔细校对，改正画错或漏画的图线，并擦去多余的图线。

2. 铅笔加深

铅笔加深要做到粗细分明，符合国家标准的规定，宽度为 b 和 $0.5b$ 的图线常用 B 或 HB 铅笔加深；宽度为 $0.25b$ 的图线常用削尖的 H 或 2H 铅笔适当用力加深；在加深圆弧时，圆规的铅芯应比加深直线的铅芯软一号。

用铅笔加深时，一般应先加深细单点长画线，可以按线宽分批加深，先画粗实线，再画中实线，然后画细实线，最后画双点长画线、折断线和波浪线。加深同类型图线的顺序是先画曲线，后画直线。画同类型的直线时，通常是先从上向下加深所有的水平线，再从左向右加深所有的竖直线，然后加深所有的倾斜线。

当图形加深完毕后，再画尺寸线、尺寸界线、尺寸起止符号，填写尺寸数字和书写图名、比例等文字说明和标题栏。

3. 复核和签字

加深完毕后，必须认真复核，如发现错误，则应立即改正，最后，由制图者签字。绘制上墨图样的程序，与绘制铅笔加深图样的程序相同。用描图纸上墨的图纸，可在描图纸下用已准备好的衬格书写各类文字。尤其应该注意的是，同类线型一定要一次上墨完成，以免由于经常改变墨线笔的宽度而使同类图线的线宽不同。当描图中发现描错或产生墨污时，应进行修改。修改时，宜在图纸下垫一块三角板，将图纸放平后用锋利的薄型刀片轻轻刮掉需要修改的图线或墨污，如在刮净处仍然需要描图画线或写字，则仍在下垫三角板的情况下，用硬橡皮再擦拭一次，以便在压实修刮过的描图纸上再重新上墨。

课 堂 实 训

实训内容

按照规范的要求，重新识读与抄绘在课程导入时所绘制的图纸。通过对两张图纸的对比，使学生熟悉并掌握建筑制图的基本要求，相关标准和规范，会运用相应的绘图仪器和工具。

实训目的

通过课堂学习结合课上实训达到熟练掌握：建筑制图的相关规范和标准，绘制施工图的一般方法和步骤，提高抄绘与识读建筑施工图的速度和能力。

实训要点

(1) 通过对建筑施工图的识读与抄绘，加深对建筑制图国家标准的理解，掌握在建筑施工图中的一些专业术语，逐步培养阅读建筑施工图的能力。

(2) 分组绘制与讨论。培养学生团队协作的能力，进一步加强对专业知识的理解。

实训过程

1) 预习要求

(1) 做好实训前相关资料查阅，熟悉建筑施工图有关的规范要求。

(2) 将相关材料进行收集以笔记形式整理成书面文字。

2) 绘制要点

(1) 先仔细观察，再下笔。

(2) 先底稿后加深。

(3) 先画图后标注。

3) 绘图步骤

(1) 按照图纸幅面的规定绘制图框线，定出图形的位置，进行合理布图。

(2) 在已确定好的位置首先画出建筑轴网。

(3) 画柱子、墙、门窗等。

(4) 仔细检查无误后，进行图线的加深。

(5) 注写文字、尺寸数字、图名、比例和标题栏内的文字。

4) 教师指导点评和疑难解答

5) 与前一张图纸进行对比

6) 进行总结

实训项目基本步骤

步　骤	教师行为	学生行为
1	交代工作任务背景，引出实训项目	① 分好小组 ② 准备图纸、绘图工具、参考图样
2	布置绘制建筑施工图应做的准备工作	
3	使学生明确绘制建筑施工图的步骤	
4	学生分组讨论与抄绘施工图，教师巡回指导	完成一张建筑施工图的抄绘
5	绘图结束指导点评绘图成果	自我评价或小组评价
6	布置下节课的实训作业	明确下一步的实训内容

实训小结

项目：　　　　　　　　　　　　　　　　　　指导老师：

项目技能	技能达标分项	备　注
抄绘施工图	① 图面整洁　得 0.5 分 ② 布图均衡　得 0.5 分 ③ 线条平直交接正确　得 1.5 分 ④ 线型粗细分明　得 1.5 分 ⑤ 画图符合比例　得 1 分	根据职业岗位所需，技能需求，学生可以补充完善达标项
自我评价	对照达标分项　得 3 分为达标 对照达标分项　得 4 分为良好 对照达标分项　得 5 分为优秀	客观评价
评议	各小组间互相评价 取长补短，共同进步	提供优秀作品观摩学习

自我评价________________　　　　个人签名______________

小组评价　达标率__________　　　　组长签名______________

　　　　　良好率__________

　　　　　优秀率__________

年　　月　　日

总　　结

本章介绍了国家制图标准，包括图幅、标题栏、会签栏、图线及画法、比例、尺寸标注、字体等。这些内容是建筑工程图识读与绘制的基础，也是必须要掌握的技能。学生在学习过程中要经常查阅国家制图标准，读图时以国家制图标准为依据，绘图时严格执行国家标准的有关规定；同时，本章还介绍了绘图仪器和工具的使用方法，为学生正确识图、制图打下基础。

习　　题

一、选择题

1. 在绘制图样时，应采用建筑制图国家标准规定的(　　)种图线。

A. 10　　B. 12　　C. 14　　D. 16

2. 在图样上标注的尺寸，一般应由(　　)组成。
   A. 尺寸数字、尺寸线及其终端、尺寸箭头
   B. 尺寸界线、尺寸线及其终端、尺寸数字
   C. 尺寸界线、尺寸箭头、尺寸数字
   D. 尺寸线、尺寸界线、尺寸数字
3. 2∶1是(　　)的比例。
   A. 放大　　B. 缩小　　C. 优先选用　　D. 尽量不用
4. 建筑制图国家标准规定，图纸幅面尺寸应优先选用(　　)种基本幅面尺寸。
   A. 3　　B. 4　　C. 5　　D. 6
5. 建筑制图国家标准规定，字母写成斜体时，字头向右倾斜，与水平基准成(　　)。
   A. 60°　　B. 75°　　C. 120°　　D. 125°
6. 建筑制图国家标准规定，字体的号数即字体的高度，单位为(　　)。
   A. 分米　　B. 厘米　　C. 毫米　　D. 微米
7. 标注圆的直径尺寸时，(　　)一般应通过圆心，尺寸箭头指到圆弧上。
   A. 尺寸线　　B. 尺寸界线　　C. 尺寸数字　　D. 尺寸箭头
8. 标注(　　)尺寸时，应在尺寸数字前加注符号“ϕ”。
   A. 圆的直径　　B. 圆球的直径　　C. 圆的半径　　D. 圆球的半径

二、思考题

1. 图纸幅面有哪几种格式？它们之间有什么联系？
2. 尺寸标注的四要素是什么？尺寸标注的基本要求有哪些？

任务2　投影的基本知识

【内容提要】

通过学习投影的基本知识，了解投影的概念、形成和分类，了解各种投影法在工程中的应用，熟悉正投影的特性，熟练掌握三面正投影图的投影规律。并在集中实训中提供相应练习，作为本章的实践训练项目，以供学生识读与绘制。

【技能目标】

- 通过对投影基本知识的学习，了解投影的形成、投影的概念和投影的分类，了解各种投影法在工程实际中的应用。
- 通过对投影基本知识的学习，熟悉正投影的特性，了解三面正投影的形成过程。
- 重点掌握三面正投影图的投影规律。

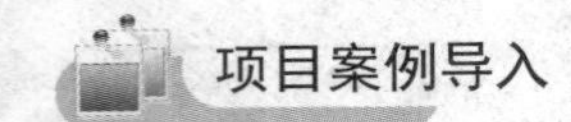

项目案例导入

这是一个刚竣工的建筑，要想建成这样一个建筑，施工中都需要哪些工程图纸？这些工程图纸又是根据何种工程制图的原理绘制而成的呢？

2.1　投影的形成及分类

【学习目标】了解工程制图中的投影的形成，了解各种投影法在建筑工程中的应用。

2.1.1　投影的形成

在日常生活中，我们经常看到投影现象。在灯光或阳光照射下，物体会在地面或墙面上投下影子，如图 2-1(a)所示。影子与物体本身的形状有一定的几何关系，在某种程度上能够显示物体的形状和大小。人们对影子这种自然现象加以科学的归纳，得出了投影法。如图 2-1(b)所示，把光源抽象成一点 s，称作投影中心；投影中心与物体上各点的连线(如 SA、SB、SC 等)称为投影线；接受投影的面 P 称为投影面；过物体上各顶点(A、B、C)的投影线与投影面的交点(a、b、c)称为这些点的投影。这种把物体投影在投影面上产生图像的方法称为投影法。工程上常用各种投影法来绘制图样。

由此可见，产生投影必须具备三个条件：投影线、投影面和形体，三者缺一不可，成为投影三要素。而自然界的影子与工程制图中的投影是有区别的，要形成工程制图中的投影应有以下三个假设。

一是光线能够穿透物体。

二是光线同时能够反映物体内部、外部的轮廓(看不见的轮廓用虚线表示)。

三是对形成投影的射向做相应的选择，以得到不同的投影。

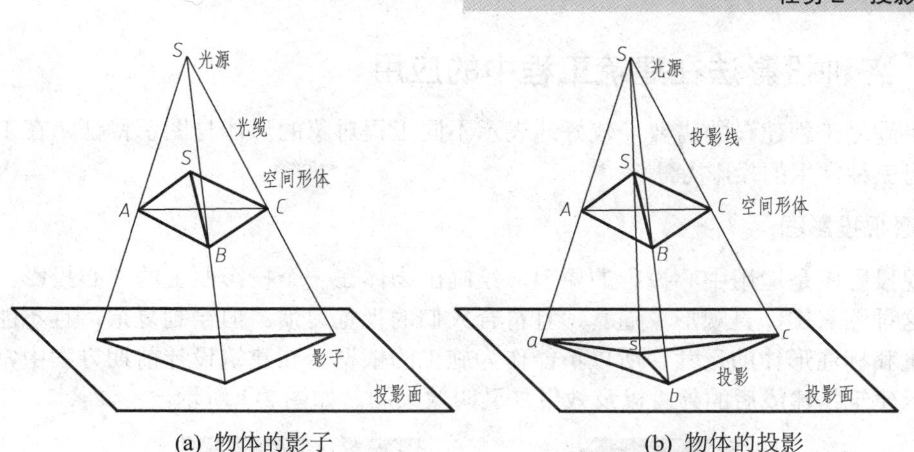

(a) 物体的影子　　(b) 物体的投影

图 2-1　投影的形式

2.1.2　投影法的分类

根据投影中心与投影面之间距离远近的不同，投影法可分为中心投影法和平行投影法两大类，其中平行投影又分为正投影和斜投影。工程图样用得最广泛的是正投影。

1. 中心投影

中心投影法是指投影线由一点放射出来的投影方法，如图 2-1(b)所示。显然这种投影法作出的投影图，其大小与原物体不相等。若假定在投影中心与投影面距离不变的情况下，形体距投影中心愈近，则影子愈大，反之则小。所以，中心投影法不能正确地度量出物体的尺寸大小。这种投影法一般在绘制透视图时应用。

2. 平行投影

当投影中心距离投影面为无限远时，所有投影线都互相平行，这种投影法称为平行投影法。

根据投影线与投影面夹角的不同，平行投影可进一步分为斜投影和正投影。在平行投影法中，当投射方向垂直于投影面时，称为正投影法，得到的投影称为正投影，如图 2-2(a)所示；当投射方向倾斜于投影面时，称为斜投影法，得到的投影称为斜投影，如图 2-2(b)所示；本书主要讲述正投影，将正投影简称为投影。

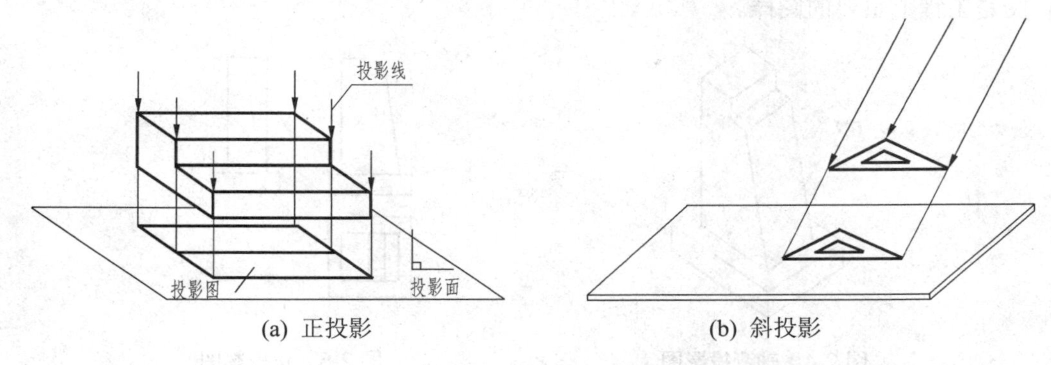

(a) 正投影　　(b) 斜投影

图 2-2　平行投影

2.1.3 各种投影法在建筑工程中的应用

为了满足工程建设的需要，较好地表示不同工程对象的形体与图示特征，在工程中人们总结出三种常用的投影方法。

1. 透视投影图

透视投影图是运用中心投影的原理，绘制出物体在一个投影面上的中心投影，简称透视图。这种图真实、直观形象逼真，且符合人们的视觉习惯。但绘制复杂，且不能在投影图中度量和标注形体的尺寸，所以不能作为施工的依据。在建筑设计前期方案中常用透视图来表示建筑物建成后的外貌以及效果，又叫效果图，如图 2-3 所示。

图 2-3 透视投影图

2. 轴测投影图

轴测投影图是运用平行投影的原理，将物体平行投影到一个投影面上所做出的投影图，简称轴测图，如图 2-4 所示。轴测图由相互平行的线画出，特点是较透视图简便，易懂，但度量性差，是工程上的辅助图样。

3. 正投影图

正投影图是运用正投影的原理，将物体向两个或两个以上的相互垂直的投影面进行投影，然后按照一定规则展开在一个平面上所得到的投影图，称为正投影图。如图 2-5 所示。正投影图的特点是能准确反映物体的形状和大小，便于度量和标注尺寸，缺点是立体感差。这种图是工程上主要的图样。

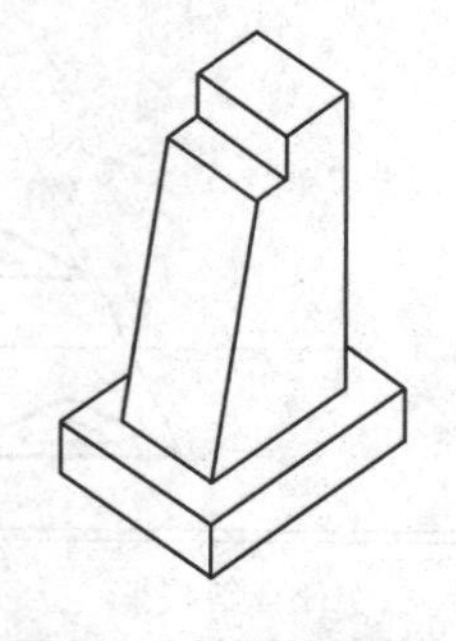

图 2-4 轴测投影图

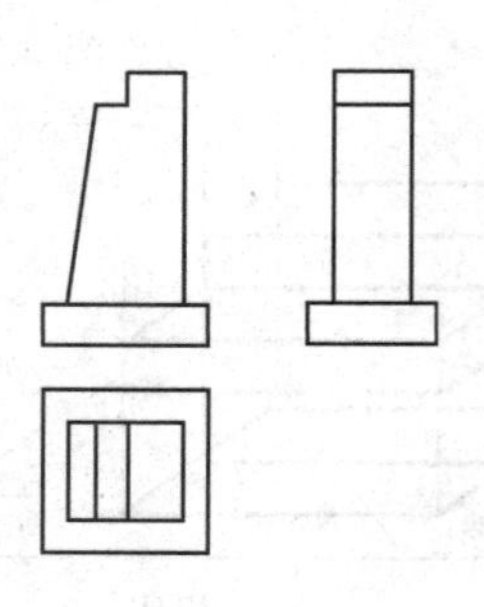

图 2-5 正投影图

2.2　正投影的特性

【学习目标】熟悉正投影的特性，了解三面正投影的形成过程。重点掌握三面正投影图的投影规律。

2.2.1　全等性

空间直线 *AB* 平行于投影面 *H*，作 *A* 和 *B* 两个端点在 *H* 面上的正投影 *a* 和 *b*(即过 *A*、*B* 向 *H* 作垂线，求其交点，用同名小写字母表达)。则 *ab* 即为直线 *AB* 在 *H* 面上的正投影。根据 *AB* 平行于 *H* 面，可得 *Aa*=*Bb*，因而有 *ABba* 为矩形，最后可以证明 *ab*=*AB*。同理可推出：当□*ABCD* 平行于 *H* 面时，它在 *H* 面上的正投影□*abcd* 全等于□*ABCD*。

结论：当线段或平面图形平行于投影面时，其投影反映实长或实形，如图 2-6 所示。

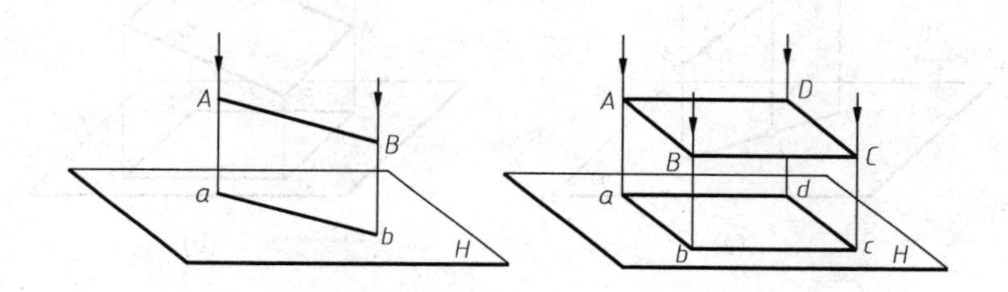

图 2-6　正投影的全等性

2.2.2　积聚性

空间直线 *AB* 垂直于投影面 *H*，作直线 *AB* 在 *H* 面上的正投影时，由于直线 *AB* 与投射线方向一致，可以得出直线 *AB* 在 *H* 面上的正投影重叠为一点 *a*(*b*)，(由于 *A* 点比 *B* 点距 *H* 面远，*B* 点被 *A* 点遮住了，*B* 点为不可见点。通常将不可见点的投影加括弧以示区别)。同理可推出：当□*ABCD* 垂直于投影面 *H* 时，其在 *H* 面上的正投影为一条积聚的直线 *a*(*b*)*d*(*c*)。

结论：当线段或平面图形垂直于投影面时，其投影积聚为一点或一条直线，如图 2-7 所示。

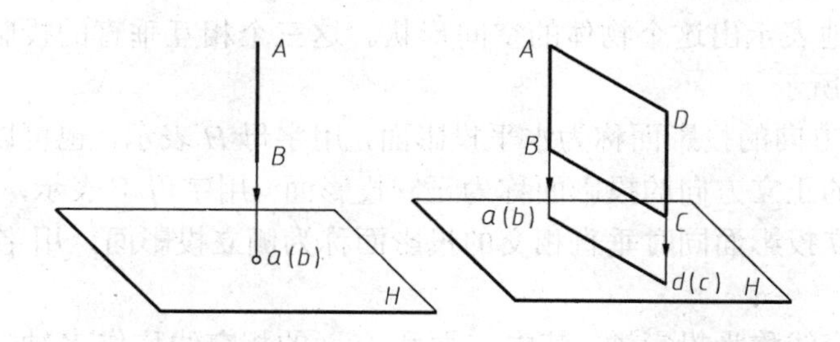

图 2-7　正投影的积聚性

2.2.3 类似性

空间直线 *AB* 倾斜于投影面 *H*，它在 *H* 面上的正投影 *ab* 显然比 *AB* 短，但同时可以看出 *ab* 仍为一直线。平面 *ABCD* 倾斜于投影面 *H*，它在 *H* 面上的正投影为平面，显然 *abcd* 不仅面积比平面 *ABCD* 小，而且形状也发生了变化。同理可推出：当空间为 *n* 边形的平面图形倾斜于投影面时，其投影仍为 *n* 边形，只是大小与空间 *n* 边形不全等而已。

结论：当线段倾斜于投影面时，其投影为比实长短的直线，如图 2-8(a)所示；当平面图形倾斜于投影面时，其投影为原图形的类似图形(和原图形边数相同、形状类似，类似形不是相似形)，如图 2-8(b)所示。

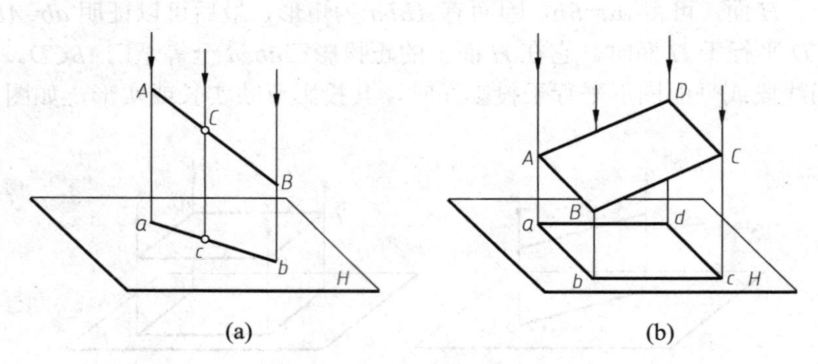

图 2-8 正投影的类似性

2.3 三面正投影的投影规律

【学习目标】了解三面正投影的形成过程。重点掌握三面正投影图的投影规律。

2.3.1 三投影面体系的建立

如图 2-9(a)中 6 个不同形状的物体以及图 2-9(b)中 6 个不同形状的物体，它们在同一个投影面上的投影都是相同的。因此，在正投影法中，物体的一个投影是不能反映空间物体形状的。一般来说，用三个相互垂直的平面做投影面，用物体在这三个投影面上的三个投影，才能比较充分地表示出这个物体的空间形状。这三个相互垂直的投影面，称为三投影面体系，如图 2-10 所示。

图 2-10 中水平方向的投影面称为水平投影面，用字母 *H* 表示，也可以称为 *H* 面。与水平投影面垂直相交的正立方向的投影面称为正立投影面，用字母 *V* 表示，也可以称为 *V* 面。与水平投影面及正立投影面同时垂直相交的投影面称为侧立投影面，用字母 *W* 表示，也可以称为 *W* 面。

各投影面的相交线称为投影轴，其中 *V* 面和 *H* 面的相交线称作 *X* 轴；*W* 面和 *H* 面的相交线为 *Y* 轴；*V* 面和 *W* 面的相交线称作 *Z* 轴。三个投影轴的交点 *O*，称为原点。

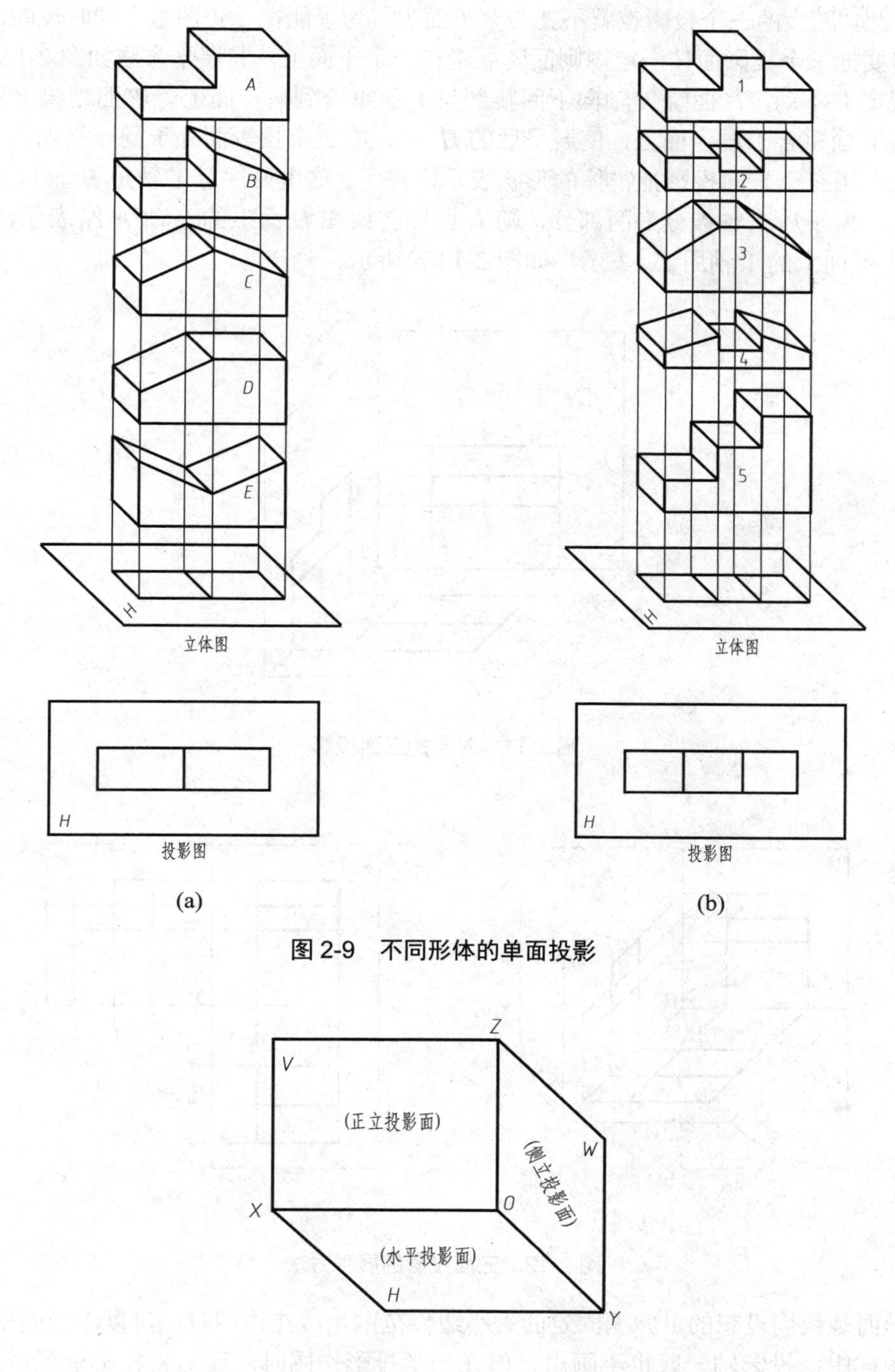

图 2-9　不同形体的单面投影

图 2-10　三投影面

2.3.2　三个投影面的展开

通过前边的学习我们知道，如果我们将一个踏步模型按水平位置放到三投影面中，把物体分别投影到三个投影面上，得到三个投影图，如图 2-11 所示。由于三个投影面是相互垂

直的，因此，踏步的三个投影也就不在一个平面上。为了能在一张图纸上同时反映出这三个投影，需要把三个投影面按一定规则回转展平在一个平面上，其展平方法如图 2-12(a)所示。

按规定 V 不动，H 面绕 X 轴向下回转到与 V 面重合到同一面上，W 面则绕 Z 轴向右回转到也与 V 面重合于同一面上，使展平后的 H、V、W 三个投影面处于同一平面上，这样就能在图纸上用三个方向投影把物体的形状表示出来了。这里要注意 Y 轴是 H 面和 W 面的交线，因此，展平后 Y 轴被分为两部分，随 H 面回转而在 H 面上的 Y 轴用 Y_H 表示，随 W 面回转而在 W 面上的 Y 轴用 Y_W 表示，如图 2-12(b)所示。

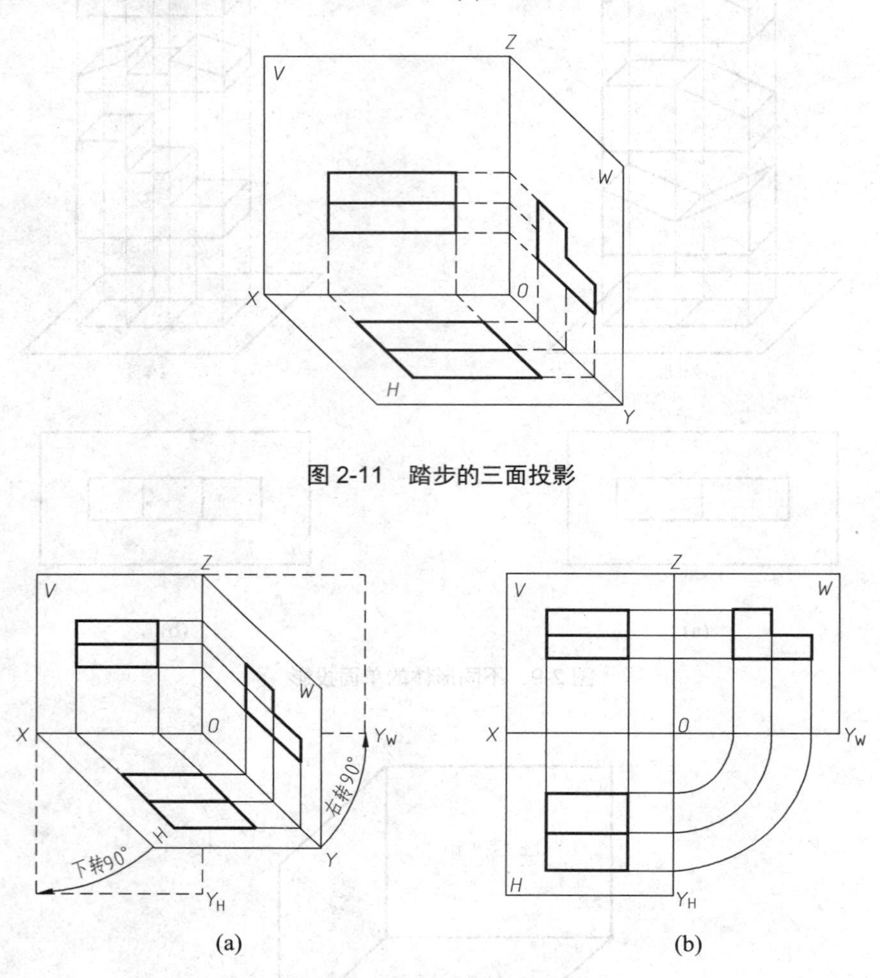

图 2-11　踏步的三面投影

(a)　(b)

图 2-12　三面投影的展平方法

投影面是我们设想的，并无固定的大小边界范围，故在作图时，可以不必画出其外框。在工程图样中，投影轴一般也不画出，但在初学投影作图时，还需将投影轴保留，常用细实线画出。上述踏步模型的三面正投影图如图 2-13 所示。

为了准确表达形体水平投影和侧立投影之间的投影关系，在作图时可以过原点作 45°斜线的方法求得，该线称为投影传递线，用细线画出，两图之间的细线称为投影连线，如图 2-14 所示。

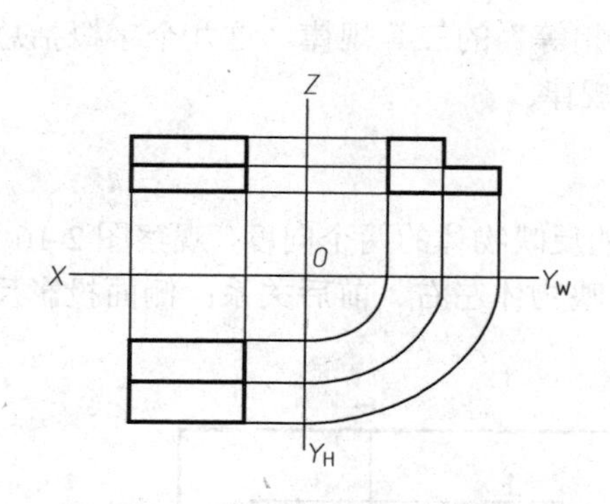

图 2-13　踏步的三面投影图

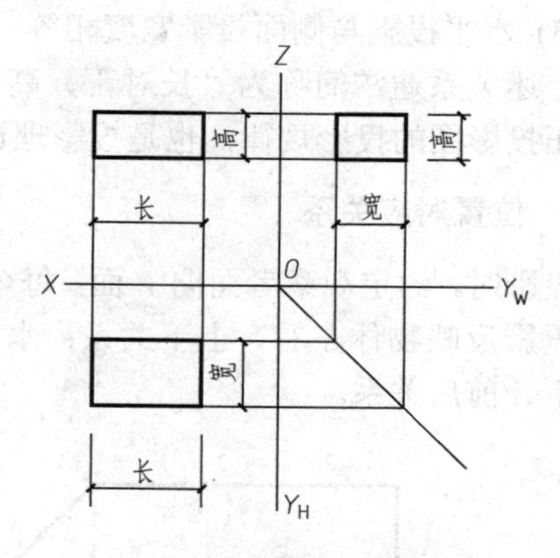

图 2-14　三面正投影图

2.3.3　三面正投影图的投影规律

1. 度量对应关系

空间的形体都有长宽高三个方向的尺度。为使绘制和识读方便，有必要对形体的长宽高作统一的约定：首先确定形体的正面(通常选择形体有特征的一面作为正面)，此时形体左右两侧面之间的距离称为长度，前后两面之间的距离称为宽度，上下两面之间的距离称为高度。

从图 2-15 可以看出，正面投影反映物体的长和高；水平投影反映物体的长和宽；侧面投影反映物体的宽和高。

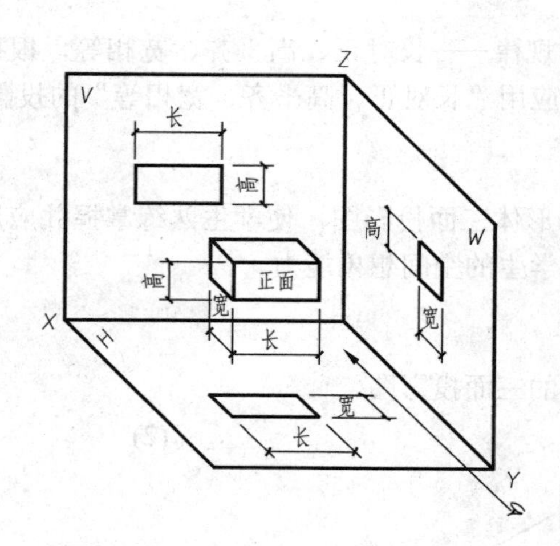

图 2-15　三面正投影的投影规律

因为 3 个投影表示的是同一物体，而且物体与各投影面的相对位置保持不变，因此无论是对整个物体，还是物体的每个部分，它们的各个投影之间具有下列关系：

(1) 正面投影与水平投影长度对正；

(2) 正面投影与侧面投影高度对齐；

(3) 水平投影与侧面投影宽度相等。

上述关系通常简称为“长对正、高平齐、宽相等”的三等规律。这九个字概括总结了三面正投影图的投影规律，也是投影理论的重要规律。

2. 位置对应关系

投影时，约定观察者面向 V 面，每个视图均能反映物体的两个向度，观察图 2-16 可知：正面投影反映物体左右、上下关系；水平投影反映物体左右、前后关系；侧面投影反映物体上下、前后关系。

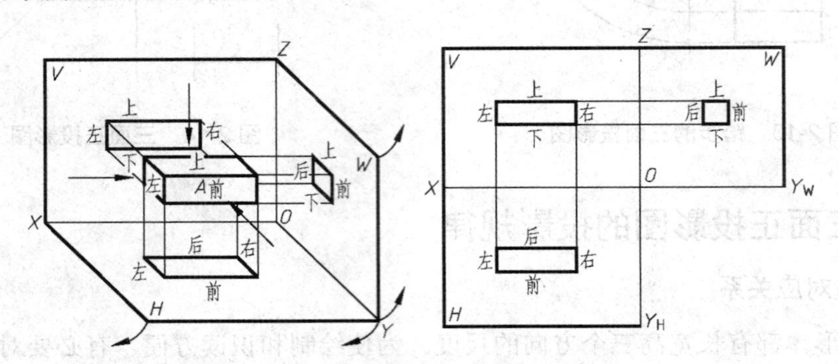

图 2-16 三面正投影的方位

课 堂 实 训

实训内容

根据三面投影的投影规律——长对正、高平齐、宽相等，根据立体图绘制形体三面投影图。使学生熟练掌握并应用“长对正、高平齐、宽相等”的投影规律。

实训目的

通过识读立体图绘制形体三面投影图，使学生熟练掌握并应用“长对正、高平齐、宽相等”的投影规律，提高学生的空间想象能力。

实训项目

根据立体图绘制形体的三面投影图。

(1)

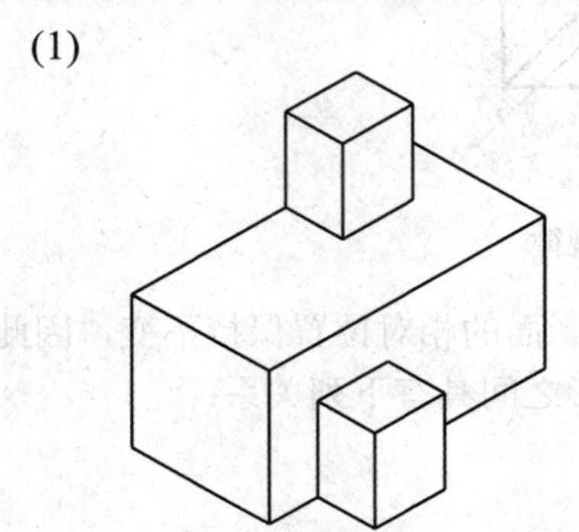

(2)

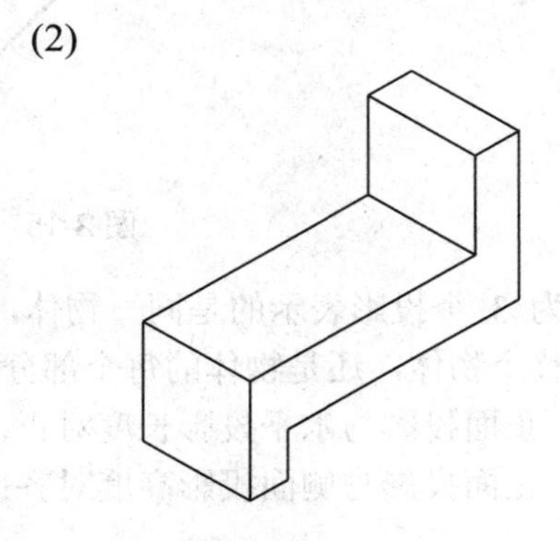

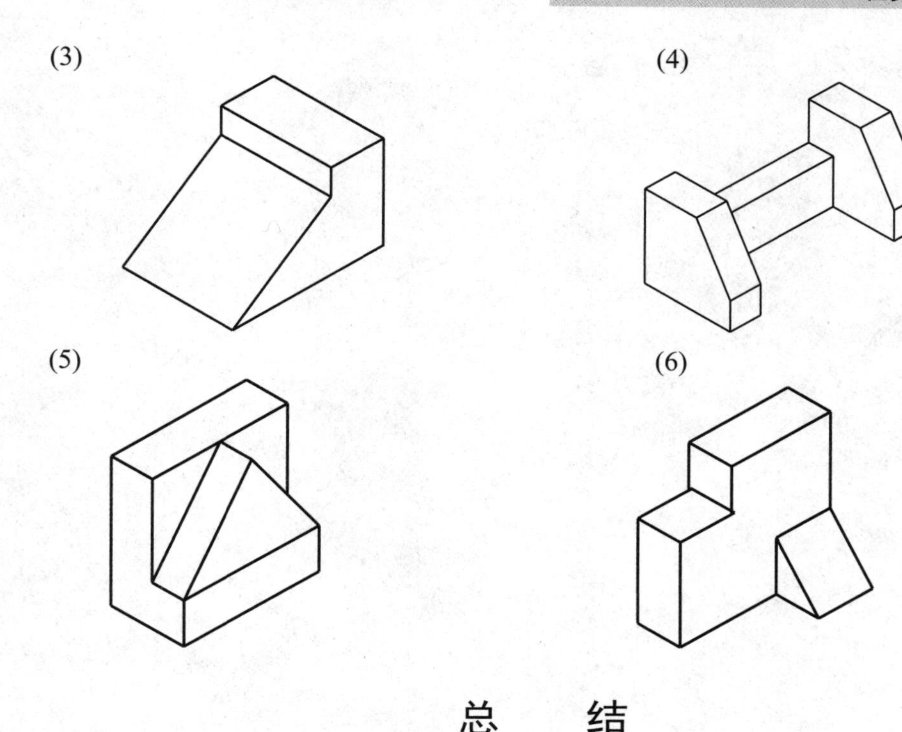

总 结

投影主要是研究投影线、空间形体、投影面三者关系的，可分为中心投影和平行投影两大类，平行投影又可分为正投影和斜投影两种。

正投影的基本特性是全等性、积聚性、类似性。

建筑工程中常用的投影图有正投影图、轴测投影图和透视投影图。

在投影作图中，用单面投影和两面投影都不能确定空间物体的形状，工程中一般用三面投影来确定空间物体的形状。形体在三面投影图上要遵循“长对正、高平齐、宽相等”的投影规律。

习 题

一、填空题

1. 投影可分为________和________两大类。
2. 平行投影可分为________和________两大类。
3. 正投影的基本特性是________、________和________。
4. 三面投影体系中投影的基本规律为________、________、________。

二、思考题

1. 投影法有哪几类？其特点各是什么？
2. 三投影面体系是怎样展开的？三个正投影图之间有怎样的投影关系？
3. 三个投影面各反映形体的哪几个方向的情况？

任务3　点、直线、平面的投影

【内容提要】

点、直线、平面是组成空间形体的最基本的几何元素，学习点、直线、平面的投影形成、投影规律和投影作图方法要和正投影的规律联系起来，要用“长对正、高平齐、宽相等”的规律研究这些最基本的几何元素的投影规律，再用几何元素的投影规律去研究立体的投影。本章的学习为立体的投影打下基础，通过本章的学习可以培养学生的空间想象能力，提高运用三等关系绘制三面投影图的基本技能。

【技能目标】

- 通过学习点的投影的形成、标注、投影规律，熟练掌握点三面投影的画法及投影规律。
- 通过学习直线投影的形成、各种位置直线的投影特性，熟练掌握各种位置直线的投影规律。
- 通过学习平面投影的形成、各种位置平面的投影特性，熟练掌握各种位置平面的投影规律。

项目案例导入

这是一个立方体模型，那么如何将一个立体模型用一张图纸表示清楚？可以看出，立体模型是由平面围合而成，平面由直线组成，而直线又由点构成。所以，要想把立体模型用平面图纸表达清楚，要先学习空间点在平面中的表达，空间直线在平面中的表达，在此基础上，学习空间平面的表达，为学习基本体在平面图中的表达打好基础。

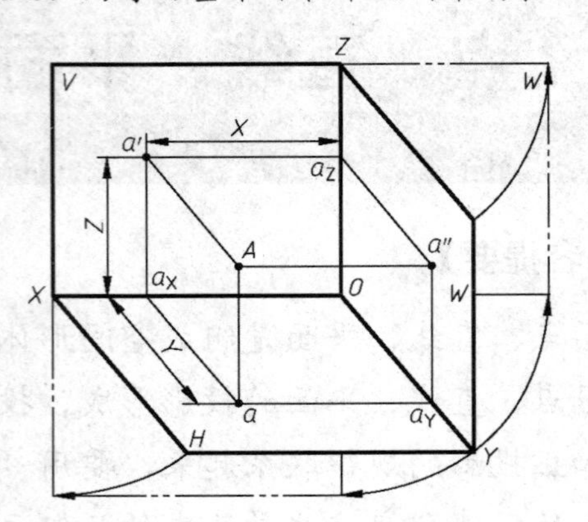

3.1 点 的 投 影

【学习目标】通过学习点的投影形成、点的标注、点的坐标、点的投影规律等知识，熟练掌握点在三面投影图中的投影规律。

3.1.1 点的三面投影及其标注

在引例中我们选一个空间点 A 作为研究对象，如图 3-1 所示。

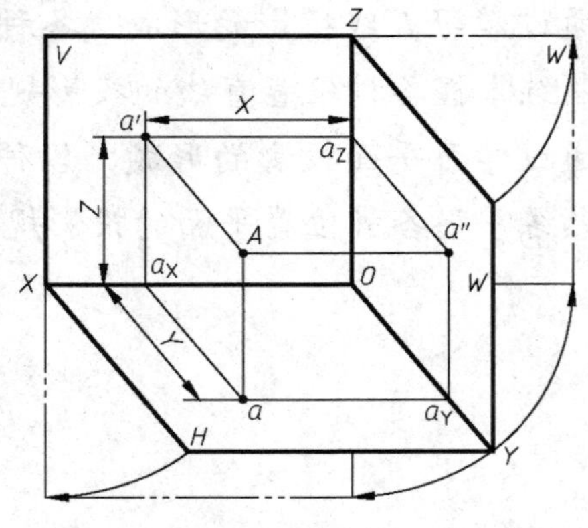

图 3-1 点的投影

假设空间有一点 A，过点 A 分别向 H 面、V 面和 W 面作垂线，得到三个垂足 a、a'、a''，便是点 A 在三个投影面上的投影，如图 3-1 所示。在这里规定用大写字母(如 A)表示空间点，它的水平投影、正面投影和侧面投影，分别用相应的小写字母(如 a、a' 和 a'')表示。

根据三面投影图的形成规律将其展开，可以得到如图 3-2(a)所示的带边框的三面投影图，即得到点 A 三面投影；省略投影面的边框线，就得到如图 3-2(b)所示的 A 点的三面投影图。

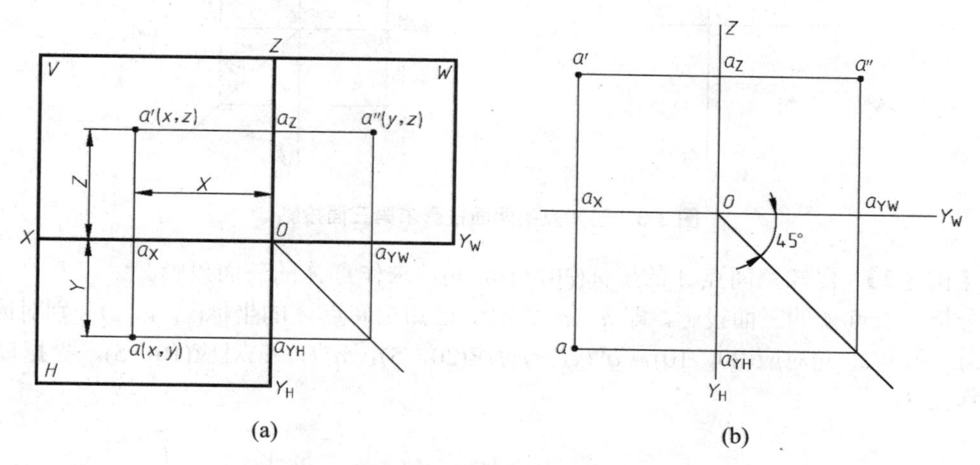

图 3-2　点的三面投影图

3.1.2　点的投影规律

从图 3-1 可以看出，Aa 、Aa' 、Aa'' 分别为点 A 到 H、V、W 面的距离，即：$Aa=a'a_x=a''a_{YW}$，反映空间点 A 到 H 面的距离；$Aa'=aa_x=a''a_z$，反映空间点 A 到 V 面的距离；$Aa''=a'a_z=aa_{YH}$，反映空间点 A 到 W 面的距离。

上述即是点的投影与点的空间位置的关系，根据这个关系，若已知点的空间位置，就可以画出点的投影。反之，若已知点的投影，就可以完全确定点在空间的位置。

$aa_{YH}=a'a_z$　　得到　$a'a//OZ$　　即 $a'a\perp OX$；

$a'a_x=a''a_{YW}$　　得到 $a'a''//OX$　　即 $a'a''\perp OZ$；

还有 $aa_x=a''a_z$

由此可见，点的三个投影不是孤立的，而是彼此之间有一定的位置关系。而且这个关系不因空间点的位置改变而改变，因此可以把它概括为普遍性的投影规律：

(1) 点的正面投影和水平投影的连线垂直 OX 轴，即 $a'a\perp OX$；

(2) 点的正面投影和侧面投影的连线垂直 OZ 轴，即 $a'a''\perp OZ$；

(3) 点的水平投影 a 到 OX 轴的距离等于侧面投影 a'' 到 OZ 轴的距离，即 $aa_x=a\,a''a_z$。

根据上述投影规律，若已知点的任何两个投影，就可求出它的第三个投影。

【例 3-1】 已知点 A 的正面投影 a' 和水平投影 a，求作其侧面投影 a''。

由于 a'' 与 a' 的连线垂直于 OZ 轴，所以 a'' 一定在过 a' 而垂直于 OZ 轴的直线上。又由于 a 到 OX 轴的距离必等于 a'' 到 OZ 轴的距离，因此截取 $aa_x=a''a_x$，便求得了 a'' 点。
为了作图简便，可自点 O 作辅助线(与水平方向夹角为 45°)，以表明 $aa_x=a''a_z$ 的关系。

由图 3-3 可知，空间点 A 的三面投影 a、a'、a'' 如果用坐标的形式可以写成 $a(x,y)$、$a'(x,z)$、$a''(y,z)$，空间点 A 的坐标表示法为 $A(x,y,z)$。

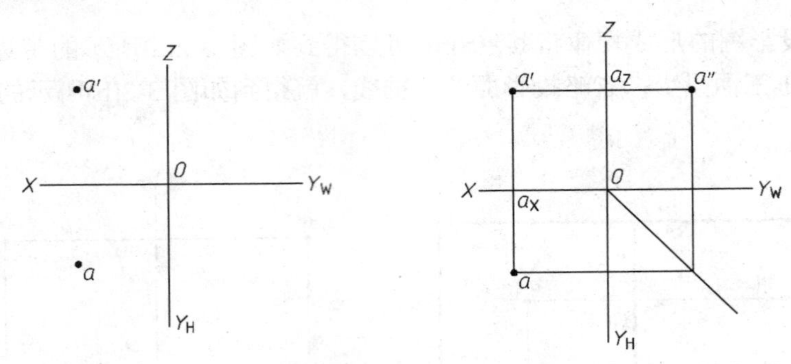

图 3-3　已知点的两面投影求第三面投影

【例 3-2】 已知空间点 *A* 的坐标(20，10，5)，求作点 *A* 的三面投影。

分析：求点 *A* 的三面投影，即 *a*、*a′*、*a″*。已知空间点 *A* 的坐标(*x*，*y*，*z*)分别对应(20，10，5)，则 *a*(*x*，*y*)对应(20，10)，*a′*(*x*，*z*)对应(20，5)，*a″*(*y*，*z*)对应(10，5)，根据以上分析可作图 3-4。

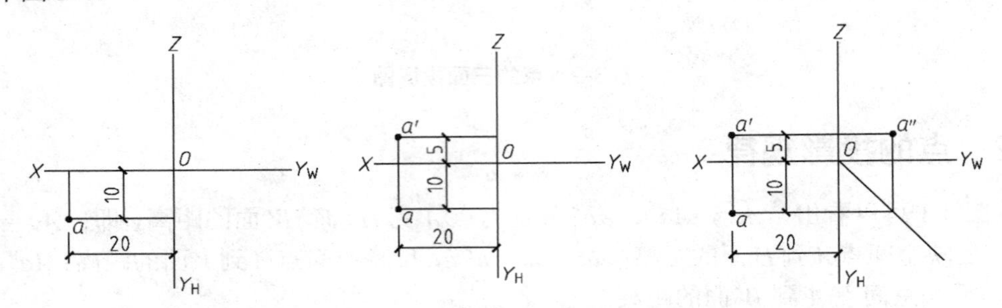

图 3-4　已知点的坐标画三面投影

3.1.3　两点的相对位置

空间两点的相对位置可以通过其三面投影图得出，由它们在同一投影面上投影的坐标差来判别的，其中 *x* 坐标可判别左、右方位，*y* 坐标可判别前、后方位，*z* 坐标可判别上、下方位。

【例 3-3】 已知空间点 *A*、*B* 的立体图形和 *A*、*B* 两点的三面投影图如图 3-5 所示，试判别 *A*、*B* 两点的相对位置关系。

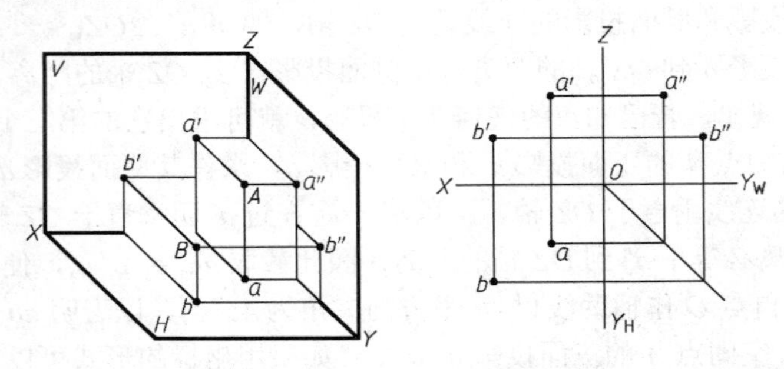

图 3-5　两点的相对位置

由 A、B 两点的三面投影图可知，A、B 两点的 X 轴坐标为 $X_B>X_A$，所以 B 点在 A 点的左方，A、B 两点的 Y 轴坐标为 $Y_B>Y_A$，所以 B 点在 A 点的前方，A、B 两点的 Z 轴坐标为 $Z_A>Z_B$，所以 A 点在 B 点的上方，B 点在下方。综上所述，空间 B 点在 A 点的左、前、下方。

观察图 3-6(a)所示引例中的两空间点 A、B，发现它们的相对位置具有一些特殊性。即它们在水平投影面上的投影点是重合的。

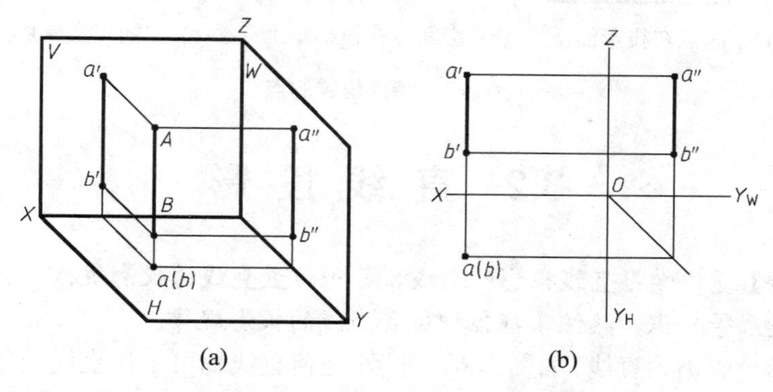

图 3-6　两点的特殊位置——重影点

若空间两点在某一投影面上的投影重合，则这两点是该投影面的重影点。这时，空间两点的某两坐标相同。当两点的投影重合时，就需要判别其可见性，即两点中哪一点可见，哪一点不可见。判别可见性的规律为：对 H 面的重影点，从上向下观察，z 坐标值大者可见；对 W 面的重影点，从左向右观察，x 坐标值大者可见；对 V 面的重影点，从前向后观察，y 坐标值大者可见。

为了在投影图上对投影点进行区分，我们规定将不可见的投影用加括号的方法表示，如 $a(b)$，表示空间两点 A、B 为对 H 面的重影点，a 可见，b 不可见。

3.1.4　特殊位置上的点

1. 在投影面上的点

由于在投影面上，故它有一个坐标为 0。它的三面投影，必定有两个投影在投影轴上，另一个投影和其空间点本身重合。例如在 V 面上的点 A，它的 y 坐标为 0。所以，它的水平投影 a 在 OX 轴上，侧面投影 a'' 在 OZ 轴上，而正面投影 a' 在 V 面上与其空间点本身重合为一点，如图 3-7(a)所示。

2. 在投影轴上的点

由于在投影轴上，故它有两个坐标为 0。它的三面投影中，必定有一个投影在原点上，另两个投影和其空间点本身重合。例如在 OZ 轴上的点 B，它的 x、y 坐标为 0。所以，它的水平投影 b 在原点，正面投影 b'，侧面投影 b'' 在 OZ 轴上与其空间点本身重合为一点，如图 3-7(b)所示。

3. 在原点上的空间点

由于它有三个坐标都为 0，因此，它的三个投影必定都在原点上。

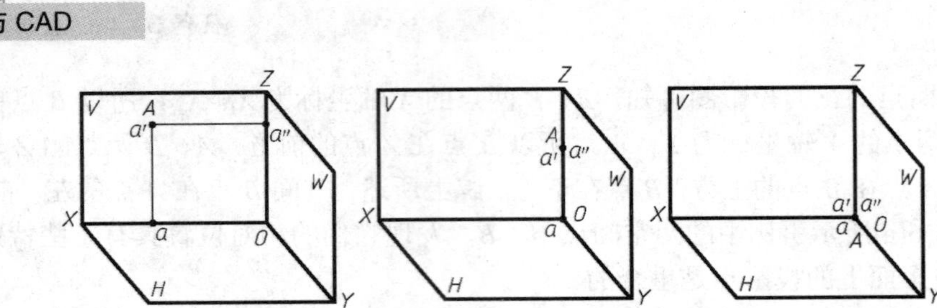

图 3-7　特殊位置的点

3.2　直线投影

【学习目标】 通过学习直线投影的形成、各种位置直线的投影规律、点和直线的关系、两直线的位置关系等知识，熟练掌握各种位置直线的投影规律。

直线的投影一般仍为直线，如图 3-8(a)所示。任何直线均可由该直线上任意两点来确定，因此，只要作出直线上任意两点的投影，并将其同面投影相连，即可得到直线的投影。如图 3-8(b)所示，要作出直线 AB 的两投影，只要分别作出 A、B 的同面投影 a'、b' 及 a、b 和 a''、b''，然后将同面投影相连即得 $a'b'$、ab 和 $a''b''$，如图 3-8(b)所示。

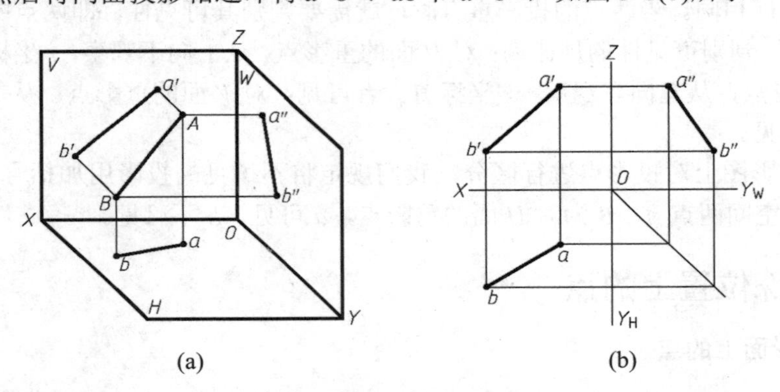

图 3-8　直线投影的形成

3.2.1　各种位置直线的投影

空间直线对投影面有三种位置关系：平行、垂直和倾斜(一般位置)。

1. 投影面平行线的投影

投影面平行线是指若空间直线平行于一个投影面，倾斜于其他两个投影面，这样的直线被称为投影面平行线，按其平行于 V、H、W 面分别称之为正平线、水平线和侧平线。投影面平行线在其平行的投影面上的投影反映实长，其他两个投影面上投影平行于相应的投影轴，且投影线段的长小于空间线段的实长，如表 3-1 所示。

表 3-1　投影面平行线的投影特征

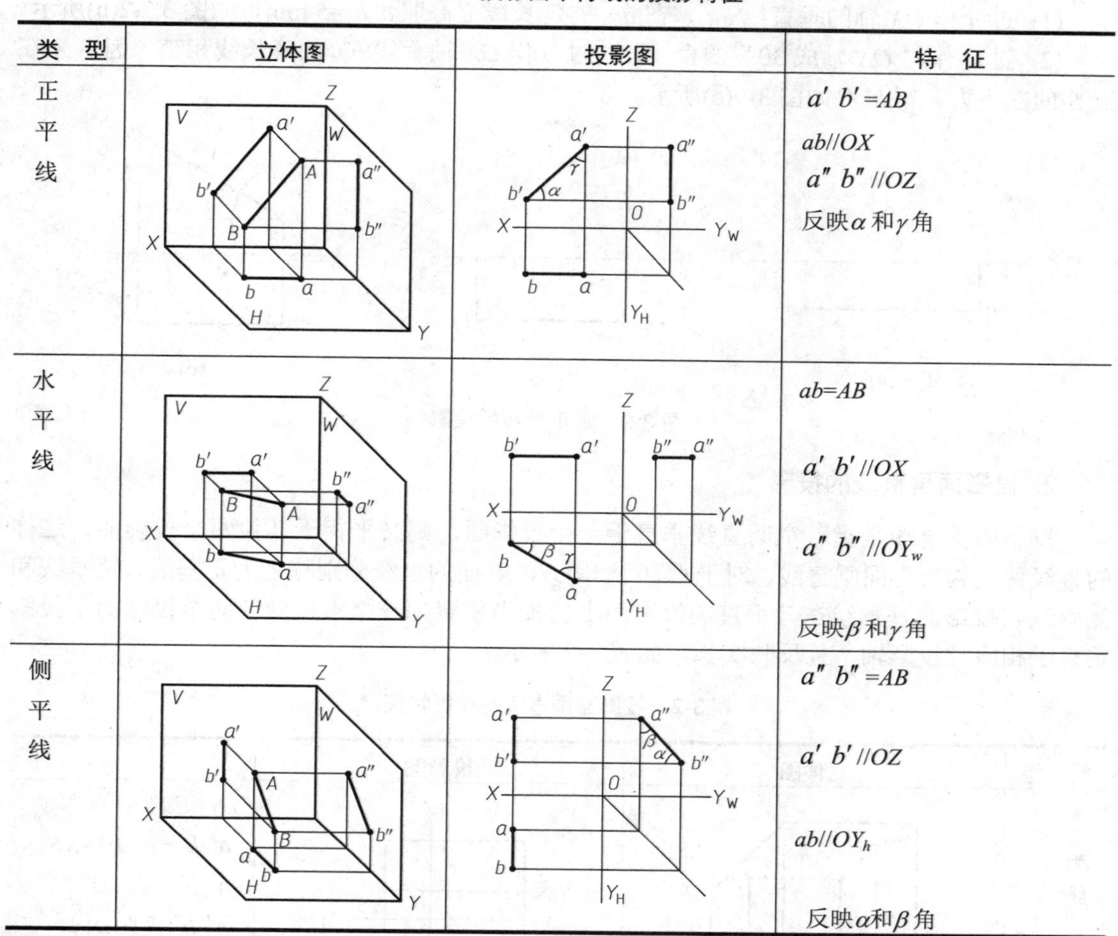

类　型	立体图	投影图	特　征
正平线			$a'b'=AB$ $ab//OX$ $a''b''//OZ$ 反映α和γ角
水平线			$ab=AB$ $a'b'//OX$ $a''b''//OY_w$ 反映β和γ角
侧平线			$a''b''=AB$ $a'b'//OZ$ $ab//OY_h$ 反映α和β角

以水平线(表 3-1)为例说明投影面平行线的投影特征：因为直线 AB 平行于 H 面，所以 ab 反映线段 AB 的实长，即 $ab=AB$；并且 ab 与 OX 轴的夹角β等于 AB 与 V 面的倾角，ab 与 OY_H 的夹角γ等于 AB 与 W 面的倾角。另外的两个投影 $a'b'$ 平行于 OX 轴，$a''b''$ 平行于 OY_W 轴，且较 AB 短。

综合分析各投影面平行线的投影特性可知，投影面平行线具有下列投影特性：

(1) 在其平行的投影面上的投影反映直线段实长，该投影与投影轴的夹角反映直线与另外两个投影面的真实倾角。

(2) 直线在另外两个投影面上的投影，分别平行于其所在投影面与平行投影面相交的投影轴，但不反映实长。

【例 3-4】 如图 3-9(a)所示，已知直线 AB 的水平投影 ab，并知 AB 对 H 面的倾角为 30°，A 点距水平投影面 H 为 5 mm，A 点在 B 点的左下方，求 AB 的正面投影 $a'b'$。

分析：由 AB 的水平投影 ab 可知 AB 是正平线；正平线的正面投影与 OX 轴的夹角反映直线与 H 面的倾角。又知点到水平投影面 H 的距离等于正面投影到 OX 轴的距离，为此，可以求出 a'。

作图步骤如下：

(1) 过 a 作 OX 轴的垂直线 aa_x，在 aa_x 的延长线上截取 $a'a_x$=5 mm，如图 3.2.2(b)所示。

(2) 过 a' 作与 OX 轴成 30° 的直线，与过 b 作 OX 轴垂线 bb_x 的延长线相交，因点 A 在点 B 的左下方，得 b'，如图 3-9(c)所示。

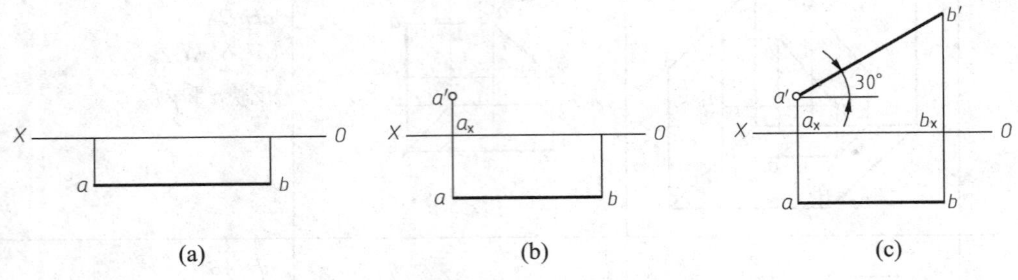

图 3-9　求正平线的投影

2. 投影面垂直线的投影

投影面垂直线是指若空间直线垂直于一个投影面，则必平行于其他两个投影面，这样的直线称之为投影面垂直线，对于垂直于 V、H、W 面的直线分别称之为正垂线、铅垂线和侧垂线。投影面垂直线在其垂直的投影面上的投影积聚为一个点，其他两个投影面上投影垂直于相应的投影轴，且反映实长，如表 3-2 所示。

表 3-2　投影面垂直线的投影特征

类　型	立体图	投影图	特　征
铅垂线			ab 积聚为一点 $a'b'=a''b''=AB$ $a'b'$ 垂直 OX $a''b''$ 垂直 OY_W
正垂线			$a'b'$ 积聚为一点 $ab=a''b''=AB$ ab 垂直 OX $a''b''$ 垂直 OZ
侧垂线			$a''b''$ 积聚为一点 $ab=a'b'=AB$ ab 垂直 OY_H $a'b'$ 垂直 OZ

综合分析各投影面垂直线的投影特性可知，投影面垂直线具有下列投影特性。

(1) 在其垂直的投影面上的投影积聚为一点。

(2) 直线在另外两个投影面上的投影，分别垂直于其所在投影面与垂直投影面相交的投影轴，且反映实长。

3. 一般位置直线投影特性

与三个投影面都处于倾斜位置的直线称为一般位置直线。

如图3-8(a)所示，直线 *AB* 与 *H*、*V*、*W* 面都处于倾斜位置，倾角分别为α、β、γ。其投影如图3-8(b)所示。

一般位置直线的投影特性可归纳为：

(1) 直线的三个投影和投影轴都倾斜，各投影和投影轴所夹的角度不等于空间线段对相应投影面的倾角。

(2) 任何投影都小于空间线段的实长，也不能积聚为一点。

3.2.2　直线上的点

点在直线上，则点的各个投影必定在该直线的同面投影上，反之，若一个点的各个投影都在直线的同面投影上，则该点必定在直线上。如图3-10(a)所示直线 *AB* 上有一点 *C*，则 *C* 点的三面投影 c、c'、c'' 必定分别在该直线 *AB* 的同面投影 ab、$a'b'$、$a''b''$ 上，且$c'c$和$c'c''$分别垂直于相应的投影轴，如图3-10(b)所示。若直线上的点分线段成比例，则该点的各投影也相应分线段的同面投影成相同的比例。在图3-10中，*C* 点把直线 *AB* 分为 *AC*、*CB* 两段，则有：

$$AC:CB=a'c':c'b'=ac:cb=a''c'':c''b''$$

直线上的点分割线段之比等于其投影之比，这称为直线投影的定比性。

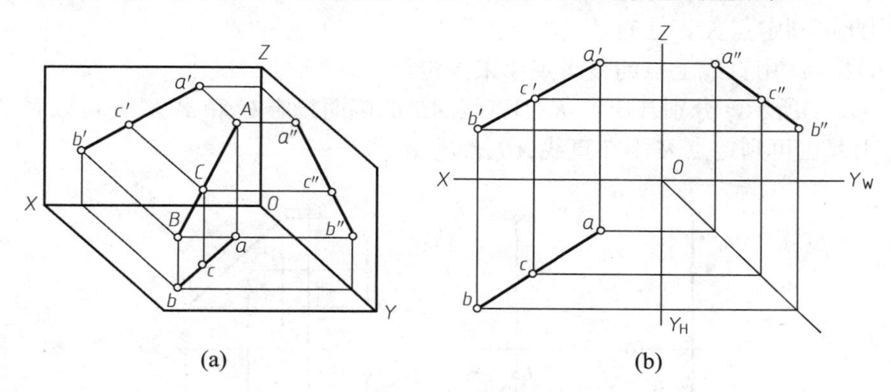

图3-10　求正平线的投影

【例3-5】 如图3-11(a)所示，求直线 *AB* 上一点 *K*，使 $AK:KB=2:3$。

分析：由点在直线上的投影特性可知，$AK:KB=2:3$，则其投影$a'k':k'b'=ak:kb=2:3$。因此只要用平面几何作图的方法，把 ab 或$a'b'$分为2∶3，即可求得点 *K* 的投影 k、k'。

作图方法如下：

(1) 过 a 任作一直线，并从 a 起在该直线上任取五等分点，得 1、2、3、4、5 五个分点，如图 3-11 (b)所示。

(2) 连接 b、5，再过分点 2 作 $b5$ 的平行线，与 ab 相交，即得点 K 的水平投影 k；由此求出 k'，如图 3-11 (c)所示。

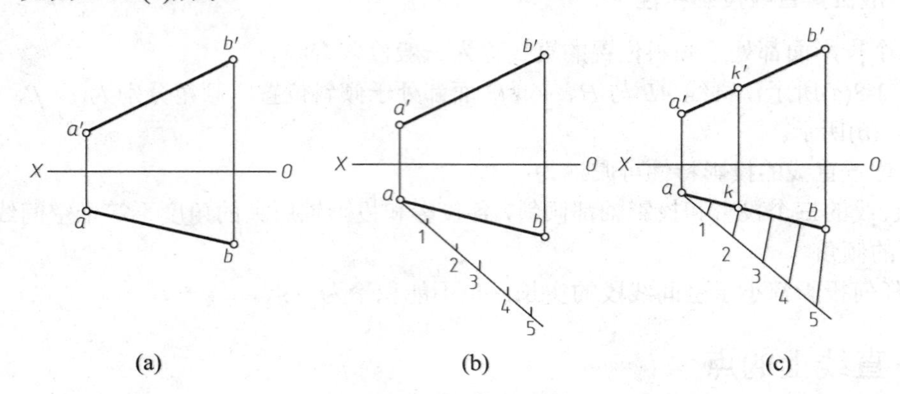

图 3-11　点分线段的定比性

【例 3-6】 判定图 3-12(a)所示的点 K，是否在侧平线 AB 上。

分析：由直线上点的投影特性可知，如果点 K 在直线 AB 上，则 $a'k':k'b'=ak:kb$。因此，可用这一定比关系来判定点 K 是否在直线 AB 上。另外，如果点 K 在直线 AB 上，则 k'' 应在 $a''b''$ 上。所以也可用它们的侧面投影来判定。

作图方法一：用定比性来判定。

(1) 如图 3-12(b)所示，在水平投影上过 b 任作一直线，取 $bk_1=b'k'$、$k_1a_1=k'a'$。

(2) 连接 a_1、a，过 k_1 作 a_1a 的平行线，它与 ab 的交点不是 k，这说明 $a'k':k'b'\neq ak:kb$。由此可判定点 K 不在直线 AB 上。

作图方法二：用直线上点的投影规律来判定。

如图 3-12(c)所示，分别补出点 K 和直线 AB 的侧面投影 k'' 和 $a''b''$，可以看出 k'' 不在 $a''b''$ 上，由此也可判定点 K 不在直线 AB 上。

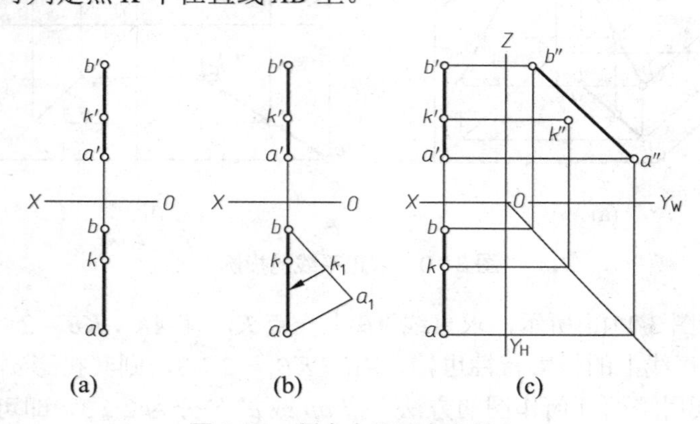

图 3-12　判定点是否在直线上

3.2.3　两直线的相对位置

两直线的相对位置有平行、相交、交叉三种情况。

1. 两直线平行

若空间两直线平行，则它们的各同面投影必定互相平行。如图 3-13(a)所示，由于 *AB* // *CD*，则必定 *ab* // *cd*、 *a'b'* // *c'd'* 、*a″ b″* // *c″ d″*，如图 3-13(b)所示。反之，若两直线的各同面投影互相平行，则此两直线在空间也必定互相平行。

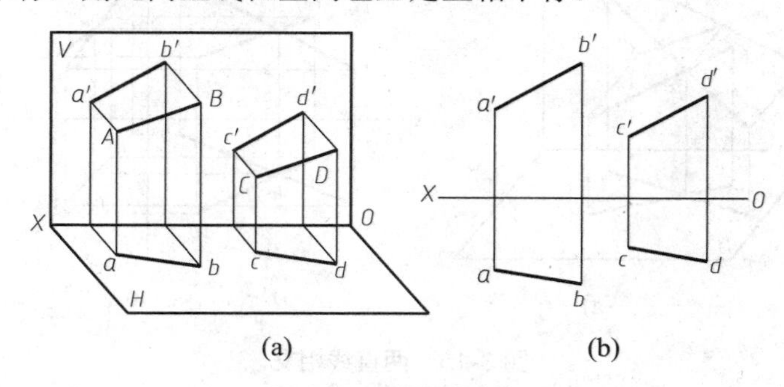

图 3-13　两直线平行

在投影图中，若判别两直线是否平行，一般只要看它们的正面投影和水平投影是否平行就可以了。但对于两直线均为某投影面平行线时，若无直线所平行的投影面上的投影，仅根据另两投影的平行是不能确定它们在空间是否平行的，应从直线在所平行的投影面上的投影来判定是否平行。

如图 3-14(a)所示，*AB* 和 *CD* 为两条侧平线，看它们的正面投影 *a'b'* // *c'd'* 和水平投影 *ab* // *cd*，但不能判定 *AB* 和 *CD* 是否平行，还需要补出它们的侧面投影来进行判定。从补出的侧面投影可以看出 *a″ b″* 与 *c″ d″* 不平行，这说明空间两直线 *AB* 和 *CD* 不平行。假若补出它们的侧面投影平行，则空间两直线一定平行。

图 3-14(b)所示 *AB* 和 *CD* 为两条水平线，由于它们的三面投影均互相平行，所以它们是在空间也平行的两条直线。

图 3-14(c)所示 *AB* 和 *CD* 为两条正平线，虽然它们水平和侧面投影平行，但其正面投影不平行，所以它们在空间是不平行的两条直线。

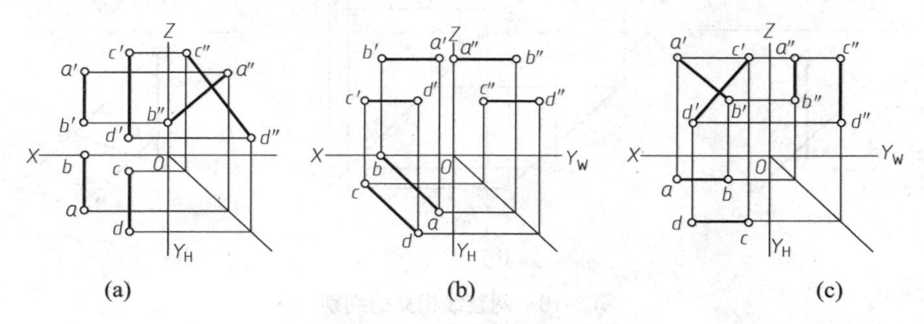

图 3-14　两直线平行的判别

2. 两直线相交

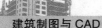

若空间两直线相交，则它们的各同面投影必定相交，且交点符合点的投影规律。如图 3-15 所示，两直线 AB、CD 相交于 K 点，因为 K 点是两直线的共有点，则此两直线的各组同面投影的交点 k、k'、k'' 必定是空间交点 K 的投影。反之，若两直线的各同面投影相交，且各组同面投影的交点符合点的投影规律，则此两直线在空间也必定相交。

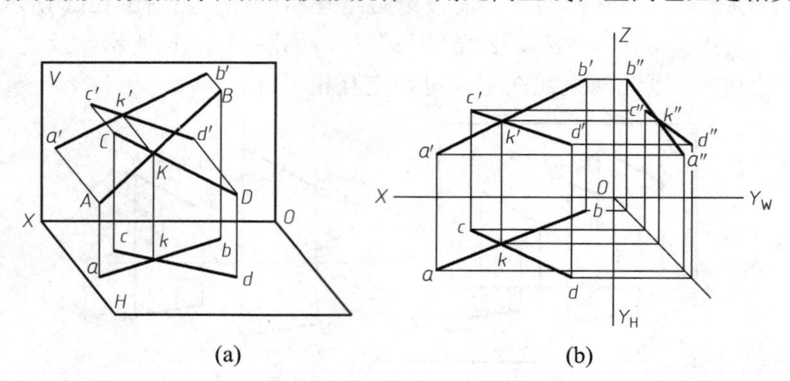

图 3-15　两直线相交

在投影图中，若判别两直线是否相交，对于两条一般位置直线来说，只要任意两个同面投影的交点的连线垂直于相应的投影轴，就可判定这两条直线在空间一定相交。但是当两条直线中有一条直线是投影面平行线时，应利用直线在所平行的投影面内投影来判断。

图 3-16(a)中，虽然 ab 和 cd 交于 k，$a'b'$ 和 $c'd'$ 交于 k'，且 $kk' \perp OX$，但不能直接下结论，说二直线相交，通常可利用侧面投影或比例关系进行判断。

如图 3-16(b)，因为 CD 为侧平线，虽然正面投影和水平投影都相交，观看侧面投影，$a''b''$ 和 $c''d''$ 也相交，但该交点与 k' 的连线同 OZ 轴不垂直，所以两直线不相交。

若只根据 V、H 两面投影来判定，如图 3-16(c)所示，则需比较 ck 和 kd 的线性比与 $c'k'$ 和 $k'd'$ 的线性比是否相等，如果相等则相交，不等则不相交。

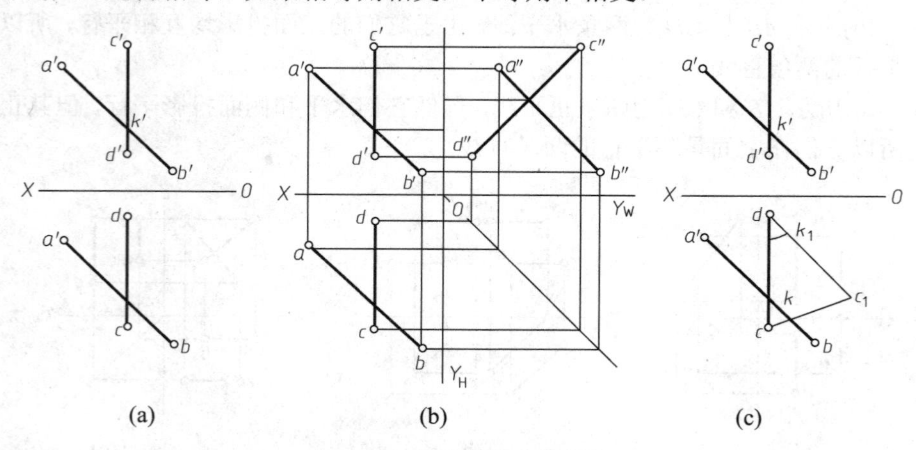

图 3-16　两直线相交的判别

【例 3-7】 已知四边形 $ABCD$ 的 V 投影及其两条边的 H 投影，如图 3-17(a)所示，试完成四边形在 H 面的投影。

分析：由于四边形 $ABCD$ 对角线相交，所以，根据两线相交的投影特性，即可完成四边形 $ABCD$ 的水平投影问题。

作图方法：

(1) 连接a' c'和$b'd'$，得交点k'，即两对角线交点 K 的 V 面投影，如图 3-17(b)所示。

(2) 因交点 K 的 H 面投影必在对角线 AC 的投影 ac 上，故连接 ac，过 k' 作 OX 垂线与 ac 交于点 k；因点 D 的 H 面投影必在 bk 的延长线上，故连接 bk 并延长，如图 3-17(c)所示。

(3) 过 d' 向下作 OX 轴的垂线，与 bk 的过 d' 向下作 OX 轴的垂线，与 bk 延长线交于 k，连接 da、dc，$abcd$ 即为所求，如图 3-17(d)所示。

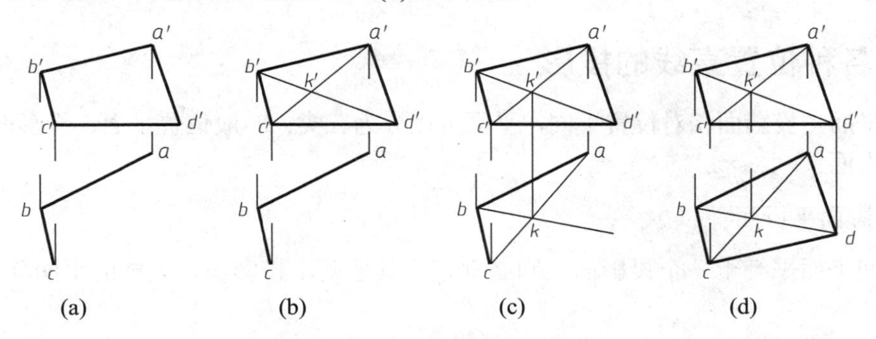

图 3-17　两直线相交的应用

3. 两直线交叉

既不平行又不相交的两直线，称为交叉两直线。

若空间两直线交叉，则它们的各组同面投影必不同时平行，或者它们的各同面投影虽然相交，但其交点不符合点的投影规律。反之亦然。如图 3-18(a)所示。

空间交叉两直线的投影的交点，实际上是空间两点的投影重合点。利用重影点和可见性，可以很方便地判别两直线在空间的位置。在图 3-18(b)中，判断 AB 和 CD 的正面重影点 $k'(l')$ 的可见性时，由于 K、L 两点的水平投影 k 比 l 的 y 坐标值大，所以当从前往后看时，点 K 可见，点 L 不可见，由此可判定 AB 在 CD 的前方。同理，从上往下看时，点 M 可见，点 N 不可见，可判定 CD 在 AB 的上方，所以这两条直线在空间是交叉的。

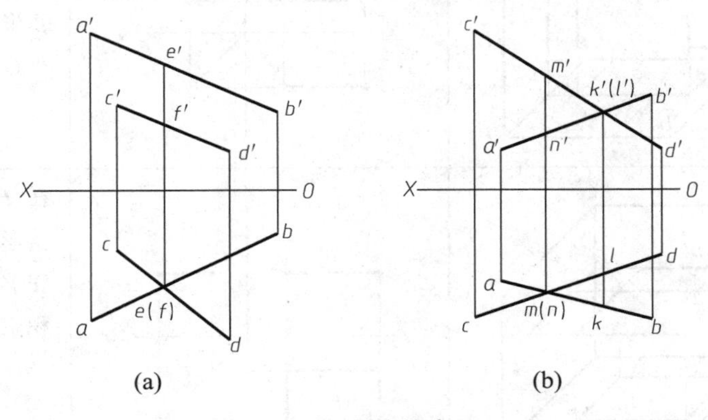

图 3-18　两直线交叉

3.3 平面的投影

【学习目标】通过学习各种位置平面的投影的形成、各种位置平面的投影特征，熟练掌握各种位置平面的投影规律。

平面可以看成是点和直线的组合，一般常用平面图形来表示，如三角形、四边形、圆形等。要绘制平面的投影，只需作出表示平面图形轮廓的点和线的投影，依次连接即可得平面的投影。

3.3.1 各种位置直线的投影

根据平面与投影面相对位置不同，平面可以分为三类：一般位置平面、投影面平行面、投影面垂直面。

1. 投影面平行面

若空间平面平行于一个投影面，则必垂直于其他两个投影面，这样的平面称之为投影面平行面。

正平面：平行于 V 面而垂直于 H、W 面。

水平面：平行于 H 面而垂直于 V、W 面。

侧平面：平行于 W 面而垂直于 H、V 面。

投影面平行面在其平行的投影面上的投影反映实形，其他两个投影面上投影积聚成一条直线，且平行于相应的投影轴，如表 3-3 所示。

表 3-3 投影面平行面的投影特征

种 类	立 体 图	投影图	投影特征
正平面	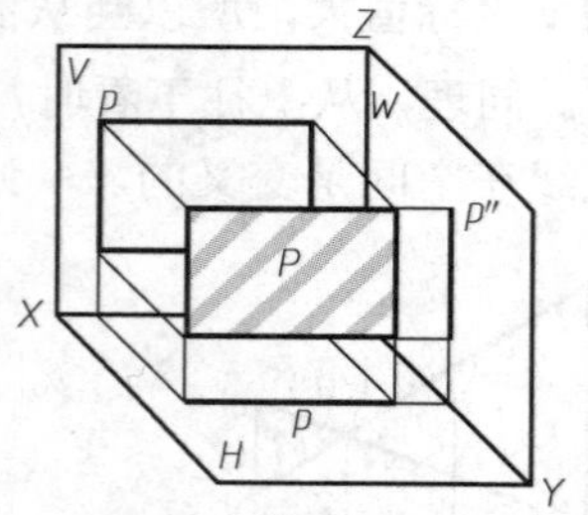	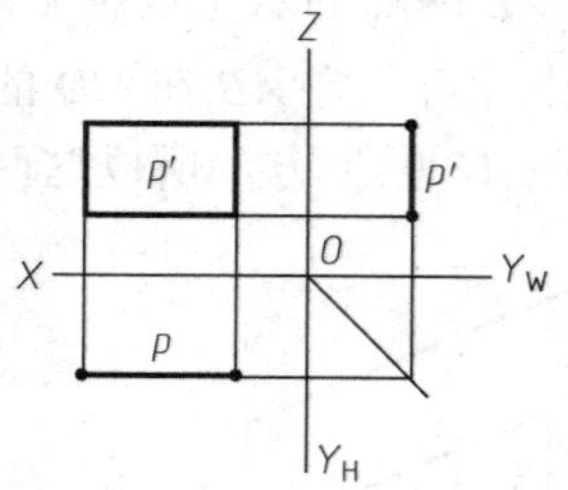	在 V 面上的投影反映实形 在 H 面、W 面上的投影积聚为一直线，且分别平行于 OX 轴和 OZ 轴
水平面	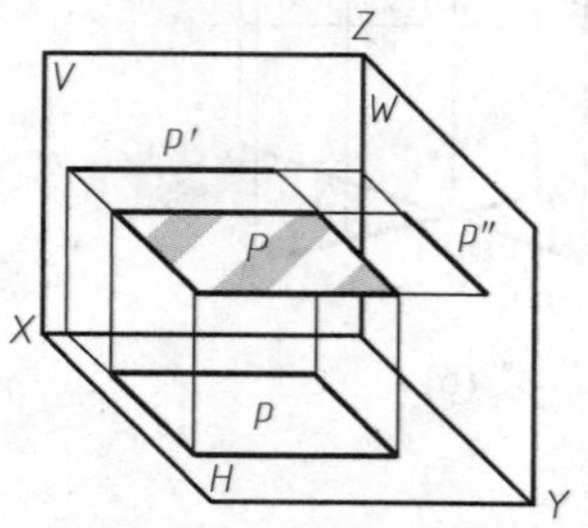	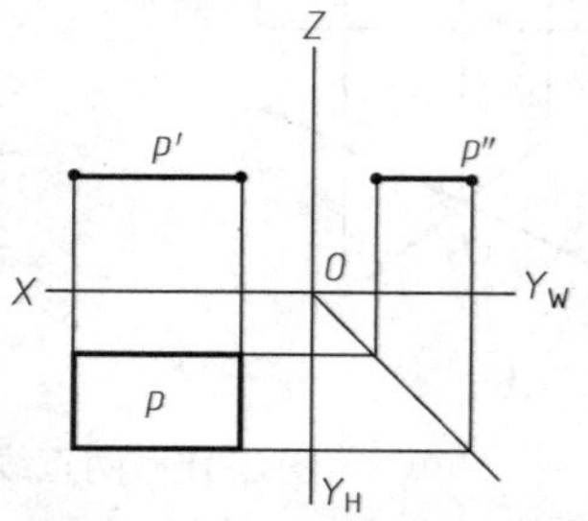	在 H 面上的投影反映实形 在 V 面、W 面上的投影积聚为一直线，且分别平行于 OX 轴和 OY_W 轴

续表

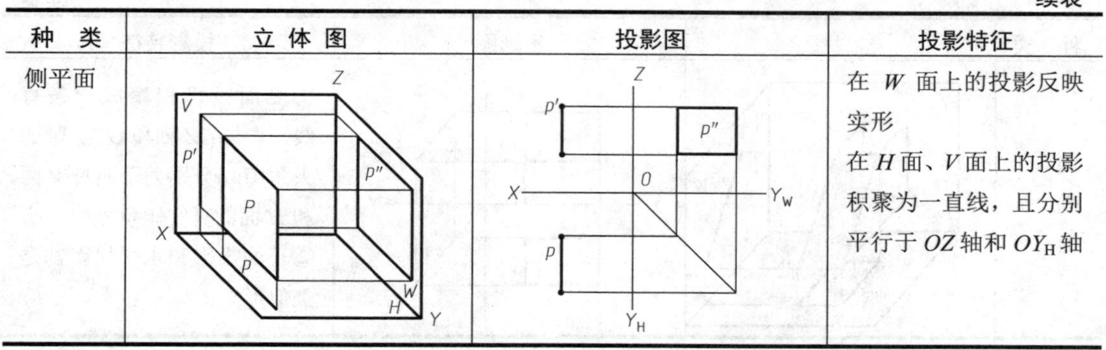

种　类	立 体 图	投影图	投影特征
侧平面			在 W 面上的投影反映实形 在 H 面、V 面上的投影积聚为一直线，且分别平行于 OZ 轴和 OY_{H} 轴

投影面平行面的投影特征：

(1) 平面平行于哪个投影面，它在该投影面上的投影反映空间平面的实形。

(2) 其他两个投影都积聚为直线，而且与相应的投影轴平行。

2. 投影面垂直面

若空间平面垂直于一个投影面，而倾斜于其他两个投影面，这样的平面被称为投影面垂直面。

正垂面：垂直 V 面而倾斜于 H、W 面。

铅垂面：垂直 H 面而倾斜于 V、W 面。

侧垂面：垂直 W 面而倾斜于 V、H 面。

平面与投影面所夹的角度称为平面对投影面的倾角。α、β、γ 分别表示平面对 H 面、V 面、W 面的倾角。投影面垂直面在其垂直的投影面上的投影积聚成一条直线，该直线和投影轴的夹角反映了空间平面和其他两个投影面所成的二面角，其他两个投影面上的投影为类似形，如表 3-4 所示。

表 3-4　投影面垂直面的投影特征

种　类	立体图	投影图	投影特征
正垂面	Z, V, d′, D, d″, a″, c′, W, C, A, c″, b″, X, B, d, O, c, b, a, H, Y	Z, a′(d′), d″, a″, γ, b′(c′), α, b″, c″, O, X, Y_W, c, d, b, a, Y_H	①正面投影积聚成一条直线，它与 OX 轴和 OZ 轴的夹角 α、γ 分别为平面对 H 面和 W 面的真实倾角。 ②水平投影和侧面投影都是类似形
铅垂面	Z, V, f′, e′, F, f″, E, e″, W, g′, g″, X, G, h″, H, O, f(g), e(h), H, Y	Z, f′, e′, f″, e″, h′, g′, g″, h″, X, O, Y_W, f(g), β, γ, e(h), Y_H	①水平投影积聚成一条直线，它与 OX 轴和 OY_{H} 的夹角 β、γ 分别为对平面 V 面和 W 面的真实倾角。 ②正面投影和侧面投影都是类似形

续表

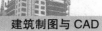

种　类	立体图	投影图	投影特征
侧垂面	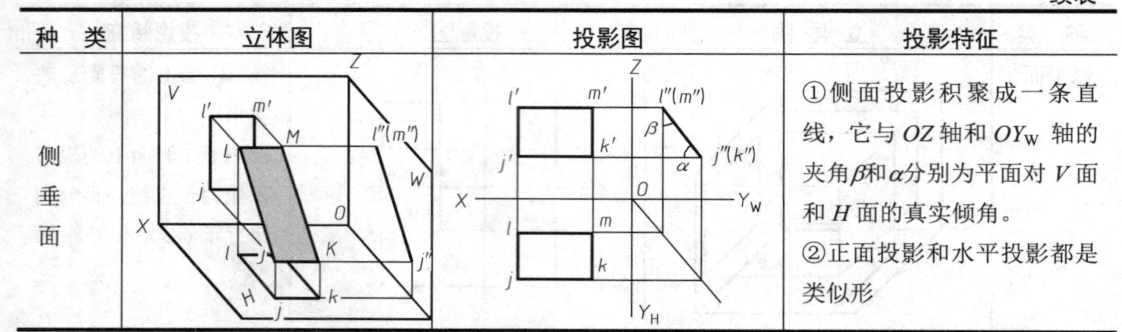		①侧面投影积聚成一条直线，它与 OZ 轴和 OY_W 轴的夹角β和α分别为平面对 V 面和 H 面的真实倾角。 ②正面投影和水平投影都是类似形

投影面垂直面的投影特征：

(1) 平面垂直哪个投影面，它在该投影面上的投影积聚为一直线且与投影轴倾斜，并且这个投影和投影轴所夹的角度，就等于空间平面对相应投影面的倾角；

(2) 其他两个投影都是空间平面的类似形。

【例 3-8】 铅垂面 ABC，β=30°，且 C 在 B 的左前方。作 ABC 的水平投影及侧面投影。如图 3-19(a)所示。

分析：由铅垂面投影特征可知，铅垂面 ABC 在水平面上的投影 abc 积聚为一直线，且与 OX 轴倾斜，与 OX 轴之间的夹角为β=30°，又有 C 在 B 的左前方，所以水平投影 abc 的倾斜方向如图 3-19(b)所示，最后，完成作图。

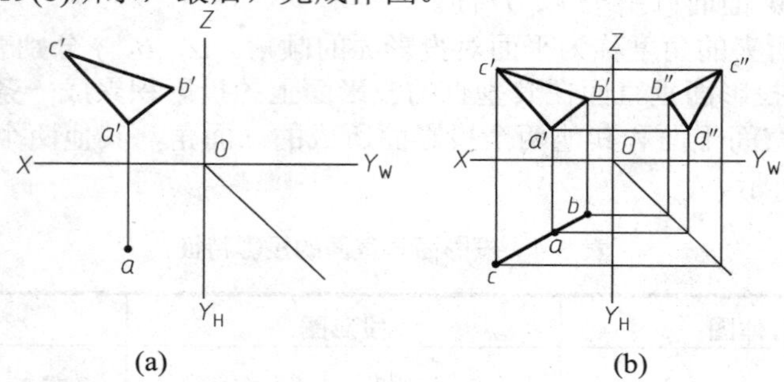

图 3-19　画出铅垂面的水平、侧面投影

3.3.2　一般位置平面

若空间平面的三个投影面均处于倾斜位置，此平面称为一般位置平面。一般位置平面在三个投影面上的投影均为类似形，在投影图上不能直接反映空间平面和投影面所成的二面角。如图 3-20 所示。

一般位置平面的投影特征可归纳为：一般位置平面的三面投影，既不反映实形，也无积聚性，而都为类似形。

3.3.3　平面上的点和直线

1. 平面上的点

因点在平面内的一直线上，则该点必在平面上，所以在平面上取点，必须先在平面上

取一直线，然后再在该直线上取点。这是在平面的投影图上确定点所在位置的依据。如图 3-21(a)所示相交的两直线 *AB*、*AC* 确定一平面 *P*，点 *K* 取自直线 *AB*，所以点 *K* 必在平面 *P* 上，其投影图的画法如图 3-21(b)所示。

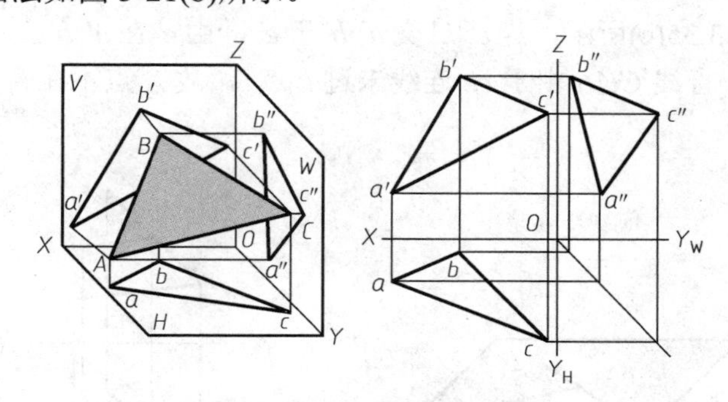

图 3-20　一般位置平面的投影

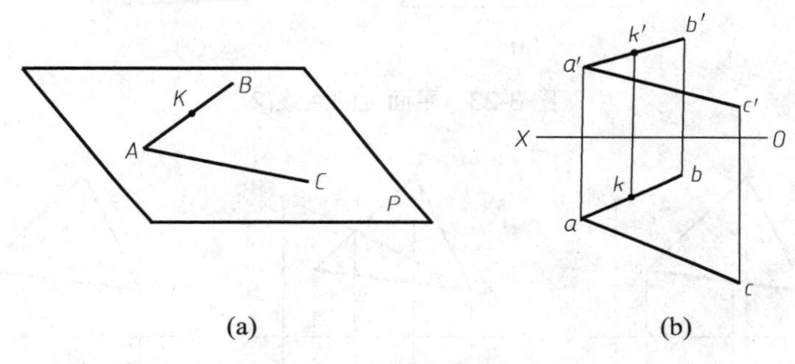

(a)　　　　　　　　　(b)

图 3-21　平面上的点

2. 平面上的直线

如图 3-22(a)所示，相交两直线 *AB*、*AC* 确定一平面 *P*，分别在直线 *AB*、*AC* 上取点 *E*、*F*，连接 *EF*，则直线 *EF* 为平面 *P* 上的直线，其投影图的画法如图 3-22(b)所示。

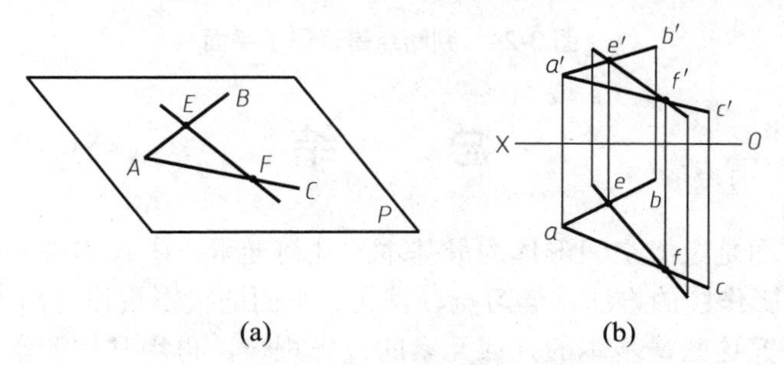

(a)　　　　　　　　　(b)

图 3-22　平面上的直线(1)

如图 3-23(a)所示，相交两直线 *AB*、*AC* 确定一平面 *P*，在直线 *AC* 上取点 *E*，过点 *E* 作直线 *EF*//*AC*，则直线 *EF* 为平面 *P* 上的直线，其投影图的画法如图 3-23(b)所示。

【例 3-9】 如图 3-24(a)所示，试判断点 *K* 和点 *M* 是否属于△*ABC* 所确定的平面。

分析：点 *K* 和点 *M* 若属于△*ABC*，则它们必分别属于平面△*ABC* 上的某一直线，否则就不属于该平面。

作图方法:

(1) 如图 3-24(b)所示，连接a' m'交b' c'于d'，由d'在b' c'上求得d，连a、d，作出属于△*ABC* 的直线 *AD*，延长 *ad* 后与 *m* 相交，即 *m* 在 *ad* 上，所以可判定点 *M* 属于平面△*ABC*。

(2) 同理，如图 3.35(c)所示，连c' k'交a' b'于e'，由e'在a' b'上求得 *e*，连 *c*、*e*，得到属于△*ABC* 的另一直线 *CE*，由于 *ce* 连线未过 *k* 点 ，故 *K* 点不在直线 *CE* 上，说明点 *K* 不在平面△*ABC* 上。

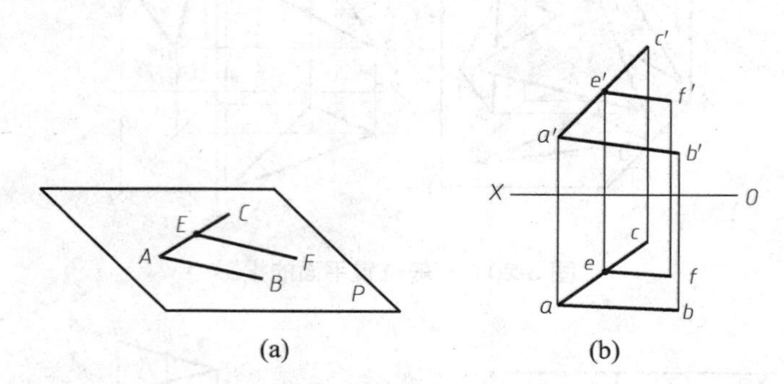

图 3-23　平面上的直线(2)

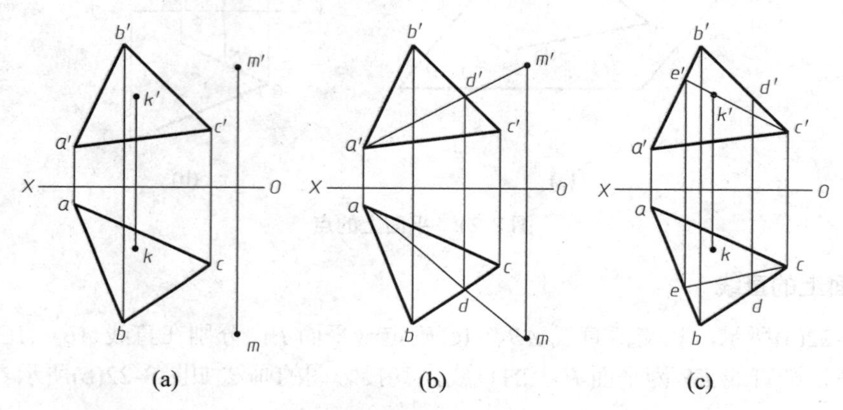

图 3-24　判断点是否属于平面

总　　结

点、直线、平面是组成空间形体的最基本的几何元素，本章详细介绍了点、直线和平面的投影特征，投影作图的方法，学习点、直线、平面的投影规律要用“长对正、高平齐、宽相等”的规律研究这些最基本的几何元素的投影规律，再用几何元素的投影规律去研究立体的投影。

投影中规定：空间点、直线、平面用大写字母表示(如点 *A*)，投影用小写字母表示(如 *H*、*V*、*W* 面投影分别表示为 *a*、a' 、a'')。

点的投影规律：$a'a \perp OX$；$a'a'' \perp OZ$；$aa_x = a''a_z$ 。

直线的投影分为三种：一般线、投影面的平行线、投影面的垂直线。

一般线的 *H*、*V*、*W* 面投影均不反映实长，与三个投影面都处于倾斜位置。

投影面平行线在其平行的投影面上的投影反映实长，其他两个投影面上投影平行于相应的投影轴，且投影线段的长小于空间线段的实长。

投影面垂直线在其垂直的投影面上的投影积聚为一个点，其他两个投影面上投影垂直于相应的投影轴，且反映实长。

两直线的相对位置有 3 种：平行、相交、交叉。

平面的投影分为三种：一般位置平面、投影面的平行面、投影面的垂直面。

一般位置平面的三面投影，既不反映实形，也无积聚性，而都为类似形。

投影面平行面在它所平行的投影面上的投影反映实形， 其他两个投影都积聚为直线，而且与相应的投影轴平行。

投影面垂直面在它所垂直的投影面上的投影积聚为一直线且与投影轴倾斜， 其他两个投影都是空间平面的类似形。

习　题

一、选择题

1.　投影面的平行线中，水平线的投影图为(　　)。

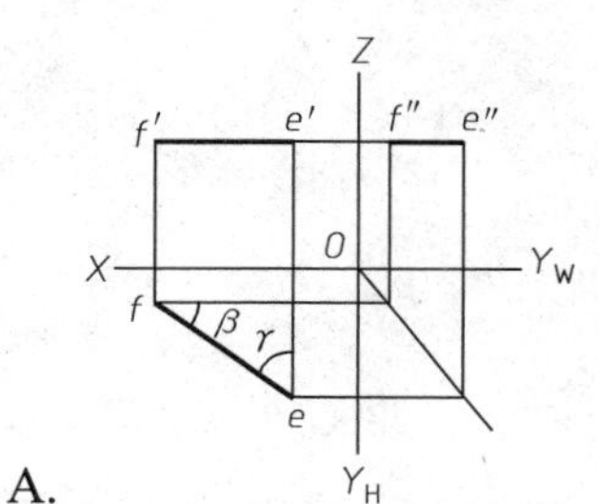

A.

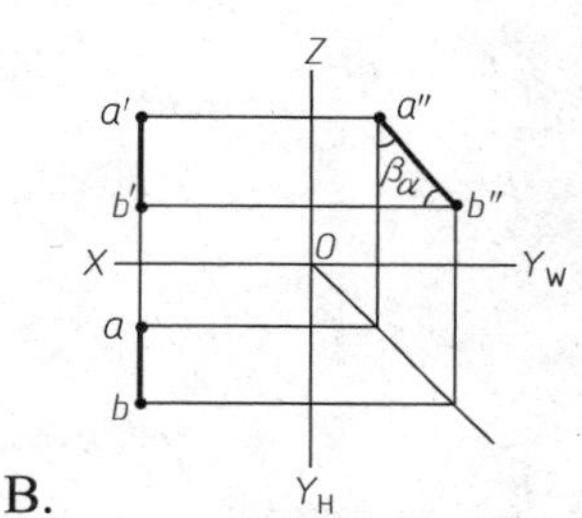

B.

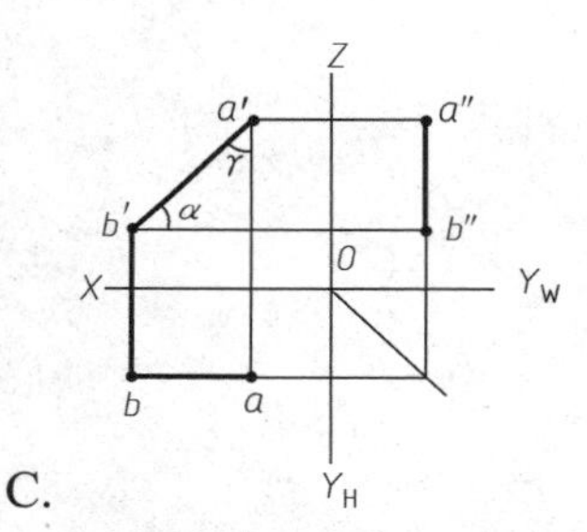

C.

2.　投影面的垂直线中，正垂线的投影图为(　　)。

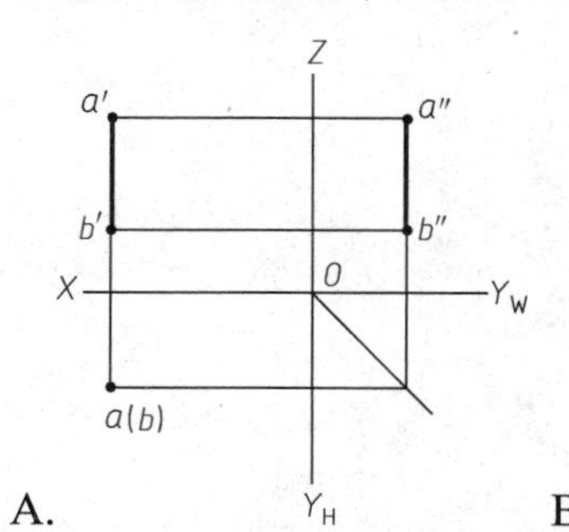

A.

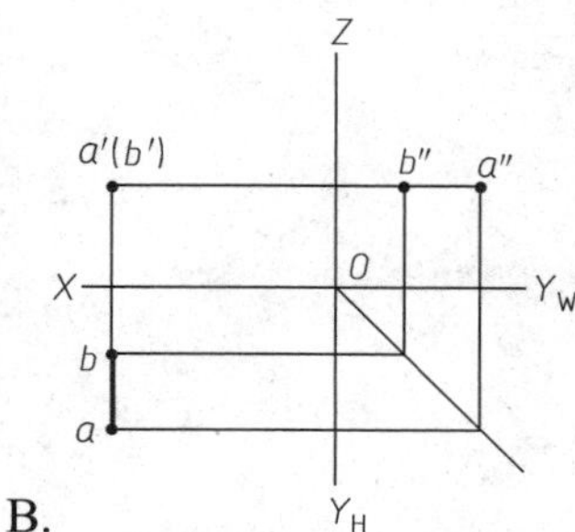

B.

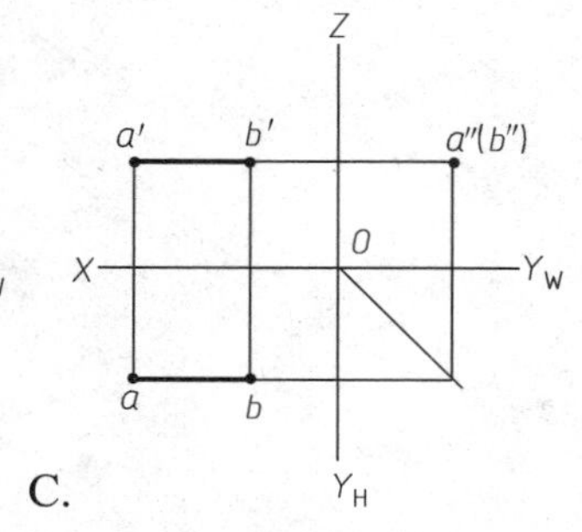

C.

3.　投影面的平行面中，正平面的投影图为(　　)。

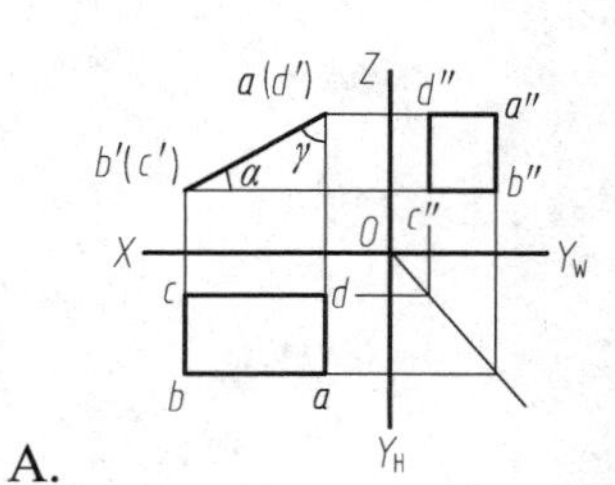

A.

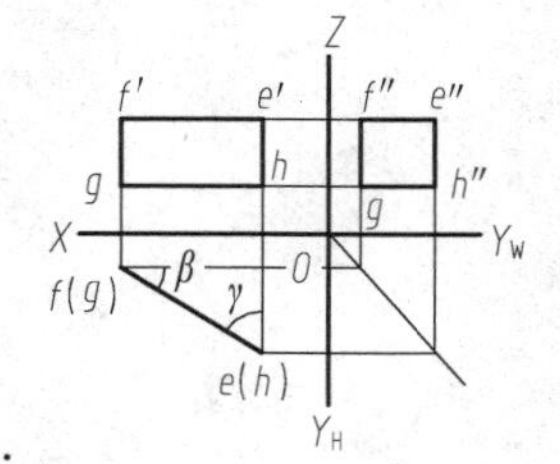

B.

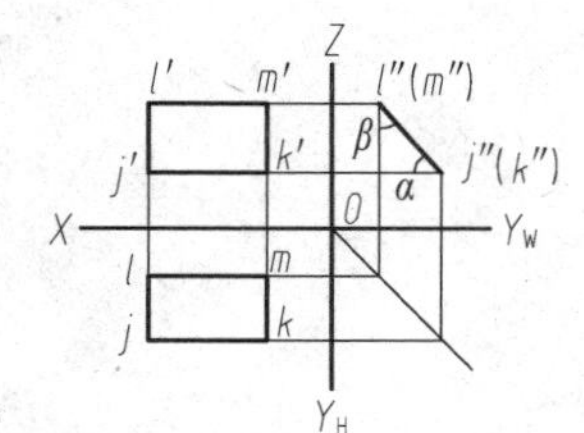

C.

4. 投影面的垂直面中，铅垂面的投影图为(　　)。

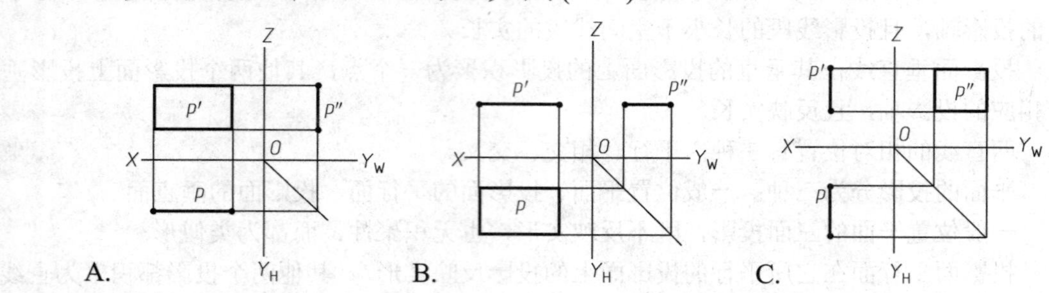

二、思考题

1. 点在三投影面上的投影应如何标注？
2. 判断两点相对位置时其上下、左右、前后方位分别由哪些坐标值确定？
3. 判断两直线平行的方法有哪些？
4. 直线在空间相对于投影面的位置有几种？各种位置的直线都有哪些投影特性？
5. 空间平面相对于投影面的位置有几种？各种位置的平面都有哪些投影特征？

任务4 体的投影

【内容提要】

通过学习基本平面体的投影画法和尺寸标注、基本曲面体的投影画法和尺寸标注、在体表面取点、取线的投影作图方法、组合体投影图的画法和识读方法等内容。熟练掌握组合体投影图的画法和投影规律，掌握基本平面体、曲面体的投影特性和尺寸标注，掌握组合体投影图的识读方法，熟悉组合体投影图的尺寸标注，了解在基本平面体、曲面体表面取点、取线的投影作图方法。

【技能目标】

- 通过学习棱柱体、棱锥体、棱台体的投影特性和尺寸标注，掌握基本平面体的投影特性和尺寸标注。
- 通过学习圆柱体、圆锥体、圆台体、球体的投影特性和尺寸标注，掌握基本曲面体的投影特性和尺寸标注。
- 通过学习组合体的类型、组合体投影图的画法、组合体投影的规律，熟练掌握组合体投影图的画法和投影规律。

项目案例导入

图 4-1 是人民英雄纪念碑，它是由哪些几何体组成的呢？

图 4-2 是华裔建筑师贝聿铭为法国罗浮宫扩建项目所设计的玻璃金字塔，它是由哪种基本的几何形体所构成的呢？这种几何形体又是如何在图纸上表达的呢？

图 4-1　人民英雄纪念碑

图 4-2　法国罗浮宫

4.1　立体的投影

【学习目标】通过学习棱柱体、棱锥体、棱台体的投影特性和尺寸标注，掌握基本平面体的投影特性和尺寸标注。

4.1.1　体的分类和画法

空间形体的大小、形状和位置是由其表面限定的，于是形体按其表面的性质不同可分为两类：

平面体——表面全部由平面组成的立体。

曲面体——表面全部或部分由曲面组成的立体。

基本的平面体有棱柱(体)、棱锥(体)和棱台(体)等。基本的曲面体有圆柱(体)、圆锥(体)、圆台(体)和球(体)等。

绘制形体的投影时，应将形体上的棱线和轮廓线都画出来，并且按投影方向可见的线用实线表示，不可见的线用虚线表示，如图 4-3 所示。

做形体投影图时，同时反映形体长度的水平投影和正面投影左右对齐，叫“长对正”；同时反映形体高度的正面投影和侧面投影上下对齐，叫“高平齐”；同时反映形体宽度的水平投影和侧面投影前后对齐，叫“宽相等”。所以，“长对正、高平齐、宽相等”的正投影规律，也是形体三面投影的重要规律。

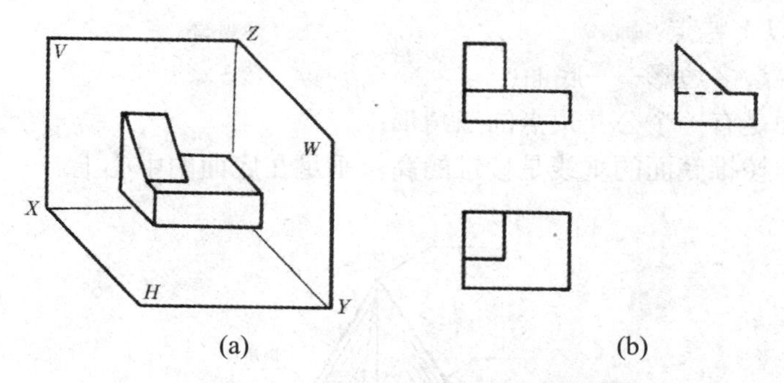

图 4-3　体的三面投影图的画法

4.1.2　平面体的投影

1. 棱柱体的投影

棱柱体是由平行的顶面、底面以及若干个侧棱面围成的实体，且侧棱面的交线(棱线)互相平行。棱线垂直于底面的棱柱叫直棱柱；棱线与底面斜交的棱柱叫斜棱柱；底面为正多边形的直棱柱叫正棱柱。如图 4-4 所示，正棱柱具有如下特点：

(1) 有两个互相平行的等边多边形——底面；

(2) 其余各面都是矩形——侧面；

(3) 相邻侧面的公共边互相平行——侧棱。

作棱柱的投影时，首先应确定棱柱的摆放位置，如图 4-4 所示，正三棱柱的两个底面与一个投影面平行。根据其摆放位置，该三棱柱顶面和底面均为水平面，符合水平面的投影特征，水平投影反映实形为正三角形，另两个投影均积聚为水平的直线。所有侧棱面都垂直于 *H* 面，左右侧棱面为铅垂面，后侧棱面为正平面，均符合各投影面的投影规律。由图 4-4 可以得出正棱柱体的投影特点：一个投影为多边形，其余两个投影为一个或若干个矩形。

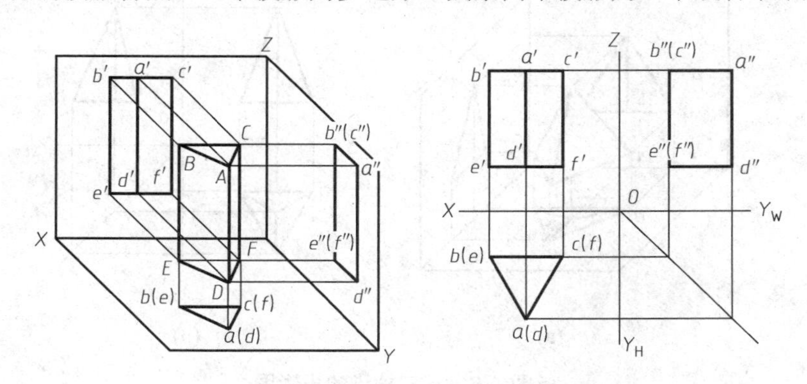

图 4-4　正三棱柱的投影

同理，可以画出正四棱柱、正五棱柱、正六棱柱等棱柱体投影。同学们可以练习绘制正五棱柱的投影。

2. 棱锥体的投影

棱锥也有正棱锥和斜棱锥之分。如图 4-5 所示。

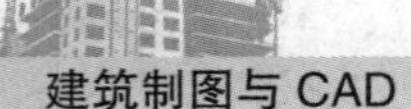

正棱锥具有以下特点：

(1) 有一个等边多边形——底面；

(2) 其余各面是有一个公共顶点的三角形；

(3) 过顶点作棱锥底面的垂线是棱锥的高，垂足在底面的中心上。

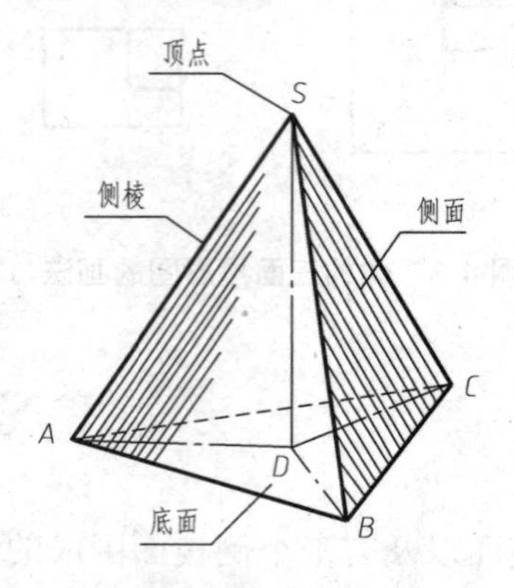

图 4-5　正三棱锥

为便于作棱锥体的投影，常使棱锥的底面平行于某一投影面。通常平行于 *H* 面，如图 4-6 所示，求其三面投影。

分析：底面 *ABC* 为水平面，水平投影反映实形(为正三角形)，另外两个投影为水平的积聚性直线。侧棱面 *SAC* 为侧垂面，侧面投影积聚为直线，另两个棱面是一般位置平面，三个投影成类似的三角形。侧棱面 *SAB* 和 *SBC* 为一般位置平面，棱线 *SA*、*SC* 为一般位置直线，棱线 *SB* 是侧平线，三条棱线通过棱锥顶点 *S*。作图时，可以先求出底面和棱锥顶点 *S*，再补全棱锥的投影。作图结果如图 4-4(b)所示。

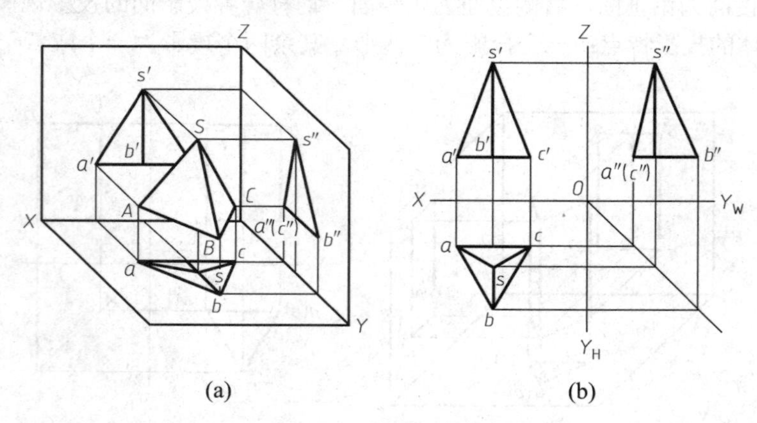

图 4-6　正三棱锥的投影图

同理，可以画出正四棱锥、正五棱锥、正六棱锥等棱锥体的投影。如图 4-7 为正五棱锥投影，*V* 面投影中有两条棱线不可见，画虚线。

综合分析正三棱锥、正五棱锥等棱锥体的投影，可以得出棱锥体的投影特点：一个投影为多边形，内有与多边形边数相同个数的三角形；另两个投影都是有公共顶点的若干个三角形。

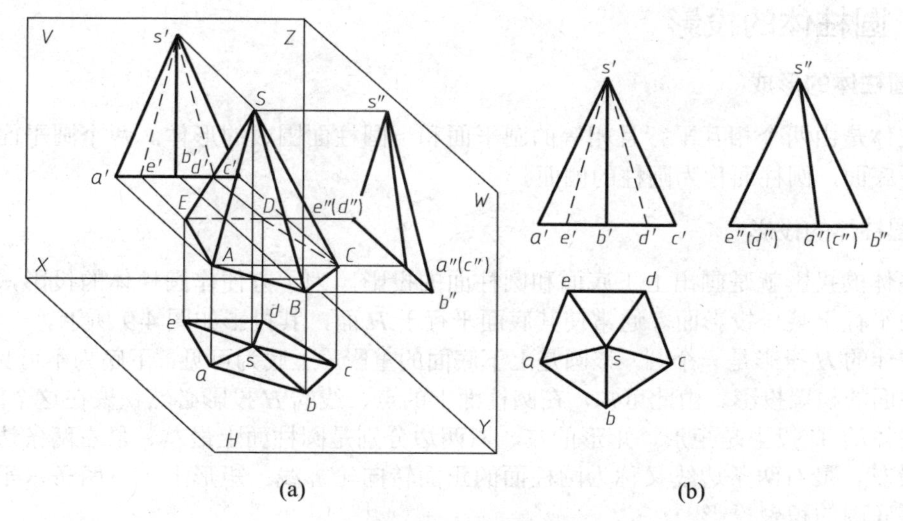

(a) (b)

图 4-7 正五棱锥的投影图

3. 棱台体的投影

将棱锥体用平行于底面的平面切割去上部，余下的部分称为棱台体。三棱锥体被切割后余下部分称为三棱台，四棱锥体被切割后余下部分称为四棱台，依次类推。如图 4-8 所示，将四棱台置于三面投影体系中，投影图如图 4-8(c)所示。

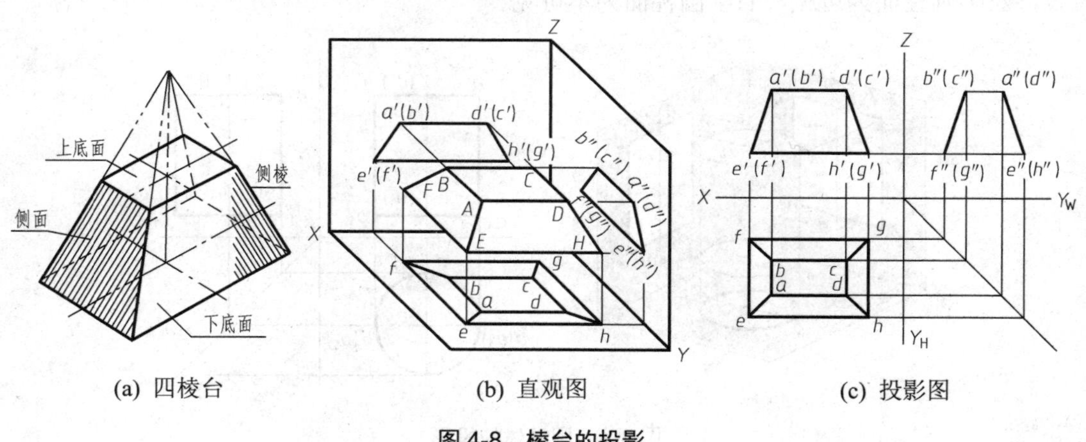

(a) 四棱台 (b) 直观图 (c) 投影图

图 4-8 棱台的投影

由图 4-8 可以得出棱台的投影特点：一个投影中有两个相似的多边形，内有与多边形边数相同个数的梯形；另两个投影都为若干个梯形。

4.2 曲面体的投影

【学习目标】通过学习圆柱体、圆锥体、圆台体的投影特性和尺寸标注，掌握基本曲面体的投影特性和尺寸标注。

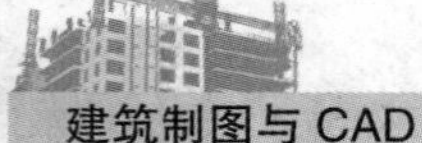

4.2.1 圆柱体的投影

1. 圆柱体的形成

圆柱体是由两个相互平行且相等的圆平面和一圆柱面围成的形体。两个圆平面称为圆柱的上下底面，圆柱面称为圆柱的侧面。

2. 圆柱体的投影

圆柱体的投影就是画出上下底面和圆柱面的投影。为了方便作圆柱体的投影，常使圆柱的底面平行于某一投影面。通常使其底面平行于 *H* 面，其投影如图 4-9 所示。

圆柱体的 *H* 投影是一个圆，该圆是上下底面的重影，上底为可见，下底为不可见；其圆周是圆柱面的积聚投影。由此可知，在圆柱面上的点、线的 *H* 投影必然积聚在这个圆周上。

圆柱体的 *V* 投影是矩形，矩形的左、右两边分别是圆柱面上最左、最右两条边线的 *V* 投影，最左、最右两条边线又称为圆柱面的正面转向轮廓线；矩形上、下两条水平线分别是上、下底圆的积聚投影。

圆柱体的 *W* 投影亦是矩形，矩形的左、右两边分别是圆柱面上最后、最前两条边线的 *W* 投影，最后、最前两条边线又称为圆柱面的侧面转向轮廓线；矩形上、下两条水平线亦是上、下底圆的积聚投影。

圆柱面的投影还存在可见性问题，它的 *V* 投影是前半圆柱面和后半圆柱面投影的重合，前半圆柱面为可见，后半圆柱面为不可见；它的 *W* 投影是左半圆柱面和右半圆柱面投影的重合，左半圆柱面为可见，右半圆柱面为不可见。

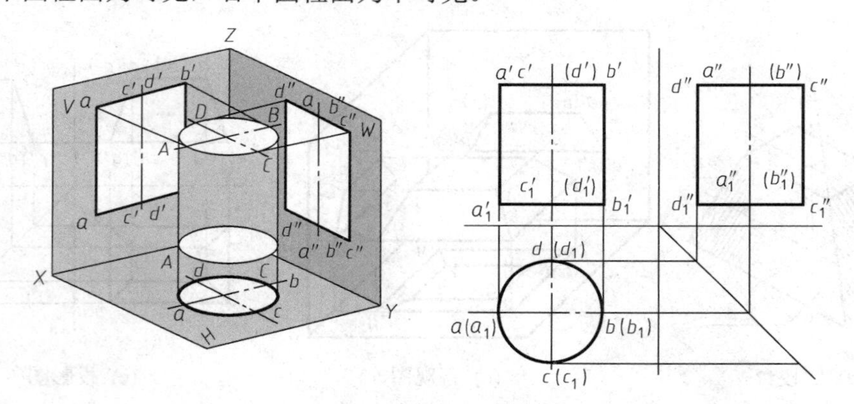

图 4-9 圆柱体的投影

4.2.2 圆锥体的投影

1. 圆锥体的形成

圆锥体是由圆锥面和一圆形底面所围成的形体。圆平面称为底面，圆锥面称为侧面。

2. 圆锥体的投影

圆锥体的投影就是圆锥面和底圆的投影。为方便作圆锥体的投影，常使圆锥的底面平行于某一投影面，一般为 *H* 面。此时，圆锥体的 *H* 投影是个圆。它是圆锥面与底圆投影的重合，圆锥面为可见，底圆为不可见。

圆锥体的 *V*、*W* 投影均为等腰三角形，两个等腰三角形的底边，是底圆的积聚投影，*V* 投影的三角形的两腰分别是圆锥面上最左、最右边线的投影，以最左、最右边线为分界线，前半个锥面为可见，后半个锥面为不可见；*W* 投影的三角形的两腰分别是圆锥面上最后、最前边线的投影，以最后、最前边线为分界线，左半个锥面为可见，右半个锥面为不可见。如图 4-10 所示。

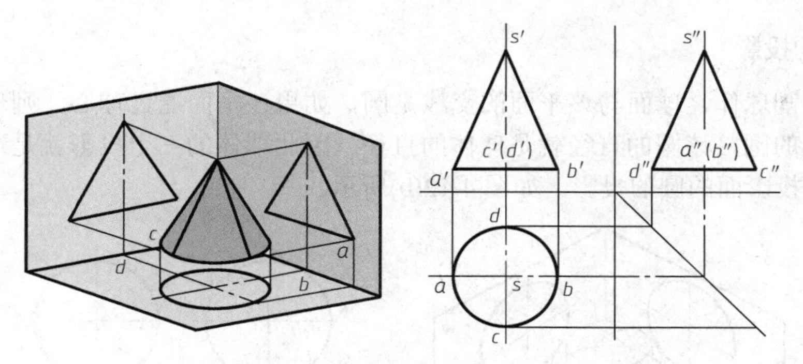

图 4-10　圆锥体的投影

4.2.3　圆台体的投影

1. 圆台体的形成

将圆锥体用平行于底面的平面切割去上部，余下的部分称为圆台体，如图 4-11(a)所示。圆台体由圆台面和上、下底面所围成。

2. 圆台体的投影

如图 4-11(b)所示，将圆台体置于三面投影体系中，上下底圆平行于水平投影面，其水平投影均反映实形，是两个直径不等的同心圆。圆台体正面投影和侧面投影都是等腰梯形。梯形的高为圆台的高，梯形的上底长度和下底长度是圆台上、下底圆的直径。

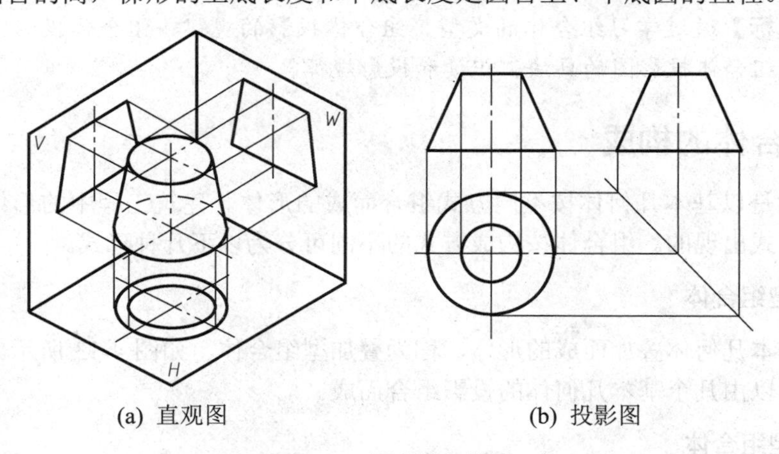

(a) 直观图　　　　(b) 投影图

图 4-11　圆台体的投影

4.2.4　球体的投影

1. 球体的形成

圆面绕其轴旋转形成球体。圆周绕其直径旋转形成球面。球体由球面围成。如图 4-12(a)所示。

2. 球体的投影

用平面切割球体，球面与该平面的交线是圆，如果该平面通过球心，则球面与该平面的交线是最大的圆，该圆的直径就是球体的直径。因此球体的三个投影就是通过球心且分别平行于三个投影面的圆的投影。如图 4-12(b)所示。

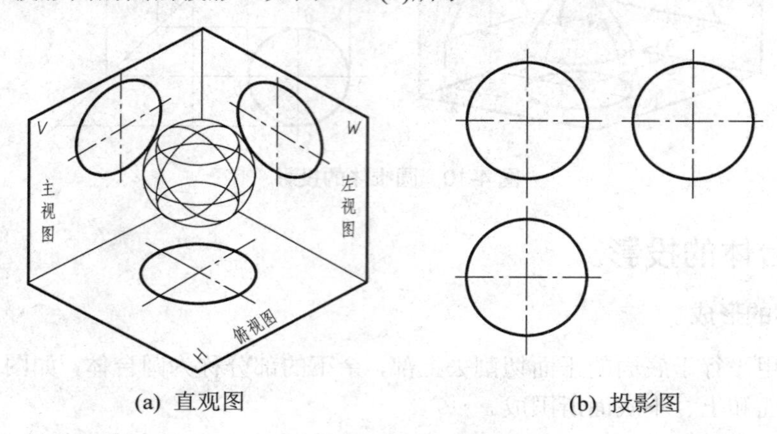

(a) 直观图　　(b) 投影图

图 4-12　球体的投影

4.3　组合体的投影

【学习目标】通过学习组合体的类型、组合体投影的规律、组合体投影图的识读与画法，熟练掌握组合体投影图的画法、识读和投影规律。

4.3.1　组合体的构成

组合体就是以基本几何体按不同方式组合而成的形体。建筑工程中的形体，大部分是以组合体的形式出现的。组合体按构成方式的不同可分为以下几种形式。

1. 叠加型组合体

由几个基本几何体叠加而成的形体，称为叠加型组合体。如图 4-13 所示。求叠加型组合体投影时可以由几个基本几何体的投影组合而成。

2. 切割型组合体

由一个基本几何形体经过若干次切割后形成的形体，称为切割型组合体。如图 4-14 所示。求其投影时，可先画基本几何体的三面投影图，然后根据切割位置，分别在几何体投影上切割。

3. 混合型组合体

混合型组合体是既有叠加又有切割的组合体，如图 4-15 所示。

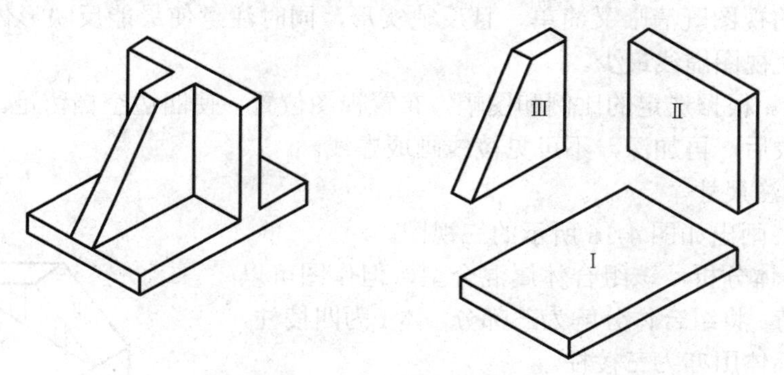

图 4-13　叠加型组合体

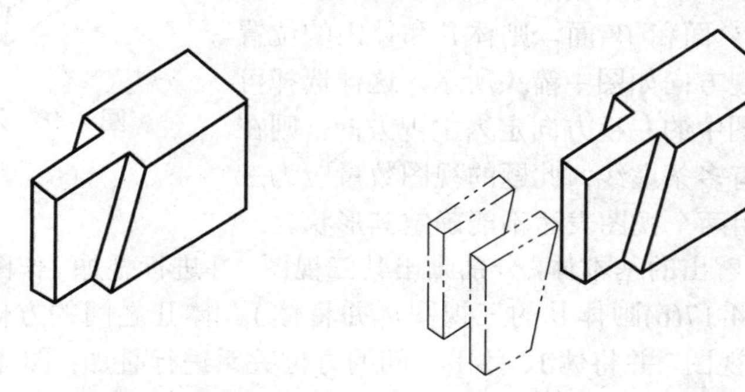

图 4-14　切割型组合体

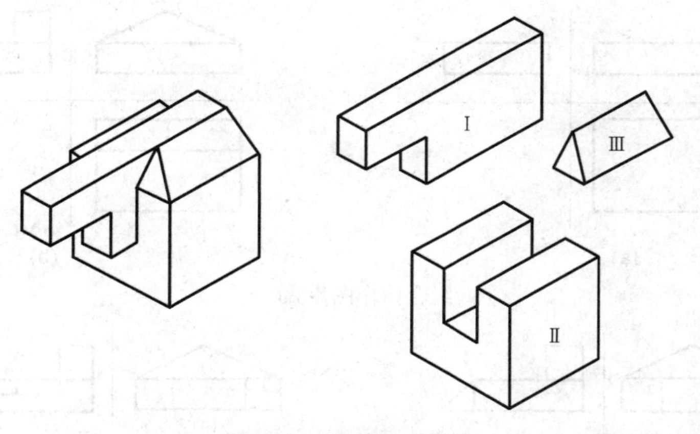

图 4-15　混合型组合体

4.3.2　组合体三面投影图的画法

求组合体的三面投影，就是在已知组合体的直观图基础上，画出它的三面投影图。由于组合体形状比较复杂，一般绘制组合体投影图时，总体思路是：将组合体分解成若干基本几何体，并分析它们之间的相互关系，绘制每一个基本几何体的投影，然后根据组合体的组成方式，及基本体之间的关系，将基本几何体的投影组合成组合体的投影。其作图步骤如下：

(1) 形体分析。弄清组合体的类型，各部分的相对位置，是否有对称性等。

(2) 选择视图。首先要确立安放位置，定出主视方向，将形体的主要面垂直或平行于投影面，使得到的视图既清晰又简单，且反映实形，同时注意使最能反映形体特征的面置于前方，而又要使视图虚线最少。

(3) 画视图。根据选定的比例和图幅，布置视图位置，使四边空档留足。画图时先画底图，经检查修改后，再加深，不可见棱线画成虚线。

(4) 最后标注尺寸。

【例 4-1】 画出如图 4-16 所示的三视图。

解：(1) 形体分析。该组合体属混合型，但作图可以先按叠加型对待。将组合体分解为三部分。体 I 为四棱柱，体 II 为三棱柱，体 III 亦为三棱柱。

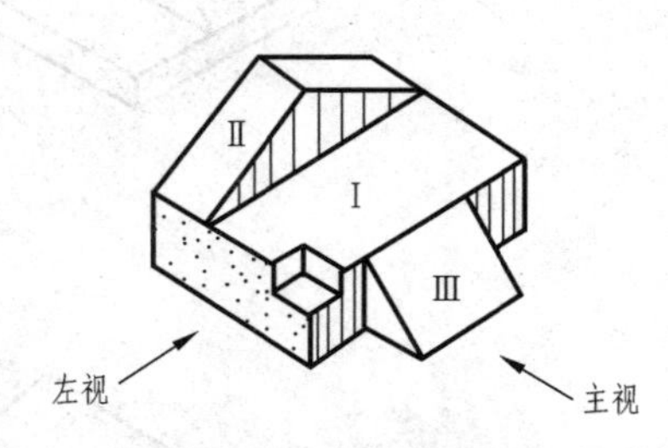

图 4-16 混合型组合体

(2) 选择视图。将体 I 的下底面置于水平位置，其他四个棱面分别平行于 *V* 面和 *W* 面，则体 II 和体 III 的位置相应确定。视图的主视方向如图中箭头所示，这样选择可以避免虚线，假若将图中的左视方向定为主视方向，则在另一“左视图”中将有多条虚线；此题的视图数量应为三个，因为体 I 和体 III 用两个视图表达不能确定其形状。

(3) 画视图。对分解出的基本体，分别画出其三视图，并进行叠加。作图步骤：图 4-17(a)画体 I 的三视图；图 4-17(b)画体 II 的三视图，并将体 I、体 II 之间的方位关系进行叠加；图 4-17(c)画体 III 的三视图，并将体 I、体 III 之间的方位关系进行叠加；图 4-17(d)在体 I 的左前上方截去一个小四棱柱体。

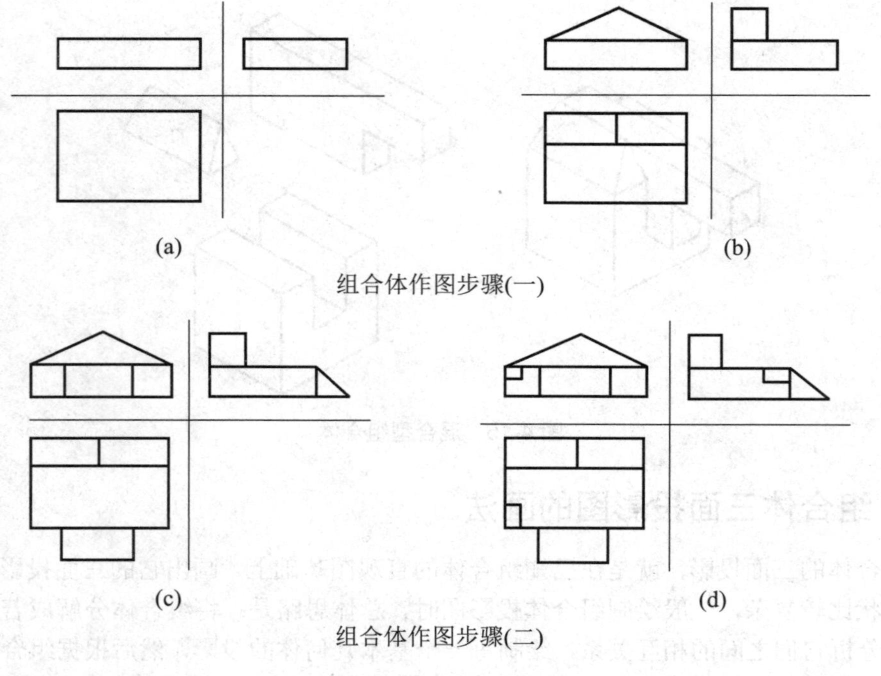

图 4-17

【例 4-2】 画出如图 4-18 所示的三视图。

解：(1) 形体分析。该组合体属于切割型，是由一长方体经截割而成。切割顺序是，第一步由一侧垂面截去一个三棱柱体 I；第二步由两个侧平面和一个水平面截去一个四棱柱体 II；第三步在对称的前下角位置各用一个一般位置平面截去一个三棱锥体III和体IV。

(2) 选择视图。将组合体下底面置于水平位置，左右侧面平行于 *W* 面，主视方向如箭头所示，采用三个视图。

(3) 画视图。可分为四步进行，图 4-19(a)，画截割前长方体的三视图；图 4-19(b)画截去一个三棱柱后的三视图；图 4-19(c)画又截去一个四棱柱后的三视图；图 4-19(d)画再截去两个三棱锥后的三视图。

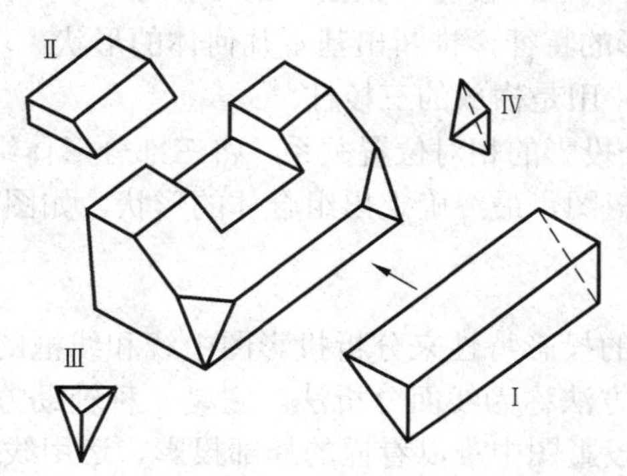

图 4-18 切割型组合体

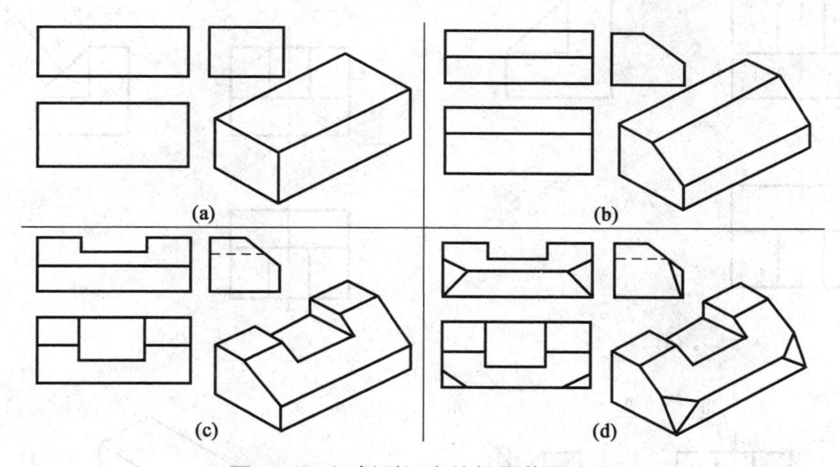

图 4-19 切割型组合体投影作图步骤

4.3.3 组合体投影图的识读

组合体投影图的识读就是在已知某形体的三面投影的情况下，想象出组合体的立体空间形象。这也是每一位建筑工程技术人员必备的基本技能。读图的基本方法一般有形体分析法和线面分析法两种。

1. 形体分析法

形体分析法是以最有特征的投影图(一般为正面投影)为中心，联系其他投影图分析投影

图所反映的组合体的组合方式，然后在投影图上把形体分解成若干基本形体，并按各自的投影关系，分别想象出每个基本形体的形状，再根据各基本形体的相对位置关系，结合组合体的组合方式，把基本形体进行整合，想象出整个形体的形状。这种读图的方法称为形体分析法。

【例 4-3】 如图 4-20(a)所示，想象其形状。

分析：

(1) 根据三面投影的特征可判断该组合体为叠加体。按正面投影和侧面投影的特征该组合体可分为三部分，如图 4-20(b)所示。

(2) 找出每一部分对应的三面投影，如图 4-20(c)所示。

(3) 根据每一部分投影的特征，推断出基本几何体的形状。可以分析出，I 是平放的长方体，II 是立放的长方体，III是横放的三棱柱。

(4) 最后，根据各部分投影的相对位置关系，将三部分形体组合起来，组合体的形状就清楚了。然后对应三面投影图，最终确定出组合体的形状，如图 4-20(d)所示。

2. 线面分析法

根据组合体各线、面的投影特性来分析投影图中线和线框的空间形状的对应关系，从而确定组合体的总形状的方法称为线面分析法。它是一种辅助方法，通常是在对投影图进行形体分析的基础上，对投影图中难以看懂的局部投影，运用线面分析的方法进行识读。

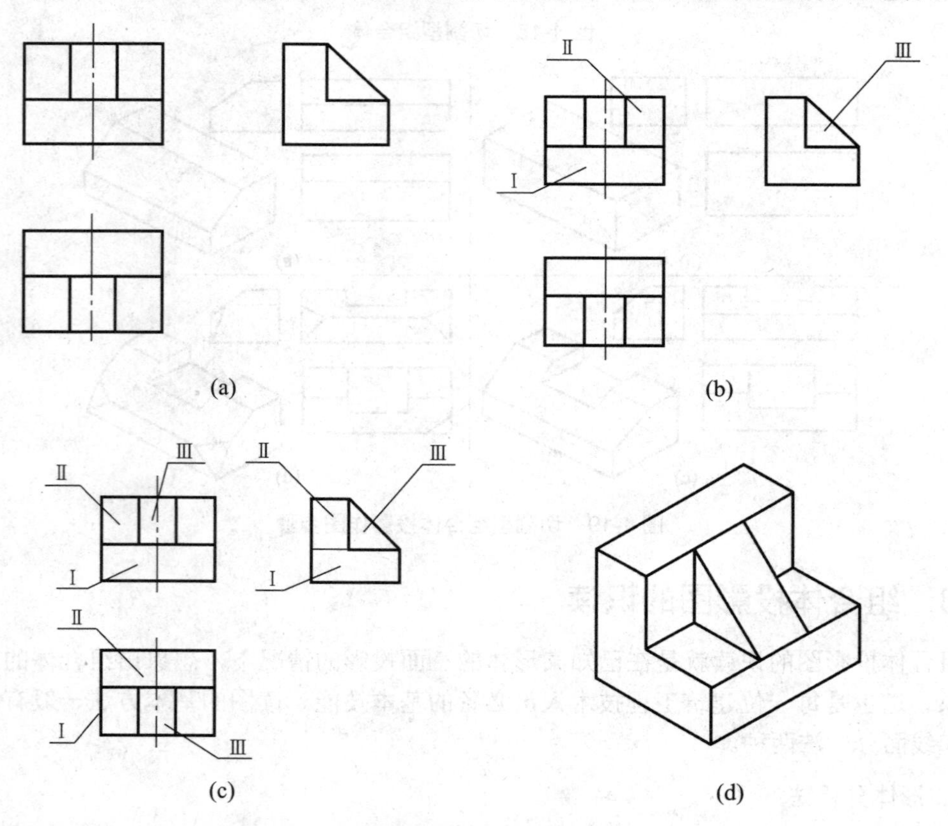

图 4-20　形体分析法识读投影图

要用线面分析法，需弄清投影中封闭线框和线段代表的意义。一个封闭线框，可能表示一个平面或曲面，也可能表示一个相切的组合面。投影图中一个线段，可能是特殊位置的面，也可能是两个面的交线，还可能表示曲面的轮廓边线。

【例 4-4】 如图 4-21(a)所示，想象其形状。

分析：

(1) 该形体的正面投影和水平投影的外形可补全成一个长方形，则该物体的外形可看成一个长方体。由于内部线条较多，因此可初步分析这是由一个长方体切割而成的形体，为了弄清切割方式，可用线面分析法识读。

(2) 如图 4-21(b)所示，正面投影中有一条斜线 p'，根据投影的基本原则，其对应的投影应为 p 和 p''，p 和 p'' 是两个线框，则 P 为正垂面。由此可知，长方体的左上部被正垂面 P 切去一个三棱柱。

(3) 如图 4-21(c)所示，水平投影中有一条斜线 q，根据投影的基本原则，其对应的投影应为 q' 和 q''，q' 和 q'' 是两个线框，则 Q 为铅垂面。由此可知，长方体左前部被铅垂面 Q 切去一个三棱柱。

(4) 如图 4-21(d)所示，是根据线面分析出各平面位置和形状，想象出整体空间形状。

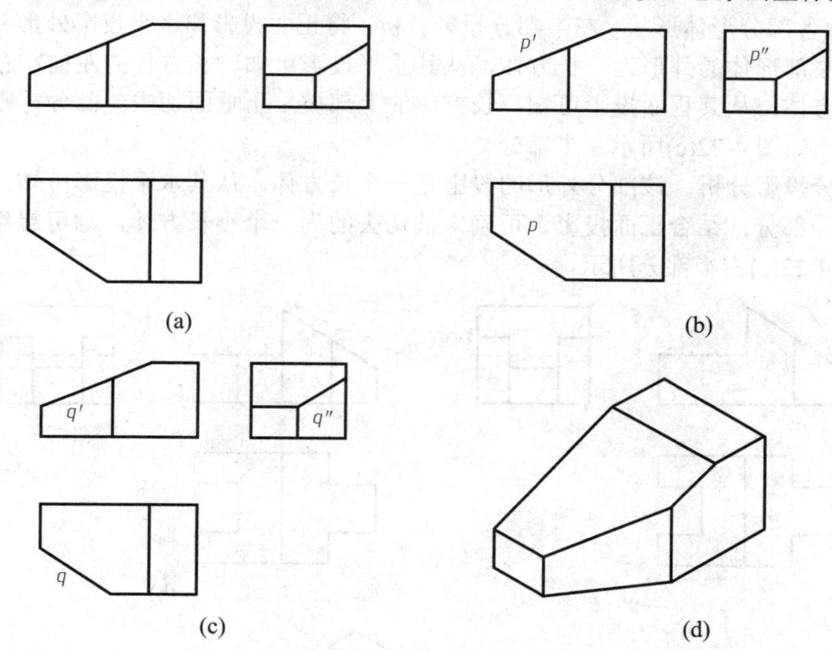

图 4-21　线面分析法识读投影图

3. 读图步骤

(1) 从整体出发先把一组投影统一看一遍，找出特征明显的投影面，粗略分析出该组合体的组合方式。

(2) 根据组合方式，将特征投影大致划分成几个部分。

(3) 分析各部分的投影，根据每个部分的三面投影，想象出每个部分的形状。

(4) 对不易确认形状的部分，应用线面分析法仔细推敲。

(5) 将已经确认的各部分组合，形成一个整体。然后按想出的整体作三面投影，与原投影图相比较，若有不符之处，则应将该部分重新分析、辨认，直至想出的形体的投影与原投影完全符合为止。

读图是一个空间思维的过程，每个人的读图能力与掌握投影原理的深浅和运用的熟练程度有关。因为较熟悉的形状易于想象，所以读图的关键是每个人都要尽可能多地记忆一些常见形体的投影，并通过自己的反复的读图实践，积累自己的经验，以提高读图的能力和水平。

【例 4-5】 如图 4-22(a)所示，想象其形状。

分析：

(1) 从图 4-22(a)可以看出，水平投影比较能反映该形体的形状特征，从整体看该形体既有叠加又有切割，故该形体为混合型组合体。

(2) 按正面投影和水平投影的特征，整体上该组合体可分为左右两部分，每一部分又是切割体。如图 4-22(b)所示。

(3) 分别找出各部分投影。从投影图中找出各部分对应的水平投影和正面投影，可以先从正面投影和水平投影想象物体的空间形状，再用侧面投影进行验证。

(4) 想象各部分形体形状。左半部分投影分析：将正面投影和水平投影外形补成长方形后，可看出左部形体的外形为一长方体，从其水平投影可知，长方体的左前和左后各被切去了一个长方体；从其正面投影可知，长方体的上部被一正垂面切去一部分，则可想象出其空间形状。如图 4-22(c)所示左半部分。

右半部分投影分析：该部分外形的投影是一个长方体，从其水平投影可知，长方体的中部被切去一部分；结合正面投影，可确定被切去的为一个小长方体，则可想象出其空间形状。如图 4-22(c)右半部分所示。

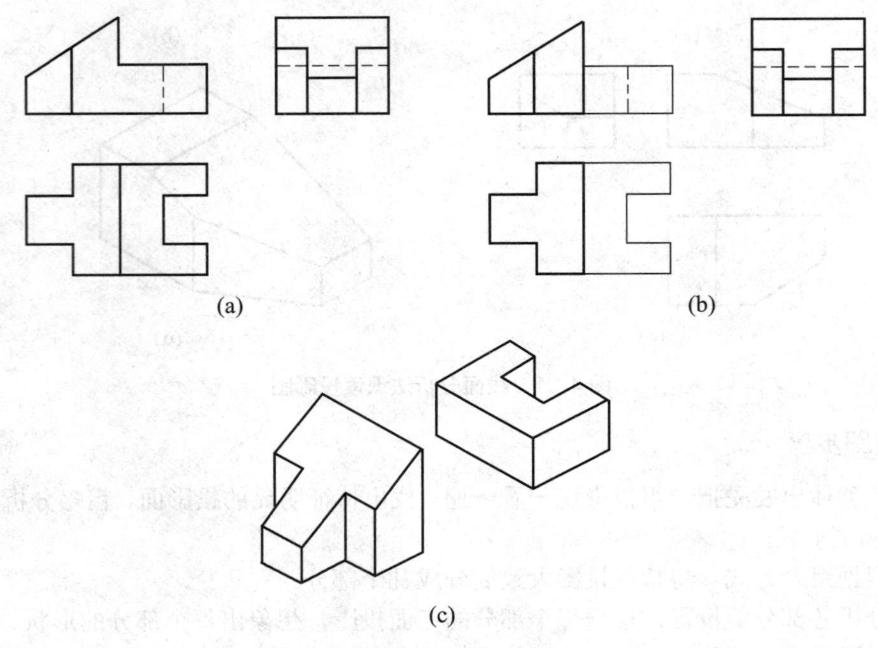

图 4-22　投影图的识读

将两部分组合在一起，组成该物体的空间形状，用侧面投影进行验证，左半部分的侧面投影相符，右半部分投影中，因左半部分高，故在侧面投影中出现虚线，又因右半部分凹口宽度与左半部分凸口宽度相等，故凹口在侧面投影中的虚线与凸口在侧面投影上的实线重合，所以右半部分投影也相符。

(5) 最后将想象出的空间形状与物体的三面投影一一对照，检查是否完全相符，对不符之处再分析、辨认，直至想出的形体与投影完全符合为止。

课堂实训

1. 已知六棱柱的两面投影，补画第三投影。

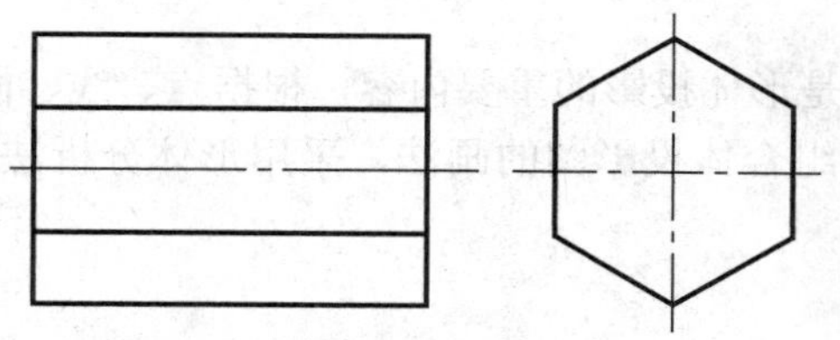

2. 根据形体的两面投影，补画形体的第三投影图。

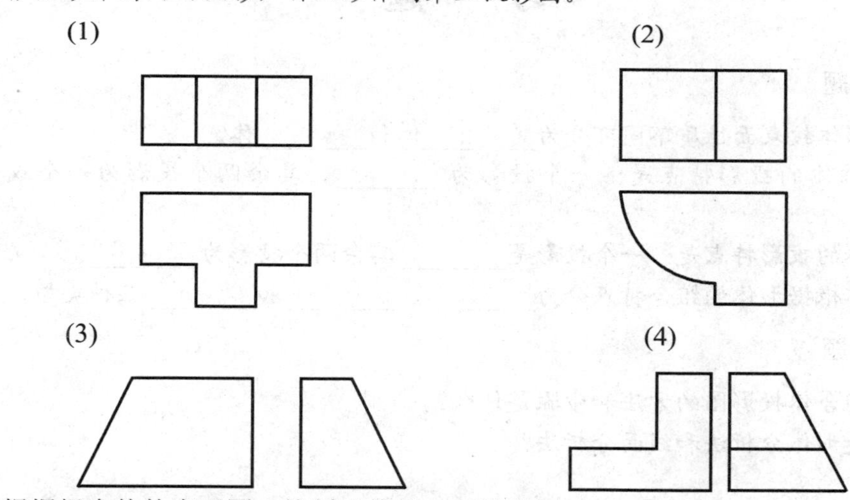

3. 根据组合体的直观图，绘制形体的三面投影图。

(1)

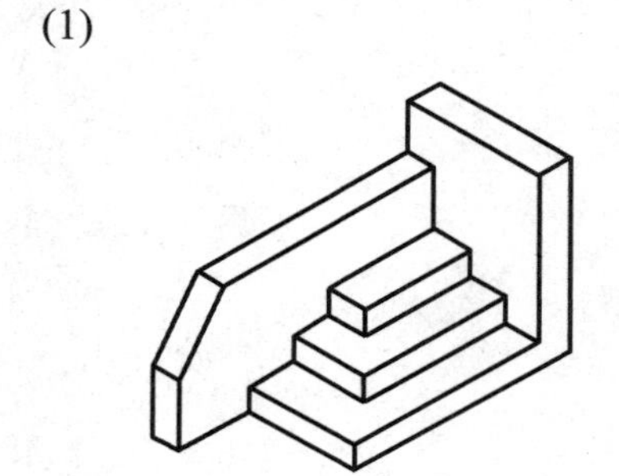

(2)

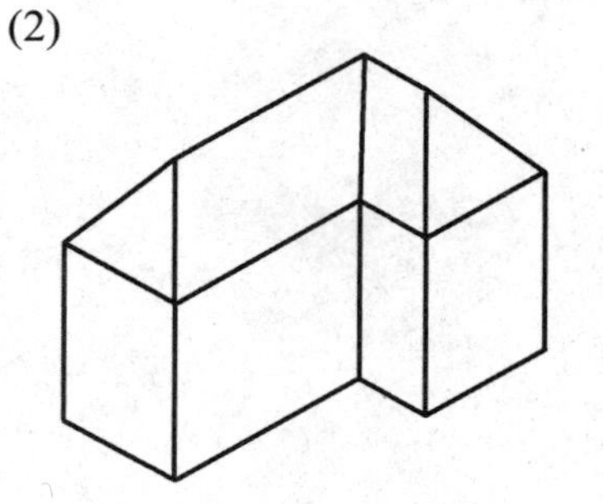

总　结

本章将基本理论与实际工程项目相结合，讲解了绘制形体投影图应遵循的相应步骤。“长对正、高平齐、宽相等”是形体投影的规律，无论是整个物体还是物体的局部都应符合这条规律。

任何建筑物都由基本体组成，根据围成基本体表面的情况不同，基本体分为平面体和曲面体。平面体有棱柱、棱锥、棱台；曲面体有圆柱、圆锥、圆台和球体。

组合体是由基本体按一定方式组合而成的。组合体有叠加型、切割型和综合型三种类型。作组合体投影图时，首先要进行形体分析，分析其组合方式，根据不同的组合方式，采用不同的画图方法。

组合体投影图的识读是形体投影的重要内容，根据点、线、面的投影原理，投影规律，各种基本体的投影特点，组合体投影图的画法，采用形体分析法和线面分析法识读组合体的投影图。

习　题

一、填空题

1. 空间形体按表面性质不同可分为________体和________体。
2. 正棱柱体的投影特点是：一个投影为________，其余两个投影为一个或若干个________。
3. 圆柱体的投影特点是：一个投影是________其余两个投影为________。
4. 组合体根据形体的组合特点分为________、________和________三种类型。

二、思考题

1. 识读组合体投影图的方法和步骤是什么？
2. 什么是形体分析法和线面分析法？

任务5 建筑施工图的识读

【内容提要】

本章精心安排了一套完整的建筑施工图进行识读，包括建筑施工图的基本知识和相关规范、平面图的识读、立面图的识读、剖面图的识读以及各种详图的识读等，并在习题中提供另一套建筑施工图项目，作为本章的实践训练项目，以供学生识读与绘制。

【技能目标】

- 通过对建筑施工图的识读，巩固已学的相关建筑施工图的基本知识以及掌握建筑施工图的一般组成。
- 通过对建筑施工图的识读，掌握建筑施工图中总平面图的识读和绘制。
- 重点掌握建筑施工图中的平面图、立面图、剖面图的识读与绘制的方法步骤。

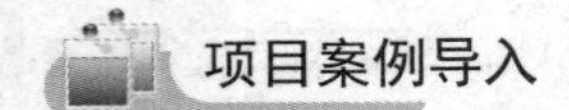
项目案例导入

这是一个已建成项目的照片，那么在项目之初需要准备哪些施工图纸才能指导施工呢？房屋每层的平面形状、大小和房间布置等用什么图纸表示呢？房屋内部的结构或构造方式、分层情况、高度尺寸及各部位的联系用什么图纸表示呢？房屋局部的详细构造、详细尺寸用什么图纸表示呢？本章就是要一一解答以上问题。

5.1 建筑施工图简述

【学习目标】了解建筑工程设计程序与施工图设计内容；了解房屋的基本组成及其作用；掌握建筑施工图相关规定与图示特点。

5.1.1 建筑工程项目建造流程

建筑工程项目建造流程是：建设单位提出拟建报告和计划任务书→上级主管部门对建设项目的批文→城市规划管理部门同意设计的批文→向建筑设计部门办理委托设计手续→初步设计→技术设计→施工图设计→招标施工、监理单位→施工单位施工→质检部门验收→交付使用。

任何一栋建筑物的建造，其设计工作都是不可缺少的重要环节。

5.1.2 建筑工程设计的内容

1. 建筑设计

建筑设计可以是单独建筑物的建筑设计，也可以是建筑群的总体设计。根据审批下达的设计任务和国家有关政策规定，综合分析其建筑功能、建筑规模、建筑标准、材料供应、施工水平、地段特点、气候条件等因素，提出建筑设计方案，直至完成全部建筑施工图设计。建筑设计应由建筑设计师完成。该阶段所产生的对施工员岗位及岗位群有用的结果为建筑施工图。

2. 结构设计

结构设计需要结合建筑设计完成结构方案与选型，确定结构布置，进行结构计算和构件设计，直至完成全部结构施工图设计。结构设计应由结构工程师完成。该阶段所产生的

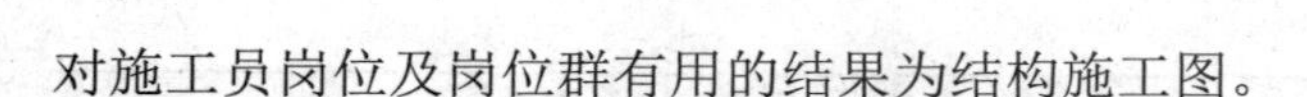

对施工员岗位及岗位群有用的结果为结构施工图。

3. 设备设计

设备设计需要根据建筑设计完成给水排水、采暖通风空调、电气照明以及通信、动力、能源等专业的方案、选型、布置以及施工图设计。设备设计应由设备工程师完成。此阶段所产生的对施工员岗位及岗位群有用的结果为设备施工图。

提示：此部分知识可由学生上网查阅或调研(到施工现场、设计单位等处)完成。

5.1.3　民用建筑的基本构件及其作用

(1) 基础是建筑物最下端的承重构件，它承受建筑物的全部荷载并将荷载传递给地基。

(2) 墙和柱是建筑物的承重和维护构件，承受来自屋顶、楼面、楼梯的荷载并传给基础，同时能遮挡风雨。其中外墙起围护作用，内墙起分隔作用。为扩大空间，提高空间的灵活性，也为了结构需要，有时以柱代墙，起承重作用。

(3) 楼(地)面是建筑物中水平方向的承重构件，同时在垂直方向将建筑物分隔为若干层，承受作用在其上的家具、设备、人员、隔墙等荷载及楼板自重，并将这些荷载传递给墙或柱。

(4) 楼梯是建筑物垂直方向的交通设施，供人、物上下楼层和疏散人流使用。

(5) 门窗均属围护构件，具有连接室内外交通及通风、采光的作用。

(6) 屋顶是建筑物最上部的围护结构和承重结构，主要起到防水、隔热和保温的作用。

上述为房屋的基本组成部分，除此以外房屋结构还包括台阶、阳台、雨篷、勒脚、散水，雨水管、天沟等建筑细部结构和建筑配件，在房屋的顶部还有上人孔，以供维修人员上屋顶检修，如图 5-1 所示。

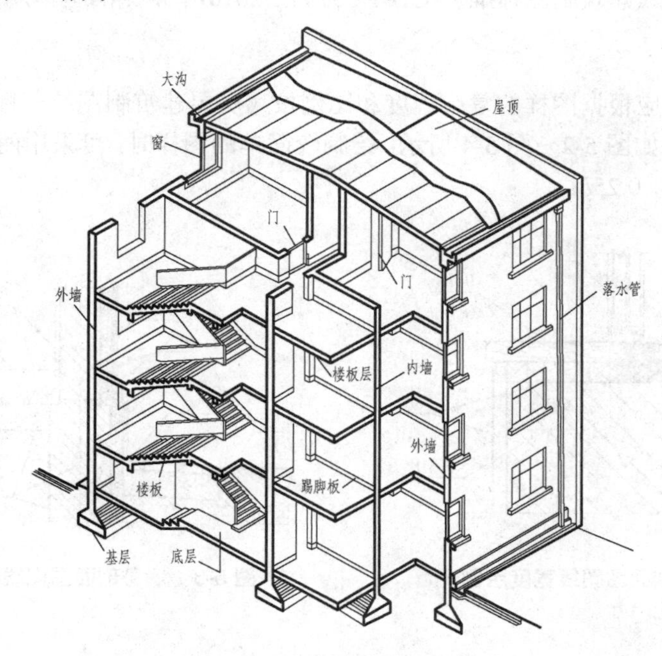

图 5-1　民用建筑基本构件

提示：可针对在建或已建好的建筑物进行针对性讲解与学习。

5.2 建筑施工图的认知

【学习目标】熟悉建筑施工图的作用与内容；掌握建筑施工图的识读与绘制应遵循的标准和规范。

5.2.1 建筑施工图的作用与内容

建筑施工图(简称建施图)，其作用是表示建筑物的总体布局、外部造型、内部布置、细部构造、内外装饰、固定设施和施工要求。

建筑施工图的内容包括总平面图、施工总说明、门窗表、建筑平面图、建筑立面图、建筑剖面图和建筑详图等。

5.2.2 建筑施工图的识读与绘制应遵循的标准

(1) 房屋建筑施工图的识读与绘制，应遵循画法几何的投影原理、《房屋建筑制图统一标准》(GB 50001—2010)。

(2) 总平面图的识读与绘制，还应遵守《总图制图标准》(GB/T 50103—2010)。

(3) 建筑平面图、建筑立面图、建筑剖面图和建筑详图的识读与绘制，还应遵守《建筑制图标准(GB/T 50104—2010)。

下面简要说明《建筑制图标准》(GB/T 50104—2010)中常见的基本规定。

1. 图线

图线的宽度 b 应根据图样的复杂程度和比例按《房屋建筑制图统一标准》(GB 50001—2010)的规定选用，如图 5-2～图 5-4 所示。绘制较简单的图样时，可采用两种线宽的线宽组，其线宽比最好为 b：$0.25b$。

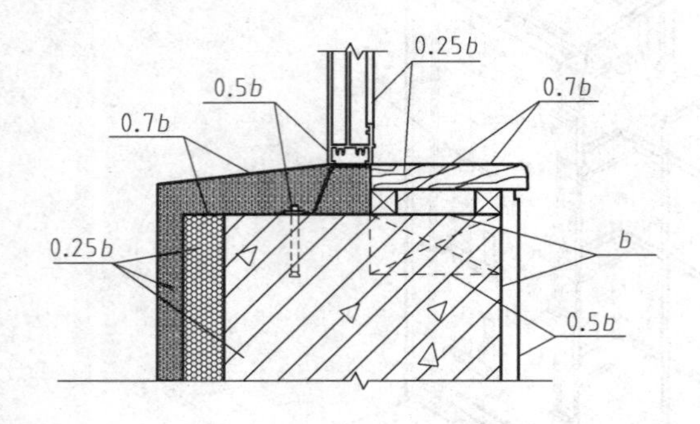

图 5-2 墙身剖面图图线宽度示例一

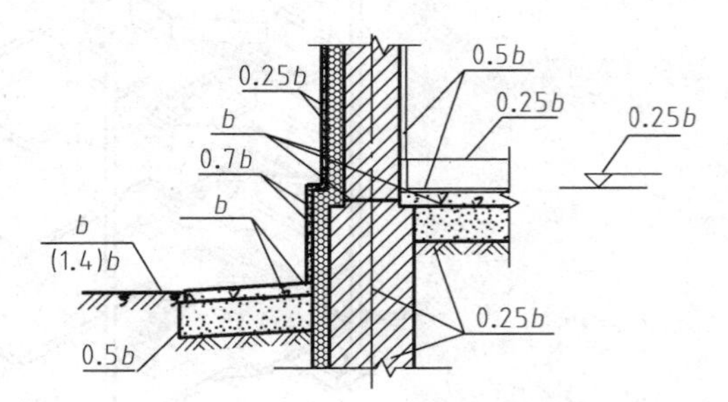

图 5-3 墙身剖面图图线宽度示例二

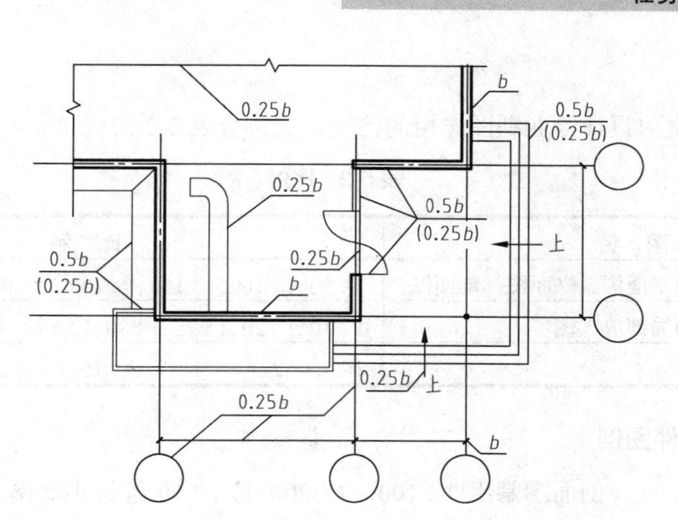

图 5-4　平面图图线宽度选用示例

建筑专业、室内设计专业制图采用的各种图线，应符合表 5-1 的规定。

表 5-1　图线

名　称	线　型	线　宽	用　途
粗实线	————	b	①平、剖面图中被剖切的主要建筑构造(包括构配件)轮廓线； ②建筑立面图或室内立面图的外轮廓线； ③建筑构造详图中被剖切的主要部分轮廓线； ④建筑构配件详图中的外轮廓线； ⑤平、立、剖面图的剖切符号
中实线	————	0.5b	①平、剖面图中被剖切的次要建筑构造(包括构配件)轮廓线； ②建筑平、立、剖面图中建筑构配件的轮廓线； ③建筑构造详图及建筑构配件详图中的一般轮廓线
细实线	————	0.25b	小于 0.5b 的图形线、尺寸线、尺寸界线、图例线、索引符号、标高符号、详图材料做法、引出线等
中虚线	------------	0.5b	①建筑构造详图及建筑构配件不可见的轮廓线； ②平面图中的起重机(吊车)轮廓线； ③拟扩建的建筑物轮廓线
细虚线	------------	0.25b	图例线、小于 0.5b 的不可见轮廓线
粗单点长画线	——·——·——	b	起重机(吊车)轨道线
细单点长画线	——·——·——	0.25b	中心线、对称线、定位轴线
折断线	——\/——	0.25b	不需画全的断开界线
波浪线	～～～	0.25b	不需画全的断开界线、构造层次的断开界线

注：地平线的线宽可用 1.4b。

2. 比例

建筑专业、室内设计专业制图选用的比例，应符合表 5-2 的规定。

表 5-2　比例

图　名	比　例
建筑物或构筑物的平面图、立面图、剖面图	1 : 50 ,1 : 100 ,1 : 150 ,1 : 200 ,1 : 300
建筑物或构筑物的局部放大图	1 : 10 ,1 : 20 ,1 : 25 ,1 : 30 ,1 : 50
配件及构造详图	1 : 1,1 : 2 ,1 : 5 ,1 : 10 ,1 : 15 ,1 : 20 ,1 : 25 ,1 : 30, 1 : 50

3. 构造及配件图例

由于建筑平、立、剖面图常用 1 : 100，1 : 200 或 1 : 50 等较小比例，图样中的一些构造及配件，不可能也没必要按实际投影画出，只需用规定的图例表示即可，见表 5-3。

表 5-3　构造及配件图例

名　称	图　例	说　明
墙体		上图为外墙，下图为内墙； 外墙细线表示有保温层或有幕墙； 应加注文字或图案填充表示墙体材料
楼梯	下 下 上 上	上图为顶层楼梯平面，中图为中间层楼梯平面，下图为底层楼梯平面； 楼梯及栏杆扶手的形式和梯段踏步数应按实际情况绘制
坡道	下	长坡道
	下 下 下	门口坡道
检查孔		左图为可见检查孔，右图为不可见检查孔

续表

名　称	图　例	说　明
孔道		阴影部分可以涂色代替
坑槽		低于地面的方形或圆形集水井等
烟道	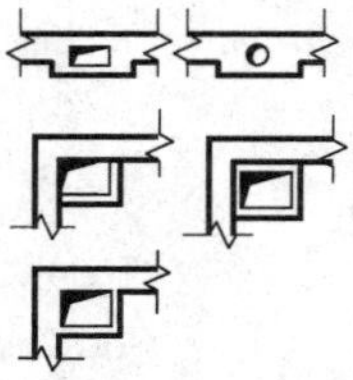	阴影部分可以涂色代替
通风道	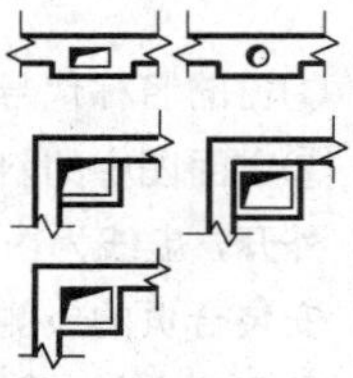	表示楼板的通风道洞口
空门洞	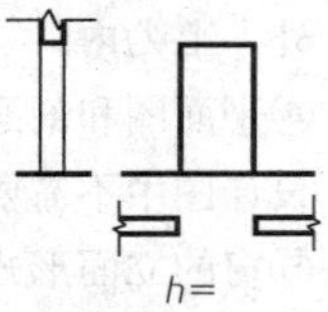 $h=$	h 为门洞高度
单扇门(平开或单面弹簧)	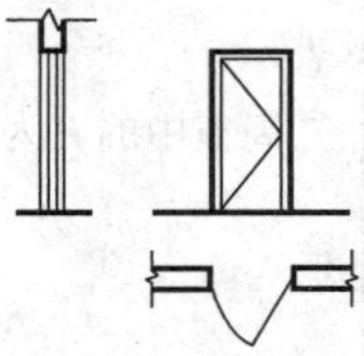	门的名称代号用 M。 图例中剖面图左为外，右为内；平面图下为外，上为内。 立面图上开启方向线交角的一侧为安装合页的一侧，实线为外开，虚线为内开。 平面图上门线应 90° 或 45° 开启，开启弧线宜绘出。 平面图上的开启线一般设计图中可不表示，在详图及室内设计图上应表示。 立面形式应按实际情况绘制
双扇门(平开或单面弹簧)	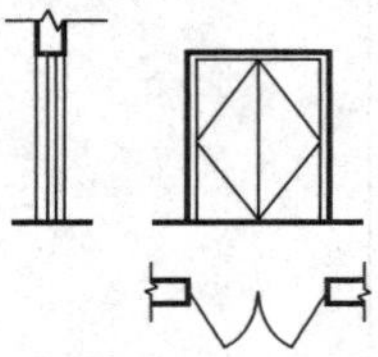	
单扇双面弹簧门	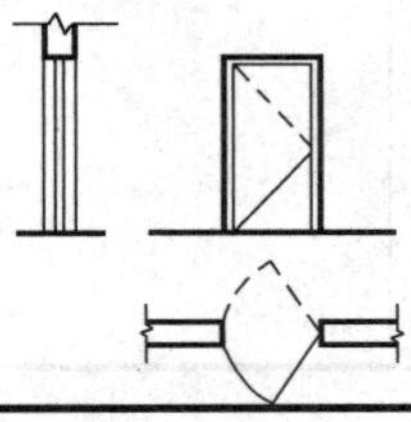	

续表

名 称	图 例	说 明
双扇双面弹簧门	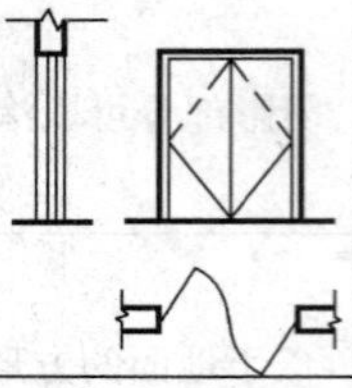	①窗的名称代号用 C 表示。 ②立面图中的斜线表示窗的开启方向，实线为外开，虚线为内开；开启方向线交角的一侧为安装合页的一侧，一般设计图中可不表示。 ③图例中剖面图左为外，右为内；平面图下为外，上为内。 ④平面图和剖面图上的虚线说明开关方式，在设计图中不需要表示。 ⑤窗的立面形式应按实际情况绘制。 ⑥小比例绘图时平、剖面的窗线可用粗实线表示。 ⑦高窗中的 h 为窗底距本层楼地面的高度
单层固定窗	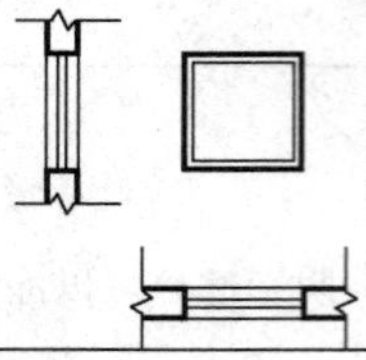	
单层外开上悬窗	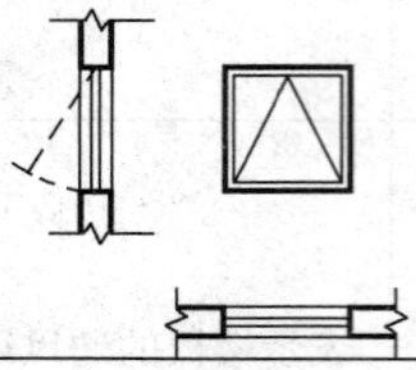	
推拉窗	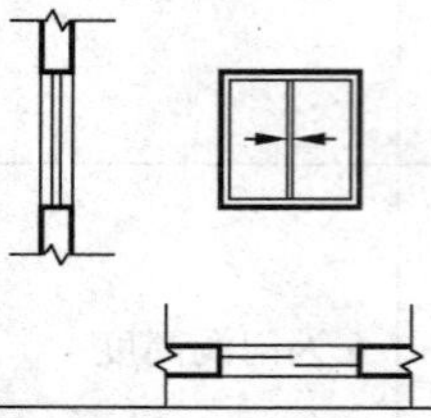	
单层外开平开窗	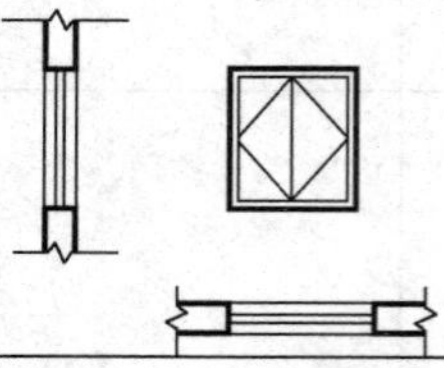	
单层内开平开窗	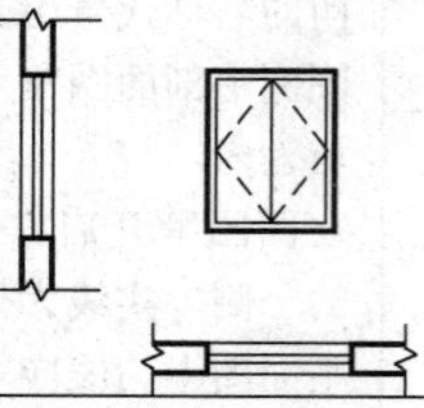	
高窗	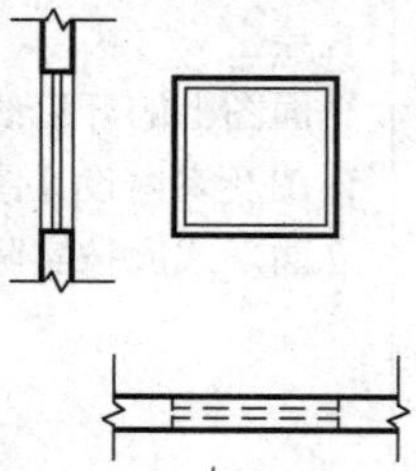 $h=$	

4. 常用符号

1) 索引符号和详图符号

图样中的某一局部或构件，如需另见详图，应以索引符号索引，如图 5-5(a)所示。索引符号是由直径为 8～10 mm 的圆和水平直径组成，圆及水平直径均应以细实线绘制。索引符号应按下列规定编写。

(1) 索引出的详图，如与被索引的详图绘在同一张图纸内，应在索引符号的上半圆中用阿拉伯数字注明该详图的编号，并在下半圆中间画一段水平细实线，如图 5-5(b)所示。需要标注比例时，文字在索引符号右侧或延长线下方，与符号下对齐。

(2) 索引出的详图，如与被索引的详图不在同一张图纸内，应在索引符号的上半圆中用阿拉伯数字注明该详图的编号，在索引符号的下半圆中用阿拉伯数字注明该详图所在图纸的编号，如 5-5(c)所示。数字较多时，可加文字标注。

(3) 索引出的详图，如采用标准图，应在索引符号水平直径的延长线上加注该标准图册的编号。如图 5-5(d)所示。需要标注比例时，文字在索引符号右侧或延长线下方，与符号下对齐。

索引符号如用于索引剖视详图，应在被剖切的部位绘制剖切位置线，并以引出线引出索引符号，引出线所在的一侧应为剖视方向，如图 5-6 所示。

(a)索引符号　(b)同一张图纸内索引　(c)不同张　(d)索引图采用标准图

图 5-5　索引符号图

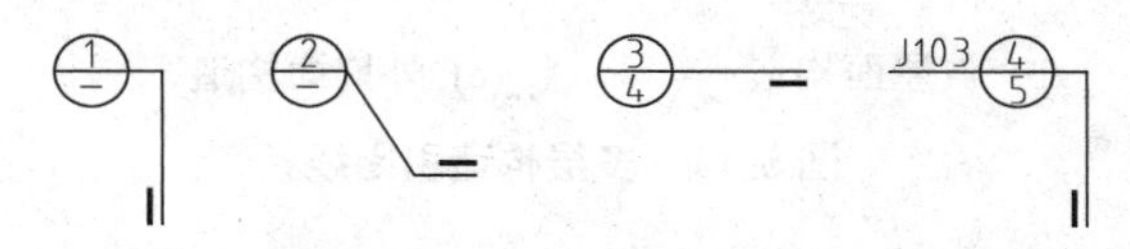

图 5-6　用于索引剖面详图的索引符号图纸内索引

详图的位置和编号，应以详图符号表示。详图符号的圆应以直径为 14 mm 的粗实线绘制。详图应按下列规定编号。

(4) 详图与被索引的图样同在一张图纸内时，应在详图符号内用阿拉伯数字注明详图的编号，如图 5-7 所示。图 5-7 说明编号为 5 的详图就出自本张图纸。

(5) 详图与被索引的图样不在同一张图纸内，应用细实线在详图符号内画一水平直径，在上半圆中注明详图编号，在下半圆中注明被索引的图纸的编号，如图 5-8 所示。图 5-8 表示详图编号为 5，而被索引的图纸编号为 3。

5

图 5-7　与被索引图样同在一张图纸内的详图符号

5
3

图 5-8　与被索引图样不在同一张图纸内的详图符号

2) 引出线

(1) 引出线应以细实线绘制，宜采用水平方向的直线，与水平方向成 30°、45°、60°、90°的直线，或经上述角度再折为水平线。文字说明宜注写在水平线的上方，如图 5-9(a)所示，也可注写在水平线的端部，如图 5-9(b)所示。索引详图的引出线，应与水平直径线相连接，如图 5-9(c)所示。

(2) 同时引出几个相同部分的引出线，宜互相平行，如图 5-10(a)所示，也可画成集中于一点的放射线，如图 5-10(b)所示。

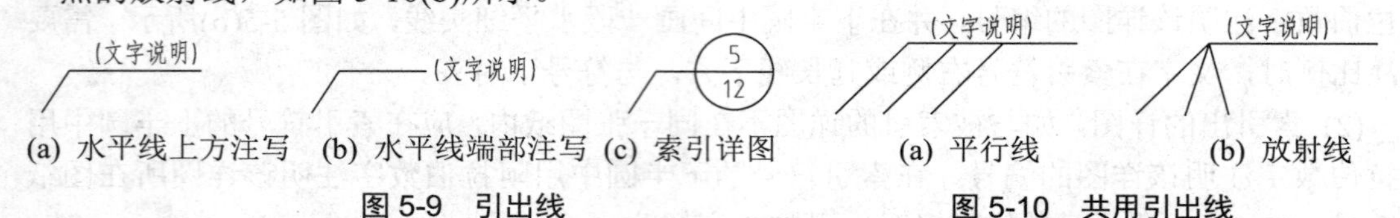

图 5-9　引出线　　图 5-10　共用引出线

(3) 多层构造或多层管道共用引出线，应通过被引出的各层，并用圆点示意对应各层次。文字说明宜注写在水平线的上方，或注写在水平线的端部，说明的顺序应由上至下，并应与被说明的层次相互一致；如层次为横向排序，则由上至下的说明顺序应与由左至右的层次对应一致，如图 5-11 所示。

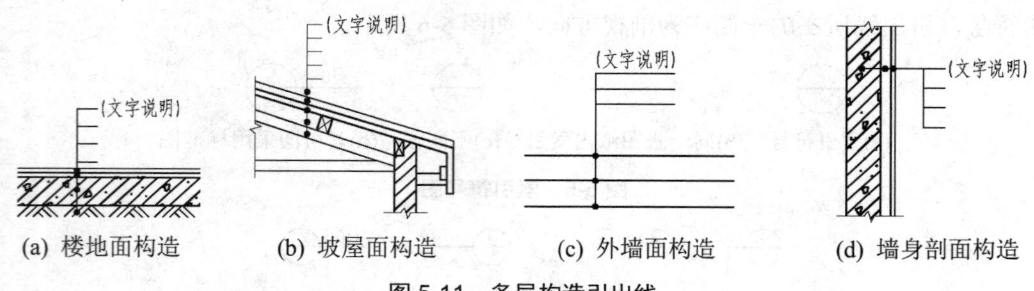

图 5-11　多层构造引出线

3) 定位轴线

定位轴线是房屋施工放样时的主要依据。在绘制施工图时，凡是房屋的墙、柱、大梁、屋架等主要承重构件均应画出定位轴线。定位轴线的画法如下。

(1) 定位轴线应用细单点长画线绘制。

(2) 定位轴线应编号，编号应注写在轴线端部的圆内。圆应用细实线绘制，直径为 8～10mm。定位轴线圆的圆心应在定位轴线的延长线或延长线的折线上。

(3) 平面图上定位轴线的编号，宜标注在图的下方与左侧。横向编号应用阿拉伯数字，从左至右顺序编写；竖向编号应用大写拉丁字母从下至上顺序编写，如图 5-12 所示。

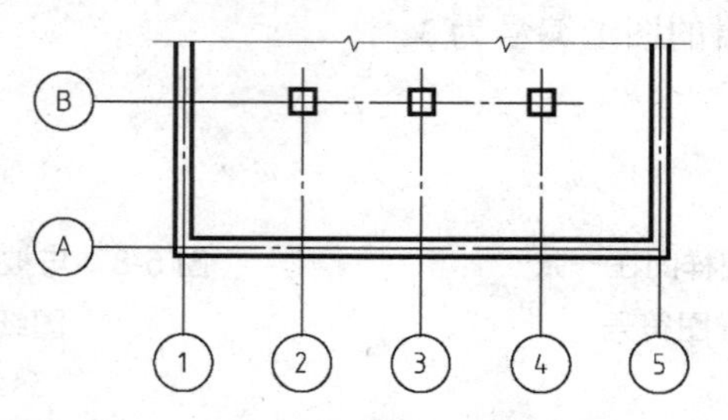

图 5-12　定位轴线的编号顺序

(4) 拉丁字母的 O、I、Z 这 3 个字母不能用做轴线编号(避免与 0、1、2 混淆)。如字母数量不够使用，可增用双字母或单字母加数字注脚，如 A1、B1…Y1。

(5) 组合较复杂的平面图中定位轴线也可采用分区编号，如图 5-13 所示，编号注写形式为“分区号—该分区编号”。分区号采用阿拉伯数字或大写拉丁字母表示。

(6) 附加定位轴线的编号，应以分数形式表示，并应按下列规定编写。

两轴线间的附加轴线，应以分母表示前一轴线的编号，分子表示附加轴线的编号，编号宜用阿拉伯数字顺序编写，例如：(1/2)表示 2 号轴线之后附加的第 1 根轴线；(3/C)表示 C 号轴线之后附加的第 3 根轴线；1 号轴线或 A 号轴线之前的附加轴线的分母应以 01 或 0A 表示，如：(1/01)表示 1 号轴线之前附加的第 1 根轴线；(3/0A)表示 A 号轴线之前附加的第 3 根轴线。

一个详图适用于几根轴线时，应同时注明各有关轴线的编号，如图 5-14 所示。

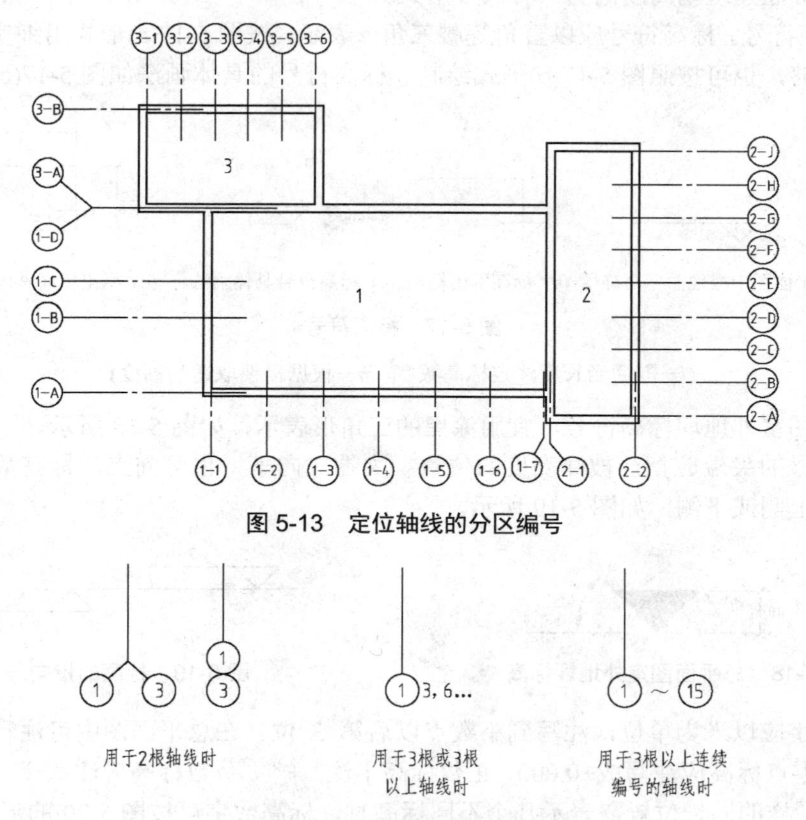

图 5-13　定位轴线的分区编号

图 5-14　详图的轴线编号

通用详图中的定位轴线，应只画圆，不注写轴线编号。圆形与弧形平面图中定位轴线的编号，其径向轴线应以角度进行定位，其编号宜用阿拉伯数字表示，从左下角或-90°(若径向轴线很密，角度间隔很小)开始，按逆时针顺序编写；其环向轴线宜用大写拉丁字母表示，从外向内顺序编写，如图 5-15 所示。折线形平面图中定位轴线的编号可按图 5-16 的形式编写。

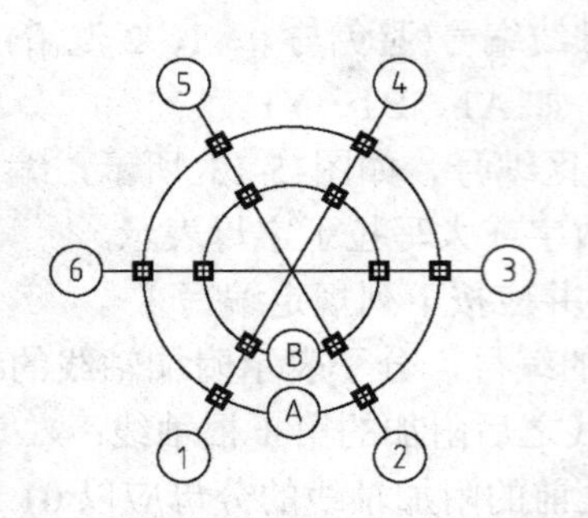

图 5-15　圆形平面定位轴线的编号图

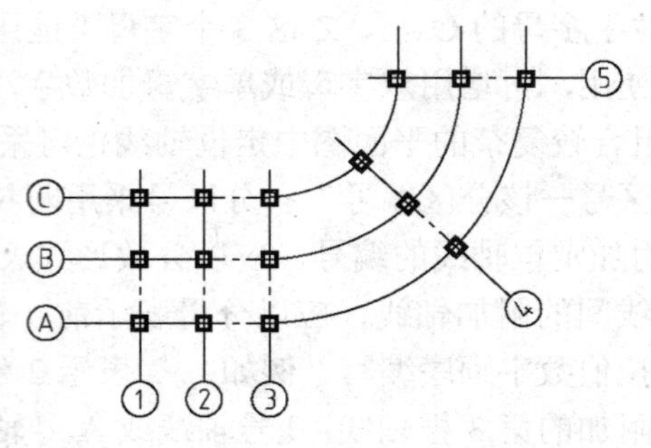

图 5-16　折线形平面定位轴线的编号

4) 标高

标高是标注建筑物高度的另一种尺寸形式。

(1) 标高符号。标高符号应以直角等腰三角形表示，按图 5-17(a)形式用细实线绘制，如标注位置不够，也可按照图 5-17(b)形式绘制。标高符号的具体画法如图 5-17(c)、(d)所示。

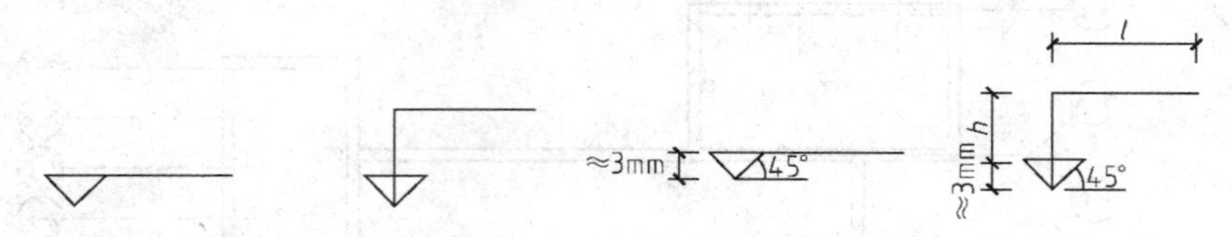

(a) 平面图中楼地面标高符号　(b) 标高引出标注　(c) 标高符号具体画法　(d) 引出标高具体画法

图 5-17　标高符号

(l—取适当长度注定标高数字，h—根据需要取适当高度)

总平面图室外地坪标高符号，宜用涂黑的三角形表示，如图 5-18 所示。

标高符号的尖端应指至被注高度的位置。尖端宜向下，也可向上。标高数字应注写在标高符号的上侧或下侧，如图 5-19 所示。

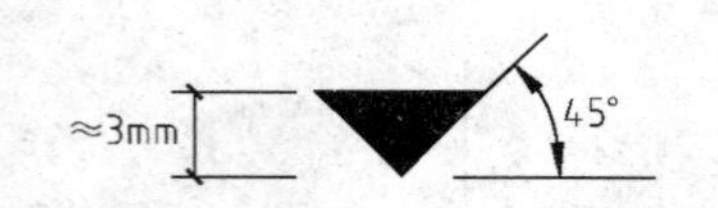

图 5-18　总平面图室外地坪标高

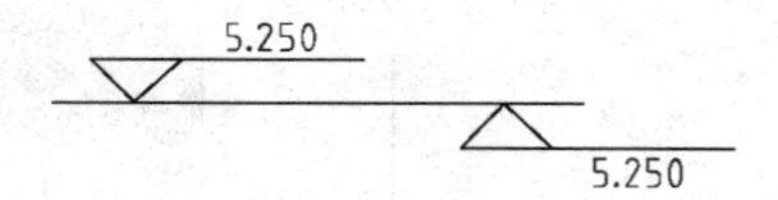

图 5-19　标高的指向号

标高数字应以米为单位，注写到小数点以后第 3 位。在总平面图中可注写到小数点以后第 2 位。零点标高应注写成±0.000，正数标高不注“+”，负数标高应注“-”，例如 3.200、-0.600。在图样的同一位置需表示几个不同标高时，标高数字可按图 5-20 的形式注写。

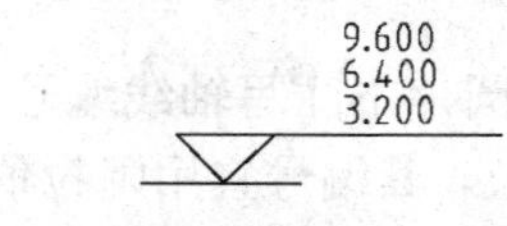

图 5-20　同一位置注写多个标高数字

(2) 标高分类。标高分为绝对标高和相对标高。绝对标高是以青岛黄海平均海平面的高度为零点参照点时所得到的高差值。在实际施工中，用绝对标高不方便。因此，习惯上将每一幢房屋室内底层地面的高度定位零点的相对标高，比零点高的标高为“正”，比零点

低的标高为“负”。在施工总说明中，应说明相对标高与绝对标高之间的关系。

房屋的标高，还有建筑标高和结构标高的区别，如图 5-21 所示。建筑标高是指装修完成后的尺寸，它已将构件粉饰层的厚度包括在内；而结构标高应该剔除外装修层的厚度，是构件的毛面标高。

5) 其他符号

对称符号由对称线和两端的两对平行线组成。对称线用细单点长画线绘制；平行线用细实线绘制，其长度宜为 6～10 mm，每对的间距宜为 2～3 mm，对称线垂直平分两对平行线，两端超出平行线宜为 2～3 mm，如图 5-22 所示。

指北针的形状如图 5-23 所示，其圆的直径宜为 24 mm，用细实线绘制；指北针尾部的宽度宜为 3 mm，指针头部应注“北”或“N”字。需用较大直径绘制指北针时，指针尾部的宽度宜为直径的 1/8。

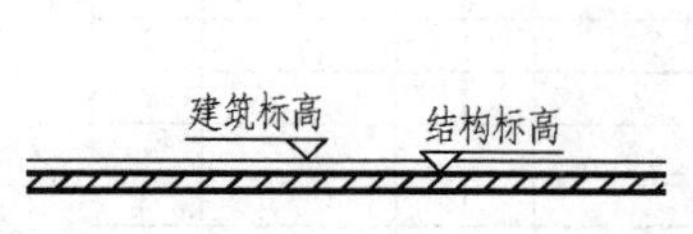

图 5-21　建筑标高和结构标高

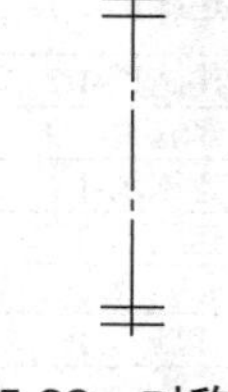

图 5-22　对称符号

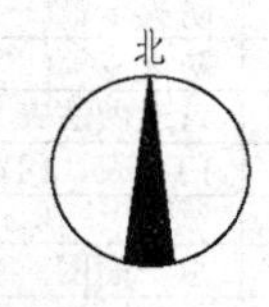

图 5-23　指北针

提示：标准部分可请学生自己阅读《建筑制图标准》。

5.3　建筑施工说明和总平面图

【学习目标】熟悉建筑施工图中的说明内容；掌握建筑施工图的总平面图识读与绘制应遵循的标准和规范，能熟练识读建筑总平面图。

5.3.1　图纸首页

在施工图的编排中，将图纸目录、建筑设计说明、门窗表等编排在整套施工图的前面，常称为图纸首页。

5.3.2　图纸目录

以本章所附的一套建筑施工图为例，其图纸目录如图 5-24 所示。

读图时，首先要查看图纸目录。图纸目录可以帮助了解该套图纸有几类，各类图纸有几张，每张图纸的图号、图名、图幅大小；如采用标准图，应写出所使用标准图的名称、所在标准图集的图号和页次。图纸目录常用表格表示。

图纸目录有时也称为“首页图”，意思是第一张图纸，建施-01 即为本套图纸的首页图。

图纸目录编制目的是为了便于查找图纸。

每一项工程会有许多张图纸，在同一张图纸上往往画有若干个图形。因此，设计人员为了表达清楚，便于使用时查阅，就必须针对每张图纸所表示的建筑物的部位，给图纸起

一个名称，另外再用数字编号，确定图纸的顺序。

图纸目录各列、各行表示的意义，如图 5-24 所示。图纸目录第 2 列为图纸名称，注写有总平面图、建筑设计说明……字样，表示每张图纸具体的名称；第 3 列为图号，注写有 1、2……字样，表示为建筑施工图的第 1 张、第 2 张……；第 5、6、7 列为张数，注写新设计、利用旧图或标准图集的张数，本套图纸均为新设计，且张数为1张；第 7 列为图纸规格，折合为 A2 图幅，表示图纸的图幅大小。图纸目录的最后几行，填有建筑施工图设计中所选用的标准图集代号等基本信息。该套图纸共有建筑施工图 21 张。

序号	图纸名称	图号	重复使用图纸号		实际张数	折合标准张	备注
			院内	院外			
1	封面				1	1	
2	目录				1	1	
	建筑专业						
3	施工设计说明(一)	建施说-1/1			1	1	
4	施工设计说明(二) 节能设计登记表	建施说-2/1			1	1	
5	防火专篇(一)	建施说-1/2			1	1	
6	防火专篇(二)	建施说-2/2			1	1	
7	营造做法表	建施录-1			1	1	
8	门窗表，门窗小样	建施录-2			1		
9	总平面图	建施总-1			1		
10	首层平面图	建施-1			1		
11	二～四层平面图	建施-2			1		
12	五层平面图	建施-3			1		
13	阁楼平面图	建施-4			1		
14	屋顶平面图	建施-5			1		
15	1—9 轴立面层	建施-6			1		
16	9—1 轴立面图	建施-7			1		
17	A—H 轴立面图，H—A 轴立面图	建施-8			1		
18	1—1 剖面图，2—2 剖画图	建施-9			1		
19	3—3 剖面图	建施-10			1		
20	外檐详图	建施-11			1		
21	平面详图	建施-12			1		

图 5-24 图纸目录

提示： 目前图纸目录的形式由各设计单位自己规定，尚无统一的格式。但总体上包括上述内容。

实习实作： 阅读建筑施工图的图纸目录。

5.3.3 建筑施工说明

建筑设计说明的内容根据建筑物的复杂程度有多有少，但无论内容多少，必须说明设计依据、工程概况、施工基本要求、各分部及分项工程的要求、装修做法和相关注意事项等。下面以“建筑设计说明”为例，介绍读图方法。

1. 设计依据

设计依据包括政府的有关批文。这些批文主要有两个方面的内容：一是立项、规划许

可证等；二是相关法规、规范。

2. 工程概况

工程概况主要包括建筑名称、地点、建设单位、建筑面积、设计使用年限、建筑层数和高度、抗震等级、耐火等级等重要的工程建设信息。

3. 施工基本要求

施工基本要求主要是对图纸中与施工相关的内容进行说明，另外，提出严格执行施工验收规范中的规定的要求。

4. 各分部、分项工程的常规要求

例如，附录 1 的建施说-1/1 中有关墙身防潮层的构造做法、砌体墙阳角处的构造做法、变形缝处的施工要求等。

5. 装修做法

装修做法方面的内容主要是对各种装修提出的要求，包括油漆工程、混凝土表面的处理、金属构件防锈等的做法。需要读懂说明中的各种数字、符号的含义。

6. 相关注意事项

相关注意事项主要包括工程的一般规定，例如，附录 1 的建施说-1/1 中对电梯的要求、无障碍设计的相关规定，还有一些通用做法等，比如建施说-1/1 中规定散水做法参照 05J9—1 3/57 的工程做法。

实习实作：阅读附图 1 建施说-1/1 的建筑施工图的设计说明。

5.3.4　工程做法表

工程做法表主要是对建筑各部位构造做法用表格的形式加以详细说明。当大量引用通用图集时，使用此表方便、高效。

工程做法表的内容一般包括工程构造的部位、名称、做法、应用范围及备注。在表中对各施工部位的名称、做法等要详细表达清楚，如采用标准图集中的做法，应注明所采用的标准图集的代号。如图 5-25 所示。

部位		图集号	选号	使用房间	备注
地面	地面1	05J1	地20	教室、实验室、办公室、会议室、合班教室、走道、门厅、过厅	面层采用防滑地砖
	地面2	05J1	地53	卫生间	面层采用防滑地砖
	地面3	05J1	地1	设备间、工具间、储备间	
楼面	楼面1	05J1	楼10	教室、实验室、办公室、会议室、合班教室、走道、过厅	面层采用防滑地砖
	楼面2	05J1	楼28	卫生间、开水间	面层采用防滑地砖
	楼面3	05J1	楼1	设备间、储备间	

图 5-25　工程做法表

5.3.5 门窗表

门窗表主要是分楼层统计不同类型门窗的数量，反映门窗的类型、大小、所选用标准图集等。见附图建施表-2。

另外还有防火专篇等内容，见附图建施说- 1/2 及建施说-2/2。

实习实作：阅读建筑施工图的工程做法表、门窗表及防火专篇。

5.3.6 总平面图

1. 总平面图概述

1) 总平面图的作用

在建筑图中，总平面图是用来表达一项工程总体布局的图样。它通常表示了新建房屋的平面形状、位置、朝向及其与周围地形、地物的关系。总平面图是新建房屋与其他相关设施定位的依据，也是土方工程、场地布置以及给水排水、暖通、电气、煤气等管线总平面布置图和施工总平面布置图的依据。

2) 总平面图的形成

在地形图上画出新建工程一定范围内的新建、原有、拟建、拆除的建筑物或构筑物以及新旧道路等的平面轮廓，即可得到总平面图。它主要反映当前工程的平面轮廓形状和层数、与原有建筑物的相对位置、周围环境、地形地貌、道路和绿化的布置等情况。

2. 总平面图的图示内容与图示方法

1) 总平面图的比例

不论是一幢大的还是小的房屋，要在图纸上画出与实物同样大小的图样是办不到的，都需要将物体按一定比例缩小后表示出来。物体在图纸上的大小与实际大小相比的关系叫作比例，一般注写在图名一侧；当整张图纸只用一种比例时，也可以将比例注写在标题栏内。必须注意的是，图纸上所注尺寸是按物体实际尺度注写的，与比例无关。因此，读图时物体大小以所注尺寸为准，不能用比例尺在图上量取。

《总图制图标准》(GB/T 50103—2010)规定中，总图采用的比例，宜为 1∶500、1∶1000 或 1∶2000 的比例绘制。在实际工作中，由于各地国土管理局所提供的地形图的比例为 1∶500，故常接触的总平面图中多采用这一比例。

2) 总平面图的图例

由于总平面图采用的比例较小，所以各建筑物或构筑物在图中所占的面积较小。同时根据总平面图的作用，也无须将其画得很细。故在总平面图中，上述形体可用图例(规定的图形画法叫作图例)表示。《总图制图标准》(GB/T 50103—2010)分别列出了总平面图例、道路和铁路图例、管线和绿化图例等，表 5-4 摘录了其中一部分。若这个标准中的图例不够用，需另行设定图例时，则应在总平面图上专门画出自定的图例，并注明其名称。

3) 总平面图的定位

表明新建筑物或构筑物与周围地形、地物间的位置关系，是总平面图的主要任务之一。它一般从以下 3 个方面描述。

表 5-4　常用的建筑总平面图图例

名　称	图　例	备　注	名　称	图　例	备　注
新建建筑物	X= Y= ① 12F/2D H=59.00m	新建建筑物以粗实线表示与室外地坪相接处±0.00 外墙定位轮廓线。 建筑物一般以±0.00 高度处的外墙定位轴线交叉点坐标定位。轴线用细实线表示，并标明轴线号。 根据不同设计阶段标注建筑编号，地上、地下层数，建筑高度，建筑出入口位置。 地下建筑物以粗虚线表示其轮廓。 建筑上部(±0.00 以上)外挑建筑用细实线表示	原有建筑物		用细实线表示
			计划扩建的预留地或建筑物		用中粗虚线表示
			拆除的建筑物		用细实线表示
			建筑物下面的通道		—
			铺砌场地		—
台阶及无障碍坡道	1. 2.	1. 表示台阶 2. 表示坡道	坐标	1. X=105.00 Y=425.00 2. A=105.00 B=425.00	表示地形测量坐标系 表示自设坐标系 坐标数字平行于建筑标注
围墙及大门		—	填挖边坡		—
挡土墙	5.00 1.50	挡土墙根据不同设计阶段的需要标注墙顶标高、墙底标高	地表排水方向		—
排水明沟	107.50 + 1/40.00 107.50 + 40.00	上图用于比例较大图面； 下图用于比例较小图面 “1”表示 1%的沟底纵向坡度，“40.00”表示边坡点间距离，箭头表示水流方向 “107.50”表示沟底边坡点标高(边坡点以“+”表示)	室内地坪标高	151.00 (±0.00)	数字平行于建筑物书写
			室外地坪标高	143.00	室外标高也可采用等高线
			地下车库入口		机动车停车场

(1) 定向。在总平面图中，指向可用指北针或风向频率玫瑰图表示。指北针的形状如图 5-26 所示。风由外面吹过建设区域中心的方向称为风向。风向频率是在一定时间内某一方向出现风向的次数占总观察次数的百分比，用公式表示为

$$风向频率=\frac{某一风向出现的次数}{总观察次数}\times100\%$$

风向频率是用风向频率玫瑰图(简称风玫瑰图)表示的，如图 5-27 所示，图中细线表示的是 16 个罗盘方位，粗实线表示常年的风向频率，虚线则表示夏季 6、7、8 这 3 个月的风向频率。在风向频率玫瑰图中所表示的风向，是从外面吹向该地区中心的。

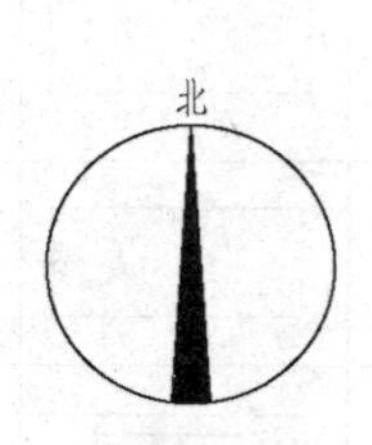

图 5-26　指北针

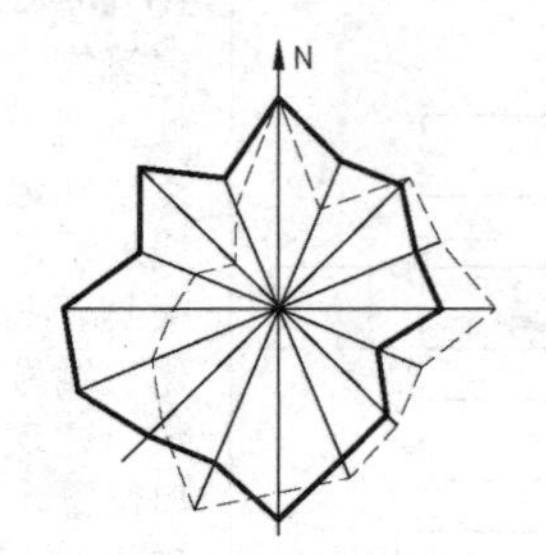

图 5-27　风向频率玫瑰图

小组讨论：风向频率玫瑰图对建筑施工及施工布置有什么影响？

(2) 定位。定位是指确定新建建筑物的平面尺寸。

新建建筑物的定位一般采用两种方法，一是按原有建筑物或原有道路定位；二是按坐标定位。用坐标定位又分为测量坐标定位和建筑坐标定位两种。

① 根据原有建筑物定位。以周围其他建筑物或构筑物为参照物进行定位是扩建中常采用的方法。实际绘图时，可标出新建筑物与其他附近的房屋或道路的相对位置尺寸。

② 根据坐标定位。以坐标表示新建筑物或构筑物的位置。当新建筑物所在地形较为复杂时，为了保证施工放样的准确性，可使用坐标表示法，如图 5-28 所示。常采用的方法如下。

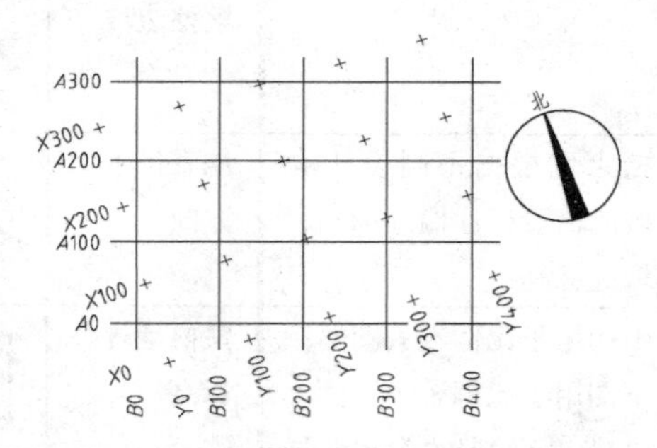

图 5-28　建筑物坐标网络

注：图中 *X* 为南北方向轴线，*X* 的增量在 *X* 轴线上；*Y* 为东西方向轴线，*Y* 的增量在 *Y* 轴线上。*A* 轴相当于测量坐标网中的 *X* 轴，*B* 轴相当于测量坐标网中的 *Y* 轴。

a. 测量坐标：国土管理部门提供给建设单位的红线图，是在地形图上用细线画成交叉十字线的坐标网，南北方向的轴线为 *X*，东西方向的轴线为 *Y*，这样的坐标称为测量坐标。坐标网常采用 100 m×100 m 或 50 m×50 m 的方格网。一般建筑物的定位标记有两个墙角的坐标。

b. 施工坐标：施工坐标一般在房屋朝向与测量坐标方向不一致时采用。施工坐标将建筑区域内某一点定为“0”点，采用 100 m×100 m 或 50 m×50 m 的方格网，沿建筑物主墙方向用细实线画成方格网，横墙方向(竖向)轴线标为 *A*，纵墙方向的轴线标为 *B*。

通常，在总平面图上应标注出新建建筑物的总长和总宽，按规定该尺寸以米为单位。

实习实作：附图建施-02 中使用什么坐标来定位？

4) 标高

在总平面图中，一般用绝对标高表示高度数值，其单位为米。当标注相对标高时，则应注明相对标高与绝对标高的换算关系。建筑物应以接近地面处的±0. 00 标高的平面作为总平面。

3. 总平面的图线

图线的宽度按《房屋建筑制图统一标准》(GB/T 50001—2010)中图线的有关规定选用。主要部分选用粗线，其他部分选用中线和细线。如《总图制图标准》(GB/T 50103—2010)中规定，新建建筑物±0.00 高度可见轮廓线用粗实线表示，新建建筑物、构筑物地下轮廓线用粗虚线表示，新建构筑物、边坡、围墙的可见轮廓线用中实线，新建建筑物±0.00 高度以上的可见建筑物、构筑物轮廓线用细实线。

4. 总平面的计量单位

总图中的坐标、标高、距离以米为单位。坐标以小数点标注三位，不足以“0”补齐；标高、距离以小数点后两位数标注，不足以“0”补齐。

5. 总平面图的图示内容

1) 用地红线

用地红线是各类建筑工程项目用地的使用权属范围的边界线，其围合的面积是用地范围。各地方国土管理局提供给建设单位的地形图为蓝图，在蓝图上用红色笔划定土地使用范围的线称为用地红线。任何建筑物在设计和施工中均不能超过此线。如图 5-29 中已标出的红线即为用地红线。

2) 新建建筑物所处的地形、用地范围及建筑物占地界限

如地形变化较大，应画出相应的等高线。地面上高低起伏的形状称为地形，用等高线表示。从地形图上的等高线可以分析出地形的高低起伏状况。等高线的间距越大，说明地面越平缓；相反，等高线的间距越小，说明地面越陡峭，从等高线上标注的数值可以判断出地形是上凸还是下凹；数值由外圈向内圈逐渐增大，说明此处地形是往上凸；相反，数值由外圈向内圈减小，则此处地形为下凹。

3) 区分新旧建筑物

从表 5-4 可知，在总平面图上将建筑物分为 5 种情况，即新建建筑物、原有建筑物、计划扩建的预留地或建筑物、拆除的建筑物和新建的地下建筑物或构筑物。当阅读总平面图时，要区分哪些是新建的建筑物，哪些是原有的建筑物。在设计中，为了清楚表示建筑物的总体情况，一般还在图形中右上角以点数或数字表示房屋层数。当总图比例小于 1 : 500 时，可不画建筑物的出入口。

4) 标高

标注标高要用标高符号，标高符号的画法如图 5-17 和图 5-18 所示。

5) 周围的地形、地物状况(道路、河流、水沟土坡等)

应注明新建建筑物首层地面、室外地坪、道路的起点、边坡、转折点、终点及道路中心线的标高、坡向及建筑物的层数等。

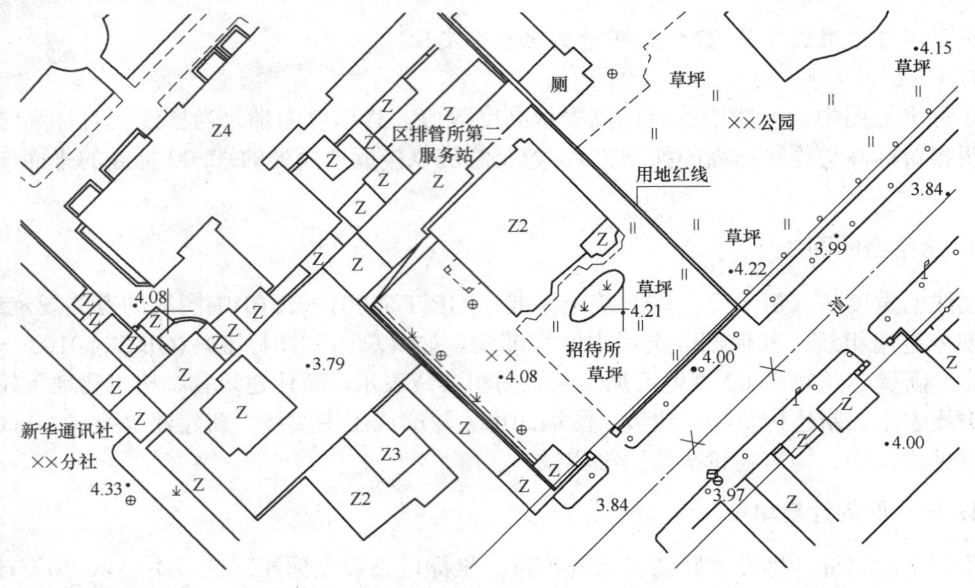

图 5-29　某招待所地形图

新建区域的总体布局还包括建筑、道路、绿化规划等。读图时可结合表 5-4 阅读。

6. 总平面图的识读方法

1) 看图名、比例、图例及有关文字说明

图 5-30 所示是阅读总平面图应具备的基本知识。

2) 了解新建工程的总体情况

这是指了解新建工程的性质与总体情况。工程性质是指建筑物的用途，商店、教学楼、办公楼、住宅、厂房等。了解总体情况主要是了解建筑物所在区域的大小和边界、建筑物的位置及层数、周围环境，弄清周围环境对该建筑的不利影响，道路、场地和绿化等布置。

3) 明确工程具体位置

这是指明确新建工程或扩建工程的具体位置。新建房屋的定位方法有两种：一种是参照物法，即根据已有房屋或道路定位；另一种是坐标定位法，即在地形图上绘制测量坐标网标注房屋墙角坐标的方法，如图 5-31 所示。确定新建筑物的位置是总平面图的主要作用。

4) 看新建房屋的标高

看新建房屋底层室内标高和室外整平地面的绝对标高，可知室内外地面的高差以及正负零与绝对标高的关系。

5) 查看室内外地面标高

从标高和地形图可知道建造房屋前建筑区域的原始地貌。

6) 明确新建房屋的朝向和主要风向

看总平面图中指北针和风向频率玫瑰图，可明确新建房屋朝向和该地区常年风向频率，有些图纸上只画出单独的指北针。

7) 道路交通及管线布置情况

看总平面图中道路交通的组织情况，能否形成小循环，小区道路设计能否满足消防要求，消防车与救护车能否顺利到达每户住户门前，道路端头要满足回转用的空间和场地。看总平面图中给水排水管道的布置情况，能否顺利与市政给水排水管网相连接。

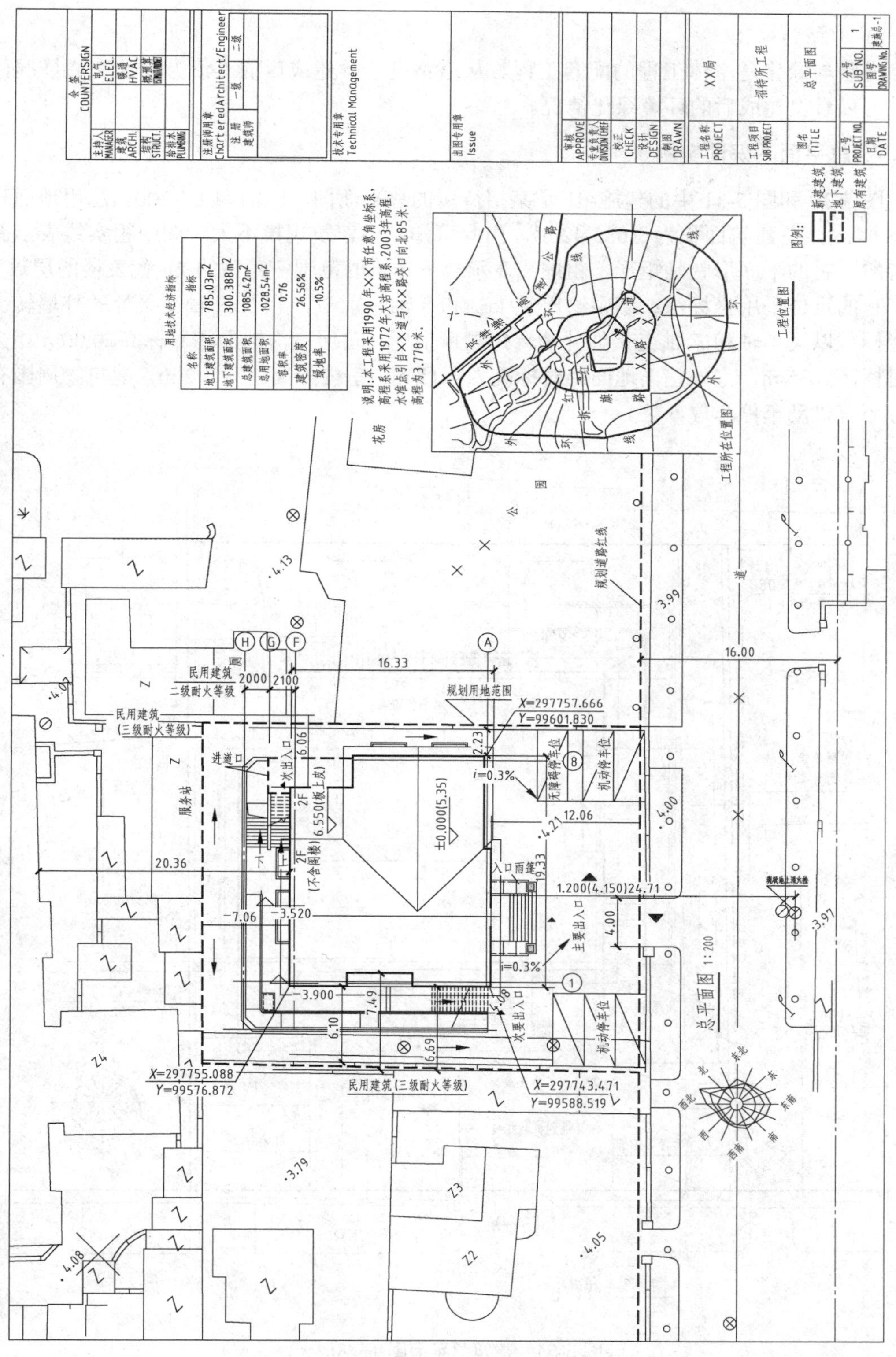
总平面图 1:200
工程位置图
规划用地范围
规划道路红线
民用建筑(三级耐火等级)
主要出入口
次要出入口
机动停车位
XX局
招待所工程
总平面图

图 5-30　建筑总平面图

8) 道路与绿化

道路与绿化是主体工程的配套工程。从道路可了解建成后的人流方向和交通情况，从绿化可以看出建成后的环境绿化情况。

7. 总平面图识读实例

图 5-30 和图 5-31 中的建施-01 是某招待所的总平面图，比例为 1∶200。总用地面积为 1028.54m^2，总建筑面积为 1085.42m^2，由此可知，该建筑规模不大。图中粗实线表示新建招待所。它的平面形状是矩形，粗虚线表示地下建筑的范围。角注的 2F 代表楼的层数为 2 层。它的定位采用坐标法：图中给出了 1 轴和 8 轴分别与 *A* 轴及 *B* 轴交叉处的外墙转交测量坐标，以及 1 轴和 *F* 轴交叉处外墙转角测量坐标。首层室内地面相对标高±0.00m 相当于绝对标高 5.35 m，室外整平地面绝对标高为 4.15 m，室内外高差为 1.2 m。建筑物周围有通道，还有机动车停车位 6 位。

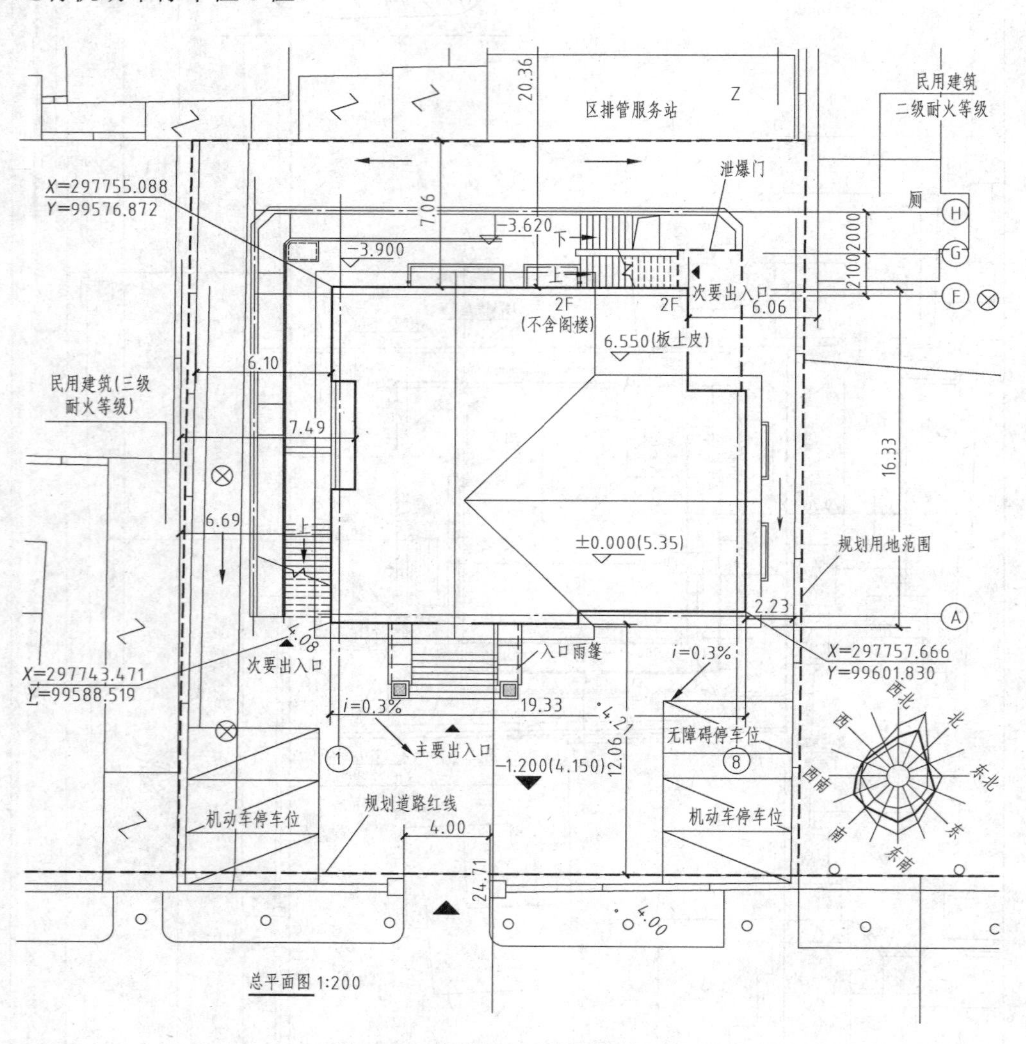

图 5-31　建筑总平面图(局部放大)

从指北针可以看出，新建建筑物非正南北向，主入口朝向东南方向。场地周围东北方向有一城市公园，环境优美，场地西北方向有一四层住宅，西南方向隔围墙为一层住宅，东南方向有一条16 m宽城市道路。图中还标明了场地排水方向以及场地排水坡度为0.3%。

实习实作：识读附图建筑总平面图，熟悉建筑总平面图的图示内容和深度。

5.4　建筑平面图

【学习目标】熟悉建筑施工图中的各层平面图；掌握建筑施工图的平面图识读与绘制应遵循的标准和规范，能熟练识读建筑平面图。

5.4.1　建筑平面图认知

1. 建筑平面图的形成

建筑平面图实际上是水平剖视图。假想用一水平剖切平面，沿着房屋门窗洞口位置将房屋剖切开，如图5-32所示，移去上面部分，对剖切面以下部分所作出的水平投影图，即是建筑平面图。这样就可以看清房间的相对位置，以及门窗洞口、楼梯、走道的布置和墙体厚度等。

2. 建筑平面图的作用

建筑平面图简称平面图，是建筑施工图中重要的基本图。在施工过程中，可作为放线、砌筑墙体、安装门窗、室内装修、施工备料及编制预算的依据。

3. 建筑平面图的分类

根据剖切平面位置的不同，建筑平面图可分为以下几类。

1) 底层平面图

底层平面图又称为首层平面图或一层平面图。它是所有建筑平面图中首先绘制的一张图。绘制此图时，应将剖切平面选放在房屋的一层地面与从一楼通向二楼的休息平台之间，一般为一层地面以上900 mm处，且尽量通过该层上所有的门窗洞口。见附图中的建施-04。

图5-32　建筑平面图的形成

2) 标准层平面图

由于房屋内部平面布置的不同，所以对于多层或高层建筑而言，应该每一层均有一张平面图。其名称就用本身的层数来命名，例如“二层平面图”，见附图中的建施-05。但在实际的建筑设计中，多层或高层建筑往往存在许多相同平面布置形式的楼层，因此在实际绘图时，可将这些相同的楼层合用一张平面图来表示。这张合用的图，就叫作“标准层平面图”，有时也可用其相对应的楼层数命名，例如“三～七层平面图”等，见附图中的建施-06。

3) 顶层平面图

顶层平面图也可用相应的楼层数命名。

4) 屋顶平面图和局部平面图

除了上述平面图外，建筑平面图还应包括屋顶平面图和局部平面图。其中，屋顶平面图是将房屋的顶部单独向下所作的俯视图，主要用来描述屋顶的平面布置及排水情况，见附图建施-07。而对于平面布置基本相同的中间楼层，其局部的差异无法用标准层平面图来描述，此时则可用局部平面图表示。

5) 其他平面图

在多层和高层建筑中，若有地下室或地下车库，则还应有地下一层、地下二层……见附图中的建施-03。

4. 建筑平面图的数量

建筑平面图的数量没有统一的规定，但是原则是将建筑清楚地表达出来。一般房屋每层有一张平面图，3 层的建筑物就有 3 张，并在图的下面注明相应的图名为首层(底层)平面图、二层平面图等。如果其中有几层的房间布置、大小等条件完全相同，用一张图来表示，称为标准层平面图；如果建筑平面图左右对称，也可将两层平面图画在同一个平面图上，左边为一层平面图，右边为另一层平面图，中间用一个对称符号分界。

5.4.2 建筑平面图的有关图例及符号

由于建筑平面图的绘图比例较小，所以其上的一些细部构造和配件只能用图例表示。有关图例画法应按照《建筑制图统一标准》(GB/T 50104—2010)中的规定执行。一些常用构造及配件图例见表 5-3。

5.4.3 建筑平面图的内容、图示方法和示例

1. 一(底)层平面图

底层平面图是房屋建筑施工图中最重要的图纸，表示建筑底层的布置情况。在底层平面图上还需反映室外可见的台阶、散水、花台、花池等。此外，还应标注剖切符号及指北针。下面以图 5-33 所示一层平面图为例，介绍底层平面图的主要内容。

1) 图名、比例、图例及文字说明

图名：首层平面图

比例：1∶100

图例：本图中所使用的图例有墙、柱、楼梯、门窗等。

文字说明：①客房布置结合二次装修。②客房局部吊顶，吊顶范围见图。③墙体门窗洞口处均设构造柱。

文字说明主要表明本图中的一些特殊要求。

2) 轴网、墙、柱及开间、进深

建筑工程施工图中用轴线来确定房间的大小、走廊的宽窄和墙的位置，主要墙、柱、梁等承重构件的位置都要用轴线来定位，纵横向轴线相交形成轴网，如图 5-13 所示。除标注主要轴线之外，还可以标注附加轴线。附加轴线编号用分数表示，如图 5-15 所示。如图 5-33 首层平面图，其横向定位轴线有①～⑧8 根轴线，纵向定位轴线有Ⓐ～Ⓕ6 根轴线。

房屋短边的轴线长度叫开间，一般是建筑物横向定位轴线之间的距离，如②轴～③轴之间为 5400 mm，①轴～②轴之间为 2700 mm；房屋长边方向的轴线长度叫进深，一般为建筑物纵向定位轴线之间的距离。如Ⓐ～Ⓒ之间为 5550 mm。从图中还可以看出，柱子采用 T 形、L 形等异形柱形式。墙体中，直接和室外相接的墙体叫外墙，外墙 490mm 厚，不与室外相接的叫内墙，内墙 200mm 厚。

3) 房间的布置、用途及交通联系

平面布置是平面图的主要内容，着重表达各种用途房间与过道、楼梯、卫生间的关系。房间用墙体分隔，如图 5-33 首层平面图。从该图可以看出，该层平面主要是门厅、客房、会客厅的布置。

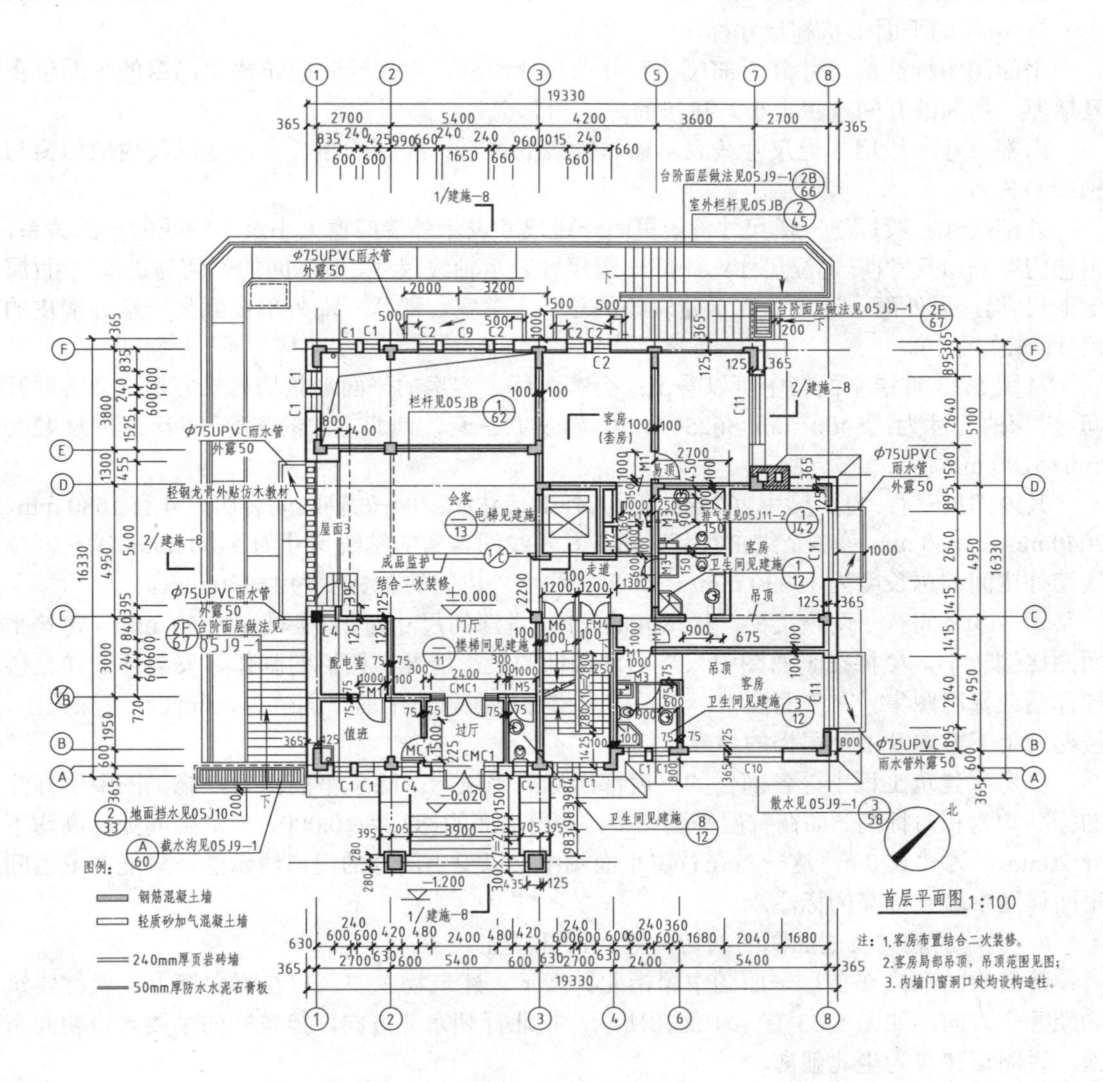

图 5-33　首层平面图

4) 门窗的布置、数量、开启方向及型号

在平面图中，只能反映出门、窗的平面位置、洞口宽度及与轴线的关系，而无法表示

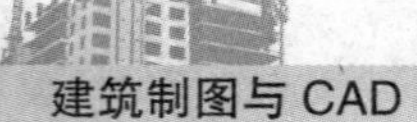

门窗在高度方向的尺度。门窗应按表 5-3 所示常用建筑配件图例进行绘制。在施工图中，门用代号“M”表示，窗用代号“C”表示，如“M1”表示编号为 1 的门。门窗的高度尺寸在立面图、剖面图或门窗表中查找，本例中门窗数量及规格见附图建施表-1 中门窗表。门窗的形状、门窗分隔尺寸需查找相应的详图或门窗小样图。

如门窗表中显示：

M1：门宽 1000 mm，高 2200 mm;

CMC1(窗联门联窗)门宽 2400 mm，高 2700 mm;

FM1：防火门，门宽 1000 mm，高 2200 mm;

C1：窗宽 600 mm，高 1800 mm。

5) 房屋的平面形状和尺寸标注

平面图中标注的尺寸分内部尺寸和外部尺寸两种，主要反映建筑物中门窗的平面位置及墙厚、房间的开间进深大小、建筑的总长和总宽等。

内部尺寸一般用一道尺寸线表示墙与轴线的关系、房间的净长、净宽以及内墙门窗与轴线的关系。

外部尺寸一般标注三道尺寸。最里面一道尺寸表示外墙门窗大小及与轴线的平面关系，也称门窗洞口尺寸(属定位尺寸)。中间一道尺寸表示轴线尺寸，即房间的开间与进深尺寸(属定形尺寸)，最外面一道尺寸表示建筑物的总长、总宽，即从一端外墙皮到另一端外墙皮的尺寸(属总尺寸)。

从图 5-33 首层平面图中可以看出：会客大厅、客房的平面形状均为长方形，会客厅开间×进深的尺寸为：5400 mm ×6250 mm，客房共三套，西北方向的客房开间×进深为 4200 mm×5100 mm 等。

其内部尺寸有：内墙尺寸 200 mm 等。其外部尺寸如：⑥～⑧轴线间客房尺寸有 1680 mm、2040 mm、1680 mm 等 3 个细部尺寸；⑥～⑧轴线间客房的轴线尺寸为 5400 mm；①～⑧轴线墙外皮间的总长度为 19330 mm；Ⓐ～Ⓕ轴线墙外皮间的总宽度为 16330 mm。

④～③之间有一两跑楼梯。楼梯间的开间×进深的尺寸为 2700 mm×5550 mm。建筑平面图比例较小，楼梯在平面图中只能示意楼梯的投影情况，楼梯的制作、安装详图详见楼梯详图或标准图集。在平面图中，表示的是楼梯设在建筑中的平面位置、开间和进深大小、楼梯的上下方向及上一层楼的步数。

在房屋建筑工程中，各部位的高度都用标高来表示。除总平面图外，施工图中所标注的标高均为相对标高。如在首层平面图中，首层地面的标高为±0.000，但卫生间处标高均下降 20mm，为-0.020m，这一点在首层平面图中仅以卫生间处的门口线示意，只能在卫生间平面详图中查到标高的标注。

6) 房屋的朝向及剖面图的剖切位置、索引符号

建筑物的朝向在首层平面图中用指北针表示。建筑物主要入口在哪面墙上，就称建筑物朝哪个方向。如图 5-33 首层平面图所示，指北针朝东北方向，建筑物的主要入口朝向东南，说明该建筑为坐北朝南。

本招待所的 1-1 剖切位置在②～③轴线间、2-2 剖切位置在Ⓒ～Ⓓ轴线间。室外其他建筑构件如散水做法用详图索引符号标出：散水见 05J9-1$\frac{3}{58}$。

2. 其他各层平面图和屋顶平面图

除首层平面图外，在多层或高层建筑中，一般还有地下层平面图、中间层平面图、顶层平面图、屋顶平面图。地下层平面图表示建筑地下室的平面形状、各房间的平面布置及楼梯布置等情况。中间层平面图表示建筑中间各层的布置情况，还需画出下一层的雨篷、遮阳板等。顶层平面图表示建筑最上面一层的平面布置情况。屋顶平面图表示屋顶面上的情况和排水情况，如屋面排水的方向、坡度、雨水管的位置、上人孔及其他建筑配件的位置等。下面以各层平面图为例进行介绍。

1) 地下一层平面图

地下一层平面图，如图5-34所示，与首层平面图的区别主要表现在以下几个方面。

(1) 外部环境不同，地下一层可以直通室外的下沉庭院，下沉庭院的标高为-3.620。

(2) 房间布置。地下一层平面图主要表示了餐厅(含四季厅)、厨房、活动室、锅炉房的布置；地下一层的出入既可以通过楼梯、电梯等垂直交通工具到达，又可以从室外通过室外楼梯到下沉庭院而进入地下一层。

(3) 标高。地下一层地面标高为-3.600 m，局部锅炉房的地面标高为-4.800 m。

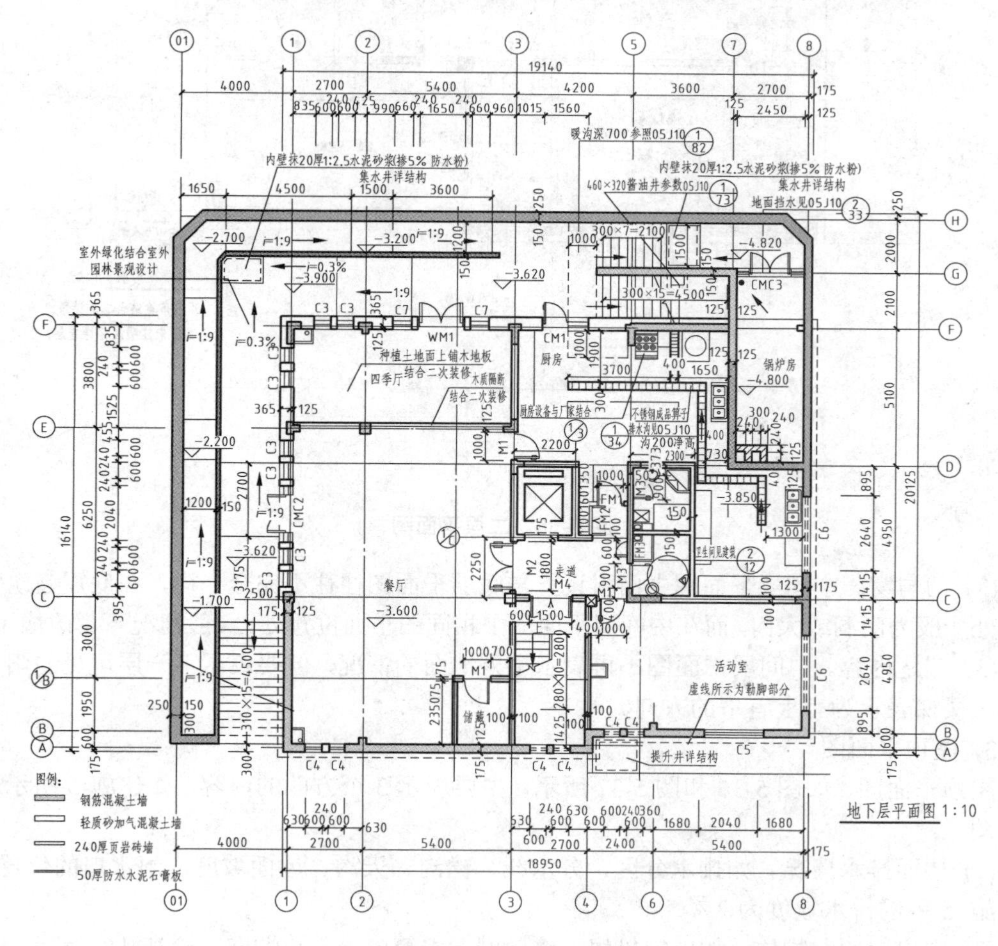

图5-34　地下层平面图

2) 中间层平面图

本建筑为招待所，即一层为门厅、会客，二层以上为客房，如图 5-35 所示。

(1) 房间布置。本图的中间层只有二层，所以本图为二层平面图，当中间层平面图的房间布置与二层平面图房间布置不同时必须表示清楚。

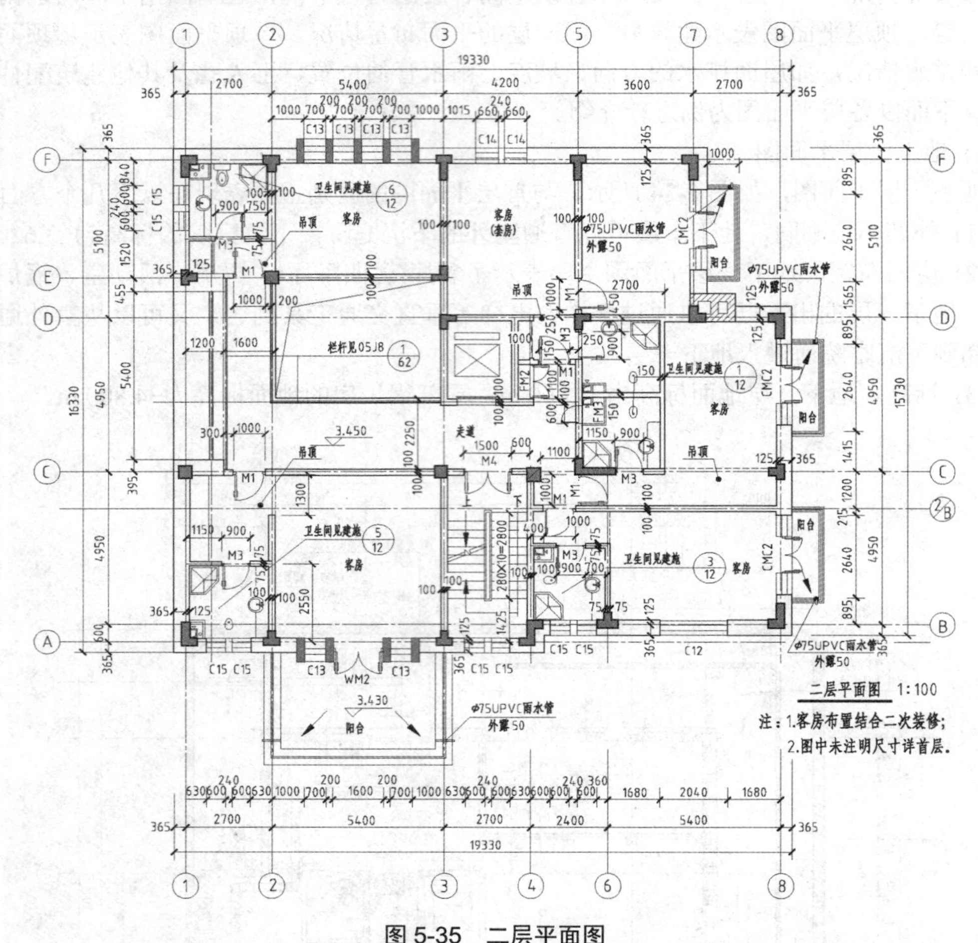

图 5-35　二层平面图

(2) 门与窗。中间层平面图中门窗设置与底层平面图往往不完全一样，在底层建筑物的入口处一般为门洞或大门，而在中间层平面图中相同的平面位置处，一般情况下都改成了窗。

(3) 表达内容。中间层平面图不再表示室外地面的情况，但要表示下一层可见的阳台或雨篷。楼梯表示为有上有下的方向。

3) 屋顶平面图

屋顶平面图，如图 5-36 和图 5-37 所示，主要表示 3 个方面的内容，如建施-5 所示屋顶平面图。

(1) 屋面排水情况。如排水分区、分水线、檐沟、天沟、屋面坡度、雨水口的位置等。如建施-5 中的排水坡度为 2%。

(2) 突出屋面的物体。如电梯机房、楼梯间、水箱、天窗、烟囱、检查孔、管道、屋面变形缝等的位置。如建施-5 中突出屋面的电梯间和通风道。

(3) 细部做法。屋面的细部做法包括高出屋面墙体的泛水及压顶、雨水口、通风道等。

实习习作：识读附图建施-1~建施-5 的各层建筑平面图，熟悉建筑平面图的图示内容和深度。

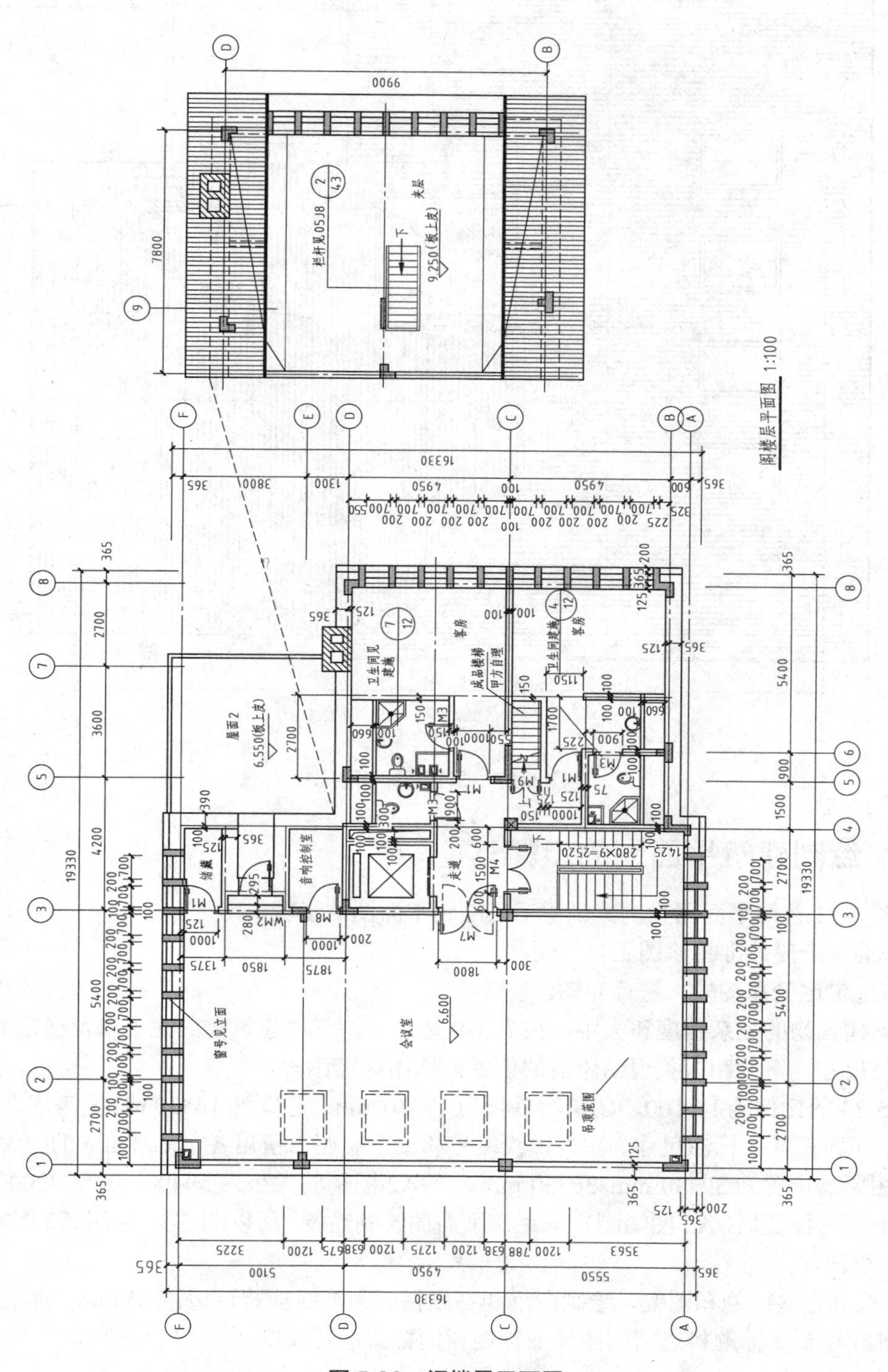

图 5-36　阁楼层平面图

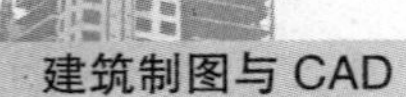

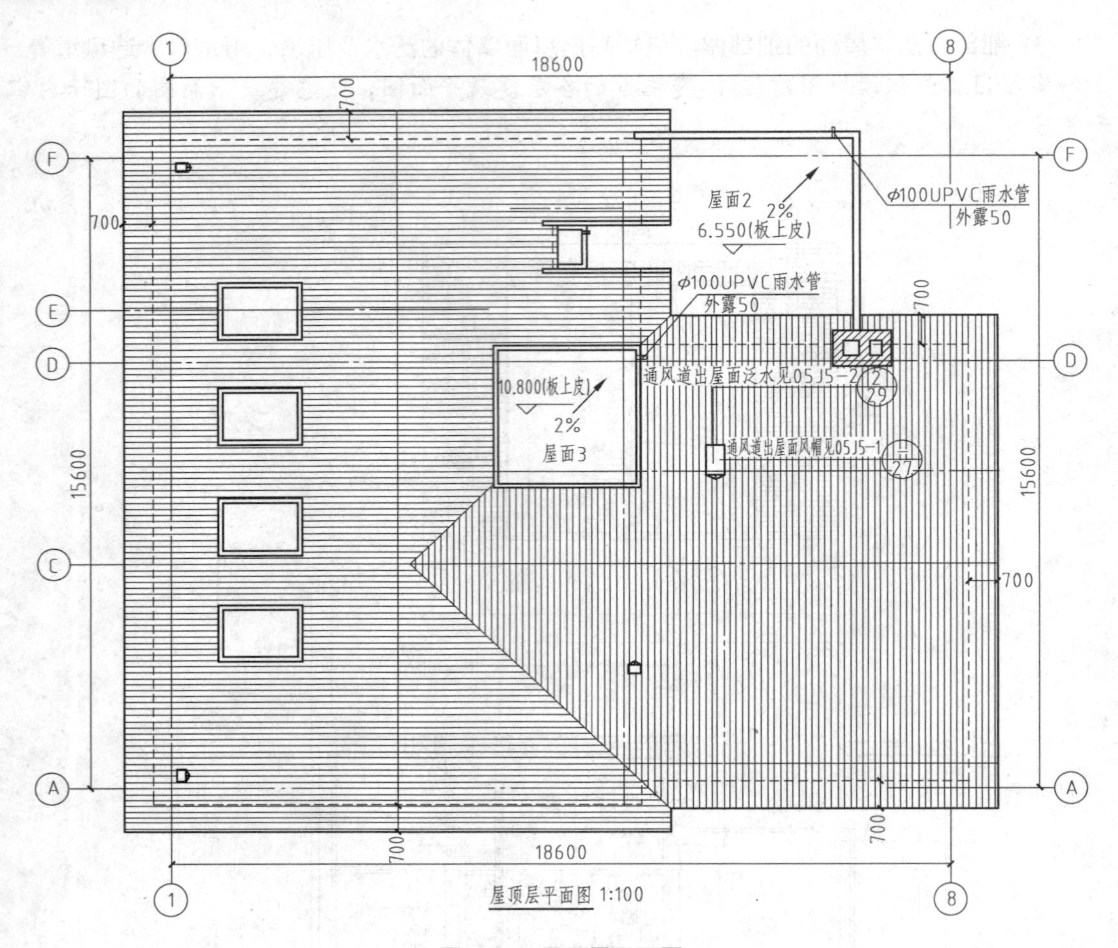

图 5-37　屋顶层平面图

5.4.4　绘制建筑平面图的步骤

以图 5-33 首层平面图为例，说明手工绘制平面图的步骤。

(1) 准备阶段：准备绘图工具及用品。

(2) 选定比例和图幅，进行布图。

根据建筑物的复杂程度和大小，按表 1-9 选定比例，由建筑物的大小以及选定的比例，估计注写尺寸、符号和有关说明所需的位置，选用标准图幅。

图 5-33 的比例为 1∶100，建筑物总长为 19330 mm，总宽为 16330 mm，考虑四周室外大台阶、下沉庭院、标注尺寸、注写轴线编号和文字说明需留出各 10000 mm 的位置，这样绘制本图所需位置为 39330 mm×36330 mm。而 A2 图幅的大小为 59400 mm × 42000 mm，扣减图框所占位置后，A2 图幅刚好满足该平面图绘制需要，所以图 5-33 选用 A2 图幅绘制。

(3) 绘图。

① 按选定的比例和图幅，绘制图框和标题栏。图框线按装订边留 25 mm，非装订边留 10mm 进行绘制，标题栏选用制图作业标题栏的样式进行绘制。

② 进行图面布置。根据房屋的复杂程度及大小，确定图样的位置。注意留出注写尺寸、图例和有关文字说明的空间。一般情况下，先控制好图形的左方和下方的位置。

③ 画铅笔线图。用铅笔在绘图纸上画成的图称为底图。具体操作如下。

a. 首先要画出定位轴线，定位轴线是建筑物的控制线，故在平面图中，可按从左向右，自上而下的顺序绘制承重墙、柱、大梁、屋架等构件的轴线，如图5-38(a)所示。

b. 画出全部墙厚、柱断面和门窗位置，此时应特别注意构件的中心是否与定位轴线重合。画墙身轮廓线时，应从轴线处分别向两边量取。由定位轴线定出门窗的位置，然后按表1-10的规定画出门窗图例，如图5-38(b)所示。若表示的是高窗、通气孔、槽等不可见的部分，则应以虚线绘制。

c. 画其他构配件的轮廓。所谓其他构配件，是指台阶、坡道、楼梯、平台、卫生设备、散水和雨水管等，如图5-38(c)所示。

以上三步用较硬的铅笔(H或2H)轻画。

④ 标注尺寸和符号。轴线按从左向右用阿拉伯数字，自下而上用大写的拉丁字母顺序进行编号，其中I、O、Z这3个字母不能使用。外墙一般应标注3道尺寸，内墙应注出墙、柱与定位轴线的相对位置和其定形尺寸，门窗洞口注出宽度尺寸和定位尺寸，外墙之间应注出总尺寸，根据需要再适当标注其他尺寸。另外，还应标注不同标高房间的楼面标高。绘制有关的符号，如底层平面图中的指北针、剖切符号、详图索引符号、定位轴线编号以及表示楼梯和踏步上下方向的箭头等。一般用HB的铅笔，如图5-38(d)所示。

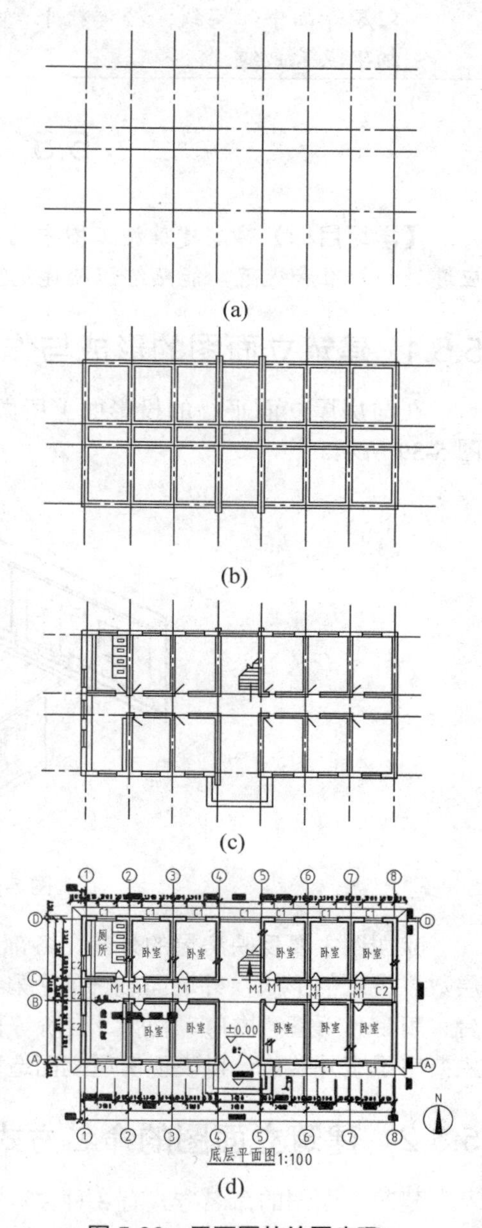

图5-38　平面图的绘图步骤

⑤ 复核。图完成后需仔细校核，及时更正，尽量做到准确无误。

⑥ 上墨(描图)。用描图纸盖在底图上，用黑色的墨水(绘图墨水)按底图描图，并按照《建筑制图统一标准》(GB/T 50104—2010)的有关规定，描粗加深图线。描出的图形称为底图，又叫“二底”。以上只是绘制建筑平面图的大致步骤，在实际操作时，可按房屋的具体情况和绘图者的习惯加以改变。

提示：平面图的线型要求：剖到的墙轮廓线，画粗实线；看到的台阶、楼梯、窗台、雨篷、门扇等画中粗实线；楼梯扶手、楼梯上下引导线、窗扇等，画细实线；定位轴线画细单点长画线。

5.5 建筑立面图

【学习目标】熟悉建筑施工图中的各个平面图；掌握建筑施工图的立面图识读与绘制应遵循的标准和规范，能熟练识读建筑立面图。

5.5.1 建筑立面图的形成与作用

在与房屋立面平行的投影面上所做的正投影图，称为建筑立面图，简称立面图，如图 5-39 所示。

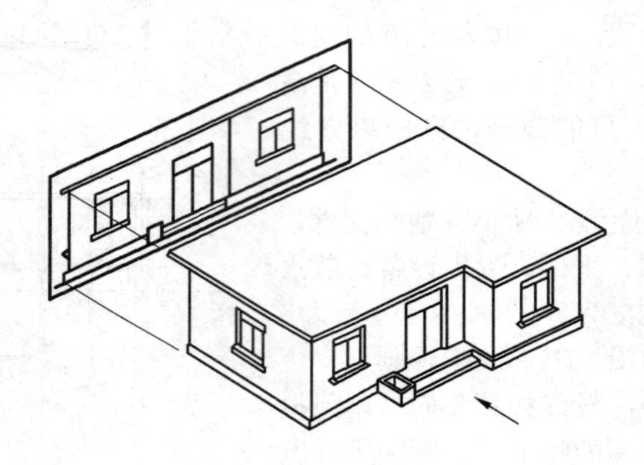

图 5-39 立面图的形成

立面图主要反映房屋的外貌、各部分配件的形状和相互关系，同时反映房屋的高度、层数，屋顶的形式，外墙面装饰的色彩、材料和做法，门窗的形式、大小和位置，以及窗台、阳台、雨篷、檐口、勒脚、台阶等构造和配件各部位的标高等。立面图在施工过程中，主要用于室外装修，以表现房屋立面造型的艺术处理。它是建筑及装饰施工的重要图样。

5.5.2 建筑立面图的命名方式

建筑立面图的命名方式有 3 种。

(1) 按轴线编号命名。对于有定位轴线的建筑物，可以根据两端的定位轴线编号命名，如建施-6 中的①～⑧轴立面图，Ⓑ～Ⓕ轴立面图。

(2) 在方案设计阶段，有时按建筑物的朝向命名。可根据建筑物立面的朝向分别命名。如东立面图、南立面图、西立面图、北立面图。

(3) 同样在方案阶段，还可按立面的主次命名。把建筑物的主要出入口或反映建筑物外貌主要特征的立面称为正立面图，而把其他立面图分别称为背立面图、左侧立面图和右侧立面图。

5.5.3　建筑立面图的内容、图示方法和示例

现以附图中建施-6所示立面图为例，说明建筑立面图的图示内容和读图要点。

1) 了解图名、比例

图名：①～⑧轴立面图，就是将此建筑由南向北投影所得。

比例：1∶100，立面图比例应与建筑平面图所用比例一致，以便于对照阅读。

2) 了解立面图和平面图的对应关系

对照建筑首层平面图上的定位轴线编号，可知南立面图的左端轴线编号为①，右端轴线编号为⑧，与建筑平面图相对应，房屋主入口也在该立面，所以该立面是房屋的正立面图。

3) 了解房屋的体形和外貌特征

立面图应将立面上所有投影可见的轮廓线全部绘出，如室外地面线、勒脚、台阶、花池、门、窗、雨篷、阳台、檐口、女儿墙、外墙分格线、雨水管、出屋面的通风道、水箱间、室外楼梯等。识图时，先看总体特征，如在建施-6中，该建筑为两层，其下方有地下室，顶层为阁楼层，立面造型采用三段式构图(底部、中间、顶部)，屋顶为坡屋顶。入口处有台阶、雨篷、雨篷柱；其他位置门洞处有阳台，利用坡屋面的坡度排除雨水。

4) 了解房屋各部分的高度尺寸及标高数值

立面图上要标注房屋外墙各主要结构的相对标高和必要的尺寸，如室外地坪、台阶、窗台、门窗洞口顶端、阳台、雨篷、檐口、屋顶等完成面的标高。

(1) 竖直方向：应标注建筑物的室内外地坪、门窗洞口上下端、台阶顶面、雨篷、檐口、屋面等处的标高，并在竖直方向标注三道尺寸。里边的一道尺寸标注建筑的室内外高差、门窗洞口高度及在每层高度方向上门窗的定位；中间一道尺寸标注层高尺寸；外边一道尺寸为总高尺寸。

(2) 水平方向：水平方向一般不注尺寸，但需标出立面图最外两端墙的轴线及编号。从图中可知，室内外高差为1.200 m，首层及二层层高分别为3.450 m和3.150 m，檐口处标高为7.800 m，坡屋顶顶端结构标高为11.879 m。建筑总高度为13.079 m。

5) 了解门窗的形式、位置及数量

建筑中门窗位置、数量要对应平面图识图。门窗宽度与平面图中一致，门窗高度在立面图中有明确标注，至于门窗形式及开启方式应对照门窗表及门窗小样图等查阅。

6) 了解房屋外墙面的装修做法

立面图中要表示房屋的外檐装修情况，如屋顶、外墙面装修、室外台阶、阳台、雨篷等各部分的材料、色彩和做法。这些内容常用引出线作文字说明。如建施-6中，主体建筑部分有外墙1、外墙2两种做法，具体做法可查阅建施说-2营造做法表，从表中得知，外墙1为清水砖墙，外墙2为料石镶挂外墙面。

7) 了解立面图中的细部构造与详图索引符号的标注

例如，在建施-6中，雨篷部分的细部尺寸在1∶100的立面图中无法表示清楚，于是在本图以1∶50的比例绘成详图，可以看到立面图上有相应的详图索引符号。

5.5.4 手工绘制建筑立面图的方法和步骤

绘制建筑立面图与绘制建筑平面图一样，也是先选定比例和图幅、绘图稿、上墨或用铅笔加深 3 个步骤。以附图建施-6①～⑧轴立面图为例，着重说明绘制的步骤和在上墨或用铅笔加深建筑立面图图稿时对图线的要求。

(1) 准备绘图工具及用品。

(2) 选取和平面图相同的绘图比例及图幅，绘制图框和图标(用 H 或 2H 铅笔)。

(3) 绘出室外地坪线、两端外墙的定位轴线，确定图面布置(用 H 或 2H 铅笔)。

(4) 用轻淡的细线绘出室内地坪线、各层楼面线、屋顶线和中间的各条定位轴线、两端外墙的墙面线(用 H 或 2H 铅笔)。

(5) 从楼面线、地面线开始，量取高度方向的尺寸，从各条定位轴线开始，量取长度方向的尺寸，绘出凹凸墙面、门窗洞口以及其他较大的建筑构配件的轮廓(用 H 或 2H 铅笔)。

(6) 给出细部底稿线，并标出尺寸、绘出符号、编号、书写说明等。在注写标高时，标高符号应尽量排在一条铅垂线上，标高数字的小数点也都按垂直方向对齐，这样做不但便于看图，而且图面也清晰美观(用 HB 铅笔)。

在上墨或用铅笔加深建筑立面图图稿时，如附图建施-6 所示，图线按表 5-2 的规定进行绘制。

提示： 立面图的线型要求是地坪线画加粗实线(1.4*b*)；外轮廓线(天际线)画粗实线(*b*)；凹进或凸出墙面的轮廓线、门窗洞轮廓线，画中粗线(0.5*b*)；门窗分格线、墙面分格线、勒脚、雨水管、图例线等，画细实线(0.25*b*)。

手工绘图时，对于立面图上相同的构件，只画出其中的一至两个，其余的只画外形轮廓，如图中的门窗等；计算机绘图时，需全部绘出。

实习实作： 绘制建施-6 中①～⑧轴立面图，熟悉各种制图工具、图线、比例等的应用。

5.6 建筑剖面图

【学习目标】 熟悉建筑施工图中的剖面图的概念；掌握建筑施工图的剖面图识读与绘制应遵循的标准和规范,能熟练识读建筑剖面图。

三视图虽然能清楚地表达出物体的外部形状，但内部形状却需用虚线来表示，对于内部形状比较复杂的物体，就会在图上出现较多的虚线，虚实重叠，层次不清，看图和标注尺寸都比较困难。为此，国标规定用剖面图表达物体的内部形状。为了很好地识读和绘制建筑剖面图，首先要对剖面图进行概述。

5.6.1 剖面图的形成与基本规则

1. 剖面图的形成

假想用一个剖切平面将物体切开，移去观察者与剖切平面之间的部分，将剩下的那部

分物体向投影面投影，所得到的投影图就叫作剖面图，简称为剖面。

图 5-40 所示为一杯形基础，在图 5-40(a)中假想用一个通过基础前后对称面的正平面 *P* 将基础剖切开，移去观察者与剖切平面之间的部分，将剩下的那部分物体向投影面投影，得到图 5-40(b)所示的剖面图。

2. 画剖面图的基本规则

根据剖面图的形成过程和读图需要，可概括出画剖面图的基本规则如下。

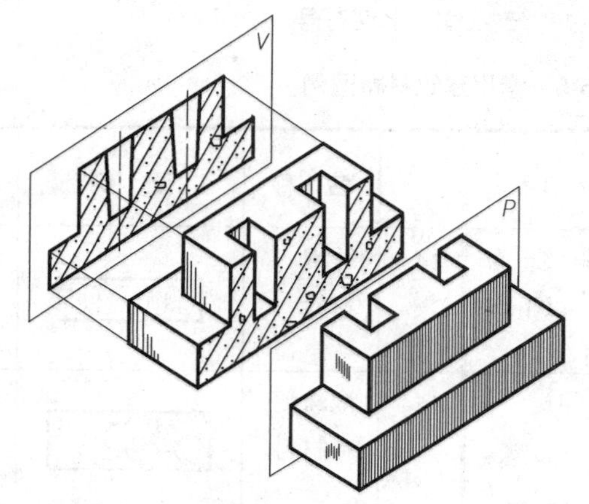

(a) 假想用 *P* 面剖切基础，并向 *V* 面投影

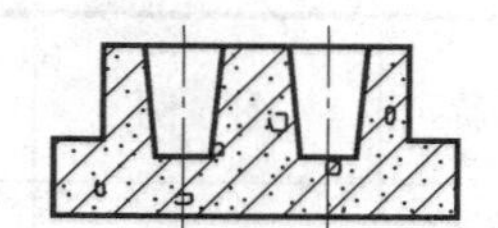

(b) 基础的 *V* 面剖面图

图 5-40　杯形基础

(1) 假想的剖切平面应平行。于投影面，还需要使其经过形体有代表性的位置，如孔、洞、槽的位置，剖切面最好选在形体的对称面上。

(2) 剖切处的断面用粗实线绘制，对剖切面没有剖切到的部分，但沿投射方向可以看见的部分的轮廓线都必须用细实线画出，不能遗漏。

(3) 对于不同比例的剖面图，材料图例可以采用不同的表示方法。其表示方法主要有 2 种：按《房屋建筑制图统一标准》(GB/T 50001—2010)中指定材料图例(如表 5-5 所示)绘制，这种表示方法适用于绘图比例≥1∶50 的剖面图；当比例≤1∶100 时，可画简化的材料图例(如砌体墙涂红、钢筋混凝土墙涂黑等)表示。

(4) 标注剖切符号。在建筑工程图中用剖切平面符号表示剖切平面的位置和剖开后的投影方向。

《房屋建筑制图统一标准》(GB/T 50001—2010)中规定剖切符号由剖切位置线及剖视方向线组成，均以粗实线绘制。剖切位置线长度为 6～10mm；剖视方向线表示剖切后向哪个方向作投影，长度为 4～6mm，与剖切位置线垂直。剖切符号用阿拉伯数字按顺序由左至右、由下至上连续编排，编号注写在相应的剖面图下方，如图 5-41 所示。

需要转折的剖切位置线应在转角的外侧加注与该符号相同的编号。剖面图如与被剖切图样不在同一张图纸内，可在剖切位置线的另一侧注明其所在图纸的图纸号，也可在图上集中说明。

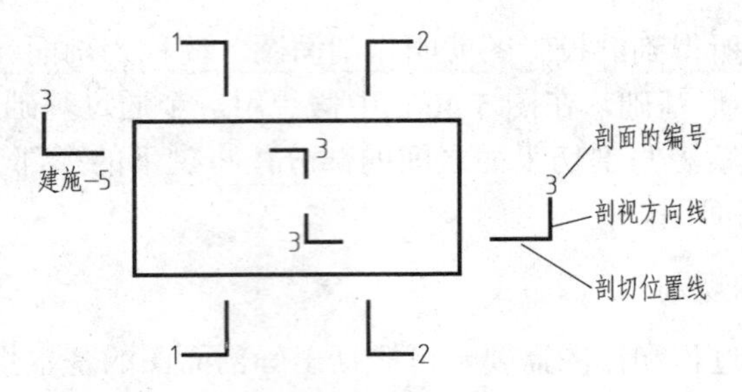

图 5-41　剖面图的剖切符号

表 5-5　常用建筑材料图例

序号	名　称	图　例	说　明	序号	名　称	图　例	说　明
1	自然土层		细斜线为45°，以下均相同	14	纤维材料		包括矿棉岩棉等
2	夯实土层			15	泡沫塑料材料		包括聚苯乙烯、聚氨酯等
3	砂、灰土			16	木材		
4	砂砾石、碎砖三合土			17	胶合板		
5	天然石材			18	石膏板		
6	毛石			19	金属		图形小时可涂黑
7	普通砖		包括实心砖、多孔砖、砌块等砌体。断面较窄，不易绘出图例线时，可涂红	20	网状材料		包括金属、塑料网状材料
8	耐火砖			21	玻璃		包括平板玻璃等

续表

序号	名 称	图 例	说 明	序号	名 称	图 例	说 明
9	空心砖		非承重砖砌体	22	橡胶		
10	饰面砖		包括铺地砖、人造大理石等	23	塑料		
11	焦渣、矿渣			24	防水材料		比例大时用上图
12	混凝土		1 本图例指能承重混凝土和钢筋混凝土 2 剖面图画出钢筋时，不画图例 3 断面图形小不易画图例线时，可涂黑	25	粉刷		
13	钢筋混凝土			26	多孔材料		包括水泥珍珠岩、非承重加气混凝土等

5.6.2　剖面图的类型与应用

为了适应建筑形体的多样性，在遵守基本规则的基础上，由于剖切平面数量和剖切方式不同而形成下列常用类型：全剖面图、半剖面图、局部剖面图、阶梯剖面图。

1. 全剖面图

全剖面图是用一个剖切平面把物体全部剖开后所画出的剖面图；它常应用在外形比较简单，而内部形状比较复杂的物体上。图 5-42 就是全剖面图。

图 5-42 为一双杯基础的全剖面图。若需将其侧立面图改画成全剖面，并画出左侧立面的剖面图，材料为钢筋混凝土。可先画出左侧立面图的外轮廓后，再分别改画成剖面图。

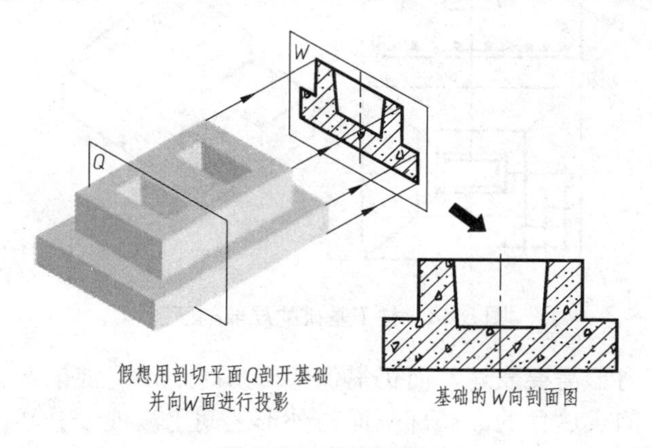

图 5-42　全剖面图

从图中可以看出，为了突出视图的不同效果，剖面图的断面轮廓用粗实线，而杯口顶用细实线，材料图例中的 45° 细线方向一致；剖面取在取在杯口的局部对称线上。

2. 半剖面图

在对称物体中，以对称中心线为界，一半画成外形视图，一半画成剖面图后组合形成的图形称为半剖面图，如图 5-43 所示，半剖面图经常运用在对称或基本对称，内外形状均比较复杂的物体上，同时表达物体的内部结构和外部形状。

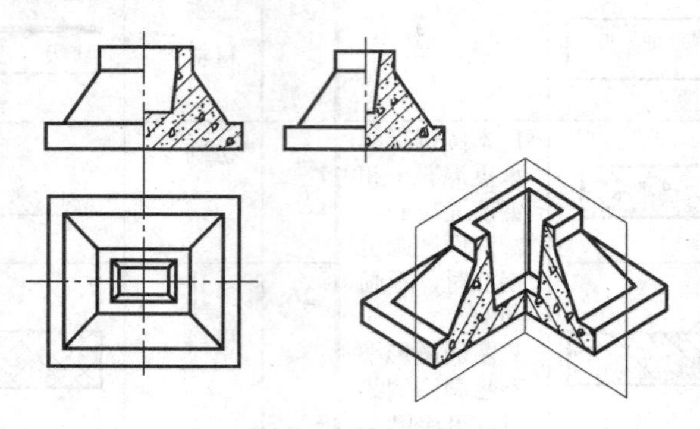

图 5-43　杯形基础半剖面图

在画半剖面图时，一般是把半个剖面图画在垂直对称线的右侧或画在水平对称线的下方。必须注意：半个剖面图与半个外形视图间的分界线必须画成单点长画线。

3. 局部剖面图

用剖切平面局部地剖开不对称的物体，以显示物体该局部的内部形状所画出的剖面图称为局部剖面图。如图 5-44 所示的柱下基础，为了表现底板上的钢筋布置，对平面图采用了局部剖面的方法，正面投影是全剖图，画出了钢筋的配置情况。

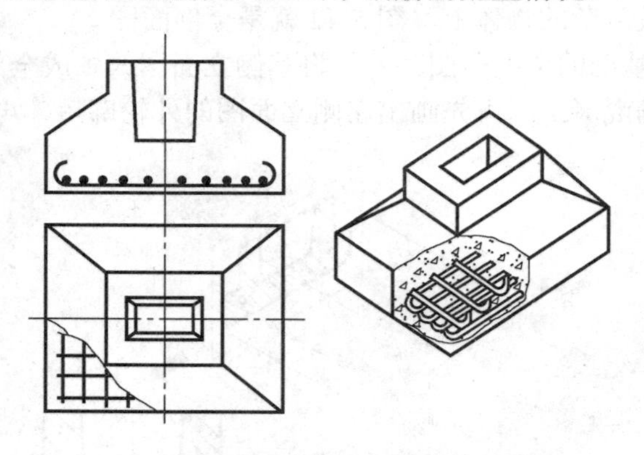

图 5-44　柱下基础的局部剖面图

当物体只有局部内形需要表达，而仍需保留外形时，用局部剖面就比较适合，能达到内外兼顾、一举两得的表达目的。局部剖面与外形之间用波浪线分界。波浪线不得与轮廓线重合，不得超出轮廓线，在开口处不能有波浪线。在建筑工程图中常用分层局部剖面图来表达屋面、楼面和地面的多层构造，如图 5-45 所示。

4. 阶梯剖面图

用一组相互平行的剖切平面剖开物体，所得到的剖面图叫阶梯剖面图。阶梯剖面图用在一个剖切面不能将形体需要表示的内部全部剖切到的形体上。

图 5-46 所示的房屋，如果只用一个剖切面不能同时剖开前墙和后墙的窗，这时可将剖切面转一个直角弯，形成两个平行的剖切面，分别剖切前墙的窗和后墙的窗，把房屋内部构造都表现出来了。如图 5-46 所示为阶梯剖面图。

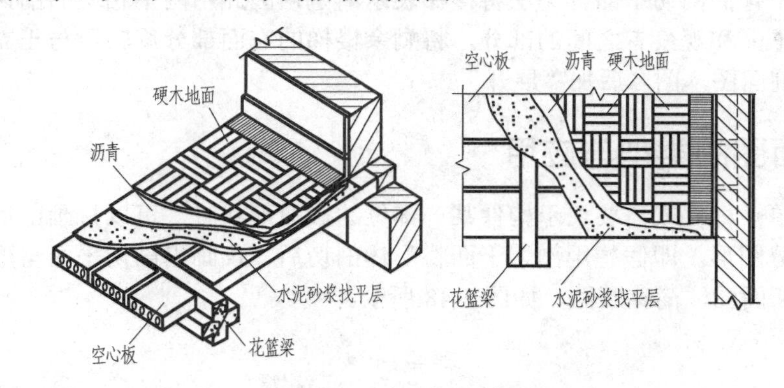

图 5-45　分层局部剖面图

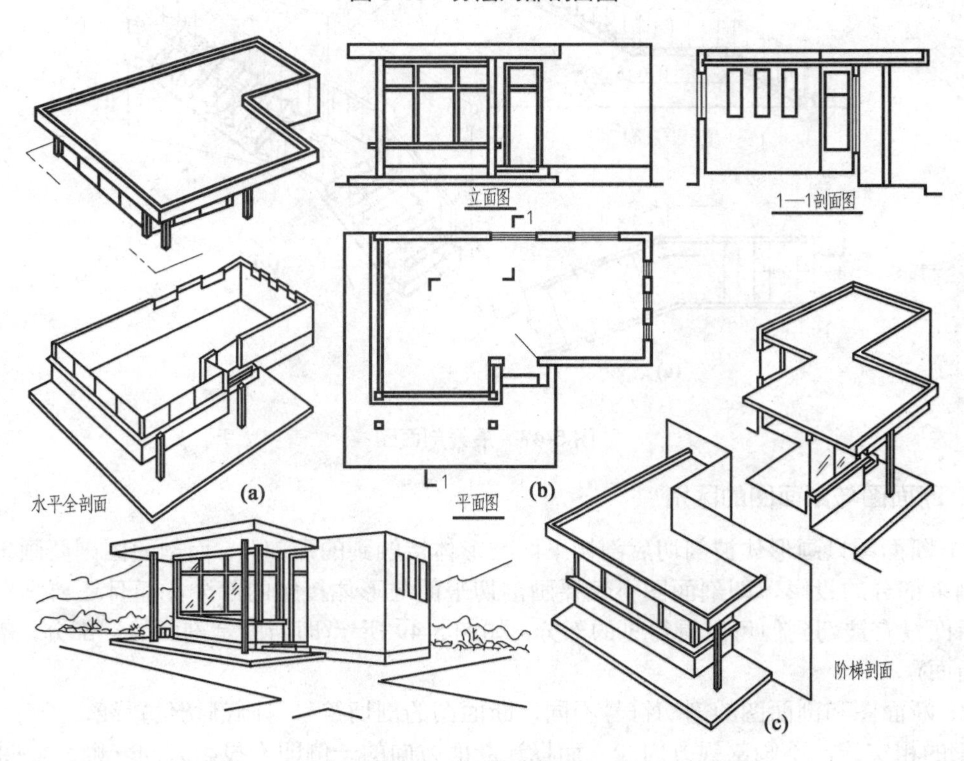

图 5-46　阶梯剖面图

在阶梯剖面图中不可画出两剖切平面的分界线，还应避免剖切平面在视图中的轮廓线位置处转折。画剖切符号时剖切平面的阶梯转折用粗折线表示，折线的突角外侧可注写剖切编号。

5. 展开剖面图

当形体有不规则的转折时，用两个或两个以上相交平面作为剖切面剖开物体，将倾斜于基本投影面的部分旋转到平行于基本投影面后得到的剖面图，称为展开剖面图，如图 5-47 中 1—1 剖面所示。

图 5-47 所示为一个楼梯的展开剖面图，由于楼梯的两个梯段在平面上成一定夹角，如用一个或两个平行的剖切平面都无法将楼梯表示清楚，因此用两个相交的剖切平面进行剖切，移去剖切平面和观察者之间的部分，将剩余楼梯的右面部分旋转至与正立投影面平行后，得到展开剖面图，图名后加“展开”二字。

5.6.3 断面图的类型与应用

对于某些单一杆件或需要表示构件某一部位的截面形状时，可以只画出形体与剖切平面相交的那部分图形。即假想用剖切平面将形体剖切后，仅画出剖切平面与形体接触部分的正投影称为断面图，简称断面，如图 5-48 所示。

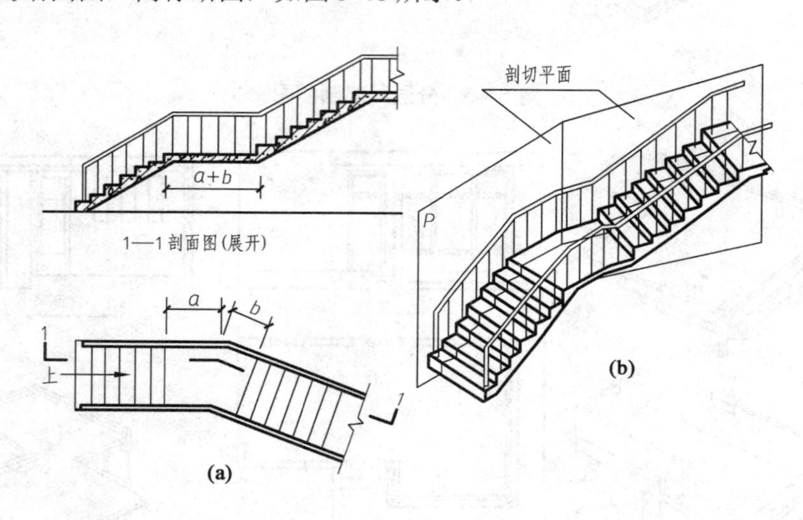

图 5-47 展开剖面图

1. 断面图与剖面图的区别

(1) 断面图只画形体被剖切后剖切平面与形体接触到的那部分，而剖面图则要画出被剖切后剩余部分的投影，即剖面图不仅要画剖切平面与形体接触的部分，而且还要画出剖切平面后面没有被切到但可以看得见的部分，如图 5-49 所示(即断面是剖面的一部分，剖面中包含断面)。

(2) 断面图和剖面图的剖切符号不同，断面图的剖切符号只画剖切位置线，长度为 6～10 mm 的粗实线，不画剖视方向线。而标注断面方向的一侧即为投影方向一侧。如图 5-49 中所示的编号“1”写在剖切位置线的右侧，表示剖开后自左向右投影。

(3) 剖面图用来表达形体内部形状和结构；而断面图则用来表达形体中某断面的形状和结构。

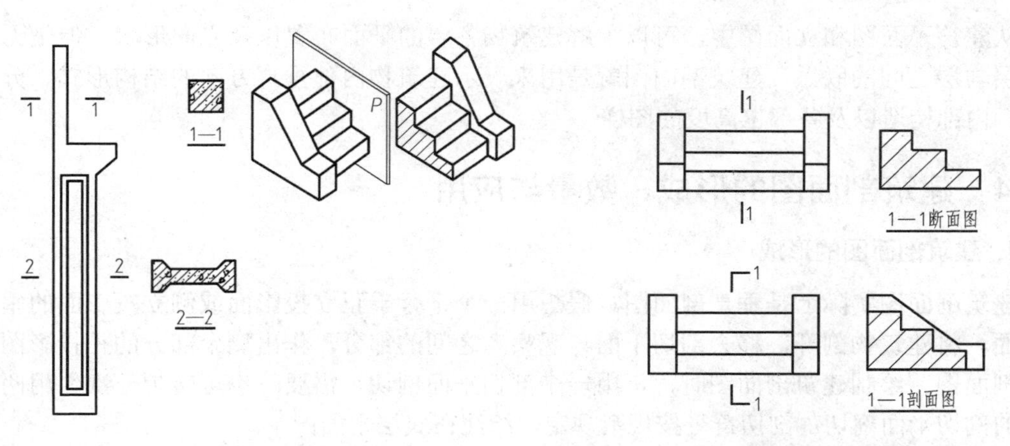

图 5-48　断面图　　图 5-49　剖面图与断面图的区别

2. 断面图的类型与应用

根据形体的特征不同和断面图的配置形式不同，可分为移出断面、重合断面和中断断面 3 种。

1) 移出断面

将形体某一部分剖切后所形成的断面移画于主投影图的一侧，称为移出断面。如图 5-48 中 1—1、2—2 所示为钢筋混凝土牛腿柱的移出断面图。

移出断面图的轮廓要画成粗实线，轮廓线内画图例符号，如图 5-48 所示的 1—1、2—2 断面图中，画出了钢筋混凝土材料的图例。

2) 重合断面

将断面图直接画于投影图中，两者重合在一起，称为重合断面图。如图 5-50 所示为一角钢的重合断面图。它是假想用一个垂直于角钢轴线的剖切平面剖切，然后将断面向右旋转 90°，使它与正立面图重合后画出来的。

由于剖切平面剖切到哪里，重合断面就画在哪里，因而重合断面不需标注剖切符号和编号。为了避免重合断面与投影图轮廓线相混淆，当断面图的轮廓线是封闭的线框时，重合断面的轮廓线用粗实线绘制，并画出相应的材料图例；当重合断面的轮廓线与投影图的轮廓线重合时，投影图的轮廓线仍完整画出，不应断开，如图 5-50 所示。

3) 中断断面

对于单一的长向杆件，也可以在杆件投影图的某一处用折断线断开，然后将断面图画于其中，不画剖切符号，如图 5-51 所示为槽钢杆件中断断面图。

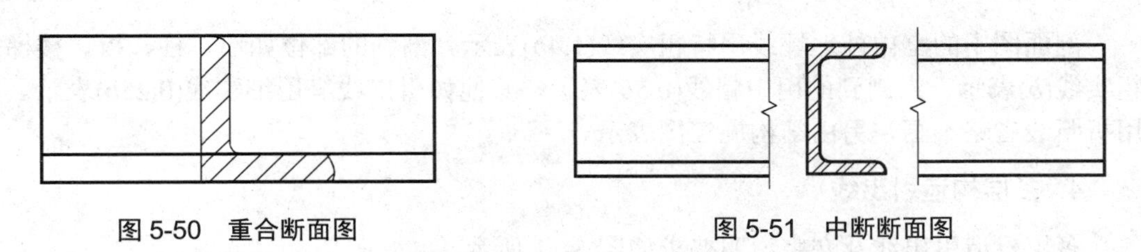

图 5-50　重合断面图　　图 5-51　中断断面图

前面是针对形体而言讲述剖面图和断面图，那么什么是建筑剖面图呢？

从建筑平面图和立面图中，可以了解建筑物各层的平面布置以及立面形状，但是无法得知层与层之间的联系。建筑剖面图就是用来表示建筑物内部垂直方向的结构形式、分层情况、内部构造以及各部位高度的图样。

5.6.4 建筑剖面图的形成、数量与应用

1. 建筑剖面图的形成

建筑剖面图实际上是垂直剖面图。假想用一个平行于正立投影面或侧立投影面的垂直剖切面，将建筑物剖开，移去剖切平面与观察者之间的部分，作出剩余部分的正投影图，称为剖面图。绘制建筑剖面图时，常用一个剖切平面剖切，需要时也可转折一次，用两个平行的剖切平面剖切。剖切符号按规范规定，绘注在底层平面图中。

2. 建筑剖面图的数量

剖切部位应选择在能反映建筑物全貌、构造特征，以及有代表性的部位，如层高不同、层数不同、内外空间分隔或构造比较复杂之处，一般应把门窗洞口、楼梯间及主要出入口等位置作为剖切部位。

一幢建筑物应绘制几个剖面图，应按建筑物的复杂程度和施工中的实际需要而定。剖切符号可选用粗阿拉伯数字表示，如 1—1 等。

建筑剖面图应包括剖切面和投影方向可见的建筑构造、构配件以及必要的尺寸和标高等。它主要用来表示建筑内部的分层、结构形式、构造方式、材料、做法、各部位间的联系以及高度等情况。

3. 建筑剖面图的有关图例和规定

在施工中，建筑剖面图是进行分层、砌筑内墙、铺设楼板、屋面板和楼梯等工作的依据。

5.6.5 建筑剖面图的有关图例和规定

1. 比例

剖面图所采用的比例一般应与平面图和立面图的比例相同，以便和它们对照阅读。

2. 定位轴线

在剖面图中应画出两端墙或柱的定位轴线及其编号，以明确剖切位置及剖视方向。

3. 图线

剖面图中的室内外地坪线用特粗实线(1.4*b*)表示。剖到的部位如墙、柱、板、楼梯等用粗实线(*b*)表示，未剖到的用中粗线(0.5*b*)表示，其他如引出线等用细实线(0.25*b*)表示。基础用折断线省略不画，另由结构施工图表示。

4. 多层构造引出线

多层构造引出线及文字说明要求如图 5-11 所示。

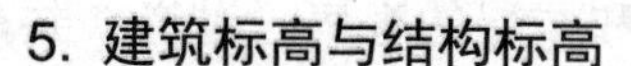

5. 建筑标高与结构标高

建筑标高是指各部位竣工后的上(或下)表面的标高；结构标高是指各结构构件不包括面层的结构板上、下皮的标高，如图 5-21 所示。

5.6.6　建筑剖面图的内容和图示方法

以图 5-52 为例，阐述建筑剖面图的图示内容和读图要点。

1. 图名、比例和定位轴线

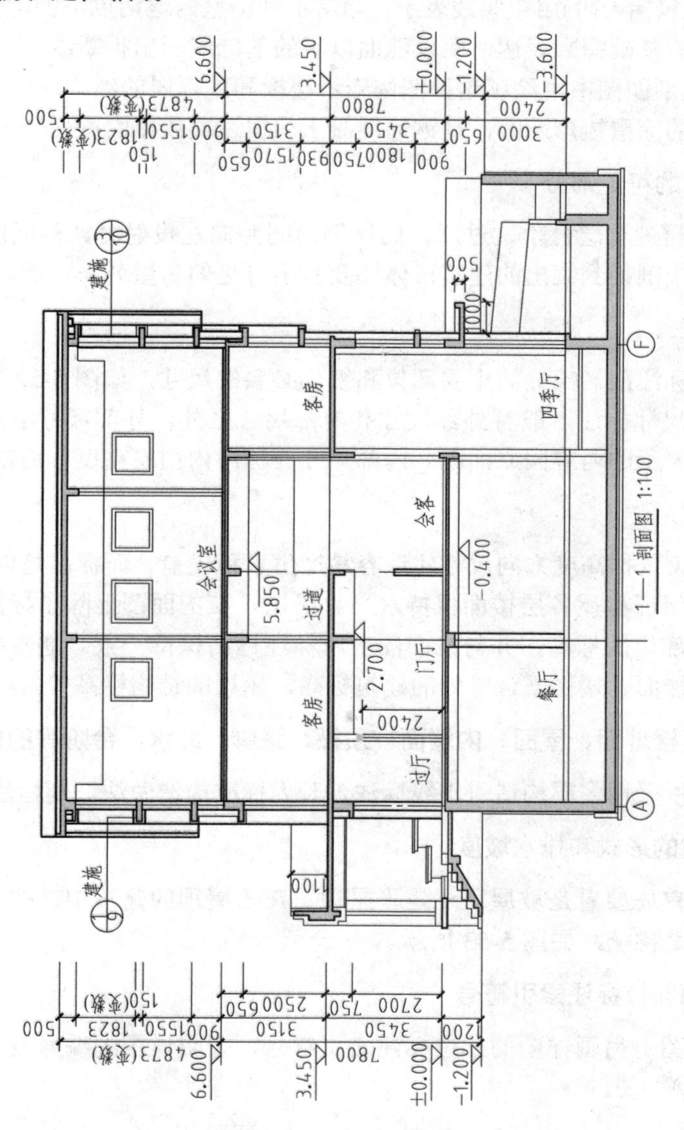

图 5-52　1—1 剖面图

图名为 1—1 剖面图，由图名可在该建筑的首层平面图(建施-2)上查找编号为 1 的剖切符号，明确剖切位置和投射方向。由位置线可知：1—1 剖面是用一个侧平面剖切所得到的，

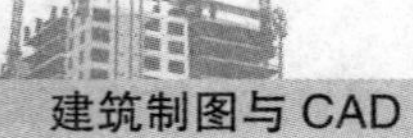

该剖切面剖切了一层的过厅、门厅和会客厅、室外下沉庭院和二层的客房、过道、共享空间，以及地下室和屋顶的各房间，剖视方向向左，即向西。对照各层平面图和屋顶平面图识读 1—1 剖面图。比例为 1∶100，与建筑平面图和立面图的比例一致。在建筑剖面图中，宜绘出被剖切到的墙或柱的定位轴线及其间距。

2. 剖切到的建筑构配件

在建筑剖面图中，应绘出建筑室内外地面以上各部位被剖切到的建筑构配件，包括室内外地面、楼板、屋顶、外墙及其门窗、梁、楼梯、阳台、雨篷等。

室内外地面(包括台阶)用粗实线表示，通常不画出室内地面以下的部分，因为基础部分由结构施工图中的基础图来表达，所以地面以下的基础墙画出折断线。

在 1∶100 的剖面图中用涂黑这种图例表示楼板和屋顶层的结构厚度。墙身的门窗洞顶面和屋面板地面的涂黑矩形断面，是钢筋混凝土门窗过梁或楼面梁。

3. 未剖切到的可见部分

当剖切平面通过首层台阶、过厅、门厅等房间并向左投射时，剖面图中画出了可见的台阶挡墙等。有未剖切到突出的建筑形体还要画出可见的房屋外形轮廓。

4. 尺寸标注

剖面图上应标注剖切部分的重要部位和细部必要的尺寸，如图 5-52 中，左右两边高度方向的尺寸。其尺寸标注一般有外部尺寸和内部尺寸之分。外部尺寸沿剖面图高度方向标注三道尺寸，所表示的内容同立面图。内部尺寸应标注内门窗高度、内部设备等的高度。

5. 标高

施工时，若仅依据高度方向尺寸建造容易产生累积误差，而标高是以±0.000 为基准用仪器测定的，能保证房屋各层楼面保持水平。所以，在剖面图上除了标注必要的尺寸外，还要标注各重要部位的标高，并与立面图上所标注标高保持一致。通常应标注室外地坪、室内地面、各层楼面、楼梯平台等处的建筑标高，屋顶的结构标高等。

6. 表示各层楼地面、屋面、内墙面、顶棚、踢脚、散水、台阶等的构造做法

表示方法可以采用多层构造引出线标注，若为标准构造做法，则标注做法的编号。

7. 表示檐口的形式和排水坡度

檐口的形式首先要看是坡屋顶还是平屋顶。在平屋顶的建筑中，檐口有两种，一种是女儿墙，另一种是挑檐，如图 5-53 所示。

8. 表示详图部位标注索引符号

在建筑剖面图上另画详图的部位标注索引符号，表明详图的编号及所在位置，具体如附图建施-11 中④、③。

5.6.7 建筑剖面图的识读实例

图 5-52 为 1—1 剖面图，图号是建施-8，绘制比例为 1∶100。从建施-2(首层平面图)中

的剖切位置，了解到 1—1 剖切平面从②～③轴线之间剖切，剖到了室外大台阶、入口大门、过厅、门厅、会客厅、共享空间、下沉庭院等，向左投影。

1—1 剖面图表明该建筑物地下一层，地上二层，局部有阁楼层，坡屋顶。该建筑物为框架异形柱结构，水平承重构件为钢筋混凝土楼板，竖向承重构件为框架异形柱。室内外高差为 1.2 m，各层楼地面标高分别为：−3.600 m、±0.000 m、3.450 m、6.600 m。

以首层剖切为例：*A* 轴外墙上的门洞即为入口大门，门高 2700 mm，洞口上方涂黑矩形为钢筋混凝土梁。从大门进入过厅，过厅门高 2400 mm，过厅为门厅及会客厅空间，最后到 *F* 轴，*F* 轴窗台距地 900 mm 高，窗高 1800 mm。

二层剖到了台阶上部大雨篷兼阳台、客房，三层剖到会议室空间，以及坡屋顶部分，可看见部分为坡屋顶上的斜天窗。

图中还标注了详图索引符号，指出 *A* 轴的详图在建施-9 的编号为 1 的详图上表达。

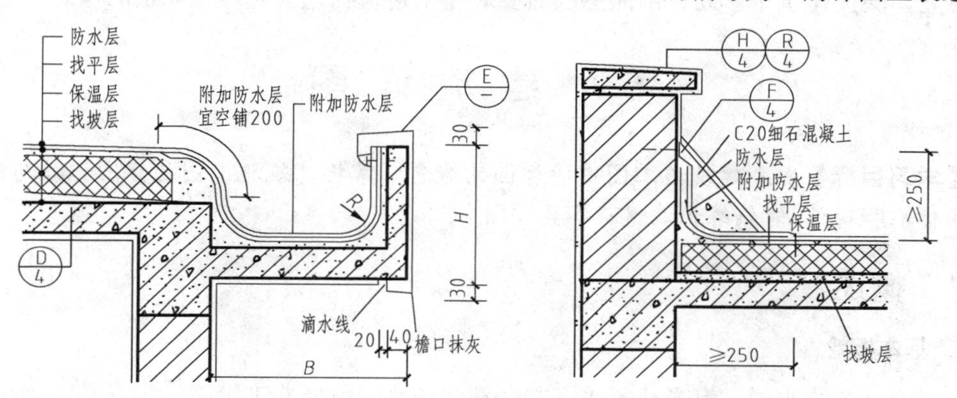

图 5-53　檐口的形式

5.6.8　绘制建筑剖面图的步骤与方法

一般做法是在绘制好平面图、立面图的基础上绘制剖面图，并采用相同的图幅和比例。其步骤如下。

(1) 确定定位轴线和高程控制线的位置。其中，高程控制线主要指室内外地坪线、楼层分格线、檐口线、楼梯休息平台线、墙体轴线等。

(2) 画出内外墙身厚度、楼板、屋顶构造厚度，再画出门窗洞高度、过梁、圈梁、防潮层、挑出檐口宽度、梯段及踏步、休息平台、台阶等的轮廓。

(3) 画未剖切到但可见的构配件轮廓线及相应的图例，如墙垛、梁(柱)、阳台、雨篷、门窗、楼梯栏杆、扶手。

(4) 检查后按线型标准的规定加深各类图线。

(5) 按规定标注高度尺寸、标高、屋面坡度、散水坡度、定位轴线编号、索引符号等；注写图名、比例及从地面到屋顶各部分的构造说明。

(6) 复核。

以上各节介绍的图纸内容都是建筑施工图中的基本图纸，表示全局性的内容，比例较小。

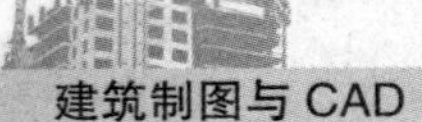

提示：剖面图的线型规定：室外地面线画成加粗实线(1.4*b*)；被剖切到的主要构配件轮廓线，画成粗实线(*b*)；被剖切到的次要构配件轮廓线、构配件可见轮廓线，都画成中实线(0.5*b*)；楼面、屋面的面层线、墙上的装饰线以及一些固定设备、构配件的轮廓线等画成细实线(0.25*b*)。

建筑平、立、剖面图表示的是同一个建筑物，建筑平面图表示建筑物的长度和宽度，立面图和剖面图表示建筑物的长度(或宽度)和高度。因此，要了解建筑物的长、宽、高这 3 个尺寸，必须同时看平面图、立面(或剖面)图。

以建筑平面图为基础，立面图和剖面图都要与平面图对照识读，包括轴线、外墙门窗的尺寸、种类、数量、式样等以及门窗洞口的尺寸等内容。

总之，阅读建筑平、立、剖面图以后要对整个建筑物建立起一个完整的概念。

5.7 建 筑 详 图

【学习目标】熟悉建筑施工图中的详图的概念；掌握建筑施工图的详图识读与绘制应遵循的标准和规范，能熟练识读建筑各类详图。

5.7.1 概述

1. 基本概念

对一个建筑物来说，有了建筑平、立、剖面图是否就能施工了呢？不行。因为平、立、剖面图的图样比例较小，建筑物的某些细部及构配件的详细构造和尺寸无法表示清楚，不能满足施工需求。所以，在一套施工图中，除了有全局性的基本图样外，还必须有许多比例较大的图样，对建筑物的形状、大小、材料和做法加以补充说明，这就是建筑详图。它是建筑细部施工图，也是建筑平、立、剖面图的补充，还是施工的重要依据之一。

2. 建筑详图主要图示特点

比例较大，常用比例为 1∶1、1∶2、1∶5、1∶10 和 1∶20 等。

(1) 尺寸标注齐全、准确。

(2) 文字说明详细、清楚。

(3) 详图与其他图的联系主要采用索引符号和详图符号，有时也用轴线编号、剖切符号等。

(4) 对于采用标准图或通用详图的建筑构配件和剖面节点，只注明所用图集名称、编号或页次，而不画出详图。

3. 基本内容

建筑详图包括的主要图样有墙身剖面详图(外檐详图)、楼梯详图、卫生间详图等。建筑详图主要表示建筑构配件(如门、窗、楼梯、阳台、各种装饰等)的详细构造及连接关系；表示建筑细部及剖面节点(如檐口、窗台、明沟、楼梯扶手、踏步、楼地面、屋面等)的形式、

层次、做法、用料、规格及详细尺寸；表示施工要求及制作方法。

4. 识读详图注意事项

(1) 首先要明确该详图与有关图的关系。根据所采用的索引符号、轴线编号、剖切符号等明确该详图所示部分的位置，将局部构造与建筑物整体联系起来，形成完整的概念。

(2) 读详图要细心研究，掌握有代表性部位的构造特点，灵活应用。

一个建筑物由许多构配件组成，而它们多数都是相同类型，因此只要了解一两个的构造及尺寸，可以类推其他构配件。

下面以外墙详图、楼梯详图为例，说明其图示内容和阅读方法。

5.7.2　外墙详图

1. 外墙详图的形成与用途

1) 外墙详图的形成

假想用一个垂直墙体轴线的铅垂剖切平面，将墙体某处从防潮层剖切到屋顶，所得到的局部剖面图称为外墙详图，如图5-54所示。

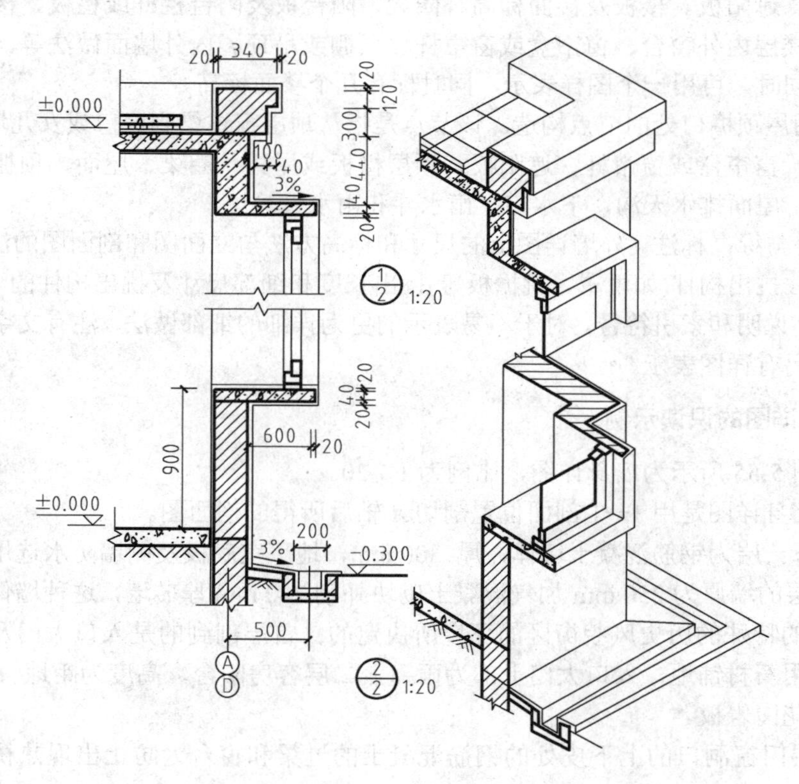

图5-54　外墙详图的形成

绘制外墙详图时，一般在门窗洞口中间用折断线断开。实际上外墙详图是几个节点详图的组合。

在多层或高层建筑中，如果中间各层墙体构造完全相同，则外墙详图只画出底层、中间层及顶层 3 个部位的节点组合图，基础部分不用画，用折断线表示。

2) 外墙详图的用途

外墙详图与建筑平面图配合使用，为砌墙、室内外装修、立门窗、安装预制构配件提出具体要求，并为编制施工预算提供依据。

2. 外墙详图的主要内容

(1) 注明图名和比例，多用 1∶20。

(2) 外墙详图要与基本图标识一致。外墙详图要与平面图中的剖切符号或立面图上的索引符号所在位置、剖切方向及轴线一致。

(3) 表明外墙的厚度及与轴线的关系。轴线在墙中间还是偏心布置，墙上哪儿有突出变化，均应标注清楚。

(4) 表明室内外地面处的节点构造。该节点包括基础墙厚度、室内外地面标高以及室内地面、踢脚或墙裙、勒脚、散水或明沟、台阶或坡道、墙身防潮层、首层内外窗台的做法等。

(5) 表明楼层处的节点构造。该节点是指从下一层门或窗过梁到本层窗台部分，包括窗过梁、雨罩、遮阳板、楼板及楼面标高、圈梁、阳台板及阳台栏杆或栏板、楼面、室内踢脚或墙裙、楼层内外窗台、窗帘盒或窗帘杆、顶棚或吊顶、内外墙面做法等。当几个楼层节点完全相同时，可用一个图样表示，同时标有几个楼面标高。

(6) 表明屋顶檐口处的节点构造。该节点是指从顶层窗过梁到檐口或女儿墙上皮部分，包括窗过梁、窗帘盒或窗帘杆、遮阳板、顶层楼板或屋架、圈梁、屋面、顶棚或吊顶、檐口或女儿墙、屋面排水天沟、下水口、雨水斗和雨水管等。

(7) 尺寸与标高标注。外墙详图上的尺寸和标高方法与立面图和剖面图的注法相同。此外，还应标注挑出构件(如雨罩、挑檐板等)挑出长度和细部尺寸及挑出构件的下皮标高。

(8) 文字说明和索引符号。对于不易表示的更为详细的细部做法，注有文字说明或索引符号，表示另有详图表示。

3. 外墙详图的识读示例

(1) 如图 5-55 所示为墙身详图，比例为 1∶20。

(2) 该墙身详图是用 1—1 剖面位置剖切 *A* 轴后所得的剖面图。

(3) 地下一层为钢筋混凝土墙体，厚 300 mm，地下室底板及侧墙防水选用相关标准图集；以上各层的墙厚为 250 mm 加气混凝土砌块外砌 240 mm 厚砖墙，这种墙体构造主要由于建筑所处的特殊的历史风貌街区的环境所决定的；首层剖到的是入口大门及室外台阶，室外台阶采用石材铺地，入口大门上部为雨篷兼二层客房阳台，高度为距地 1075 mm，外饰面为干挂花岗岩板。

(4) 各层门窗洞口的上下皮处的钢筋混凝土的过梁和窗台为防止出现热桥均进行了保温处理。

(5) 屋面为坡屋顶，构造做法为屋面 1，可以在建施说-2 营造做法表中查找具体做法，其余楼地面构造做法也可在营造做法表中查找。

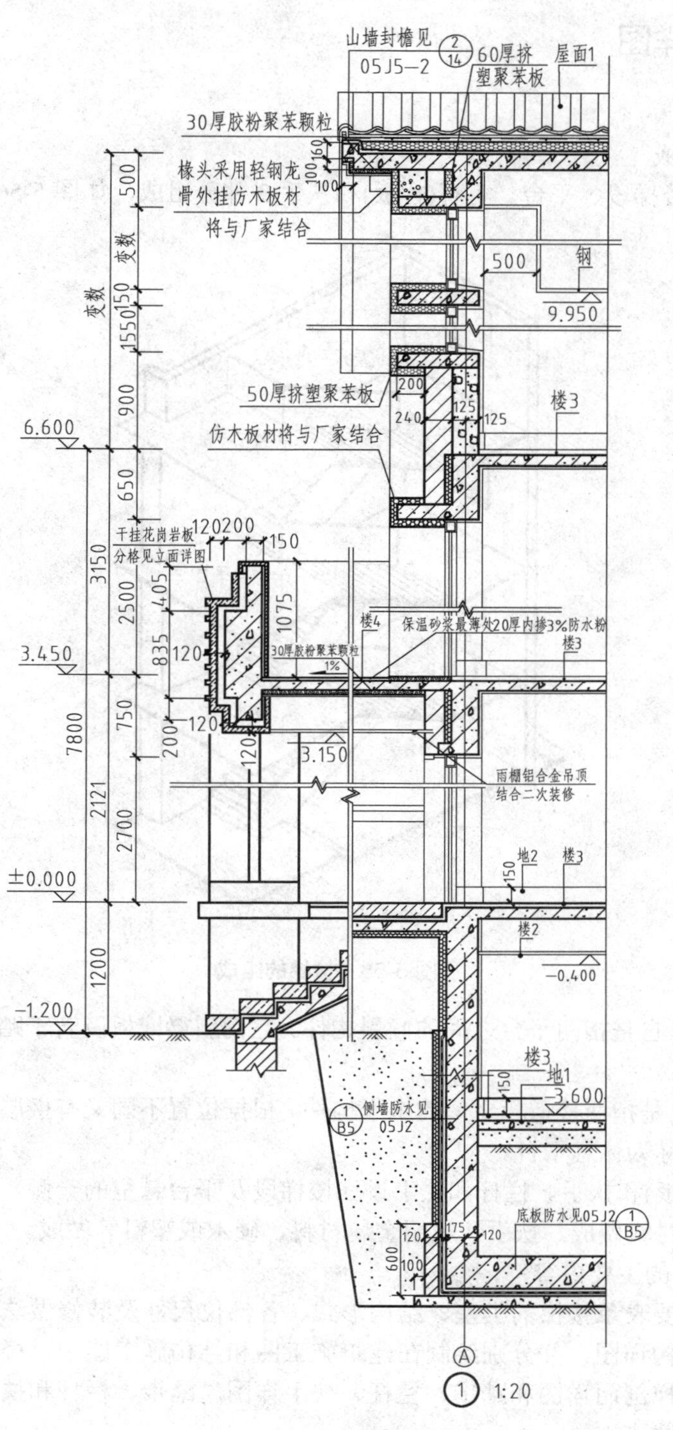
山墙封檐见
05J5-2
2
14
60厚挤
塑聚苯板
屋面1
30厚胶粉聚苯颗粒
椽头采用轻钢龙
骨外挂仿木板材
将与厂家结合
500
钢
9.950
50厚挤塑聚苯板
仿木板材将与厂家结合
楼3
6.600
干挂花岗岩板
分格见立面详图
120200
150
1075
楼4
保温砂浆最薄处20厚内掺3%防水粉
30厚胶粉聚苯颗粒
1%
3.450
3.150
雨棚铝合金吊顶
结合二次装修
±0.000
地2
楼3
楼2
-0.400
-1.200
楼3
地1
-3.600
侧墙防水见
05J2
1
B5
底板防水见05J2
A
1
1:20

图 5-55　外墙详图

5.7.3 楼梯详图

1. 概述

1) 楼梯的组成

楼梯一般由楼梯段、平台、栏杆(栏板)和扶手 3 部分组成，如图 5-56 所示。

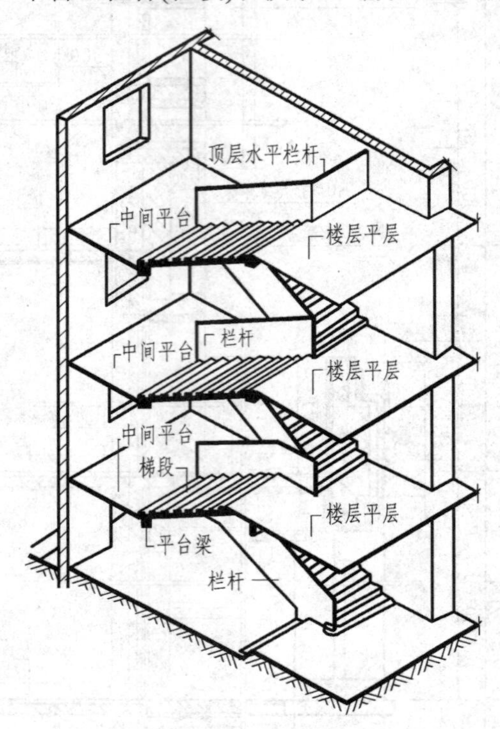

图 5-56 楼梯的组成

(1) 楼梯段。它是指两平台之间的倾斜构件。它由斜梁或板及若干踏步组成，踏步分踏面和踢面。

(2) 平台。它是指两楼梯段之间的水平构件。根据位置不同又有楼层平台和中间平台之分，中间平台又称为休息平台。

(3) 栏杆(栏板)和扶手。栏杆和扶手设在楼梯段及平台悬空的一侧，起安全防护作用。栏杆一般用金属材料做成，扶手一般用金属材料、硬木或塑料等做成。

2) 楼梯详图的主要内容

楼梯详图主要表示楼梯的类型、结构形式、各部位尺寸及装修做法等。楼梯详图一般分建筑详图和结构详图，并分别绘制在建筑施工图和结构施工图中。楼梯的建筑详图有楼梯平面详图、楼梯剖面详图和踏步、栏杆、扶手详图。踏步、栏杆和扶手详图一般可以选标准图集的相应做法。

2. 楼梯平面详图

楼梯平面详图的形成同建筑平面图一样，楼梯平面详图实际上就是建筑平面图中楼梯

间部分的局部放大。如图 5-57 中楼梯平面详图是采用 1∶50 的比例绘制。

楼梯平面详图通常要分别画出底层平面图、顶层平面图和中间各层的楼梯平面详图。如果中间各层的楼梯位置、楼梯数量、踏步数、梯段长度都完全相同时，可以只画一个中间层楼梯平面图，这个相同的中间层楼梯平面详图叫标准层楼梯平面详图。在标准层楼梯平面详图中的楼层平台和中间休息平台上标注各层楼面及平台面相应标高，次序应由下而上逐一注写。

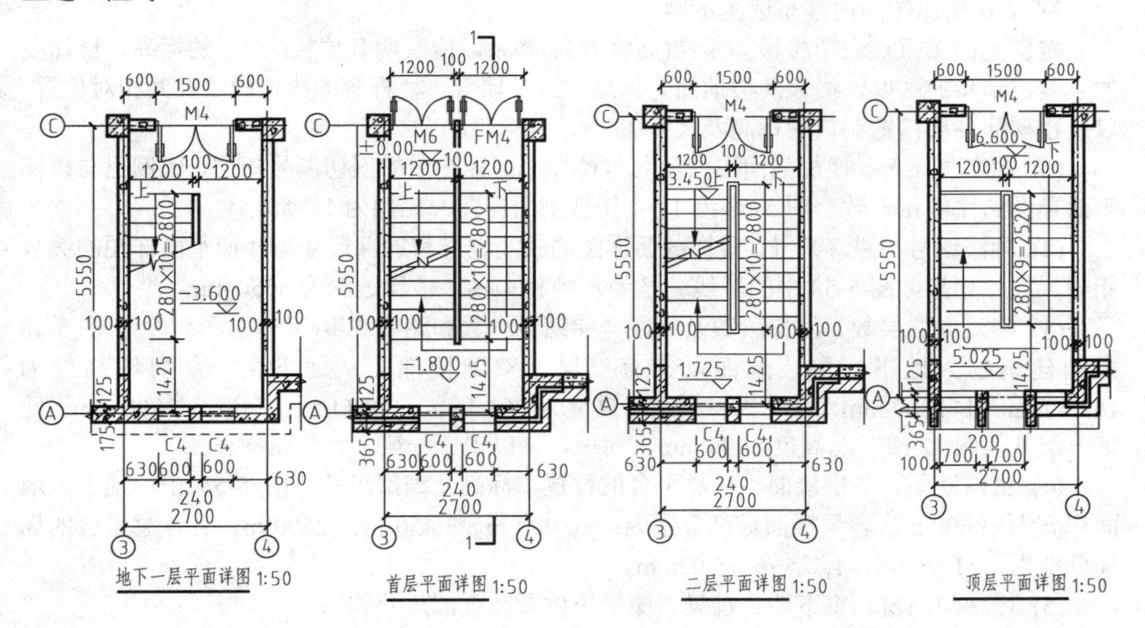

图 5-57　楼梯平面详图

楼梯平面详图主要表明梯段的长度和宽度、上行或下行的方向、踏步数和踏面宽度、楼梯休息平台的宽度、栏杆扶手的位置以及其他一些平面形状。

楼梯平面详图中，梯段的上行或下行方向都是以各层楼地面为基准标注的。向上称上行，向下称下行，并用长线箭头和文字在梯段上注明上行、下行的方向。

楼梯平面详图中，楼梯段被水平剖切后，为了避免其剖切线与各级踏步相混淆，剖切处规定画 45° 折断符号。进行平面详图标注时，除注明楼梯间的开间和进深尺寸、楼面和平台的尺寸及标高外，还要标注梯段长度方向和梯段宽度方向的详细尺寸。梯段长度用踏步数与踏步宽度的乘积来表示。

下面以图 5-57 为例进行识读，楼梯平面详图包括：楼梯间的地下一层平面详图、首层平面详图、二层平面详图、顶层平面详图，因该建筑三层到顶，故没有楼梯间标准层平面详图，每层楼梯间平面详图均单独画出；该楼梯间平面适用于③～④轴、Ⓐ～Ⓒ轴；楼梯间的开间×进深尺寸为 2700 mm×5550 mm，楼梯休息平台宽 1300 mm，从地下一层至二层梯段长度均为 280×10=2800 mm，表示楼梯有 10 个踏面，每个踏面宽 280 mm；从二层至三层(顶层)梯段长度为 280×9=2520 mm，表示楼梯有 9 个踏面，每个踏面宽 280 mm。梯段宽度均为 1200 mm，梯井为 100 mm。楼梯间的门有三种，编号为 M4、M6、FM4；楼梯间的楼层平台标高和休息平台标高各层均有标注。

3. 楼梯剖面详图

1) 楼梯剖面详图的形成

假想用一铅垂剖切平面，通过各层的一个楼梯段将楼梯剖切开，向另一未剖切到的楼梯段方向进行投射，所绘制的剖面图称为楼梯剖面图，如图 5-57 所示。剖切面所在位置要表示在楼梯首层平面图上。

2) 楼梯剖面图的内容与读图示例

楼梯剖面图重点表明楼梯间竖向(高度方向)关系。应注明各层楼(地)面的标高，楼梯段的高度、踏步的高度、级数及楼地面、休息平台、墙身、栏杆等的构造做法及其相对位置，以及楼梯间各层门窗洞口的标高及尺寸。

(1) 图名与比例。楼梯剖面图的图名与楼梯平面详图中的剖切编号相同，比例也与楼梯平面详图的比例相一致。图 5-58 为 1—1 楼梯剖面详图，比例为 1∶50。

(2) 轴线编号与进深尺寸。楼梯剖面详图的轴线编号和进深尺寸与楼梯平面详图的编号相同、尺寸相等。图 5-58 中的轴线编号为Ⓐ轴和Ⓒ轴，楼梯进深为 5550 mm。

(3) 建筑物的层数、楼梯段数及每段楼梯踏步个数和踏步高度(又称踢面高度)。图 5-58 中的建筑物为地下一层，地面以上有三层，双跑楼梯，从地下至一层每跑高度为 163.4 mm×11≈1800 mm，含义为每级踏步高度为 163.4 mm，共 11 级，高度为 1800 mm，地下一层共两跑 22 级，总高度 3600 mm。同理，可以识读一层、二层楼梯详图。

(4) 室内地面、各层楼面、休息平台的位置、标高及细部尺寸。图 5-58 中的地下室地面标高为−3.600 m，各层楼面标高分别为：±0.000 m、3.450 m、6.600 m，各休息平台的标高分别为：−1.800 m、1.725 m、5.025 m。

(5) 楼梯间门窗、窗下墙、过梁、圈梁等位置及细部尺寸。

(6) 楼梯段、休息平台及平台梁之间的相互关系。

(7) 栏杆或栏板的位置及高度。

(8) 投影后所看到的构件轮廓线，如门窗、垃圾道等。

4. 楼梯踏步、栏杆(板)及扶手详图

踏步、栏杆、扶手这部分内容与楼梯平面图、剖面图相比，采用的比例要大一些，其目的是表明楼梯各部位的细部做法。

(1) 踏步。图 5-58 中楼梯详图的踏步采用防滑地砖。

(2) 栏杆。图 5-58 中采用金属空花楼梯栏杆，栏杆高度大于或等于 1 000 mm，灰色防静电喷塑。

(3) 扶手。图 5-58 中楼梯采用黑色塑料扶手。

除以上内容外，楼梯详图一般还包括顶层栏杆立面图、平台栏杆立面图和顶层栏杆楼层平台段与墙体的连接。

5. 门窗详图

门窗详图是建筑详图之一，一般采用标准图或通用图。如果采用标准图或通用图，在施工中，只注明门窗代号并说明该详图所在标准图集的编号，并不画出详图；如果没有标准图，则一定要画出门窗详图。一般门窗详图由立面图、节点详图、五金表和文字说明四

部分组成。

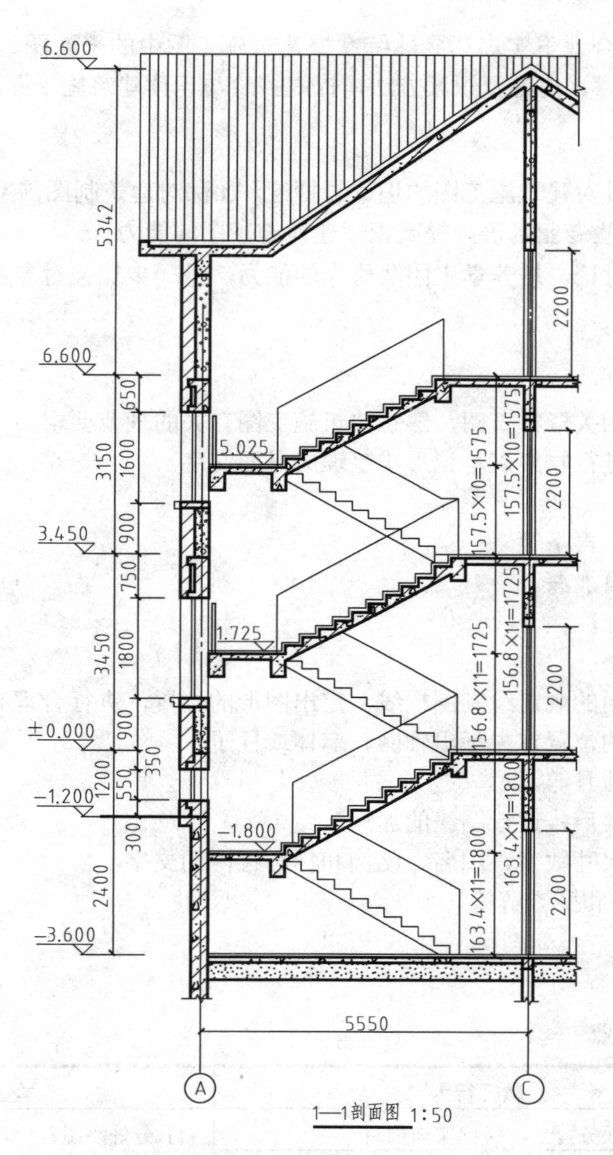

1—1剖面图 1:50

图 5-58　楼梯剖面详图

课 堂 实 训

实训内容

识读与抄绘一套完整的建筑施工图，包括各层平面图、立面图、剖面图及部分详图。熟悉建筑施工图制图的相关规范。

实训目的

通过课堂学习结合课下实训达到熟练掌握建筑施工图中的平面图、立面图、剖面图和详图的绘制方法、步骤、内容及识读方法，提高抄绘与识读建筑施工图的速度和能力。

实训要点

(1) 培养学生通过对建筑施工图的识读与抄绘，加深对建筑制图国家标准的理解，掌握在建筑施工图中的一些专业术语，提高识读建筑施工图的能力。

(2) 分组绘制与讨论。培养学生团队协作的能力，进一步加强对专业知识的理解。

实训过程

1) 预习要求

(1) 做好实训前相关资料查阅，熟悉建筑施工图有关的规范要求。

(2) 将相关材料进行收集以笔记形式整理成书面文字。

2) 绘制要点

(1) 先仔细观察，再下笔。

(2) 先画底稿后再加深。

(3) 先画图后再标注。

3) 绘图步骤

(1) 按照图纸幅面的规定绘制图框线，定出图形的位置，进行合理布图。

(2) 在已确定好的位置首先画出轴网、墙体或柱子。

(3) 画门、窗、洁具等。

(4) 仔细检查无误后，进行图线的加深。

(5) 注写文字、尺寸数字、图名、比例和标题栏内的文字。

4) 教师指导点评和疑难解答

5) 实地观摩

6) 进行总结

实训项目基本步骤

步　骤	教师行为	学生行为
1	交代工作任务背景，引出实训项目	(1) 分好小组； (2) 准备图纸、绘图工具、参考图样
2	布置绘制建筑施工图应做的准备工作	
3	使学生明确绘制建筑施工图的步骤	
4	学生分组讨论与抄绘施工图，教师巡回指导	完成一套建筑施工图的抄绘
5	绘图结束指导点评绘图成果	自我评价或小组评价
6	布置下节课的实训作业	明确下一步的实训内容

实训小结

项目：　　　　　　　　　　　　　　　　　　　　　　　　　　指导老师：

项目技能	技能达标分项	备　注
抄绘施工图	1. 图面整洁　　得 0.5 分 2. 布图均衡　　得 0.5 分 3. 线条平直交接正确　　得 1.5 分 4. 线型粗细分明　　得 1.5 分 5. 画图符合比例　　得 1 分	根据职业岗位所需，技能需求，学生可以补充完善达标项
自我评价	对照达标分项　　得 3 分为达标 对照达标分项　　得 4 分为良好 对照达标分项　　得 5 分为优秀	客观评价
评议	各小组间互相评价 取长补短，共同进步	提供优秀作品观摩学习

自我评价＿＿＿＿＿＿＿＿＿＿　　　　个人签名＿＿＿＿＿＿＿＿

小组评价　达标率＿＿＿＿＿＿　　　　组长签名＿＿＿＿＿＿＿＿

　　　　　良好率＿＿＿＿＿＿

　　　　　优秀率＿＿＿＿＿＿

年　　月　　日

总　　结

本章对建筑施工图进行全面讲述，包括建筑施工图的组成，各类图纸的形成，用途和特点，以及图示内容和图示方法，各类图纸的识读和绘制。建筑施工图在整套施工图中处于主导地位，具有全局性和基础性的重要内容。建筑施工图由图纸和必要的表格和文字说明组成。

施工图首页即为表格和说明部分，主要包括图纸目录、设计说明、工程做法表和门窗表。图纸部分由建筑平、立、剖三种基本图和建筑总平面图、建筑详图组成。识图时，要充分理解各类图纸的成图原理，以建筑平、立、剖三种基本图为重点，做到举一反三。施工图的图示内容十分繁杂，在实际工程中因工程而异，灵活运用，要注重理解，但属于国家制定的标准和规范必须牢记。

本章的教学目标是通过学习使学生具备实际应用的能力，能够识读和绘制简单的施工图。要达到这个目的，除了要掌握投影的相关原理和制图的标准、规范外，必须多接触实际工程图纸，加强识读和绘制练习。通过课堂实训达到理论与实践相结合，使学生提高识读与绘制建筑施工图的能力，为今后学习建筑工程管理专业课奠定扎实的基础。

习　题

一、选择题

1. 在平面图中的线型要求粗细分明：凡被剖切到的墙、柱等断面轮廓用(　　)绘制。

A. 粗实线　　B. 细实线　　C. 粗虚线　　D. 细点划线

2. 在总平面图中，拟拆除建筑的图例是(　　)。

A. 　　B.　　C. 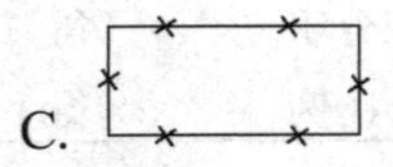

3. A2 幅面图纸尺寸 $b \times l$(单位：mm)正确的是(　　)。

A. 841 × 420　　B. 594 × 1189　　C. 420 × 594　　D. 420 × 297

4. 在常用建筑材料图例中，钢筋混凝土的图例正确的是(　　)。

A. 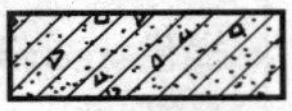　　B.

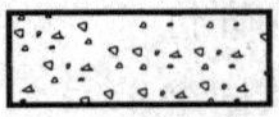

C. 　　D.

5. 平面图、立面图、剖面图在建筑工程图比例选用中常用(　　)。

A. 1:500　1:200　1:100　　B. 1:1000　1:200　1:50

C. 1:50　1:200　1:100　　D. 1:50　1:25　1:10

二、思考题

1. 建筑首页图通常包括哪些内容？
2. 建筑总平面图的主要作用是什么？用什么方法对建筑定位？
3. 什么是建筑平面图？其用途、识读与绘制步骤各是什么？
4. 什么是建筑立面图？其命名方式、识读与绘制步骤各是什么？
5. 什么是建筑剖面图？其用途、识读与绘制步骤各是什么？
6. 什么是建筑详图？其用途、特点与类型各是什么？

任务6　结构施工图的识读与绘制

【内容提要】

本章内容包括结构施工图的基本知识、基础图、结构平面图和构件详图的识读等，以供学生识读与绘制。

【技能目标】

- 熟悉结构施工图的作用与内容，熟悉结构施工图常用的符号和表达方式。
- 熟悉基础图、结构平面图及构件详图的形成方法、表达内容与方法，熟悉结构施工图识读与绘制的方法与步骤。
- 具有识读梁、柱、板平法施工图的能力，了解框架、框剪结构图纸的识读与绘制方法。

项目案例导入

施工图是工程师的“语言”，是设计者设计意图的体现，也是施工、监理、经济核算的重要依据。而结构施工图在整个设计中占有举足轻重的作用，切不可草率。

6.1 概　　述

【学习目标】理解结构施工图的概念；了解结构施工图常用的线型和比例。

6.1.1 结构施工图的概念

结构是能够承受建筑物自身重量和其他外加荷载的整体受力骨架。主要由基础、墙体、柱、梁、板、屋架、支撑等部件组成，这些部件称为结构构件。

房屋的结构施工图是对房屋建筑中的承重构件进行结构设计后画出的图样，旨在表达建筑物承重构件的布置、形状、尺寸、材料、构造及其相互关系，简称“结施”。结构施工图需与建筑施工图密切配合，这两个施工图之间不能有矛盾。

6.1.2 国家制图标准基本规定及应用

结构施工图的绘制既要满足《房屋建筑制图统一标准》(GB 50001—2010)中的有关规定，还要满足《建筑结构制图标准》(GB 50105—2010)的相关要求。每个图样应根据复杂程度与比例大小，先选用适当的基本线宽度 b，再选用相应的线宽。建筑结构专业制图，应选用表 6-1 所示的图线。

表 6-1　线型

名称		线型	线宽	一般用途
实线	粗	————————	b	螺栓、钢筋线、结构平面图中的单线结构构件线，钢木支撑及系杆线，图名下横线，剖切线
	中粗	————————	$0.7b$	结构构件图及详图中剖到或可见的墙身轮廓线，基础轮廓线，钢、木结构轮廓线，钢筋线
	中	————————	$0.5b$	结构构件图及详图中剖到或可见的墙身轮廓线，基础轮廓线，可见的钢筋混凝土构件轮廓线，钢筋线
	细	————————	$0.25b$	标注引出线，标高符号线，索引符号线，尺寸线
虚线	粗	- - - - - - - -	b	不可见的钢筋线、螺栓线、结构平面图中的不可见的单线结构构件线及钢、木支撑线
	中粗	- - - - - - - -	$0.7b$	结构平面图中不可见构件、墙身轮廓线及不可见钢、木结构构件线，不可见的钢筋线
	中	- - - - - - - -	$0.5b$	结构平面图中不可见构件、墙身轮廓线及不可见钢、木结构构件线，不可见的钢筋线
	细	- - - - - - - -	$0.25b$	基础平面图中的管沟轮廓线、不可见的钢筋混凝土构件轮廓线

续表

名　称		线　型	线　宽	一般用途
单点长画线	粗		b	柱间支撑、垂直支撑、设备基础轴线图中的中心线
	细		$0.25b$	定位轴线、对称线、中心线、重心线
单点长画线	粗		b	预应力钢筋线
	细		$0.25b$	原有结构轮廓线
折断线			$0.25b$	断开界线
波浪线			$0.25b$	断开界线

结构施工图中应根据绘制部分的用途和其复杂程度，选用表 6-2 中的常用比例，特殊情况下也可选用可用比例。

表 6-2　比例

图　名	常用比例	可用比例
结构施工图、基础平面图	1:50，1:100，1:150	1:60，1:200
圈梁平面图、总图中管沟、地下设施等	1:200，1:500	1:300
详图	1:10，1:20，1:50	1:5，1:25，1:30

当构件的纵、横向断面尺寸相差悬殊时，同一详图中纵、横向可采用不同的比例绘制，轴线尺寸和构件尺寸也可选用不同的比例绘制。

6.2　结构施工图的作用与内容

【学习目标】理解结构施工图的作用和内容。

6.2.1　结构施工图的作用

结构施工图主要用来表示房屋结构系统的结构类型，构件布置、种类、数量、内部构造、外部形状及大小以及构件间的连接构造。结构施工图是结构设计的最终成果，是施工的指导性文件，是构件制作与安装、计算工程量、编制预算和施工进度计划的依据。

6.2.2　结构施工图的内容

不同类型的结构，其施工图的具体内容与表达也各有不同，但通常包括结构设计总说明(对于较小的房屋一般不必单独编写)、结构平面图以及结构构件(例如梁、板、柱、楼梯、屋架等)详图。

1. 结构设计说明

结构设计说明是结构施工图的纲领性文件，以文字说明为主。主要表述以下内容。

(1) 工程概况。如建设地点、结构类型、结构设计使用年限、抗震设防烈度、地基状况、混凝土结构抗震等级、砌体结构质量控制等级等。

(2) 设计依据。如业主提供的设计任务书及工程概况，设计所依据的规范、标准、规程、图集等。

(3) 材料选用及要求。如混凝土的强度等级、钢筋级别，砌体结构中块材砌筑砂浆的强度等级，钢结构中所选用的结构用钢材的情况及焊条的要求或螺栓的要求等。

(4) 上部结构的构造要求。如混凝土保护层厚度，钢筋的锚固、接头，钢结构焊缝的要求等。

(5) 地基基础的情况。如地质情况、不良地基的处理方法及要求、对基地持力层的要求、基础的形式、基地承载力特征值或桩基的单桩承载力设计值以及地基基础的施工要求等。

(6) 施工要求。如对施工顺序、施工方法、施工质量标准的要求，与其他工种配合施工方面的要求等。

(7) 其他必要的说明。

2. 结构平面图

结构平面图是表示房屋中各承重构件总体平面布置的图样，它包括以下几项。

(1) 基础平面图。桩基础还包括桩位布置图，工业建筑通常还包括设备基础布置图；框架(框剪)结构常见的有独立基础平面布置图、筏形基础平面布置图、条形基础平面布置图、桩位和桩基承台平面布置图等。以上基础的基础梁根据图面的疏密情况，有时也一并在平面图上绘出。

(2) 楼层结构平面布置图。工业建筑还包括柱网、吊车梁、柱间支撑、连系梁布置等；架(框剪)结构常见的柱平法施工图、梁平法施工图、板平面布置图等。

(3) 屋面结构平面图。工业建筑还应包括屋面板、天沟板、屋架、天窗架及支撑系统布置等。

3. 构件详图

结构构件详图表示结构构件的形状、大小、材料和具体做法，主要包括以下几项内容。

(1) 梁、板、柱等构件详图。

(2) 基础详图。

(3) 屋架结构详图。

(4) 楼梯、电梯详图，包括楼梯、电梯井壁及机房结构平面布置图与构件详图。

(5) 其他详图。如支撑、预埋件、连接件、连接节点等详图。

以上详图可从《混凝土结构施工图平面整体表示方法制图规则和构造详图》(11G101-1、11G101-2、11G101-3)中选用，也可从国家和地区颁布的标准设计图集中选用；不能采用标准图集或图集上没有的，必须单独设计绘出。

6.3 结构施工图常用符号

【学习目标】了解常用的结构构件代号；掌握常用的材料种类及符号。

6.3.1 常用结构构件代号

在结构施工图中，一般用代号表示结构构件的名称。构件的代号通常以构件名称的汉

语拼音第一个大写字母表示。代号后用阿拉伯数字标注该构件的型号或编号，也可为构件的顺序号。构件的顺序号采用不带角标的阿拉伯数字连续编排。《建筑结构制图标准》(GB 50105—2010)规定常用结构构件的代号如表 6-3 所示。当采用标准、通用图集中的构件时，应用该图集中的规定代号或型号注写。

表 6-3 常用结构构件代号表

序号	名 称	代号	序号	名 称	代号	序号	名 称	代号
1	板	B	19	圈梁	QL	37	承台	CJ
2	屋面板	WB	20	过梁	GL	38	设备基础	SJ
3	空心板	KB	21	连系梁	LL	39	桩	ZH
4	槽形板	CB	22	基础梁	JL	40	挡土墙	DQ
5	折板	ZB	23	楼梯楼	TL	41	地沟	DG
6	密肋板	MB	24	框架梁	KL	42	柱间支撑	ZC
7	楼梯板	TB	25	框支梁	KZL	43	垂直支撑	CC
8	盖板或沟盖板	GB	26	屋面框架梁	WKL	44	水平支撑	SC
9	挡雨板或檐口板	YB	27	檩条	LT	45	梯	T
10	吊车安全走道板	DB	28	屋架	WJ	46	雨篷	YP
11	墙板	QB	29	托架	TJ	47	阳台	YT
12	天沟板	TGB	30	天窗架	CJ	48	梁垫	LD
13	梁	L	31	框架	KJ	49	预埋件	M
14	屋面梁	WL	32	钢架	GJ	50	天窗端壁	TD
15	吊车梁	DL	33	支架	ZJ	51	钢筋网	W
16	单车轨道梁	DDL	34	柱	Z	52	钢筋骨架	G
17	轨道连接	DGL	35	框架柱	KZ	53	基础	J
18	车挡	CD	36	构造柱	GZ	54	暗柱	AZ

注：① 预制钢筋混凝土构件、现浇钢筋混凝土构件、钢构件和木构件，一般可直接采用本表中的构件代号。在绘图中，当需要区别上述构件的材料种类时，可在构件代号前加注材料代号，并在图纸中加以说明。

② 预应力钢筋混凝土构件的代号，应在构件代号前加注“Y—”，如 Y—DL 表示预应力钢筋混凝土吊车梁。

6.3.2 常用材料种类及符号

1. 混凝土

混凝土是由水泥、砂子、石子、水和外加剂按一定配比拌合在一起，在模具中浇捣成型，并在适当的温度、湿度条件下，经过一定的时间硬化而成的建筑材料。

混凝土的强度等级分为 C15、C20、C25、C30、C35、C40、C45、C50、C55、C60、C65、C70、C75、C80 十四个等级。数字越大，表示混凝土抗压强度越高。

2. 钢筋

钢筋在混凝土中的位置不同，其作用也各不相同。受力筋在梁、板、柱中主要承担拉、压作用；架立筋与箍筋在梁中固定受力筋的位置；分布筋固定板中受力筋的位置。梁板内钢筋布置如图 6-1 所示。

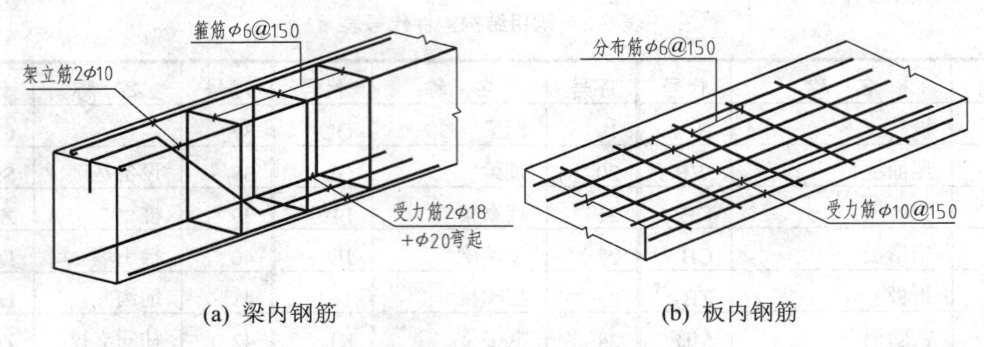

(a) 梁内钢筋　　(b) 板内钢筋

图 6-1　梁板内钢筋布置图

1) 钢筋的分类与代号

钢筋有光圆钢筋和带肋钢筋之分，热轧光圆钢筋的牌号为 HPB300；常用带肋钢筋的牌号有 HRB335、HRB400、HRB500 等几种，如表 6-4 所示。

表 6-4　常用钢筋的种类与代号

牌　号	符　号
HPB300	Φ
HRB335 HRBF335	Φ $Φ^F$
HRB400 HRBF400 RRB400	Φ $Φ^F$ $Φ^R$
HRN500 HRBF500	Φ $Φ^F$

2) 钢筋的图例

在配筋图中，为了突出钢筋的位置、形状和数量，钢筋一般用比构件轮廓线粗的实线绘制，钢筋的横断面用粗黑圆点表示。具体表示方法如表 6-5 和表 6-6 所示。

表 6-5　钢筋的图例 1

序　号	名　称	图　例	说　明
1	钢筋横断面	●	
2	无弯钩的钢筋端部		钢筋投影重叠时，可在短钢筋的端部用 45° 短划线表示
3	带半圆形弯钩的钢筋端部		

续表

序　号	名　称	图　例	说　明
4	带直钩的钢筋端部		
5	带丝扣的钢筋端部		
6	无弯钩的钢筋搭接		
7	带半圆形弯钩的钢筋搭接		
8	带直钩的钢筋搭接		
9	套管接头(花篮螺丝)		
10	机械连接的钢筋接头		用文字说明机械连接的方式(如冷压挤或直螺纹等)

表 6-6　钢筋的图例 2

序　号	说　明	图　例
1	在平面图中配置双层钢筋时，底层钢筋弯钩应向上或向左，顶层钢筋则向下或向右	
2	配置双层钢筋的墙体，在配筋立面图中，远面钢筋的弯钩应向上或向左，近面钢筋则向下或向右(JM—近面，YM—远面)	JM YM JM YM
3	如在断面图中不能表示清楚钢筋布置，应在断面图外面增加钢筋大样图	
4	图中所示的箍筋、环筋，如布置复杂，应加画钢筋大样及说明	

续表

序　号	说　明	图　例
5	每组相同的钢筋、箍筋或环筋，可以用粗实线画出其中一根来表示，同时用横穿的细线表示其余的钢筋、箍筋或环筋，横线的两端带斜短线表示该号钢筋的起止范围	

3) 钢筋的标注方法

钢筋的直径、根数及相邻钢筋中心距在图样上一般采用引出线方式标注，其标注形式有图 6-2 所示两种方法。

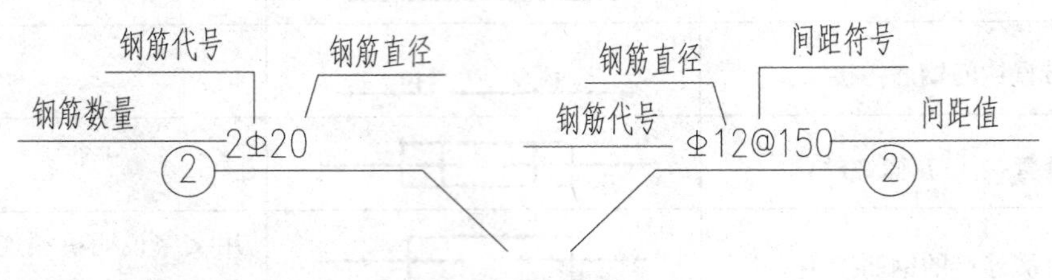

图 6-2　钢筋的标注方法

4) 钢筋的弯钩

为了增加钢筋与混凝土之间的粘结力，一般情况下对光圆钢筋均应在端部做成弯钩形状。而对于螺纹或人字纹钢筋，因粘结力较好，一般端部可不做弯钩。常见的钢筋弯钩形式及画法见图 6-3 所示。

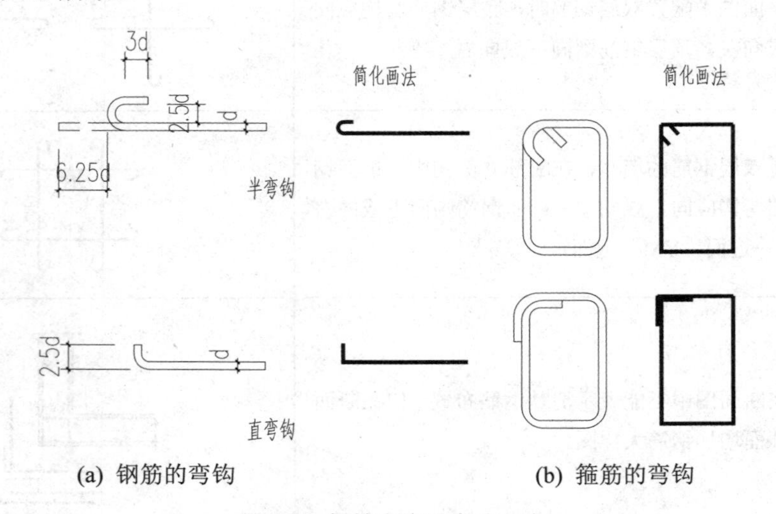

图 6-3　钢筋弯钩形式及画法

5) 钢筋的保护层

为了防止钢筋锈蚀和保证钢筋与混凝土之间的粘结力，需在纵向钢筋外缘至构件表面之间留置一定厚度的混凝土，称为保护层。钢筋保护层的厚度取决于构件种类及所处的使用环境。各种构件混凝土保护层厚度在施工图说明中给出，具体要求可参见有关的钢筋混凝土规范。

6.4　基　础　图

【学习目标】了解基础的类型；掌握基础平面图以及基础详图的表示方法、主要内容、识读步骤和绘制方法。

基础是建筑物地面以下承受房屋全部重量以及外加荷载的承重构件。基础的形式取决于上部承重结构的形式和地基情况。在民用建筑中，常见的基础形式有条形基础、独立基础、筏形基础和桩基础，如图 6-4 所示。

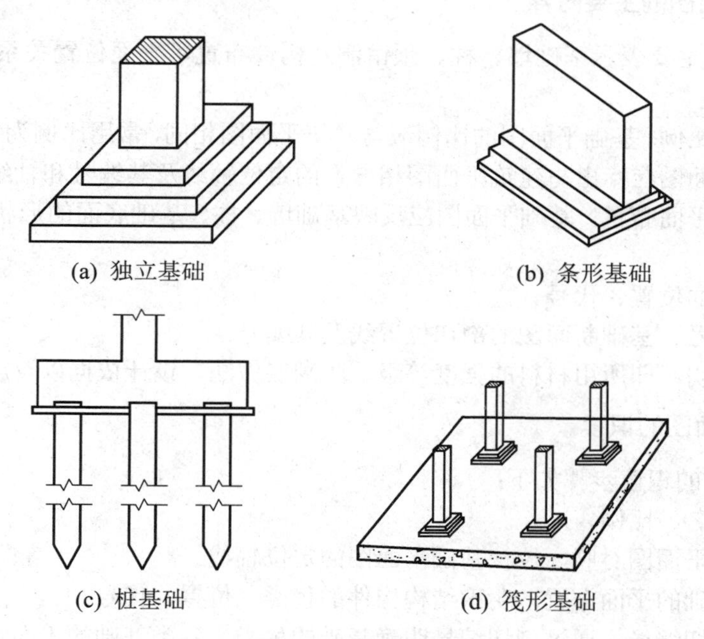

(a) 独立基础　(b) 条形基础　(c) 桩基础　(d) 筏形基础

图 6-4　基础的类型

基础图是表示建筑物基础的平面布置和详细构造的图样，一般包括基础平面布置图与基础详图。它是施工放线、开挖基槽、砌筑基础的依据。

6.4.1　基础平面图

基础平面图是假想用一个水平剖切面，沿室内地面与基础之间将建筑物切开，移去建筑物上部和基坑回填土后所作出的基础的水平投影。主要表示基础的平面布置以及墙、柱与轴线的关系，为施工放线、开挖基槽或基坑和砌筑基础提供依据。

1. 基础平面图的表示方法

(1) 在基础平面图中，只画出基础墙、柱及基础底面的轮廓线，基础的细部轮廓(如大放脚)可省略不画。

(2) 凡被剖切到的基础墙、柱轮廓线，应画成粗实线，基础底面的轮廓线应画成中粗或中实线。

(3) 基础平面图中采用的比例及材料图例与建筑平面图相同。

(4) 基础平面图应注出与建筑平面图相一致的定位轴线编号和轴线尺寸。

(5) 当基础墙上留有管洞时，应用虚线表示其位置，具体做法及尺寸另用详图表示。

2. 基础平面图的尺寸标注

(1) 基础平面图的尺寸分内部尺寸和外部尺寸两部分。

(2) 外部尺寸只标注定位轴线的间距和总尺寸。

(3) 内部尺寸应标注各道墙的厚度、柱的断面尺寸和基础底面的宽度等。

(4) 平面图中的轴线编号、轴线尺寸均应与建筑平面图相吻合。

3. 基础平面图的主要内容

基础平面图主要表示基础墙、柱、预留洞及构件布置等平面位置关系，主要包括以下内容：

(1) 图名和比例。基础平面图的比例应与建筑平面图相同，常用比例为 1∶100、1∶200。

(2) 基础平面图应标出与建筑平面图相一致的定位轴线及其编号和轴线之间的尺寸。

(3) 基础的平面布置。基础平面图应反映基础墙、柱、基础底面的形状、大小及基础与轴线的尺寸关系。

(4) 基础梁的位置、代号。

(5) 基础编号、基础断面图的剖切位置线及其编号。

(6) 施工说明，即所用材料的强度等级、防潮层做法、设计依据以及施工注意事项等。

4. 基础平面图的识读

基础平面图的识读步骤如下：

(1) 查看图名、比例。

(2) 与建筑平面图对照，校核基础平面图的定位轴线。

(3) 根据基础的平面布置，明确结构构件的种类、位置、代号。

(4) 查看剖切编号，通过剖切编号明确基础的种类，各类基础的平面尺寸。

(5) 阅读基础施工说明，明确基础的施工要求、用料。

(6) 联合阅读基础平面图与设备施工图，明确设备管线穿越基础的准确位置，洞口的形状、大小以及洞口上方的过梁要求。

5. 基础平面图的绘制方法

(1) 首先画出与建筑平面图中定位轴线完全一致的轴线和编号。

(2) 被剖切到的基础墙、柱轮廓线应画成粗实线，基础底面的轮廓线应画成细实线，大放脚的水平投影省略不画。

(3) 基础平面上不可见的构件采用虚线绘制。例如既表示基础底板又表示板下桩基布置时，桩基应采用虚线。

(4) 基础平面图一般采用 1∶100 的比例绘制，与建筑施工图采用相同的比例。

(5) 在基础上的承重墙、柱子(包括构造柱)应用中粗或粗实线表示并填充或涂黑，而在承重墙上留有管洞时，可用虚线表示。

(6) 基础底板的配筋应用粗实线画出。

(7) 基础平面上的构件和钢筋等应用构件代号和钢筋符号标出。

(8) 基础平面中的构件定位尺寸必须清楚，尤其注意分尺寸必须注全。

(9) 在基础平面图中，当为平面对称时，可画出对称符号，图中内容可按对称方法简化，但为了放线需要，基础平面一般要求全部画出。

6.4.2　基础详图

基础平面图只表明了基础的平面布置，而基础的形状、大小、材料、构造以及基础的埋置深度等均未表示，所以需要画出基础详图。

基础详图是假想用一个垂直的剖切面在合适的位置剖切基础所得到的断面图。它主要反映单个基础的形状、尺寸、材料、配筋、构造以及基础的埋置深度和主要部位的标高等详细情况。常用的比例有 1:10、1:20、1:50。图 6-5 给出了几个不同类型的基础详图示例。

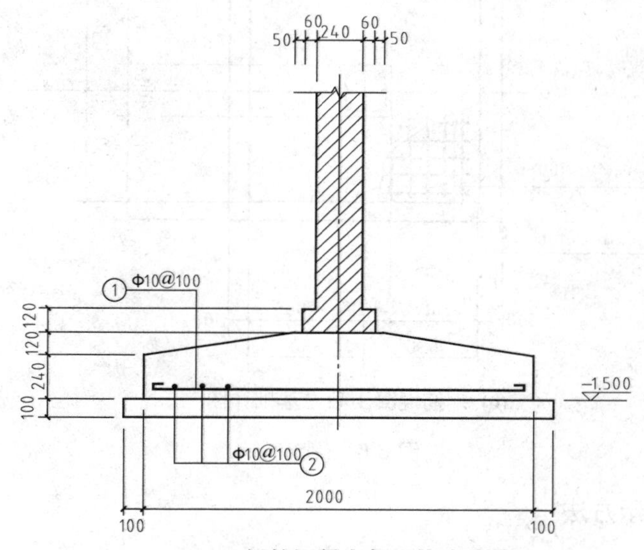

(a) 钢筋混凝土条形基础详图

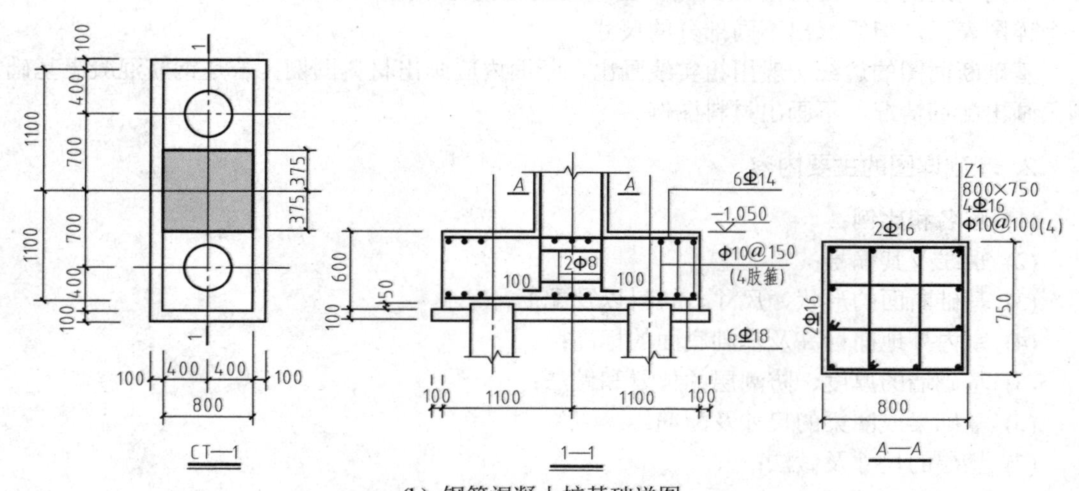

(b) 钢筋混凝土桩基础详图

图 6-5　基础详图示例

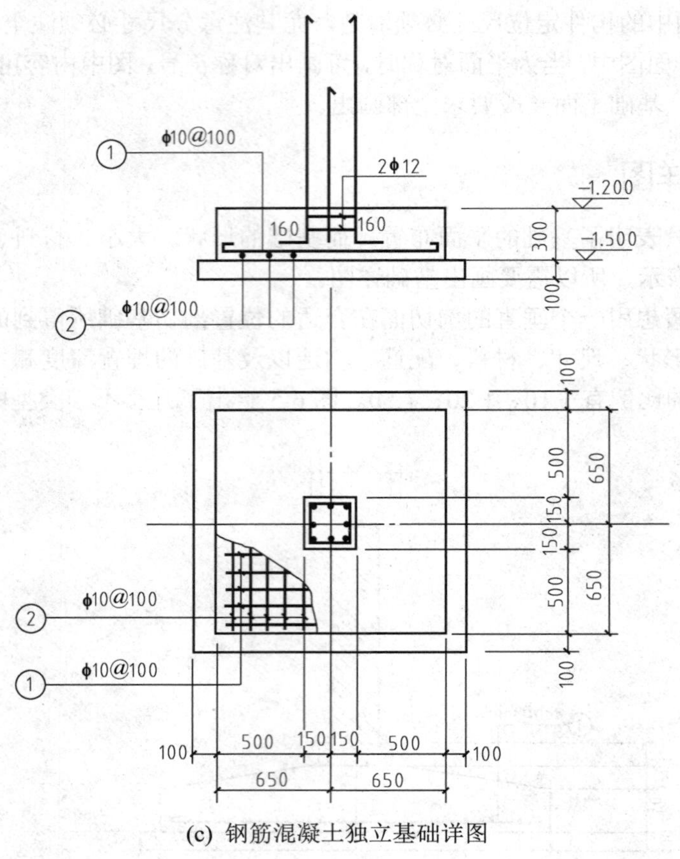

(c) 钢筋混凝土独立基础详图

图 6-5 (续)

1. 基础详图的图示方法

不同构造的基础应分别画出其详图。当基础构造相同，而仅部分尺寸不同时，也可用一个详图表示，但需标出不同部分的尺寸。

基础断面图的边线一般用粗实线画出，断面内应画出材料图例；若是钢筋混凝土基础，则只画出配筋情况，不画出材料图例。

2. 基础详图的主要内容

(1) 图名和比例；
(2) 轴线及其编号；
(3) 基础断面的形状、尺寸、材料以及配筋；
(4) 室内外地面标高及基础底面的标高；
(5) 基础墙的厚度、防潮层的位置和做法；
(6) 基础梁或圈梁的尺寸及配筋；
(7) 垫层的尺寸及做法；
(8) 施工说明等。

3. 基础详图的识读

基础详图的识读步骤如下：

(1) 查看图名与比例，因基础的种类往往比较多，读图时，将基础详图的图名与基础平面图的剖切符号、定位轴线对照，了解该基础在建筑中的位置。

(2) 明确基础的形状、尺寸与材料。

(3) 明确基础各部位的标高，计算基础的埋置深度。

(4) 明确基础的配筋情况。

(5) 明确垫层的厚度尺寸与材料。

(6) 明确基础梁或圈梁的尺寸及配筋情况。

(7) 明确管线穿越洞口的详细做法。

4. 基础详图的绘制方法

(1) 轴线及编号要求同基础平面图。

(2) 剖面轮廓线一般为中粗或中实粗。对于钢结构，因其壁厚较小，可采用细实线绘制。

(3) 在表示钢筋配置时，混凝土应按透明绘制，其余材料按图例要求进行必要的填充。

(4) 对于剖面详图可仅画出剖到的部位。

(5) 详图的常用比例为1:10、1:20、1:50。

6.5　结构平面图

【学习目标】掌握结构平面图的主要内容、表示方法、识读步骤和绘制方法。

建筑物的结构平面图是表示建筑物各承重构件平面布置的图样，除基础结构平面图以外，还有楼层结构平面图、顶层结构平面图等。

楼层结构平面图，也称楼层结构平面布置图，是假想沿每层楼板面将建筑物水平剖切后，向下所作的水平投影，用来表示建筑物室外地面以上各层平面承重构件(如梁、板、柱、墙、过梁、圈梁等)布置以及现浇混凝土构件构造尺寸与配筋情况的图纸，是建筑结构施工时构件布置、安装的重要依据，同时为现浇构件支设模板、绑扎钢筋、浇筑混凝土提供依据。若各楼层结构平面布置情况相同，则可只绘出一个楼层结构平面图即可，称为标准层结构平面图。但应注明合用各层的层数。

屋顶结构平面图是表示屋面承重构件平面布置的图样。在建筑中，为了得到较好的外观效果，屋顶常做成各种各样的造型，因此屋顶的结构形式有时会与楼层不同，但其图示内容和表达方法与楼层结构平面图基本相同。

以下就楼层平面图的识读与绘制做出说明。

6.5.1　结构平面图的内容

(1) 图名和比例。

(2) 与建筑平面图相一致的定位轴线及编号。

(3) 墙、柱、梁、板等构件的位置及代号和编号。

(4) 若用预制构件，则应表示预制板的跨度方向、数量、型号或编号和预留洞的大小及位置。

(5) 若用现浇楼板，则应表示楼板的厚度、配筋情况。板中的钢筋用粗实线表示，板下的墙用细线表示，梁、圈梁、过梁等用粗单点长画线表示。柱、构造柱用断面(涂黑)表示。在楼层结构平面图中，未能完全表示清楚之处，需绘出结构剖面图。

(6) 轴线尺寸及构件的定位尺寸。

(7) 详图索引符号及剖切符号。

(8) 文字说明。

6.5.2 楼层结构平面图的图示方法

结构平面图中墙身的可见轮廓用中粗线表示，被楼板挡住而看不见的墙、柱和梁的轮廓用中虚线表示。有时为了画图方便，习惯上也有把楼板下的不可见轮廓线，由虚线改画成细实线，这是一种镜像投影法。钢筋混凝土柱断面用涂黑表示，梁的中心位置用粗点划线表示。

(1) 楼层上各种梁、板、柱构件，在图上都用规定的代号和编号标记，查看代号、编号和定位轴线就可以了解各种构件的位置和数量。

(2) 楼梯间通常画以对角交叉线表示，其结构布置另用详图表示。

(3) 预制楼板的表达方式。对于预制楼板，用粗实线表示楼层平面轮廓，用细实线表示预制板的铺设，习惯上把楼板下不可见墙体的实线改画为虚线。

预制板的型号和数量等常用符号表达。例如 8YKB3662，其内容说明如下：

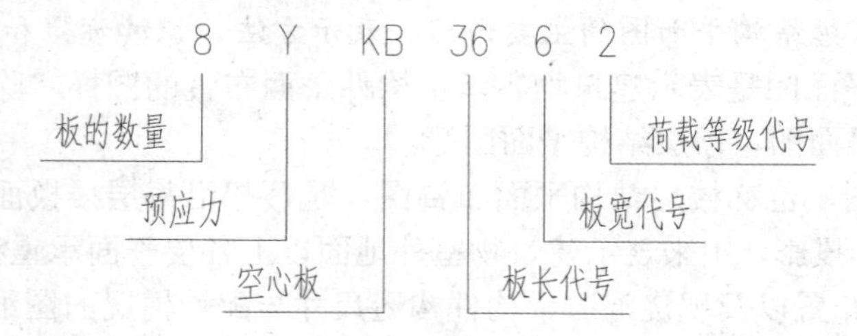

由上可知：8YKB3662 表示 8 块预应力空心板，每块长 3600 mm，宽 600 mm，荷载等级二级。

预制板的布置有以下两种表达形式(见图 6-6 所示)。

在结构单元范围内，按实际投影分块画出楼板，并注写数量及型号。对于预制板的铺设方式相同的单元，用相同的编号如甲、乙等表示，而不一一画出每个单元楼板的布置。

在结构单元范围内，画一条对角线，并沿着对角线方向注明预制板数量及型号。

(4) 现浇楼板的表达方式。对于现浇楼板，用粗实线画出板中的钢筋，每一种钢筋只画一根，同时画出一个重合断面，表示板的形状、厚度和标高(见图 6-7)。

对于承重构件布置相同的楼层，只画一个结构平面布置图，称为标准层结构平面布置图。

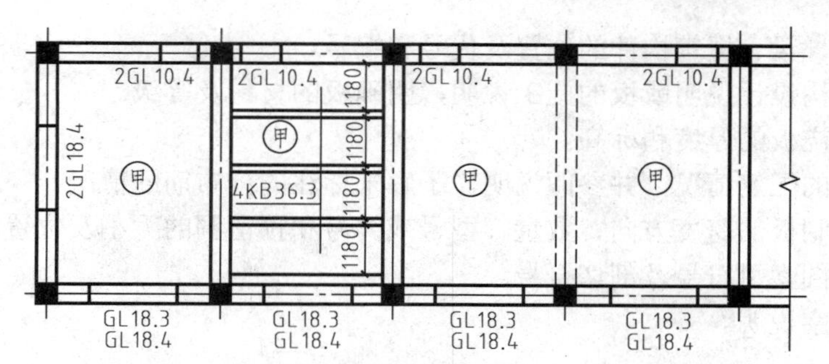

(a) 预制板的表达方式一

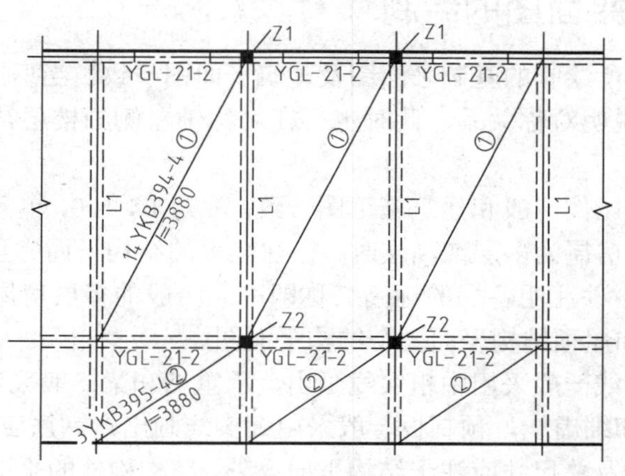

(b) 预制板的表达方式二

图 6-6　预制楼板的表达方式

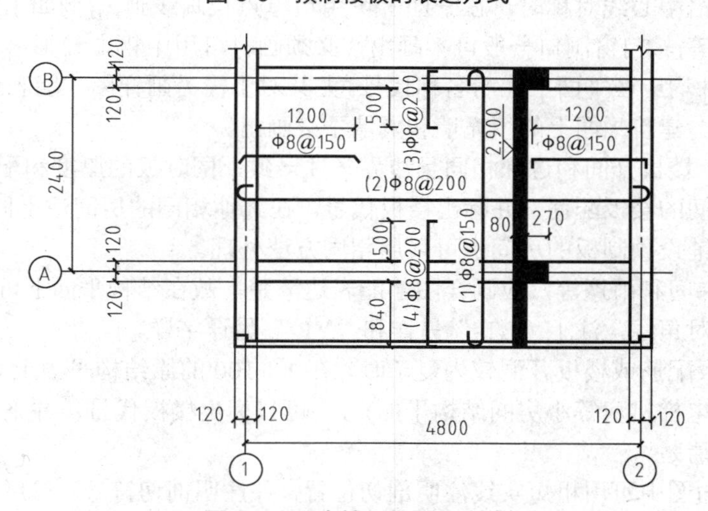

图 6-7　现浇楼板的图示方式

6.5.3　楼层结构平面图的识读

钢筋混凝土楼层结构平面图的识读步骤如下：

(1) 查看图名、比例。

(2) 核对轴线编号及其间距尺寸是否与建筑图相一致。

(3) 墙、柱、梁、板等构件的位置及代号和编号。

(4) 通过结构设计说明或板的施工说明，明确板的材料及等级。

(5) 明确现浇板的厚度和标高。

(6) 明确板的配筋情况，并参阅说明，了解未标注的分布筋的情况。

(7) 明确预制板的跨度方向、数量、型号或编号和预留洞的大小及位置。

(8) 查看详图索引符号及剖切符号。

(9) 阅读文字说明。

6.5.4 楼层结构平面图的绘制

(1) 定位轴线应与所绘制的基础平面图及建筑平面图一致。当房屋沿某一轴线对称时，可只画一半，但必须说明对称关系，此时也可在对称轴左侧画楼层结构平面而右侧画屋顶结构平面。

(2) 结构平面图的比例一般和建筑施工图一致，常为 1∶100，单元结构平面中一般采用 1∶50 的比例画出。当房屋为多层或高层时，往往较多的结构平面完全相同，此时可只画出一个标准层结构平面，并注明各层的标高名称即可。一般的多层房屋常常只画首层结构平面、标准层结构平面和屋顶结构平面 3 个结构平面图。

(3) 建筑物外轮廓线一般采用中粗实线画出，承重墙和梁一般采用虚线，为区别起见，可分别采用中粗虚线和细虚线，预制板一般采用细实线画出，钢筋应采用粗实线画出。

(4) 定位轴线尺寸及总尺寸应注于结构平面之外。结构构件的平面尺寸及与轴线的位置关系必须注明。当梁中心线均和轴线重合时可不必一一标出，只在文字说明内注明即可。当构件为细长且沿中心线对称时，在平面上可用粗单点长画线画出(例如工业厂房中的钢屋架、檩条、支撑等)。门窗洞口一般可不画出，必须画时可用中粗虚线画出。

(5) 所有构件均应在平面上注明名称代号。尤其对于需另画详图才能表达清楚的梁、柱、剪力墙、屋架等。建筑平面上的填充墙和隔墙不必画出。

(6) 当平面上楼板开间和进深相同且边界条件一致，同时板的厚度和配筋完全一致时，可只画出一个房间的楼板配筋，并标出楼板代号，在其他相同的房间注上同样的楼板代号，表示配筋相同。铺设预制板的房间也可采用相同方法处理。

(7) 对于楼梯间和雨篷等，应画详图才能表达清楚，故在结构平面上可只画外轮廓线，并用细实线画出对角线，注上“LT-”另详和“YP-”另详字样。

(8) 有时楼板配筋或楼板开洞较为复杂时，在 1∶100 的原结构平面上难以表达清楚(如卫生间、厨房、电梯机房等小房间结构平面)时，可只标出楼板代号，并采用局部放大的方法另外画图表示清楚。

(9) 结构平面图中可用粗短实线注明剖切位置，并注明剖切符号，然后另画详图说明楼板与梁和竖向构件(墙、柱等)之间的关系。

(10) 楼板的配筋位置应表达清楚。一般板下配筋均伸至支座中心线而不必标出，但板支座负筋必须注明和轴线的位置关系。当结构平面复杂时，可只标钢筋代号，而在钢筋表中另外注明，现浇楼板一般应画钢筋表。

(11) 结构平面上所注的标高应为结构标高，即楼板上皮的标高(为建筑标高减去面层厚度，一般建筑标高为整尺寸，而结构标高为零尺寸)。标高数字以 m 为单位，且小数点后应

有 3 位，以精确到 mm。屋顶结构标高(板上皮标高)一般和建筑标高一致，所以顶层层高可能为零尺寸。

(12) 结构平面上的文字说明一般包括楼板材料强度等级、预制楼板的标准图集代号、楼板钢筋保护层厚度等，还包括结构设计者需表达的其他问题。

6.6 构 件 详 图

【学习目标】掌握构件详图的种类、表示方法和主要内容。

结构平面图只能表示出房屋各承重构件的平面布置情况，至于它们的形状、大小、材料、构造和连接情况等则需要分别画出各承重构件的结构详图来表示。

6.6.1 钢筋混凝土构件详图的种类

钢筋混凝土构件详图一般包括模板图、配筋图和钢筋表三部分。

1. 模板图

模板图也称外形图，它主要表明钢筋混凝土构件的外形，预埋铁件、预留钢筋、预留孔洞的位置，各部位尺寸和标高、构件以及定位轴线的位置关系等，如图 6-8 所示。

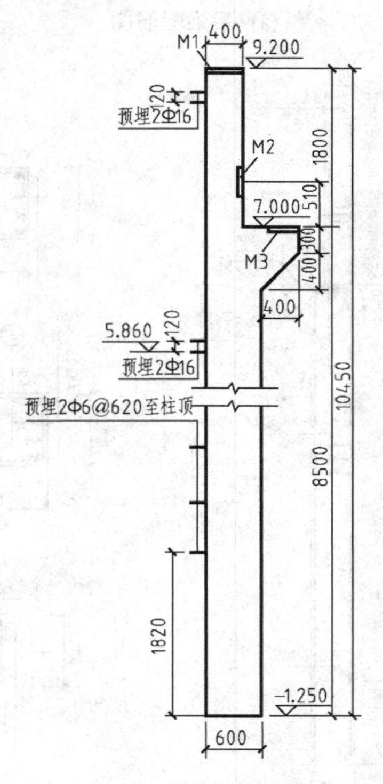

图 6-8 某柱模板图

2. 配筋图

配筋图包括立面图、断面图和钢筋详图，具体表达钢筋在混凝土构件中的形状、位置

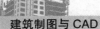

与数量。在立面图和断面图中，把混凝土构件看成透明体，构件的外轮廓线用细实线表示，而钢筋用粗实线表示。配筋图是钢筋下料、绑扎的主要依据，如图 6-9 所示。

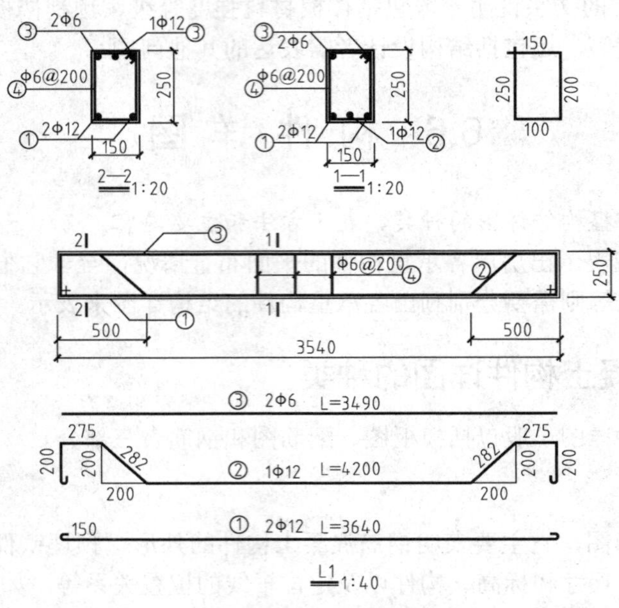

(a) 某梁配筋图

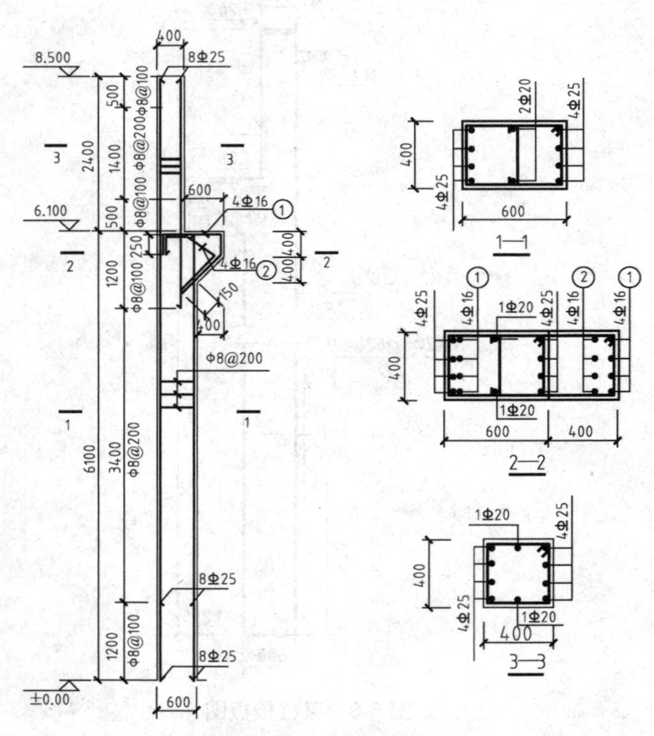

(b) 某柱配筋图

图 6-9 配筋图示意

3. 钢筋表

(1) 为便于编制预算，统计钢筋用料，对配筋较复杂的钢筋混凝土构件应列出钢筋表，以计算钢筋用量。

(2) 钢筋表的内容包括钢筋名称，钢筋简图，钢筋规格、长度、数量和质量等。图 6-9 中梁配筋图的钢筋表见表 6-7 所示。

表 6-7　钢筋表

构件名称	构件数	编号	规格	简图	单根长度/mm	根数	累计质量/kg
L1	1	1	ϕ12		3640	2	7.41
		2	ϕ12		4204	1	4.45
		3	ϕ6		3490	2	1.55
		4	ϕ6		650	18	2.60

6.6.2　钢筋混凝土构件详图的内容

(1) 构件名称或代号、比例。
(2) 构件的定位轴线及其编号。
(3) 构件的形状、尺寸和预埋件代号及布置。
(4) 构件内部钢筋的布置。
(5) 构件的外形尺寸、钢筋规格、构造尺寸以及构件底面标高。
(6) 施工说明。

6.7　钢筋混凝土施工图平面整体表示方法

【学习目标】了解“平法”的表示方法；具有识读梁、柱、墙平法施工图的能力。

平面整体表示法简称“平法”，所谓“平法”的表达方式，是将结构构件的尺寸和配筋按照平面整体表示法的制图规则直接表示在各类构件的结构平面布置图上，再与标准构造详图相配合，即构成一套完整的结构施工图。它改变了传统的将构件从结构平面图中索引出来，再逐个绘制配筋详图的烦琐表示方法。

平法设计制图规则的适用范围包括建筑结构的各种类型。具体包括各类基础结构与地下结构的平法施工图；混凝土结构、钢结构、砌体结构、混合结构的主体结构平法施工图

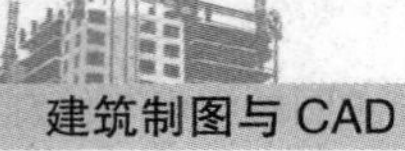

等等。具体内容涉及基础结构与地下结构、框架结构、剪力墙结构、框剪结构、框支剪力墙结构中的柱、剪力墙、梁构件、楼板与楼梯等。

6.7.1 梁平法施工图的识读

1. 梁的平面表示方法

1) 平面注写方式

平面注写方式是指在梁平面布置图上，分别在每一种编号的梁中选择一根梁，在其上注写截面尺寸和配筋具体数值。

对标准层上的所有梁应按表 6-8 的规定进行编号，并在同编号的梁中各选一根梁，在其上注写，其他相同编号梁只需要标注编号。具体参见附图中结施-04。

梁平面注写方式包括集中标注和原位标注。

表 6-8 梁编号

梁类型	代　号	序　号	跨数及其是否带有悬挑
楼层框架梁	KL	××	××、××A 或××B
屋面框架梁	WKL	××	××、××A 或××B
框支梁	KZL	××	××、××A 或××B
非框架梁	L	××	××、××A 或××B
悬挑梁	XL	××	
井字梁	JZL	××	××、××A 或××B

注：A 表示一端有悬挑，B 表示两端有悬挑，悬挑不计入跨数。

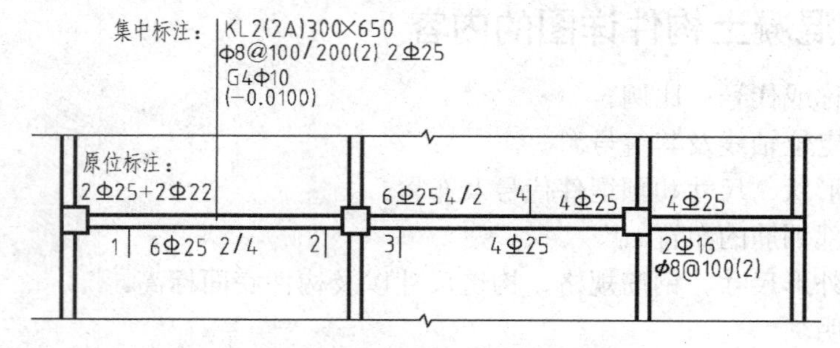

图 6-10 梁平面整体配筋图平面注写方式

(1) 集中标注。

集中标注表示梁的通用数值，可以从梁的任何一跨引出。

集中标注形式如图 6-10 所示。其中，KL2(2A)表示框架梁 KL2，有 2 跨(即在图纸中从 1 轴线到 3 轴线间的 2 跨梁)并有一端悬挑(即在图纸中从 3 轴线到 4 轴线间的梁段)；300×650 表示该梁截面尺寸宽为 300 mm、高为 650 mm；ф8@100/200(2)表示该梁的箍筋为二肢箍，直径为 8 mm 的 I 级钢筋，间距为 200 mm，加密区间距为 100 mm。2Φ25 表示梁上部有 2 根直径 25mm 的Ⅱ级通长钢筋，贯穿于整个 2 跨梁中。G4ф10 表示梁截面两侧各有 2 根直径 10 mm 的 I 级构造钢筋。−0.100 表示该梁的梁顶标高比该楼层结构层标高低 0.100m。另外在梁的两端上部和梁中部还有标注，这个即为原位标注，表示此处另设有钢筋。

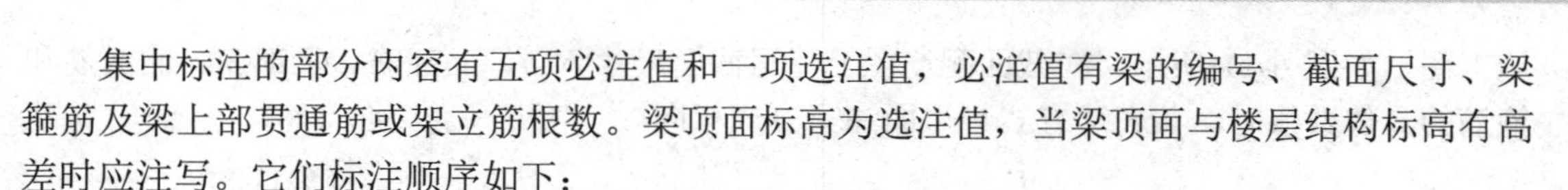

集中标注的部分内容有五项必注值和一项选注值，必注值有梁的编号、截面尺寸、梁箍筋及梁上部贯通筋或架立筋根数。梁顶面标高为选注值，当梁顶面与楼层结构标高有高差时应注写。它们标注顺序如下：

① 梁编号。梁编号为必注值，编号方法如表 6-8 所示。

② 梁截面尺寸。梁截面尺寸为必注值，用 $b \times h$ 表示；当有悬挑梁，且根部和端部的高度不相同时，用 $b \times h_1/h_2$ 表示；当为竖向加腋梁时，用 $b \times h$、GY$c_1 \times c_2$ 表示，其中 c_1 为腋长，c_2 为腋高；当为水平加腋梁时，用 $b \times h$、PY$c_1 \times c_2$ 表示，其中 c_1 为腋长，c_2 为腋宽；见图 6-12。

③ 梁箍筋。梁箍筋为必注值，包括箍筋级别、直径、加密区与非加密区间距及肢数。加密区与非加密区的不同间距及肢数用“／”分隔开来，当梁箍筋为同一种间距和肢数时则不需用斜线。当梁加密区与非加密区的箍筋肢数相同时，则将肢数注写一次；肢数用括号加上数值表示，如(4)表示四肢箍。加密区范围见相应抗震级别的标准构造图。

④ 梁上部贯通筋和架立筋根数。该项为必注值，梁上部筋和下部钢筋用分号隔开，前面表示上部钢筋，分号后表示下部钢筋，如“2Φ14；2Φ18”。当梁中有架立钢筋时，标注时与梁上部贯通筋用“+”隔开，如“2Φ22+(2Φ16)”，加号前面是角部纵筋，加号后面的括号内为架立筋。当梁的上部纵筋和下部纵筋为全跨相同，且多数跨配筋相同时，此项可加注下部纵筋的配筋值，用“；”将上部与下部纵筋的配筋值分隔开来。

⑤ 梁侧面纵向构造钢筋或受扭钢筋。如果有的话，为必注值，构造筋用“G”表示，受扭钢筋用“N”表示。持续注写设置在梁两个侧面的总配筋值，且对称配置。如图 6-10 所示。

⑥ 梁顶面标高高差。它为选注值。梁顶面标高高差是指相对于结构层楼面标高的高差值。有高差时，需将其写入括号内，无高差时不注。

(2) 原位标注。

原位标注表示梁的特殊值。当集中标注中的某项数值不适用于梁的某部位时，则将该项数值原位标注，施工时原位标注取值优先。原位标注的部分规定如下：

① 梁纵筋(含上部纵筋和下部纵筋)多于一排时，用斜线“／”将各排纵筋自上而下分开。

② 当同排纵筋(含上部纵筋和下部纵筋)有两种直径时，用加号“+”将两种直径的纵筋相连，角筋写在前面。

③ 当梁中间与支座两边的上部纵筋不同时，须在支座两边分别标注；当梁中间支座两边的上部纵筋相同时，可仅在支座的一边标注配筋值，另一边可省去不注。

④ 当梁下部纵筋不全部伸入支座时，将梁支座下部纵筋减少的数量写在括号内。

⑤ 若梁的集中标注中已按规定注写梁上部和下部均为通长的纵筋值，则不需在梁下部重复做原位标注。

⑥ 附加箍筋和吊筋。可直接画在平面图中的主梁上，用线引注总配筋值。当多数附加箍筋或吊筋相同时，可在梁平法施工图上统一注明，少数与统一注明值不同时，再原位引注。

图 6-10 中并未标注各类钢筋的长度及伸入支座的长度等尺寸，这些尺寸都由施工单位的技术人员查阅图集 11G101-1 中的标准构造详图，对照确定。

2) 截面注写方式

截面注写方式是在分层绘制的梁平面布置图上，分别在不同编号的梁中各选择一根梁，用单边剖切符号引出配筋图，并在其上注写截面尺寸和配筋具体数值的方式来表达梁平法施工图。如图 6-11 所示。在截面配筋图上注写截面尺寸 *b*×*h*、上部筋、下部筋、侧面筋和箍筋的具体数值时，其表达方式与平面注写方式相同。

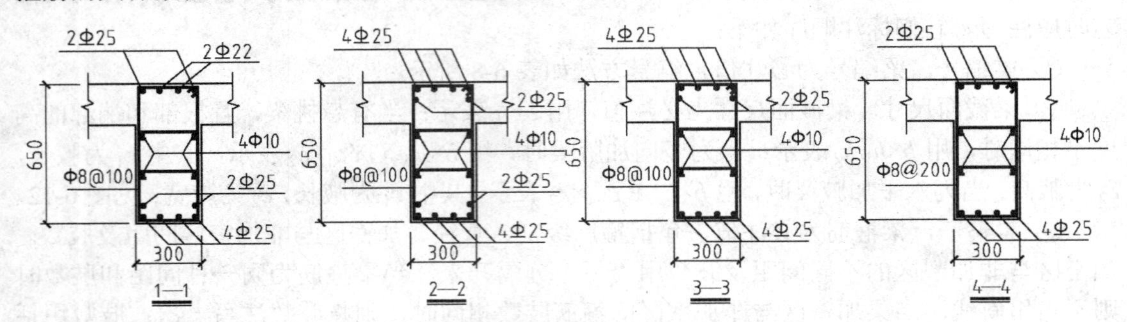

图 6-11　平法施工图截面注写方式

加腋梁及变截面梁注写方式见图 6-12。

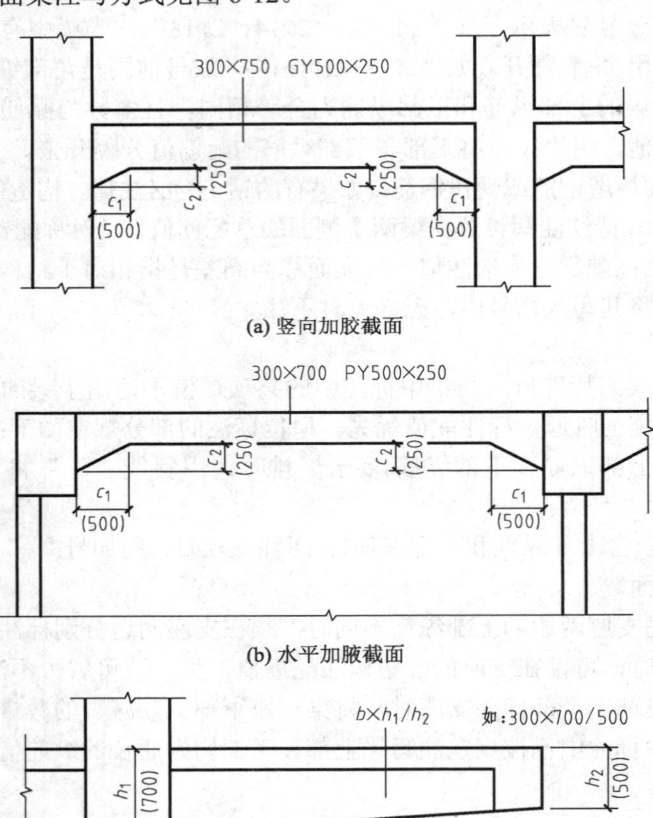

(a) 竖向加胶截面

(b) 水平加腋截面

(c) 悬挑梁不等高截面

图 6-12　梁截面尺寸注写示意图

2. 识读步骤

(1) 查看图名、比例。

(2) 核对轴线编号及其间距尺寸是否与建筑图、基础平面图、柱平面图相一致。

(3) 与建筑图配合，明确各梁的编号、数量及位置。

(4) 通过结构设计说明或梁的施工说明，明确梁的材料及等级。

(5) 明确各梁的标高、截面尺寸以及配筋情况。

(6) 根据抗震等级、设计要求和标准构造详图(在“平法”标准图集中有)，确定纵向钢筋、箍筋和吊筋的构造要求，如纵向钢筋的连接方式、搭接长度、弯折要求、锚固要求，箍筋加密区的范围，附加箍筋和吊筋的构造等。梁平法施工图见图 6-13 示例。

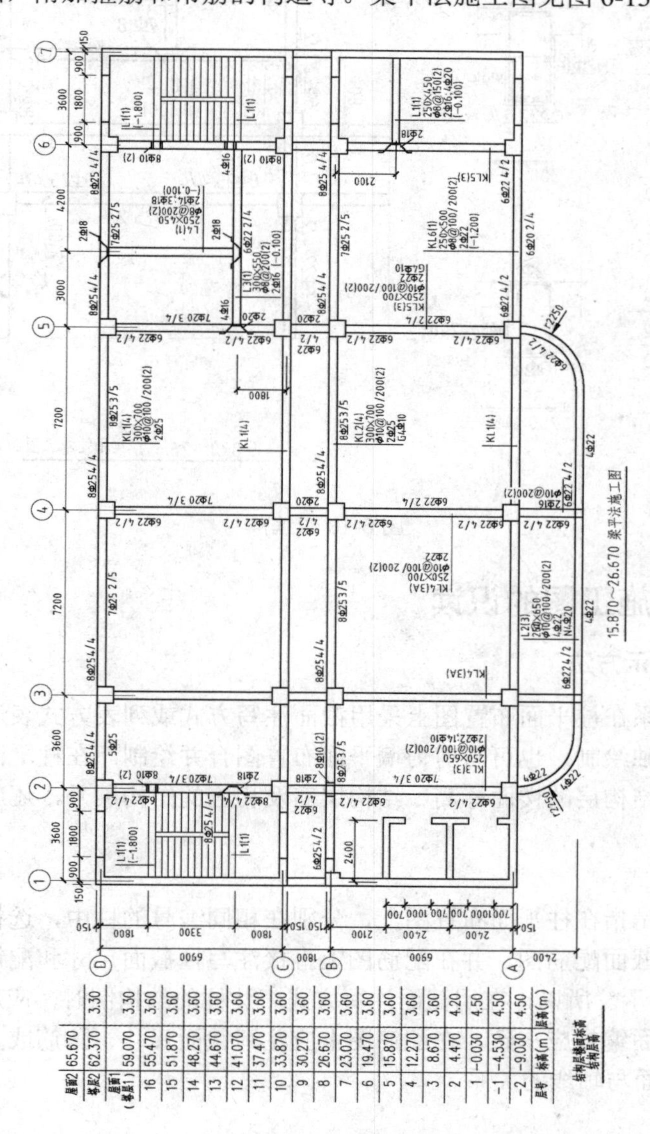

图 6-13　梁平法施工图示例

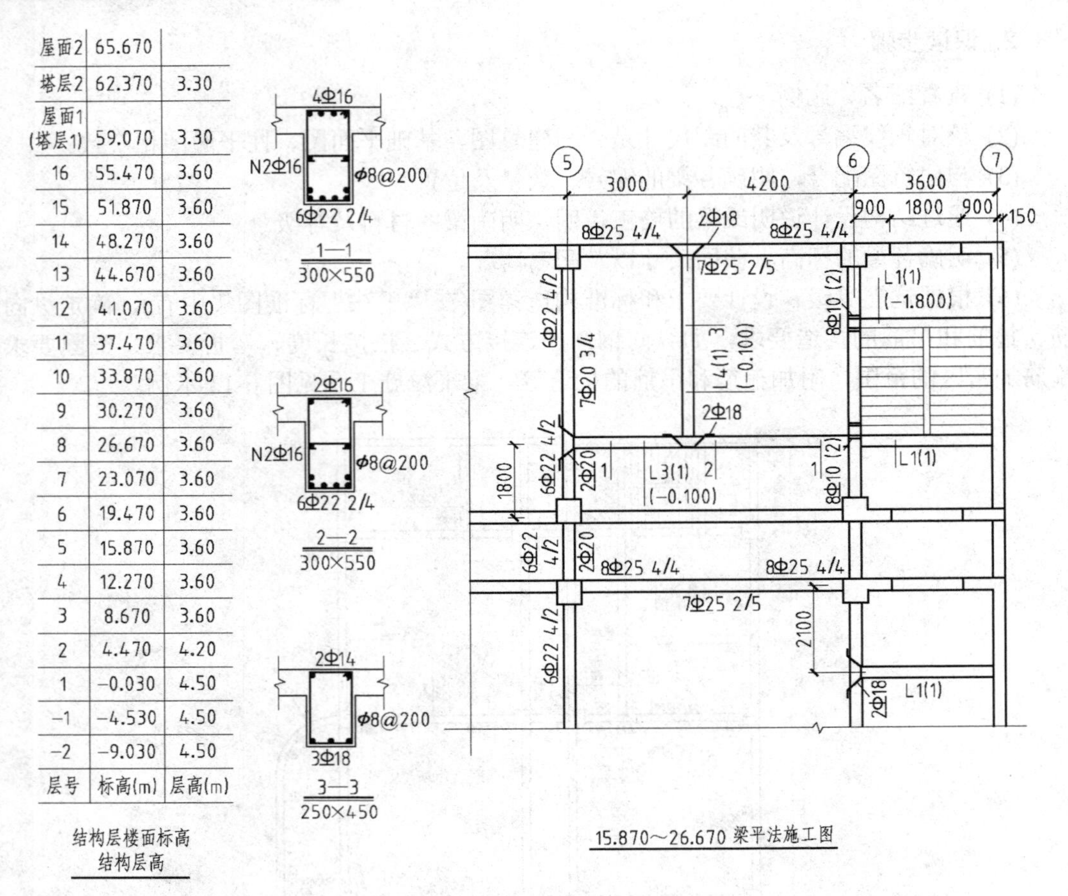

屋面2	65.670	
塔层2	62.370	3.30
屋面1(塔层1)	59.070	3.30
16	55.470	3.60
15	51.870	3.60
14	48.270	3.60
13	44.670	3.60
12	41.070	3.60
11	37.470	3.60
10	33.870	3.60
9	30.270	3.60
8	26.670	3.60
7	23.070	3.60
6	19.470	3.60
5	15.870	3.60
4	12.270	3.60
3	8.670	3.60
2	4.470	4.20
1	−0.030	4.50
−1	−4.530	4.50
−2	−9.030	4.50
层号	标高(m)	层高(m)

图 6-13 (续)

6.7.2 柱平法施工图的识读

1. 柱的平面表示方法

柱平法施工图系在柱平面布置图上采用截面注写方式或列表方式表达。柱平面布置图可采用适当比例单独绘制，也可与剪力墙平面布置图合并绘制。在柱平法施工图中，还应按相应规定注明各结构层的楼面标高、结构层高及相应的结构层号，还应注明上部结构嵌固的部位。

1) 截面注写方式

截面注写方式是指在柱平面布置图上，分别在相同编号的柱中，选择一个截面在原位放大比例绘制柱的截面配筋图，并在配筋图上直接注写柱截面尺寸和配筋具体情况的表达方式。如图 6-14 所示。所以，在用截面注写方式表达柱的结构图时，应对每一个柱截面进行编号，相同柱截面编号应一致，在配筋图上应注写截面尺寸、角筋或全部纵筋、箍筋的具体数值以及柱截面与轴线的关系。

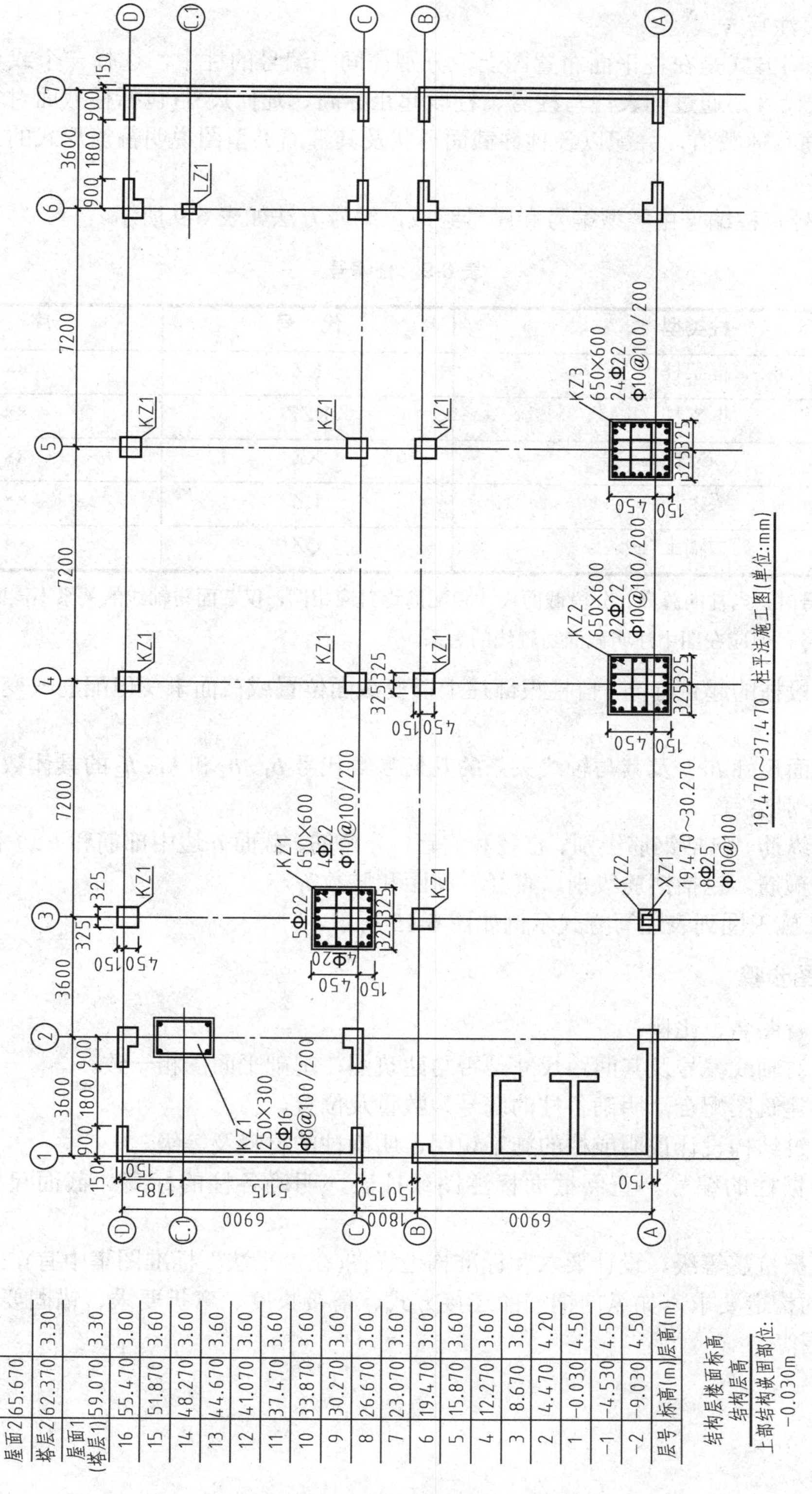

层号	标高(m)	层高(m)
屋面2	65.670	
塔层2	62.370	3.30
屋面1(塔层1)	59.070	3.30
16	55.470	3.60
15	51.870	3.60
14	48.270	3.60
13	44.670	3.60
12	41.070	3.60
11	37.470	3.60
10	33.870	3.60
9	30.270	3.60
8	26.670	3.60
7	23.070	3.60
6	19.470	3.60
5	15.870	3.60
4	12.270	3.60
3	8.670	3.60
2	4.470	4.20
1	-0.030	4.50
-1	-4.530	4.50
-2	-9.030	4.50

图 6-14　柱平法施工图截面注写方式

2) 列表注写方式

列表注写方式是在柱平面布置图上，分别在同一编号的柱中，选择一个或几个截面标注几何参数代号，通过列表注写柱号、柱段起止标高、几何尺寸(包括柱截面对轴线的偏心情况)与配筋具体数值，并配以各种柱截面形状及其箍筋类型图说明箍筋形式的方式。柱表注写的内容如下：

(1) 编号。柱编号由类型编号和序号组成，编号方法如表 6-9 所示。

表 6-9 柱编号

柱类型	代 号	序 号
框架柱	KZ	××
框支柱	KZZ	××
芯柱	XZ	××
梁上柱	LZ	××
剪力墙上柱	QZ	××

注：编号时，当柱的总高、分段截面尺寸和配筋均对应相同，仅截面与轴线的关系不同时，仍可将其编为同一柱号，但应在图中注明截面与轴线的关系。

(2) 各段柱的起止标高。自柱根部往上以变截面位置或截面未变但配筋改变处为界分段注写。

(3) 截面尺寸 $b \times h$ 及其与轴线关系的几何参数代号 b_1、b_2 和 h_1、h_2 的具体数值必须对应于各段柱分别注写。

(4) 柱纵筋。包括钢筋级别、直径和间距，分角筋、截面 b 边中部筋和 h 边中部筋 3 项。

(5) 柱箍筋。包括钢筋级别、直径、间距和肢数等。

柱平法施工图列表注写方式示例如图 6-15 所示。

2. 识图步骤

(1) 查看图名、比例。

(2) 核对轴线编号及其间距尺寸是否与建筑图、基础平面图相一致。

(3) 与建筑图配合，明确各柱的编号、数量及位置。

(4) 通过结构设计说明或柱的施工说明，明确柱的材料及等级。

(5) 根据柱的编号，查阅截面标注图或柱表，明确各柱的标高、截面尺寸以及配筋情况。

(6) 根据抗震等级、设计要求和标准构造详图(在“平法”标准图集中有)，确定纵向钢筋和箍筋的构造要求，如纵向钢筋的连接方式、搭接长度、弯折要求、锚固要求，箍筋加密区的范围等。

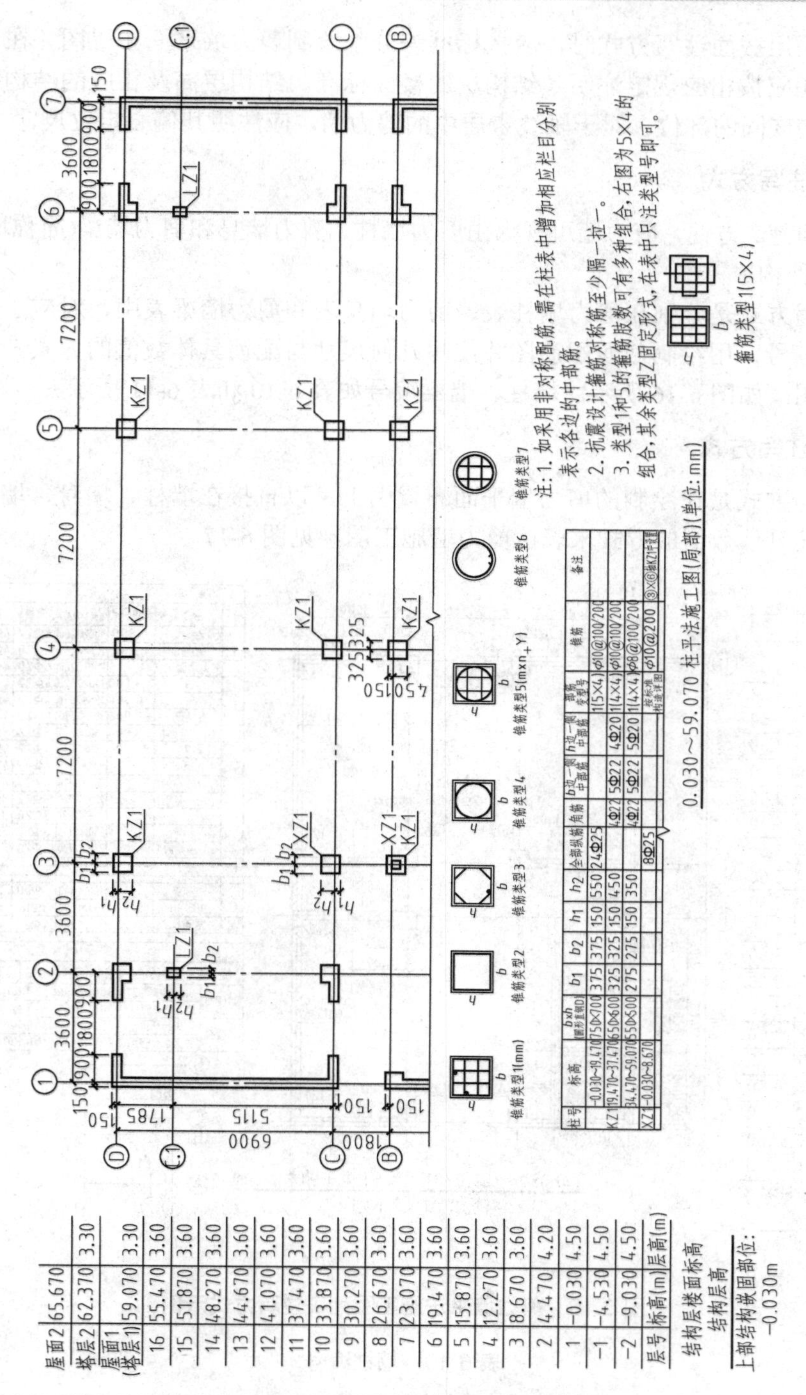

图 6-15　柱平法施工图列表注写方式

6.7.3　剪力墙平法施工图的识读

剪力墙平法施工图是在剪力墙平面布置图上采用列表注写方式或截面注写方式表达。剪力墙平面布置图可采用适当比例单独绘制，也可与柱或梁平面布置图合并绘制。当剪力

墙较复杂或采用截面注写方式时，应按标准差分别绘制剪力墙平面布置图。在剪力墙平法施工图中，还应按相应规定注明各结构层的楼面标高、结构层高及相应的结构层号，还应注明上部结构嵌固的部位。对于轴线未居中的剪力墙，应注明其偏心定位尺寸。

1. 列表注写方式

为表达清楚、方便，剪力墙可视为由剪力墙柱、剪力墙身和剪力墙梁(简称墙柱、墙身、墙梁)三类构件构成。

列表注写方式是分别在剪力墙柱表、剪力墙身表和剪力墙梁表中，对应于剪力墙平面布置图上的编号，用绘制截面配筋图并注写几何尺寸与配筋具体数值的方式，来表达剪力墙平法施工图，如图 6-16 所示。墙柱、墙梁编号如表 6-10 和表 6-11 所示。

2. 截面注写方式

截面注写方式是在绘制的剪力墙平面布置图上，以直接在墙柱、墙身、墙梁上注写截面尺寸和配筋具体数值的方式来表达剪力墙施工图，见图 6-17。

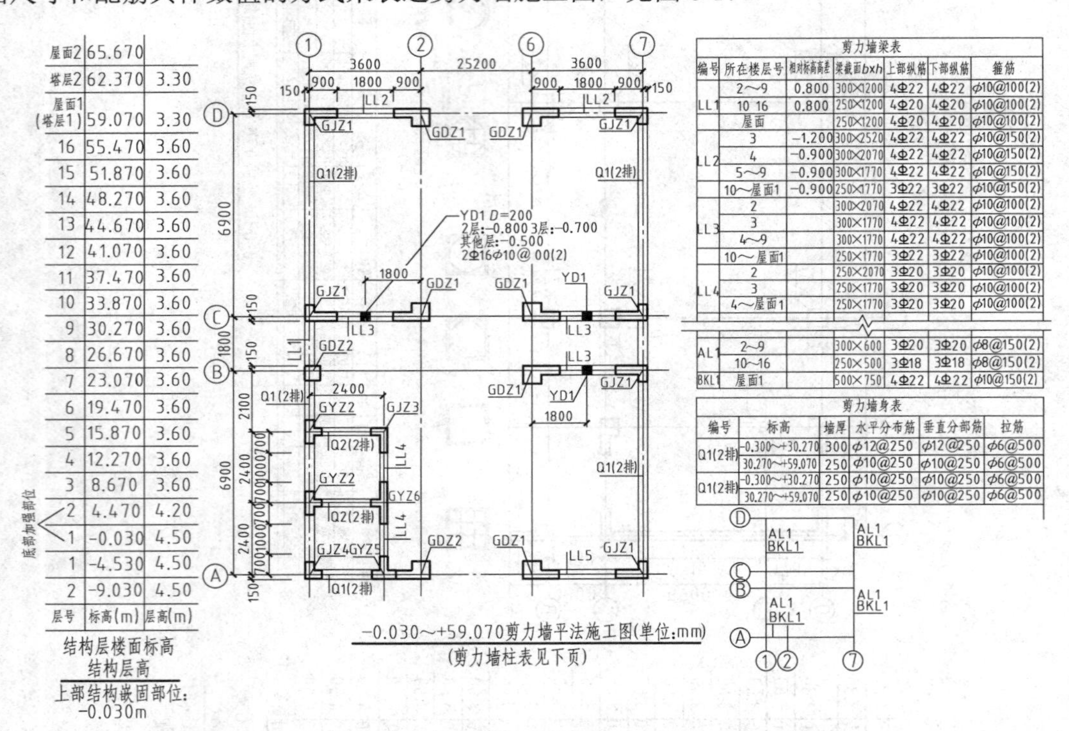

图 6-16　剪力墙平法施工图列表注写方式示例

表 6-10　墙柱编号

墙柱类型	代　号	序　号
约束边缘构件	YBZ	××
构造边缘构件	GDZ	××
非边缘暗柱	AZ	××
扶壁柱	FBZ	××

表 6-11　墙梁代号

墙梁类型	代　号	序　号
连梁	LL	××
连梁(对角暗撑配筋)	LL(JC)	××
连梁(交叉斜筋配筋)	LL(JX)	××
连梁(集中对角斜筋配筋)	LL(DX)	××
暗梁	AL	××
边框梁	BKL	××

注：在具体工程中，当某些墙身需设置暗梁或边框梁时，宜在剪力墙平法施工图中绘制暗梁或边框梁的平面布置图并编号，以明确其具体位置。

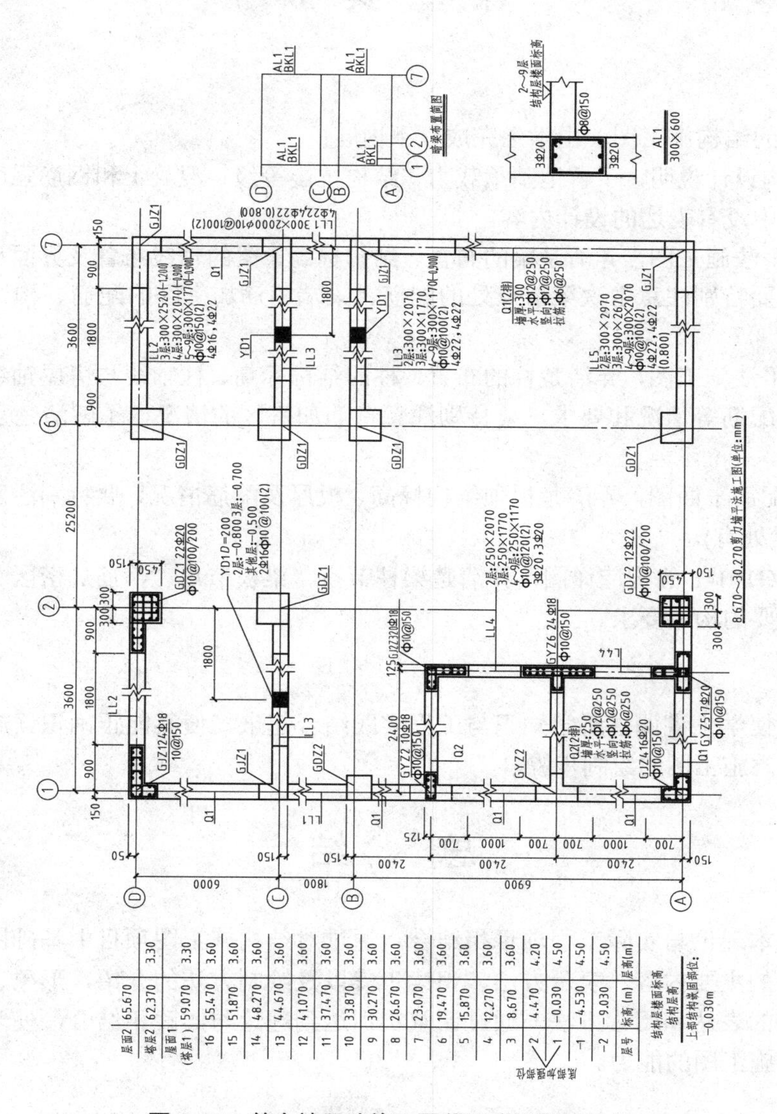

图 6-17　剪力墙平法施工图截面注写方式示例

3. 剪力墙洞口的表示方法

无论采用列表注写方式，还是截面注写方式，剪力墙的洞口均可在剪力墙平面布置图上原位表达。

在剪力墙平面布置图上绘制洞口示意(JD 表示矩形洞口，YD 表示圆形洞口)，并标注洞口中心的平面定位尺寸和洞口每边补强钢筋。例如：JD3 400×300 + 3.100　3Φ14，表示 3 号矩形空口宽 400 mm、高 300 mm，洞口中心距本结构层楼面 3100 mm，洞口上下设补强钢筋为 3Φ14。不标注补强筋表示钢筋按构造配置(请参照 11G101-1 图集中相应的标准构造详图)

课 堂 实 训

实训内容

根据给定的结构施工图，由学生完成以下内容：

(1) 看结构设计说明，了解地基承载力、结构抗震等级、混凝土和钢筋强度等级、构造做法等施工图中没有表达的设计内容。

(2) 看梁平法施工图，弄清楚梁的布置、结构标高、梁的轴线布置及界面尺寸、配筋等情况和要求，要特别注意主次梁节点处的配筋、梁端箍筋加密区的配筋、构造和抗扭纵筋的配置情况。

(3) 看柱平法施工图，弄清楚柱的布置、柱的结构标高、柱轴线与房屋轴线有无偏差及柱截面尺寸、配筋等情况和要求，要特别注意箍筋加密区的情况，了解清楚复合箍筋的形状和构造。

(4) 看板配筋平面图，弄清楚板顶结构标高、板厚及配筋情况，要特别注意负筋的配置情况(在墙、梁处有)。

(5) 看 11G101-1 的构造详图，弄清楚梁柱节点、梁板节点、箍筋加密区、构造钢筋、钢筋锚固等重要的构造要求。

实训目的

通过实训使学生讲课堂所学知识与工程实践结合起来，使其能正确识读施工图，领会设计意图，熟悉施工图的绘制步骤。

总　　结

本章将基本理论与实际工程项目相结合，通过对结构施工图项目中基础图、结构平面图、构件详图的主要内容、表示方法、识读步骤以及绘制方法的介绍，形象、生动地表述了结构施工图的表达和阅读方法。通过课堂实训达到理论与实践相结合，使学生提高了识读与绘制结构施工图的能力。

思 考 题

1. 柱平法设计时，应在结构设计总说明中写明哪些内容？
2. 柱平法施工图有哪几种表达方法？各种注写方式的具体规定是什么？
3. 梁平法施工图有哪几种表达方法？平面注写方式的具体注写规则是什么？
4. 剪力墙平法施工图有哪两种表达方法？
5. 标准构造详图主要有哪些内容？其作用是什么？
6. 结构施工图的识读方法和步骤是什么？
7. 结构设计说明一般有哪些内容组成？
8. 如何阅读基础施工图？
9. 简述钢筋混凝土柱、剪力墙平法施工图的识读要点。
10. 楼(屋)面结构平面图分为哪两类？如何识读楼(屋)面结构平面图？

任务 7　平面图形绘制

【内容提要】

本章及第 8、第 9 章内容均基于 AutoCAD 2012 内容进行操作。主要介绍了如何使用 AutoCAD 2012 的基本命令绘制基本平面图形和综合平面图形的方法。为用户提供了直线、弧、圆、椭圆、矩形、多段线、多线、样条曲线等基本图形的绘制功能和删除、复制、移动、旋转、镜像、裁剪、分解等图形的编辑修改功能及辅助定位功能。

【技能目标】

- 掌握使用坐标方式绘图及精确画图的方法。
- 掌握直线、弧、圆、椭圆、矩形等基本绘图命令。
- 掌握删除、复制、移动、旋转、镜像、裁剪、分解等图形的编辑修改功能及辅助定位功能。
- 掌握平面图形的布局及简单和复杂平面图形的绘制。

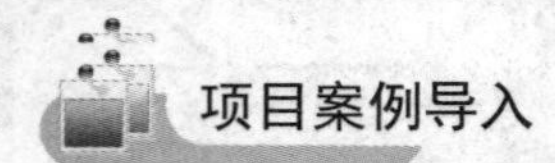

项目案例导入

使用不同的坐标方式完成如图 7-1 所示图形的绘制。

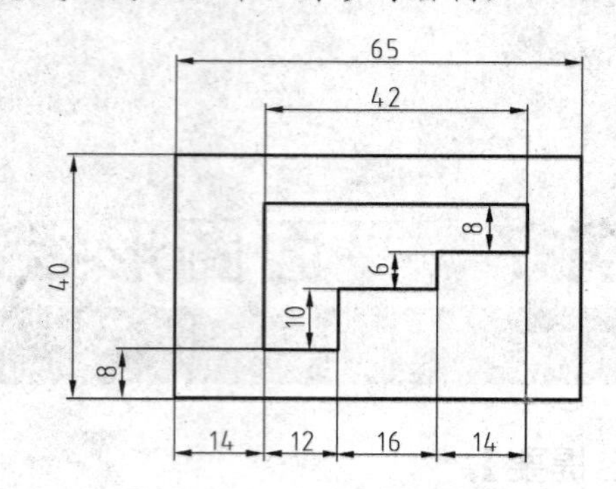

图 7-1　用坐标方式绘制的图形

7.1　使用坐标方式画图

【学习目标】掌握使用绝对坐标和相对坐标方式画图的方法。

7.1.1　AutoCAD 启动

用户可以选择以下启动方式：

(1) 启动程序可以直接双击 Windows 桌面 AutoCAD 2012 图标。

(2) 选择【开始】|【所有程序】| Autodesk | AutoCAD 2012 命令。

(3) 打开 AutoCAD 已有文件方式。

7.1.2　AutoCAD 绘图界面

AutoCAD 2012 共有【草图与注释】、【三维基础】、【三维建模】、【AutoCAD 经典】4 种工作界面。在绘制工程图时，多数人更喜欢选用传统的【AutoCAD 经典】工作界面，如图 7-2 所示。【AutoCAD 经典】工作界面由标题栏、应用程序按钮、菜单栏、绘图窗口、光标、命令行、状态栏、工具栏等元素组成。以下对 AutoCAD 2012 经典工作界面各组成元素作一简要介绍。

1) 标题栏

标题栏中显示软件名称及版本、当前绘制的图形文件名称。标题栏最右端 3 个按钮为常规操作，可最大化显示、最小化显示、关闭文件。

2) 菜单栏

菜单栏包含文件、编辑、视图、插入、格式、工具、绘图、标注、修改、参数、窗口、帮助 12 个主菜单。每一主菜单下均有子菜单。AutoCAD2012 下拉菜单有如下特点：

(1) 下拉菜单中，右边带有小三角的菜单项，表示该项还有子菜单。

(2) 下拉菜单中，右边带有省略号的菜单项，表示单击该菜单后会弹出一个对话框。

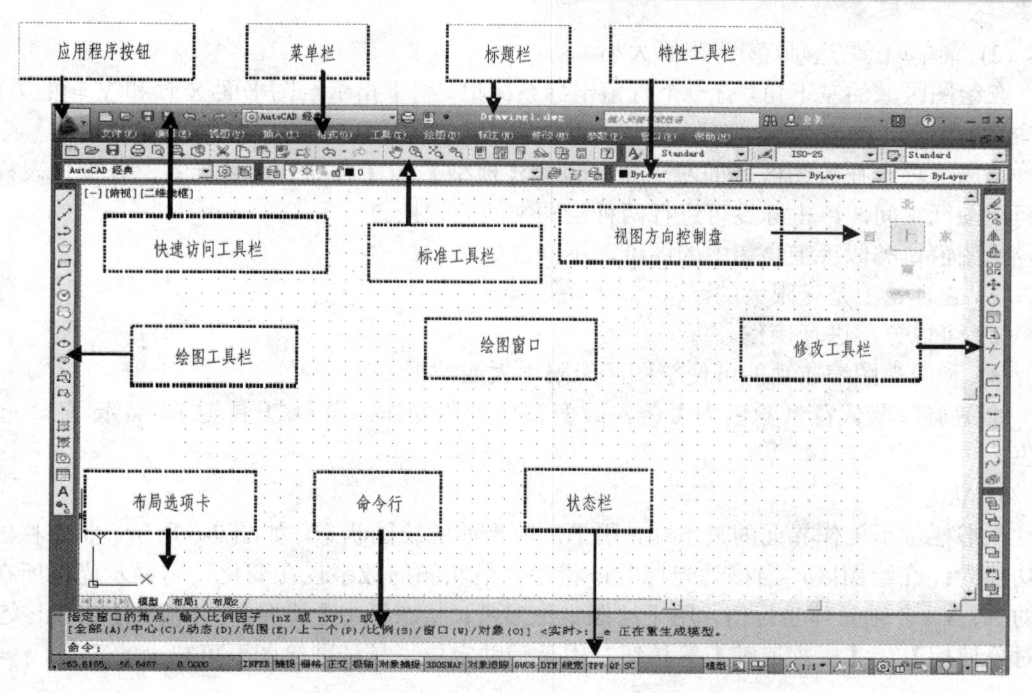

图 7-2　【AutoCAD 经典】工作界面

(3) 右边没有内容的菜单项，单击该项菜单后将执行对应的 AutoCAD 命令。

3) 工具栏

默认状态下，工作界面显示【标准】、【工作空间】、【绘图】、【绘图次序】、【特性】、【图层】、【修改】和【样式】等几个常用工具栏，可根据需要进行增加或删减。如图 7-3～图 7-5 所示。

工具栏的操作：菜单/工具/工具栏/AutoCAD，在左边工具栏中选定即可，或右击工具栏空白处，在弹出的快捷菜单中选取。

图 7-3　标准工具栏

图 7-4　绘图工具栏

图 7-5　修改工具栏

4) 绘图窗口

绘图窗口包括光标、坐标系标记、控制按钮、布局选项卡和滚动条等。光标在绘图区域中为十字光标，表示当前点的位置，绘图区外则为箭头。

十字光标的大小及靶框大小可以自行定义，具体操作步骤如下：

(1) 菜单/工具/选项/显示/十字光标大小。

(2) 菜单/工具/选项/草图/靶框大小。

在绘图区域的左下角，有一个直角坐标系标记，用于指示绘图平面 X 轴和 Y 轴的方向。X 轴向右为正、向左为负，Y 轴向上为正、向下为负。

布局选项卡在绘图区域的左下角，包含【模型】和【布局】两种标签，分别代表模型空间和图纸空间，单击标签可进行两种绘图空间的切换。

绘图窗口类似手工绘图中的图纸，不同之处在于：

(1) 它理论上是无限大的。

(2) 可以分层进行操作。

(3) 利用视图缩放功能可使绘图区无限增大或缩小。

绘图窗口默认背景颜色为黑色，改变窗口颜色操作：菜单/工具/选项/显示/窗口元素/颜色。

5) 状态栏

状态栏位于工作界面的最下端，用于反映当前的绘图状态，如图 7-6 所示。状态栏的主要功能为：在绘图区，当移动光标时，状态栏最左侧的数字也在变化，它显示光标所在位置的 X、Y、Z 轴具体坐标值，用于绘图定位参考；状态栏中【捕捉】、【栅格】、【正交】、【对象捕捉】、【极轴追踪】等按钮，用于辅助定位，是精准绘图不可缺少的工具。

图 7-6　状态栏

6) 命令行

显示绘图中输入的命令和提示信息。一般三行，按时间顺序记录用户进行的操作，命令行上半部分显示的是过去信息，下半部分显示的是当前信息，绘图中要特别注意命令行的提示，如图 7-7 所示。

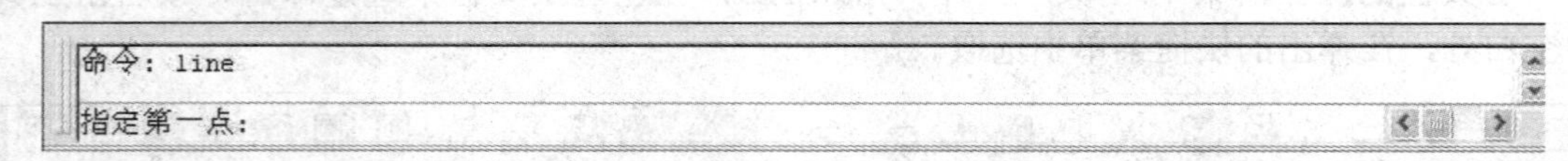

图 7-7　命令行

7.1.3　AutoCAD 绘图基本命令的操作

1) 启动方式

绘图命令的启用方式：

(1) 从工具栏启用。

(2) 从下拉菜单启用。

(3) 从键盘输入命令字符启用。

(4) 从右键菜单中启用跟踪命令。

(5) 按 Enter 键、空格键或鼠标右键直接启用刚执行过的命令。

2) 终止方式

绘图命令的终止方式：

(1) 在执行命令中，按 Enter 键命令结束。

(2) 在执行命令中，按 Esc 键命令结束。

(3) 在执行命令中，按空格键命令结束。

(4) 在执行命令中，按鼠标右键命令结束。

3) 绘图命令的分类

(1) 透明命令：在执行其他命令的过程当中，执行此命令时不中断当前命令。

(2) 非透明命令：在执行其他命令的过程当中，执行此命令时中断当前命令。

7.1.4　直线命令

直线命令可以从以下三种执行方式中任选一种。

(1) 下拉菜单：【绘图】|【直线】。

(2) 命令行：LINE(L)。

(3) 工具栏：╱。

直线命令作用：

LINE 命令主要用于在两点之间绘制直线段。用户可以通过鼠标或输入点坐标值来决定线段的起点和端点。使用 LINE 命令，可以创建一系列连续的线段。当用 LINE 命令绘制线段时，AutoCAD 允许以该线段的端点为起点，绘制另一条线段，如此循环直到按 Enter 键或 Esc 键终止命令。

7.1.5　坐标系

AutoCAD 可以使用四种不同的坐标系类型，即笛卡儿坐标系、极坐标系、球面坐标系和柱面坐标系，最常用的是笛卡儿坐标系和极坐标系。大部分 AutoCAD 命令都需要提供有关的数据，如点坐标、距离、角度等。

1) 点坐标的输入

输入点的坐标方法主要有以下两种。

(1) 用键盘输入点的坐标。

① 绝对直角坐标。

是指相对当前坐标原点的坐标。输入格式为：X，Y，Z(为具体的直角坐标值)。在键盘上按顺序直接输入数值，各数之间用“，”隔开，二维点可直接输入(X，Y)的数值。

【例 7-1】 已知直线段 AB 两端点的直角坐标分别为 A(6，18)、B(26，38)，绘制直线段 AB。

操作步骤如下：

```
命令：Line↙(直线命令)
指定第一点：6，18↙(A 点)
指定下一点或[放弃]：26，38↙(B 点)
指定下一点或[放弃]：↙(结束命令)
```

如图 7-8 所示。

② 绝对极坐标。

是指通过输入某点距相对当前坐标原点的距离，及在 XOY 平面中该点和坐标原点的连线与 X 轴正向夹角来确定的位置。输入格式为：L<θ。L 表示某点与当前坐标系原点连线的长度，θ表示该连线相对于 X 轴正向的夹角，该点绕原点逆时针转过的角度为正值。

【例 7-2】 已知直线段 CD 两端点与原点的距离分别为：OC＝30，OD＝40，OC 与 X 轴正向的夹角为 30°，OD 与 X 轴正向的夹角为 45°，绘制直线段 CD。

操作步骤如下：

命令：Line↙（直线命令）
指定第一点：30<30↙（C 点）
指定下一点或［放弃］：40<45↙（D 点）
指定下一点或［放弃］：↙（结束命令）

如图 7-9 所示。

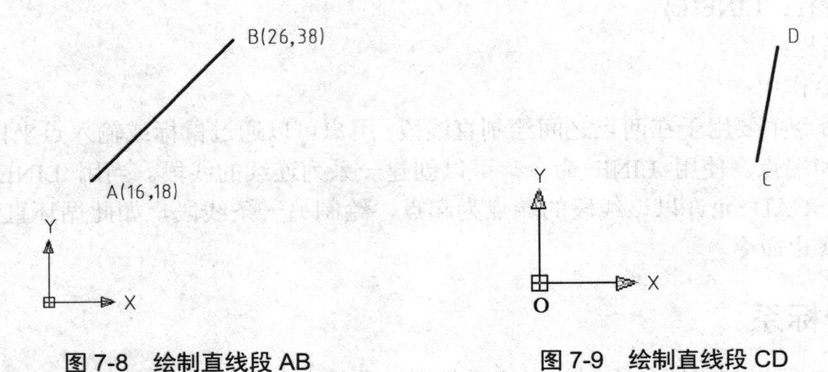

图 7-8　绘制直线段 AB　　　　图 7-9　绘制直线段 CD

③ 相对直角坐标。

是指某点相对于已知点沿 X 轴和 Y 轴的位移(ΔX，ΔY)。输入格式为：@X，Y(@称为相对坐标符号，表示以前一点为相对原点，输入当前点的相对直角坐标值)。

使用绝对坐标与相对坐标结合的方式绘制例 7-1 的直线段 AB。

操作步骤如下：

命令：Line↙（直线命令）
指定第一点：6，18↙（A 点）
指定下一点或［放弃］：@20，20↙（B 点）
指定下一点或［放弃］：↙（结束命令）

④ 相对极坐标。

是指通过定义某点与已知点之间的距离，以及两点之间连线与 X 轴正向的夹角来定位该点位置。输入格式为：@L<θ (表示以前一点为相对原点，输入当前点的相对极坐标值。L 表示当前点与前一点连线的长度，θ表示当前点绕相对原点转过的角度，逆时针为正，顺时针为负)。

【例 7-3】 如图 7-10 所示，已知直线段 BE 与 X 轴正向的夹角为 30°，长度为 40，绘制直线段 BE。

操作步骤如下：

命令：L↙（直线命令）
指定第一点：26，38↙（B 点）（输入 B 点的绝对坐标值）
指定下一点或［放弃］：@40<30↙（E 点）
指定下一点或［放弃］：↙（结束命令）

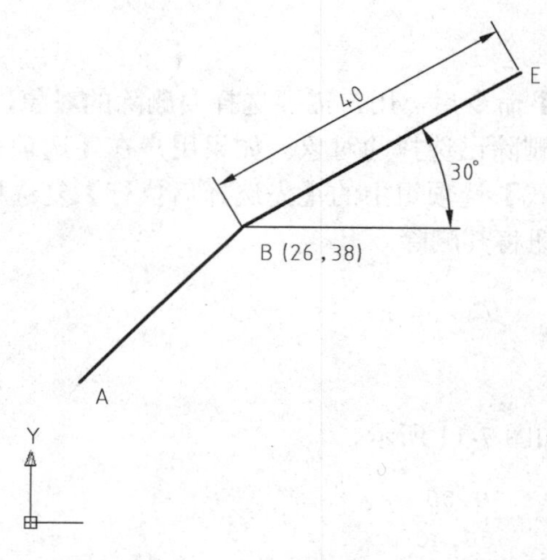

图 7-10　绘制直线段 BE

(2) 用鼠标输入点。

当 AutoCAD 需要输入一个点时，也可以直接用鼠标在屏幕上指定，其过程是：把十字光标移到所需的位置，按下鼠标左键，即表示拾取了该点，该点的坐标值(X，Y)被输入。

2) 数值的输入

在 AutoCAD 系统中，一些命令的提示需要输入数值，这些数值有高度、宽度、长度、行数或列数、行间距和列间距等。数值的输入方法有以下两种。

(1) 从键盘直接输入数值。

(2) 用鼠标指定一点的位置。当已知某一基点时，用鼠标指定另一点的位置，此时，系统会自动计算出基点到指定点的距离，并以该两点之间的距离作为输入的数值。

3) 角度的输入

有些命令的提示要求输入角度。采用的角度制度与精度由 UNITS 命令设置。一般规定，X 轴的正向为 0° 方向，逆时针方向为正值，顺时针方向为负值。角度的输入方式有以下两种。

(1) 用键盘输入角度值。

(2) 通过两点输入角度值。通过输入第一点与第二点的连线方向确定角度(应注意其大小与输入点的顺序有关)。规定第一点为起始点，第二点为终点，角度数值是指从起点到终点的连线，与起始点为原点、X 轴的正向、逆时针转动所夹的角度。

例如，起始点为(0，0)，终点为(0，10)，其夹角为 90°；起始点为(0，10)，终点为(0，0)，其夹角为 270°。

7.1.6 删除

删除命令可以从以下三种执行方式中任选一种。

(1) 下拉菜单：【修改】|【删除】。

(2) 命令行：ERASE。

(3) 工具栏：。

通常，当发出【删除】命令后，用户需要选择要删除的对象，然后按 Enter 键或 Space 键结束对象选择，同时将删除已选择的对象。如果用户在【选项】对话框的【选择集】选项卡中，选中【选择集模式】选项组中的【先选择后执行】复选框，那么就可以先选择对象，然后单击【删除】按钮将其删除。

7.1.7 完成任务

绘制图形。

(1) 绘制矩形图框，如图 7-11 所示。

```
命令:_line 指定第一点: 50,50
指定下一点或 [放弃(U)]: @0,40
指定下一点或 [放弃(U)]: @65,0
指定下一点或 [闭合(C)/放弃(U)]: @0,-40
指定下一点或 [闭合(C)/放弃(U)]: c
```

(2) 绘制里面的图形，如图 7-12 所示。

```
命令: _line 指定第一点: 64,58
指定下一点或 [放弃(U)]: @12,0
指定下一点或 [放弃(U)]: @0,10
指定下一点或 [闭合(C)/放弃(U)]: @16,0
指定下一点或 [闭合(C)/放弃(U)]: @0,6
指定下一点或 [闭合(C)/放弃(U)]: @14,0
指定下一点或 [闭合(C)/放弃(U)]: @0,8
指定下一点或 [闭合(C)/放弃(U)]: @-42,0
指定下一点或 [闭合(C)/放弃(U)]: c
```

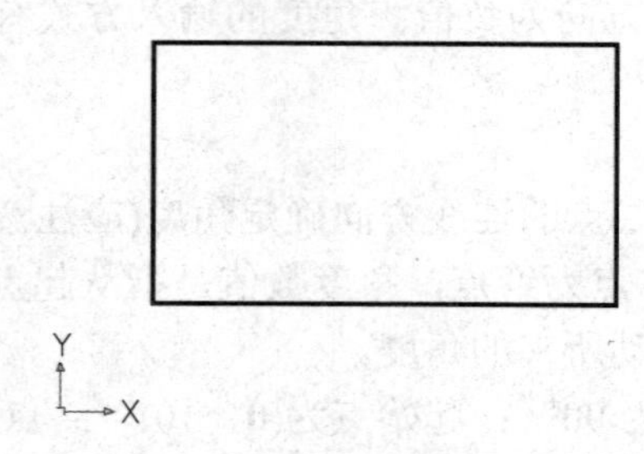

图 7-11 矩形图框

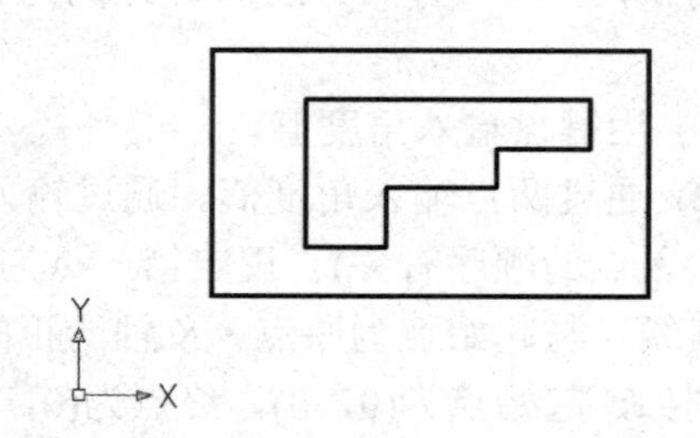

图 7-12 矩形图框

7.2 精确画图

【学习目标】 掌握对象捕捉命令。如图 7-13 所示，利用对象捕捉命令将(a)图按照(b)图所示进行修改。

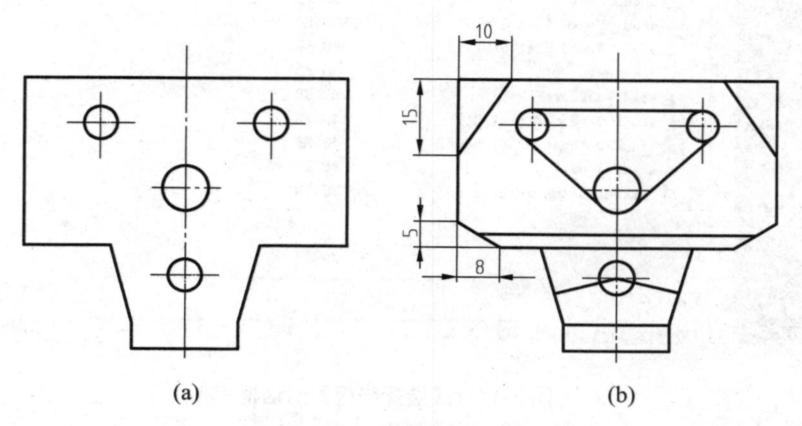

图 7-13 利用对象捕捉命令修改图

7.2.1 图形文件管理与操作

1) 创建新的图形

在 AutoCAD 中新建图形文件的途径较多，常用的方法有以下三种。

(1) 下拉菜单：【文件】|【新建】。

(2) 命令行：NEW。

(3) 工具栏：□。

选择【文件】|【新建】命令，弹出【选择样板】对话框，如图 7-14 所示，其中提供了多种包含绘图环境信息的样板图，可根据实际要求选择。在这些样板图中分为英制和公制两种单位系统，如果选了“英制”，则绘制的图形采用的是英制单位，如英尺、英寸等；若选择了“公制”，则绘制的图形采用的是公制单位，如千米、米、毫米等。通常选择公制的样板图。选中后，单击【打开】按钮，新的图形文件就创建完成。

2) 打开图形文件

在 AutoCAD 中打开图形文件的途径较多，常用的方法有以下三种。

(1) 下拉菜单：【文件】|【打开】。

(2) 命令行：OPEN。

(3) 工具栏：□。

命令执行后会弹出如图 7-15 所示对话框，AutoCAD 提供的可打开的图形文件有 4 种类型：图形文件(.dwg)、标准文件(.dws)、图形样板文件(.dwt)和(.dxf)文件。

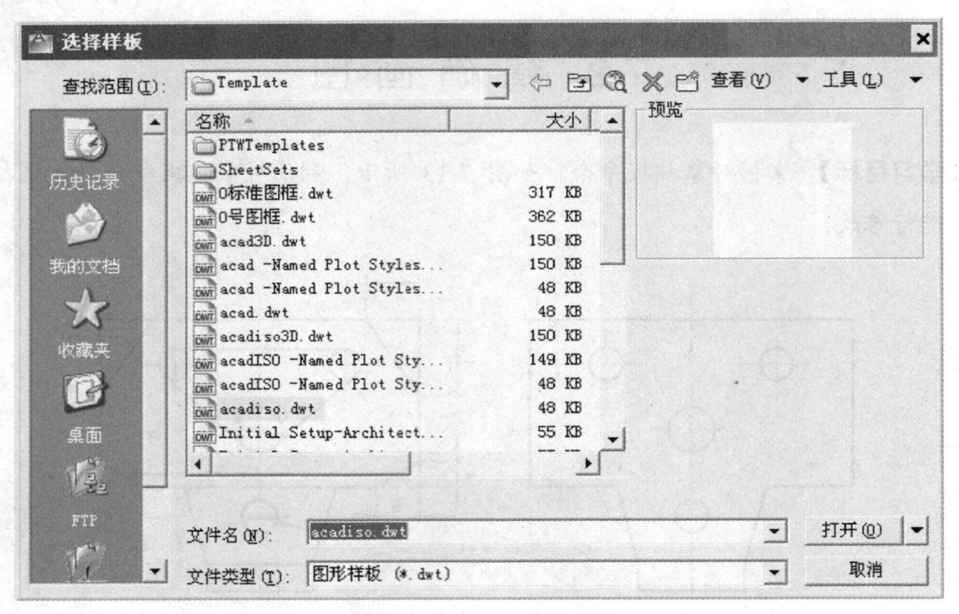

图 7-14 【选择样板】对话框

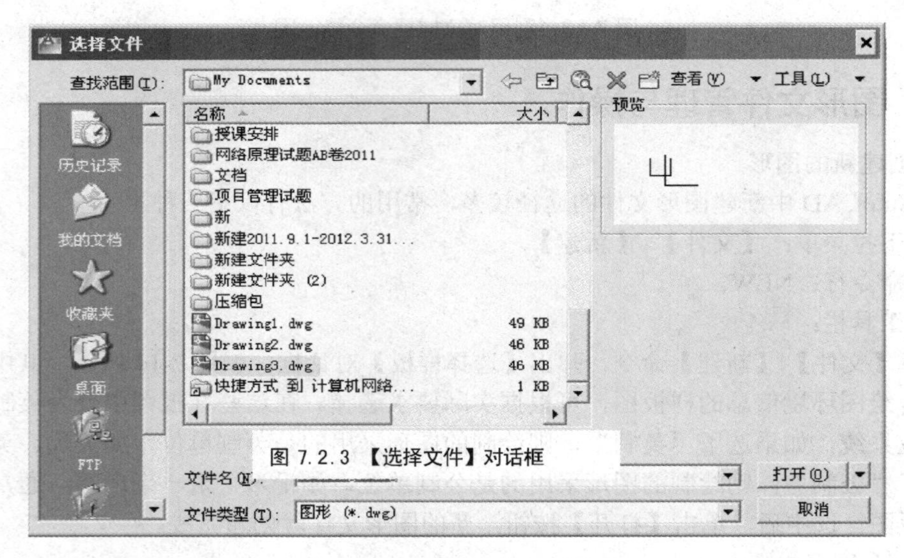

图 7-15 【选择文件】对话框

打开方式有四种：打开、以只读方式打开、局部打开和以只读方式局部打开。选择方法：单击【打开】按钮旁的小黑三角，在下拉菜单中选取。

3) 多文档设计环境管理

AutoCAD 可支持多文档的工作环境，可以同时打开多个图形文件。在打开的多个文件之间切换方法有如下三种。

(1) 按键盘上的 Ctrl+F6。

(2) 在窗口下拉菜单中选择需要的文件名，切换当前文件。

(3) 在文件窗口单击，就可以激活此文件为当前文件。

4) 保存图形文件

利用 CAD 绘图，要注意随时保存图形文件到硬盘上，这样创建的图形文件或绘制的内容才不会因出现电源事故或其他意外而丢失。

(1) 直接保存文件。直接保存文件常用的方法有以下三种。

① 下拉菜单：【文件】|【保存】。

② 命令行：SAVE。

③ 工具栏：。

如果是新建的图形文件，执行该命令后，会弹出一个【图形另存为】对话框。如图 7-16 所示。在该对话框中要求用户指定图形文件保存的路径、文件名和文件类型。如果文件已经存储在磁盘中，执行该命令后，计算机将直接保存文件，覆盖原有文件，并自动在原文件的路径中生成一个同名的备份文件，其扩展名为.bak。

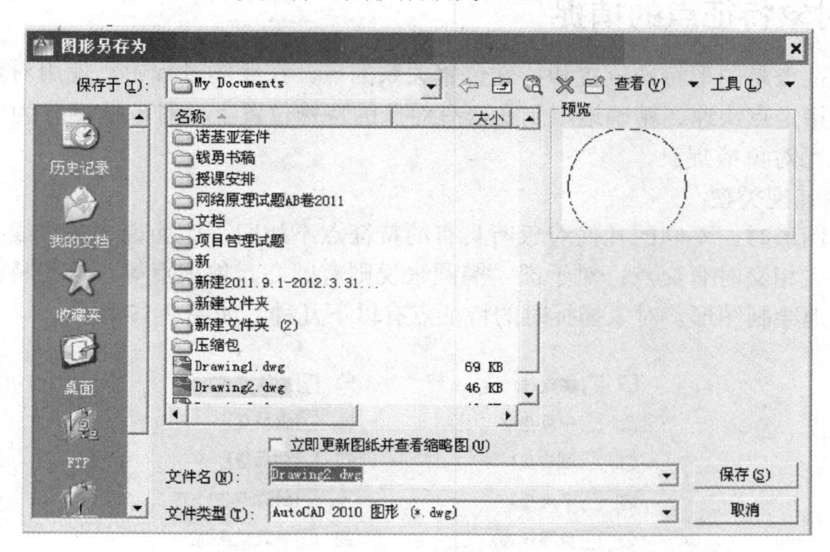

图 7-16　【图形另存为】对话框

(2) 更名保存。更名保存文件常用的方法有以下两种。

① 下拉菜单：【文件】|【另存为】。

② 命令行：SAVE　AS。

计算机也打开图 7-16 所示对话框，用户在指定不同的保存路径后，可将当前图形文件生成一个新的图形文件，原有图形文件予以保留。这样便于对多个图形设计文件进行比对、推敲。此外，为防止在作图过程中因意外而丢失修改的图形，可设置自动保存文件和生成备份文件，其方法有如下两种：

自动存盘和存盘默认格式设置：【工具】→【选项】→【打开和保存】→【自动保存】→【保存间隔分钟数】。

创建备份文件：【工具】→【选项】→【打开和保存】→【文件安全措施】→【每次保存均创建备份】(即把存盘前的原.dwg 文件复制一份同名扩展名为.bak 的文件)

5) 退出 AutoCAD

通常可通过以下三种方式退出 AutoCAD。

(1) 下拉菜单：【文件】|【退出】。

(2) 命令行：QUIT 或 EXIT。

(3) 单击应用程序窗口标题栏上的【关闭】按钮。

用户完全退出 AutoCAD 软件，并关闭程序窗口。

6) 关闭 AutoCAD 图形文件

常用方法有如下两种。

(1) 下拉菜单：【文件】|【关闭】。

(2) 单击应用程序窗口标题栏下图形文件上的【关闭】按钮。

用户不退出 AutoCAD 软件，只关闭当前打开的图形文件窗口。这样打开、新建其他图形文件时，操作更便捷。

7.2.2 对象特征点的捕捉

几何特征点是图形特殊位置和特殊位置关系的点。在绘图过程中，使用对象捕捉特殊点，可以将指定点快速、精确地限制在已有对象的特殊位置上。对象捕捉分为对象捕捉模式选择和执行对象捕捉。

1) 对象捕捉类型

在绘制图形时，不同的几何对象所具有的特征点不相同，比如说一条直线有端点、中点；两条直线相交时有交点；对于圆、椭圆来说则有圆心、象限点等。这些特征点都可以帮助更快捷地绘制图形。对象捕捉时的特征点有以下几种，如图 7-17 所示。

□ 端点(E)	□ 插入点(S)
□ 中点(M)	□ 垂足(P)
□ 圆心(C)	□ 切点(N)
□ 节点(D)	□ 最近点(R)
□ 象限点(Q)	□ 外观交点(A)
□ 交点(I)	□ 平行(L)
□ 延伸(X)	

图 7-17 对象捕捉时的特征点

2) 对象捕捉命令调用

对象捕捉单独操作没有作用，只有在绘制或编辑状态提示指定点时，激活对象捕捉才起作用。对象捕捉命令调用方式为：

(1) 利用【草图设置】调用。

通过菜单栏的【工具】菜单命令，选择【绘图设置】命令出现【草图设置】对话框，然后切换到【对象捕捉】选项卡，在其中选择捕捉方式，捕捉即可生效，如图 7-18 所示。

(2) 利用快捷菜单调用。

光标放置在状态栏对象捕捉按钮上，右击会弹出图 7-19 所示的【对象捕捉】快捷菜单。用户只需单击要选择的对象捕捉模式，如端点、圆心、交点、范围等，使其按钮出现蓝色的方框，即此对象捕捉生效。

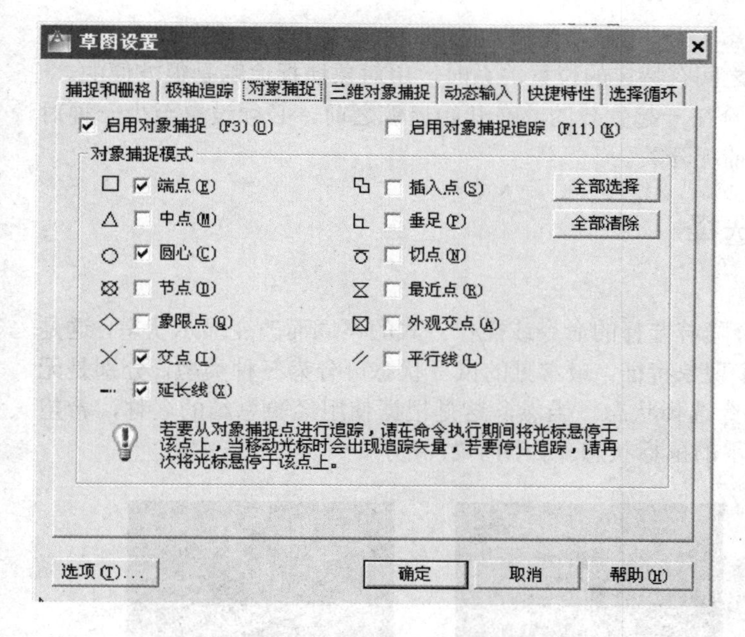

图 7-18　【对象捕捉】选项卡

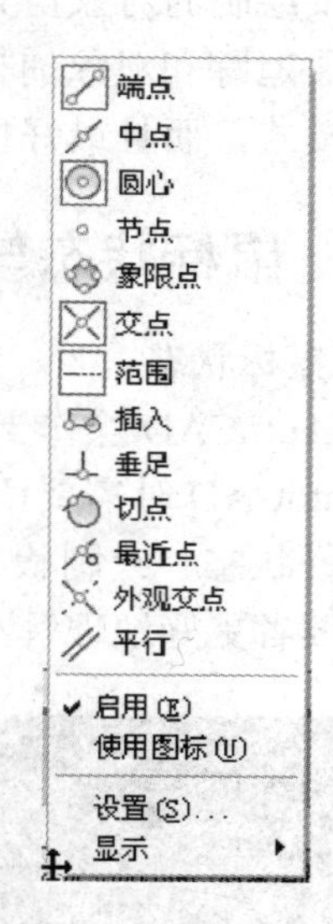

图 7-19　【对象捕捉】快捷菜单

3) 执行对象捕捉命令

(1) 单点对象捕捉：是一种由用户启动，由系统自动关闭的使用方式。

(2) 运行对象捕捉：在绘图期间目标捕捉功能一直有效的使用方式。在该方式下对象捕捉由用户启动，由用户关闭。

(3) 操作示例。

① 捕捉交点：用直线命令绘制两条相交的直线，如图 7-20(a)所示。在【对象捕捉】选项卡或【对象捕捉】快捷菜单中选择【交点】命令。再启用直线命令，在绘图区内任意确定一点，然后移动十字光标到交点附近，当出现如图 7-20(a)黄色【交点】提示符时，单击即可。

② 捕捉垂足：用直线命令绘制一条直线，如图 7-20(b)所示的。在【对象捕捉】选项卡或【对象捕捉】快捷菜单中选择【垂足】命令。再启用直线命令，在绘图区内任意确定一点，然后移动十字光标到直线附近，当出现如图 7-20(b)所示的黄色【垂足】提示符时，单击即可。

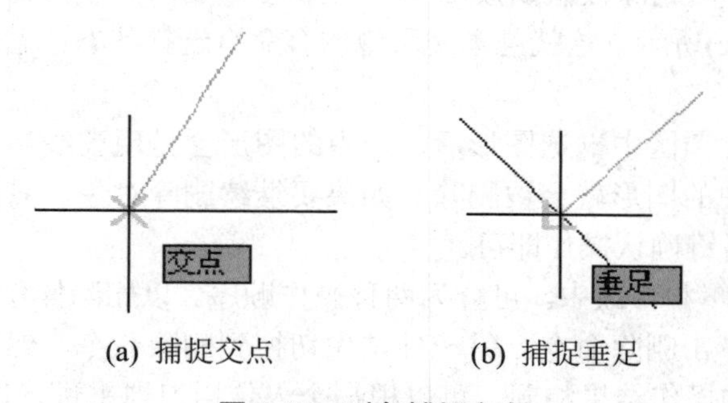

(a) 捕捉交点　　(b) 捕捉垂足

图 7-20　对象捕捉命令

4) 对象追踪

当要绘制的对象与其他对象之间有特定的位置关系时，用对象捕捉追踪是很方便的。

对象追踪和对象捕捉总是配合在一起生效的，在开始追踪之前，必须设置至少一种对象捕捉模式，而且最好打开运行捕捉开关。

7.2.3 鼠标状态与对象选择

1) 鼠标状态

在 AutoCAD 操作当中光标会随着选择的命令或操作方式的不同而改变显示状态，这是在学 AutoCAD 时需要留意的一个现象特征。最常见的鼠标状态可分为三种类型，分别是无命令选择状态、绘制状态和有命令选择状态。当然，这是根据使用经验总结的名称，希望能帮助读者更好地理解不同情况下的鼠标状态。如图 7-21 所示。

(a) 无命令选择状态

(b) 绘制状态

(c) 有命令选择状态

图 7-21 鼠标状态

(1) 无命令选择状态。

鼠标光标默认的十字加方格的显示状态，就是这里所说的无命令选择状态，如图 7-21(a)所示。在该状态下，可以选择绘图区中的图形，然后执行下一步操作。

(2) 绘制状态。

当选择绘图工具栏上的绘图工具时，鼠标光标会变为十字显示，这就是绘制状态，如图 7-21(b)所示。在绘制状态下，可以在绘图区精确地绘制图形。

AutoCAD 中的绘制操作，基本都是鼠标的单击操作，即没有按住鼠标不放并拖曳的操作。这种操作方式简单明了，是 AutoCAD 一个与其他软件不同的操作方式。

(3) 有命令选择状态。

在修改工具栏上单击删除按钮或按 E 键、空格键，切换到删除命令，鼠标光标会变为方格显示，如图 7-21(c)所示。这就是本文所说的有命令选择状态，意思是当前的鼠标上带着删除的命令。

在该状态下，在绘图区中框选图形后，选中的图形会呈现虚线显示，此时只要按空格键进行确定，这些选中的图形就会被删除。如果要继续删除对象，只需按空格键，重复选择对象，并再次按空格键确认操作即可。

在 AutoCAD 的编辑和修改中，可分为两种操作顺序。以删除操作为例，一种是先在绘图区选择对象，然后单击删除命令。另一种是先切换到删除命令，然后选择对象，按空格键确定。这两种方式的操作结果相同，可以根据个人使用习惯来进行选择。

2) 对象选择

对象选择是编辑 AutoCAD 图形的基础，在 AutoCAD 中有多种选择方式。当执行编辑命令时，通常要求选择要编辑的对象，这时十字光标将变为一个小正方形框，这个方框叫拾取框。将拾取框移到所要编辑的对象上单击，即选中对象，被选中的对象会呈虚线显示。

当对图形进行编辑时，可以在命令行提示的“选择对象：”后面输入一种选择方式进行选择，如输入 box 表示以框方式进行选择。如果对各种选择方式不熟悉，可以在提示后直接输入“？”并按 Enter 键，命令行将显示 AutoCAD 的各种选择方式，如图 7-22 所示。

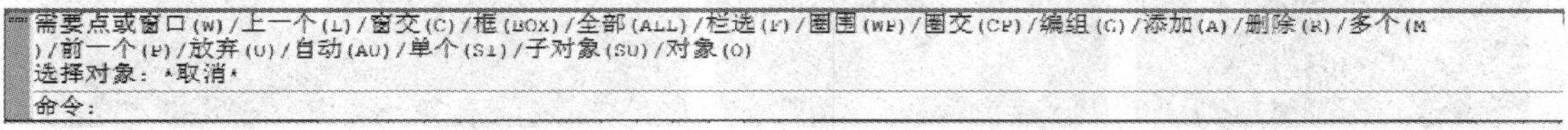

```
需要点或窗口(W)/上一个(L)/窗交(C)/框(BOX)/全部(ALL)/栏选(F)/圈围(WP)/圈交(CP)/编组(G)/添加(A)/删除(R)/多个(M
)/前一个(P)/放弃(U)/自动(AU)/单个(SI)/子对象(SU)/对象(O)
选择对象：*取消*
命令：
```

图 7-22　AutoCAD 中的各种选择方式

(1) 点选。

点选，就是单击选择。仍然以删除命令为例，在绘图区中绘制几个图形，按 E 键及空格键切换到删除命令，在其中一个对象上单击将其选中，然后继续单击另一个对象，会发现当前进行的是加选操作，上一个对象的选择并没有被取消，此时按下空格键，选中的对象就会被删除。

加选是 AutoCAD 默认的对象选择方式。如果要减选对象，只要配合 Shift 键，并单击对象即可。

(2) 框选。

框选是 AutoCAD 中一个比较重要的操作，可以分为两种方式。

① 按住左键，自左往右方滑动鼠标进行选择，画出的选择区为蓝色实线矩形显示，此时只有被蓝色矩形完全包围的对象才能被选中，这种选择方式称为窗口选择，如图 7-23 所示。

② 按住左键，自右往左方滑动鼠标进行选择，画出的选择区为绿色虚线矩形显示，此时只要与绿色矩形有任意重叠部分的对象都能被选中，这种选择方式称为交叉选择，如图 7-24 所示。

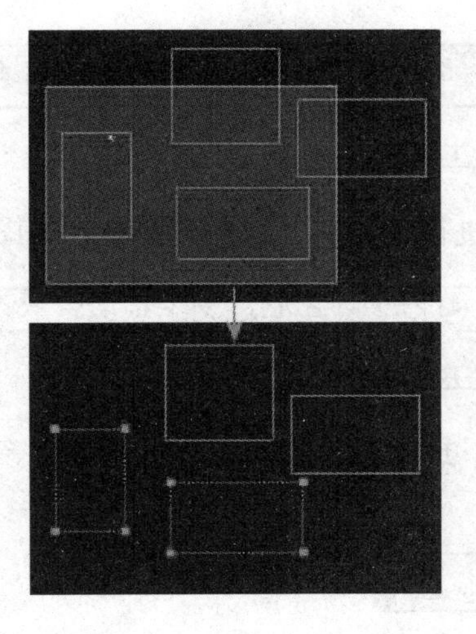

图 7-23　窗口选择方式

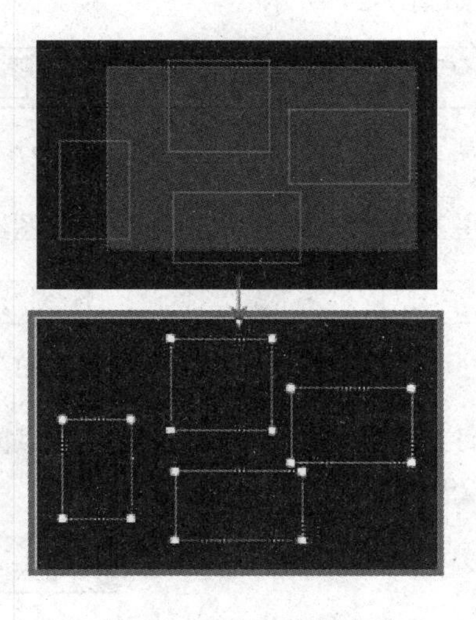

图 7-24　交叉选择方式

(3) 栏选。

栏选是指在提示选择时输入 F 命令，然后在绘图区中绘制一条栏选的线。同样以删除命令为例，在绘图区中绘制一条线，如图 7-25(a)所示。切换到删除命令，在命令窗口中输入 F，然后在绘图区中绘制一条线如图 7-25(b)所示，此时可以看到只要与栏选发生交叉的线段都变成虚线的选中状态，按空格键就可以将其删除，如图 7-25(c)所示。

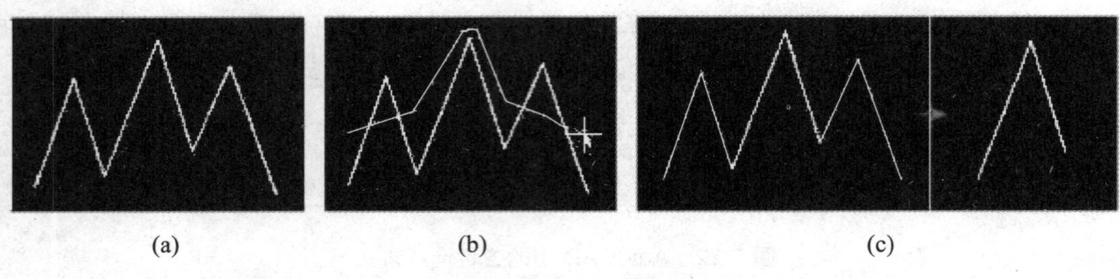

(a) (b) (c)

图 7-25　栏选操作

7.2.4　定制工作空间

工作空间是指对绘图时所使用的工具和面板的定制，即根据不同用户个人习惯定义的工作环境。

AutoCAD 中的工具或命令面板众多，要定制工作空间，首先需要了解哪些工具最为常用。对于绘图来说，在 AutoCAD 中使用的工具相对较少，主要使用到以下几个工具栏。

(1) 绘图工具栏：所有基础的图形，无论是矩形、圆形、线形等都由绘图工具实现，如图 7-26 所示。

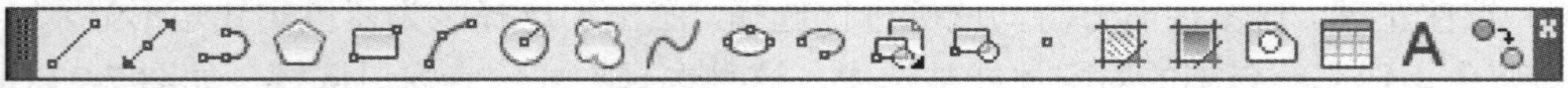

图 7-26　绘图工具栏

(2) 修改工具栏：对象的移动、旋转、缩放，甚至于镜像、偏移、阵列等操作都由修改工具实现，如图 7-27 所示。

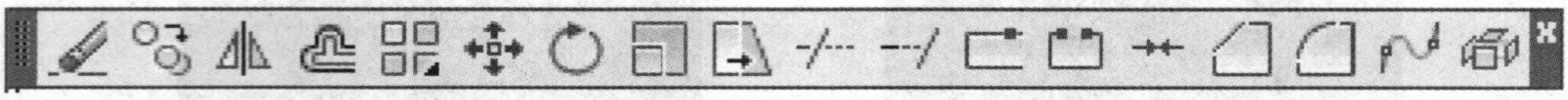

图 7-27　修改工具栏

(3) 标注工具栏：顾名思义，就是在图纸上进行各种文字或图形标注，如图 7-28 所示。

图 7-28　标注工具栏

(4) 查询工具栏：用于查询和提取两点间距、封闭图形的面积、质量特性等图形相关信息，如图 7-29 所示。

图 7-29　查询工具栏

所有的工具栏，都可以在任何一个工具栏前端的双竖线上右击，在弹出的快捷菜单中选择打开。打开后的工具栏为浮动工具栏，可以将其拖曳到工作区的任意一边，当出现虚线显示的时候释放鼠标，便成为固定工具栏。

打开常用的工具栏后，根据个人习惯，将各工具栏固定在工作区的四周。对当前的工具栏布局满意后，单击【工作空间】面板上的黑色三角图标打开下拉菜单，选择【将当前工作空间另存为...】命令，在弹出的【保存工作空间】对话框中设置工作空间的名称，单击【保存】按钮。这样自定义的工作空间便被保存下来，以后即使关闭掉部分面板或布局被改变，只要在【工作空间】面板的下拉菜单中选择前面所保存的定制，AutoCAD 的界面就会恢复成个人设置的工作空间，如图 7-30 所示。

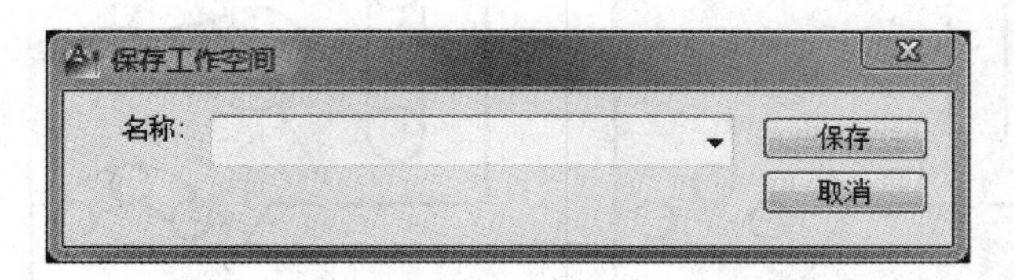

图 7-30　定制工作空间

7.2.5　实践训练

(1) 利用对象捕捉和对象追踪命令将图 7-31(a)按照图 7-31(b)所示图形进行修改。

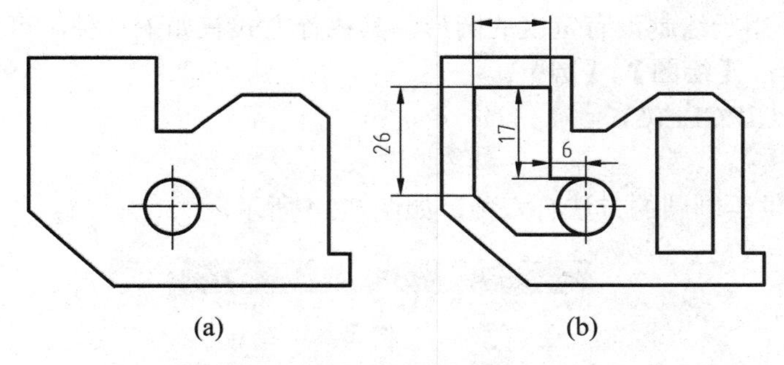

图 7-31　对象捕捉和对象追踪

(2) 利用对象捕捉命令和对象追踪命令将 7-32(a)图按照 7-32(b)图所示图形进行修改。

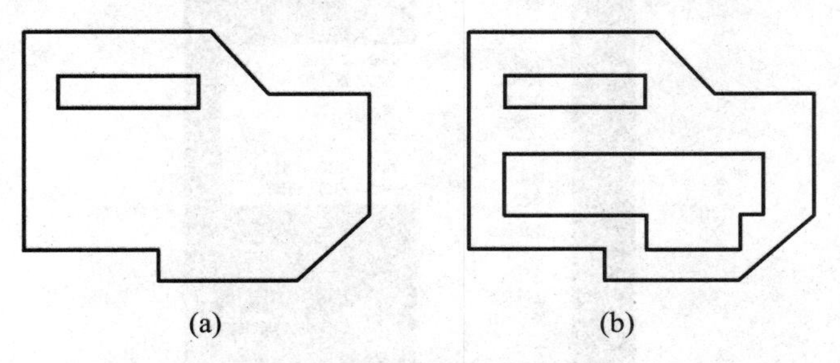

图 7-32　对象捕捉和对象追踪

7.3 圆、椭圆和圆弧的画法

【学习目标】掌握圆、椭圆和圆弧的画法。如图 7-33 所示，使用圆及圆弧命令将图(a)按图(b)所示进行修改。

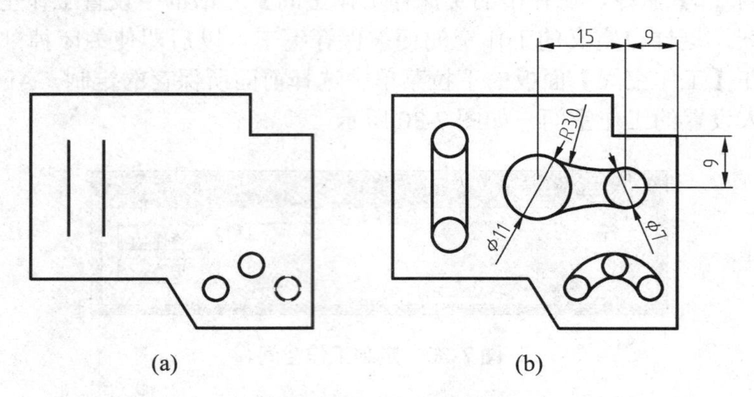

图 7-33 圆和圆弧

7.3.1 绘制圆

CIRCLE 命令用于绘制没有宽度的圆形。其执行方式有如下三种，可以任选其一。

(1) 下拉菜单：【绘图】|【圆】。

(2) 命令行：CIRCLE(C)。

(3) 工具栏：。

AutoCAD 提供绘制圆的方法有六种，如图 7-34 所示。

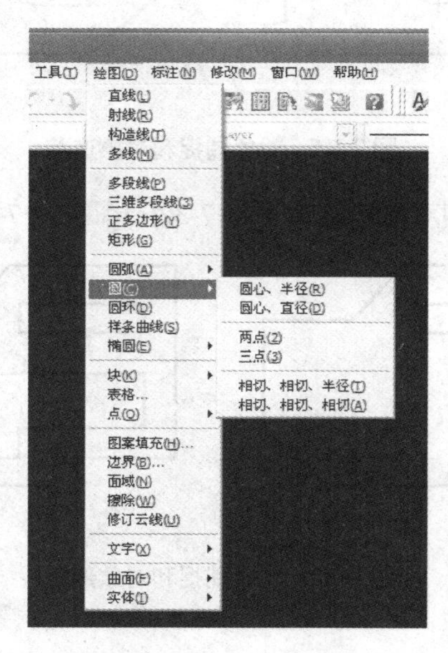

图 7-34 绘制圆的方法

(1) 圆心、半径。已知圆的圆心和半径绘制圆。

(2) 圆心、直径。已知圆的圆心和直径绘制圆。例如：绘制图7-33所示ϕ11和ϕ7的圆。

(3) 两点。用已知的两个点绘制圆。例如：绘制图7-33所示左边两条直线间的圆。

(4) 三点。用已知的三个点绘制圆。可用此方法绘制三角形的外接圆。

(5) 相切、相切、半径。用来绘制与某两个对象相切且半径已知的圆。例如：绘制图7-33所示与ϕ11和ϕ7两圆相切的圆。

(6) 相切、相切、相切。用与三个已知对象相切的方法绘制圆，可用此方法绘制三角形的内切圆。例如：绘制图7-33所示右下角与三个小圆相切的圆。

注意：使用命令行或工具栏上的按钮绘制圆时没有“相切、相切、相切”这个选项。

例如：使用命令行或工具栏上的按钮输入命令后，系统会在提示行显示：

```
命令：_circle 指定圆的圆心或 [三点(3P)/两点(2P)/相切、相切、半径(T)]:
```

此选项表示这种命令方式可以提供五种绘制圆的方法。

① 指定圆的圆心。

在图纸上直接指定圆的圆心，系统在提示行显示：

```
指定圆的半径或 [直径(D)]
```

可在提示符后直接输入半径绘制圆或在提示符后先输入字母D，再输入直径绘制圆。

② 用已知三点画圆。

在提示符后输入“3P”，系统会依次提示用户指定要用圆连接的三个点，用此方法可绘制三角形外接圆。如：

```
命令: _circle 指定圆的圆心或 [三点(3P)/两点(2P)/相切、相切、半径(T)]: 3p
指定圆上的第一个点: 100,100
指定圆上的第二个点: 200,100
指定圆上的第三个点: 150,150
```

③ 用已知两点画圆。

在提示符后输入“2P”，系统会依次提示用户指定要用圆连接的两个点，是指任意两点的距离作直径绘制圆。如：

```
命令:_circle 指定圆的圆心或 [三点(3P)/两点(2P)/相切、相切、半径(T)]: 2p
指定圆上的第一个点: 100,100
指定圆上的第二个点: 200,100
```

④ 用相切、相切、半径方式画圆。

在提示符后输入“T”，系统会依次提示用户指定与圆相切的两个点，和需绘制圆的半径。如：

```
命令:_circle 指定圆的圆心或 [三点(3P)/两点(2P)/相切、相切、半径(T)]: t
指定对象与圆的第一个切点:
指定对象与圆的第二个切点:
指定圆的半径 <50.0000>:
```

【例 7-4】 绘制一个直角三角形 ABC，其中水平线 AB 长 400mm，垂直线 AC 长为 300mm；绘制△ABC 的内切圆，再绘制一个与三角形的内切圆、AB 边、BC 边相切的圆，完成后如图 7-35 所示。

例题讲解：

(1) 设置图幅。

① 设置图纸大小为 500mm×400mm，以满足图形要求。

在命令行输入命令 limits，按 Enter 键，系统在提示行显示：

```
命令' :_limits
重新设置模型空间界限:
指定左下角点或 [开(ON)/关(OFF)] <0.0000,0.0000>:
指定右上角点 <420.0000,297.0000>: 500,400
```

② 打开栅格，查看当前图纸在屏幕中的位置。

单击状态栏“栅格”按钮，系统在提示行显示：

```
命令: <栅格 开>
```

③ 将已设置好的图纸放置在屏幕中间，并充满整个屏幕。

在命令行输入命令 z，按 Enter 键，系统在提示行显示：

```
命令:z' ZOOM
指定窗口的角点，输入比例因子 (nX 或 nXP)，或者[全部(A)/中心(C)/动态(D)/范围(E)/上一个(P)/比例(S)/窗口(W)/对象(O)] <实时>: a
```

正在重生成模型。

(2) 绘制图形。

① 绘制△ABC。绘制完成后如图 7-36 所示。

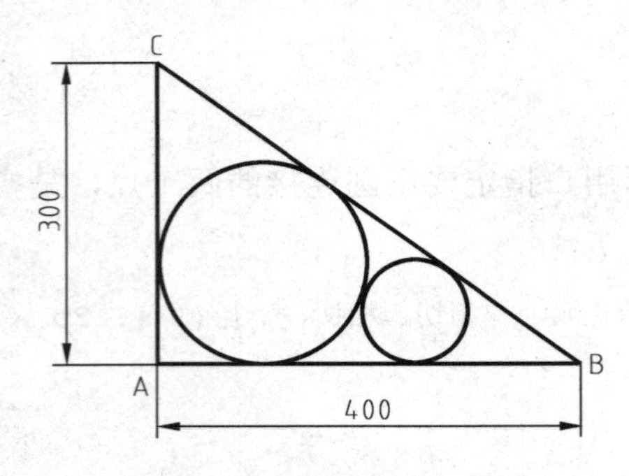

图 7-35 三角形的内切圆

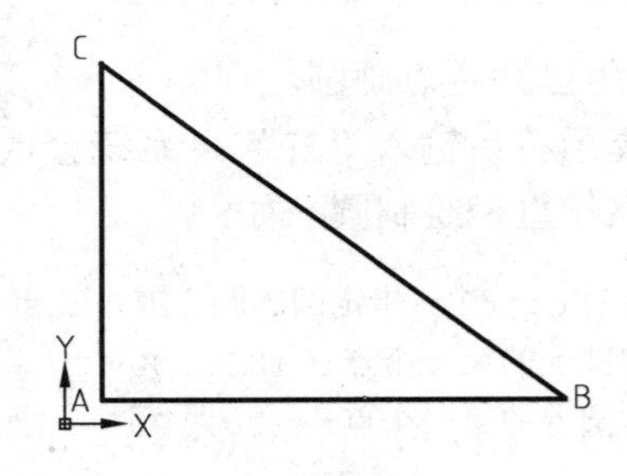

图 7-36 三角形

```
命令: line
指定第一点: 450,100
指定下一点或 [放弃(U)]: @-400,0
指定下一点或 [放弃(U)]: @0,300
指定下一点或 [闭合(C)/放弃(U)]: c
```

② 绘制三角形 ABC 的内切圆。

在菜单栏上选择【绘图】|【圆】|【相切、相切、相切】命令，系统在提示栏显示：

```
_circle 指定圆的圆心或 [三点(3P)/两点(2P)/相切、相切、半径(T)]: _3p
指定圆上的第一个点: _tan 到
```

(用鼠标在图 7-37 所示直角边 AC 上单击)

```
指定圆上的第二个点: _tan 到
```

(用鼠标在图 7-37 所示另一直角边 AB 上单击)

```
指定圆上的第三个点: _tan 到
```

(用鼠标在图 7-37 所示斜边 BC 上单击)

完成后如图 7-38 所示，画出△ABC 的内切圆。

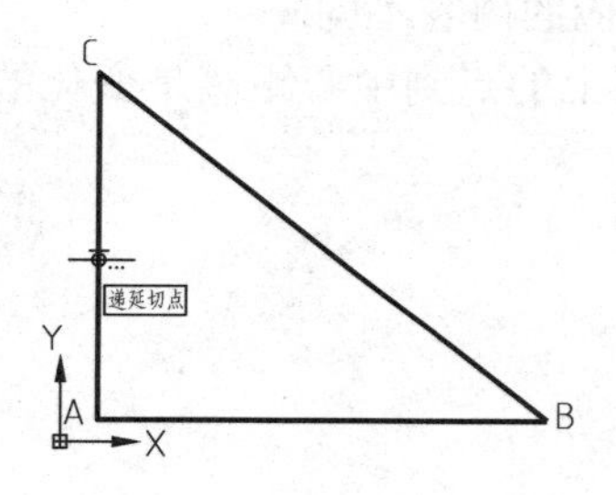

图 7-37　三角形的内切圆(一)

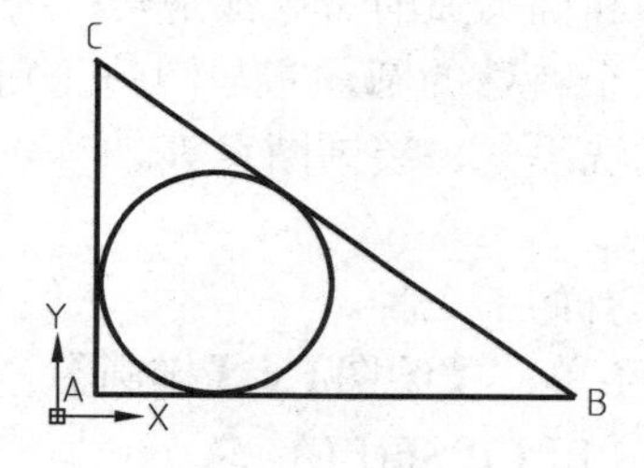

图 7-38　三角形的内切圆(二)

右击，选择【重复相切、相切、相切】，用相同的方法绘制第二个相切圆。

③ 保存文件。

在菜单栏上选择【文件】|【保存】命令，为图形文件指定保存路径和文件名。

7.3.2　绘制圆弧

绘制圆弧执行方式有以下三种：

(1) 下拉菜单：【绘图】|【圆弧】。

(2) 命令行：ARC(A)。

(3) 工具栏：。

用 AutoCAD 绘制圆弧的方法很多，共有 11 种，所有方法都是由起点、端点、圆心、包角、方向端点、弦长等参数来确定绘制的。

选择【绘图】|【圆弧】命令，在圆弧的下拉菜单项中有以下 11 种画弧方式选取，如图 7-39 所示。

(1) 三点。

(2) 起点、圆心、端点。

(3) 起点、圆心、角度。

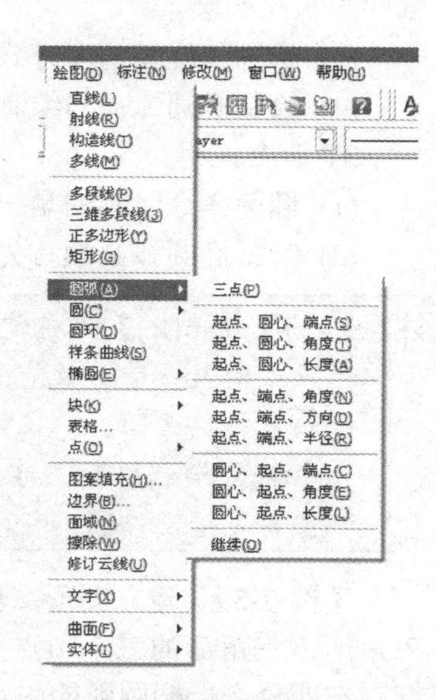

图 7-39　绘制圆弧的方法

(4) 起点、圆心、长度。

(5) 起点、端点、角度。

(6) 起点、端点、方向。

(7) 起点、端点、半径。

(8) 圆心、起点、端点。

(9) 圆心、起点、角度。

(10) 圆心、起点、长度。

(11) 继续。

在绘制圆弧时应注意起点、圆心、端点选取方向的不同，所绘制圆弧大小也不同，但均遵循逆时针方向绘制劣弧，顺时针方向绘制优弧的原则。

7.3.3 椭圆及椭圆弧的绘制

绘制椭圆和椭圆弧的命令都是一样的，只是相应的内容不同。

椭圆是一个特殊的圆，它与圆的差别是其圆周上的点到中心距离是变化的。建筑绘图中常用于绘制洗手盆、装饰图案等。

1) 调用方式

调用方式有如下三种。

(1) 下拉菜单：【绘图】|【椭圆】。

(2) 命令：ELLIPSE(EL)。

(3) 绘图工具栏：。

2) 选项说明

(1) 指定椭圆的两轴端点：利用椭圆某一轴上的两个端点的位置以及另一轴的半长轴绘制椭圆。

(2) 中心点和两轴端点方式：利用椭圆的中心坐标及某一轴上的一个端点的位置和另一轴的半长绘椭圆。

(3) 长轴和旋转角度方式。

(4) 绘制椭圆弧：与绘制椭圆相同，再确定椭圆弧的起始点和终止点。

3) 命令说明

(1) 椭圆命令绘制的是一个整体，不能用分解命令、多段线编辑命令修改。

(2) 绘制椭圆弧必须首先绘制椭圆。

注意： (1)【旋转(R)】为通过绕第一条轴旋转圆来创建椭圆。指定绕长轴旋转的角度：指定点或输入一个有效范围为 0～89.4 的角度值。输入值越大，椭圆的离心率就越大。输入 0 将定义圆。

(2)椭圆绘制好后，可以根据椭圆弧所包含的角度来确定椭圆弧，因此，绘制椭圆弧需首先绘制椭圆。

【例 7-5】 建立图形文件，绘制一个两轴分别为 100 mm 及 60 mm 的椭圆；绘制一个三角形，三角形的三个顶点分别为：椭圆上四分点、椭圆左下四分之一椭圆弧的中点以及椭圆右四分之一椭圆弧的中点；绘制三角形的内切圆，完成后如图 7-40 所示。

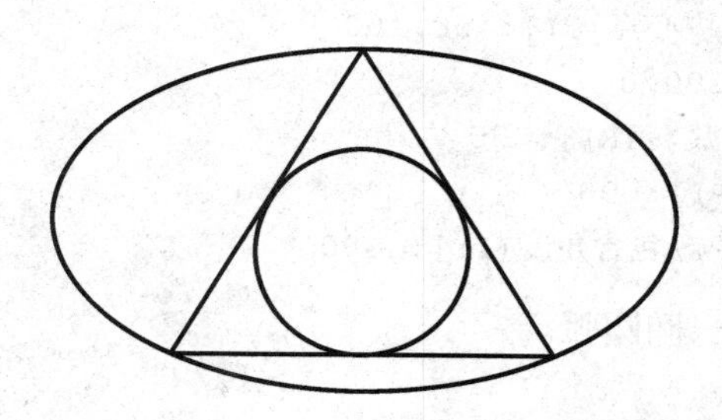

图 7-40　三角形的内切圆

例题讲解：

(1) 设置图幅。

① 设置图纸大小为 297 mm×210 mm，以满足图形要求。

在命令行输入命令 limits，按 Enter 键，系统在提示行显示：

```
命令：'_limits
重新设置模型空间界限：
指定左下角点或 [开(ON)/关(OFF)] <0.0000,0.0000>:
指定右上角点 <420.0000,297.0000>: 297,210
```

② 打开栅格，查看当前图纸在屏幕中的位置。

单击状态栏【栅格】按钮，系统在提示行显示：

```
命令： <栅格 开>
```

③ 将已设置好的图纸放置在屏幕中间，并充满整个屏幕。

在命令行输入命令 z，按 Enter 键，系统在提示行显示：

```
命令:z' ZOOM
指定窗口的角点，输入比例因子 (nX 或 nXP)，或者[全部(A)/中心(C)/动态(D)/范围(E)/上一个(P)/比例(S)/窗口(W)/对象(O)] <实时>: a
```

(2) 绘制图形。

① 将椭圆分为三段进行绘制。

a. 绘制左下角的四分之一椭圆弧。

```
命令：_ellipse
指定椭圆的轴端点或 [圆弧(A)/中心点(C)]: _a
指定椭圆弧的轴端点或 [中心点(C)]: 50,100
指定轴的另一个端点: @100,0
指定另一条半轴长度或 [旋转(R)]: 30
指定起点角度或 [参数(P)]: 0
指定端点角度或 [参数(P)/包含角度(I)]: 90
```

b. 绘制右下角的四分之一椭圆弧。

```
命令：_ellipse
指定椭圆的轴端点或 [圆弧(A)/中心点(C)]: _a
```

```
指定椭圆弧的轴端点或 [中心点(C)]: 50,100
指定轴的另一个端点: @100,0
指定另一条半轴长度或 [旋转(R)]: 30
指定起点角度或 [参数(P)]: 90
指定端点角度或 [参数(P)/包含角度(I)]: 180
```

c. 绘制上面的二分之一椭圆弧。

```
命令: _ellipse
指定椭圆的轴端点或 [圆弧(A)/中心点(C)]: _a
指定椭圆弧的轴端点或 [中心点(C)]: 50,100
指定轴的另一个端点: @100,0
指定另一条半轴长度或 [旋转(R)]: 30
指定起点角度或 [参数(P)]: 180
指定端点角度或 [参数(P)/包含角度(I)]: 360
```

绘制了由三段圆弧构成的一个椭圆，如图 7-41(a)所示。

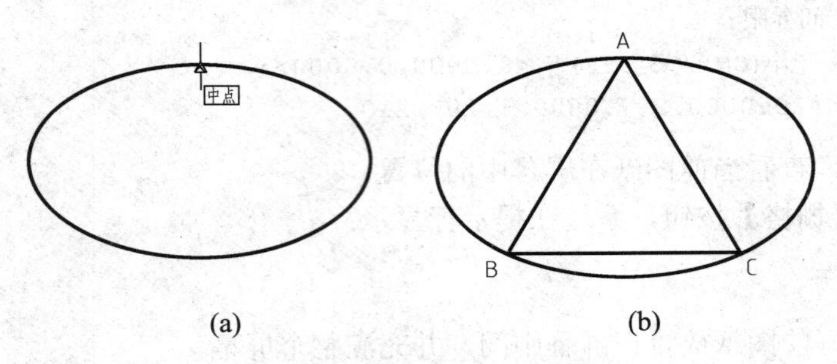

图 7-41　椭圆及其内接三角形

② 使用直线命令，利用对象捕捉中的中点捕捉功能完成椭圆内接三角形的绘制。在命令行输入直线命令缩写 L，按 Enter 键，系统在提示行显示：

```
命令: _line 指定第一点: (用鼠标在图 7-41(a)捕捉中点)
指定下一点或 [放弃(U)]: (用鼠标在图 7-41(b)所示 B 点处捕捉中点)
指定下一点或 [放弃(U)]: (用鼠标在图 7-41(b)所示 C 点处捕捉中点)
指定下一点或 [闭合(C)/放弃(U)]_(按 Enter 键，结束感触形的绘制)
```

完成后如图 7-41(b)所示，画出椭圆的内接△ABC。

③ 使用相切、相切、相切画圆的方式画△ABC 的内切圆。

④ 保存图形文件。

7.3.4　圆弧和圆的平滑度

控制圆、圆弧和椭圆的平滑度。值越高，对象越平滑，但是 AutoCAD 也因此需要更多的时间来执行重生成、平移和缩放对象的操作。可以在绘图时将该选项设置为较低的值(如 100)，而在渲染时增加该选项的值，从而提高性能。有效值的范围是 1 ～ 20000。默认设置是 1000。此设置保存在图形中。要更改新图形的默认值，请在用于创建新图形的样板文件中指定此设置。该值也受 VIEWRES 命令控制。

7.3.5　修剪

修剪的执行方式有如下三种方式。

(1) 下拉菜单：【修改】|【修剪】。

(2) 命令行：TRIM。

(3) 工具栏：。

注意：在 AutoCAD 中，可以作为剪切边界的对象有直线、圆弧、圆、椭圆或椭圆弧、多段线、样条曲线、构造线、射线以及文字等。剪切边也可以同时作为被剪边。默认情况下，选择要修剪的对象(即选择被剪边)，系统将以剪切边为界，将被剪切对象上位于拾取点一侧的部分剪切掉。如果按下 Shift 键，同时选择与修剪边不相交的对象，修剪边将变为延伸边界，将选择的对象延伸至与修剪边界相交。

【例 7-6】 建立图形文件，绘制两个圆半径分别为 50 mm、100 mm，两圆相距 300 mm；绘制一条相切两圆的圆弧，圆弧半径为 200 mm；绘制两圆的外公切线；以两圆圆心连线的中点为圆心绘制一个与圆弧相切的圆。完成后如图 7-42 所示。

作图步骤：

(1) 设置图形界限并将图纸放置在屏幕中间。

(2) 绘制图形：

如图 7-42 所示，绘制圆 A，半径为 100 mm；

绘制直线 AB，长度为 300 mm；

绘制圆 B，半径为 50 mm；

绘制与圆 A、B 相切的圆 C；

绘制圆心在线段 AB 中点且与圆 C 相切的圆。

(3) 图形的修改：如图 7-43 所示。

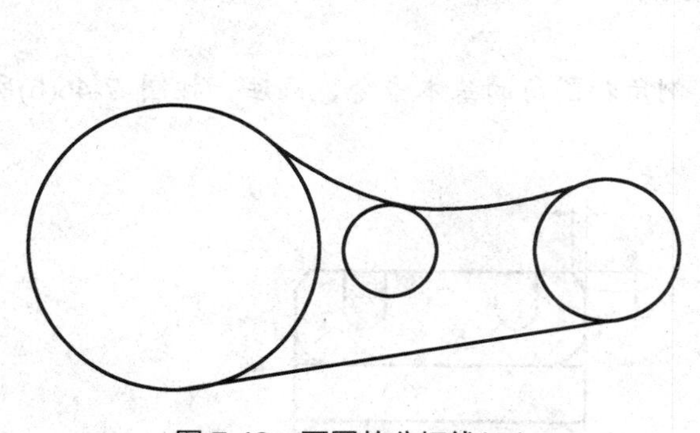

图 7-42　两圆的公切线(一)

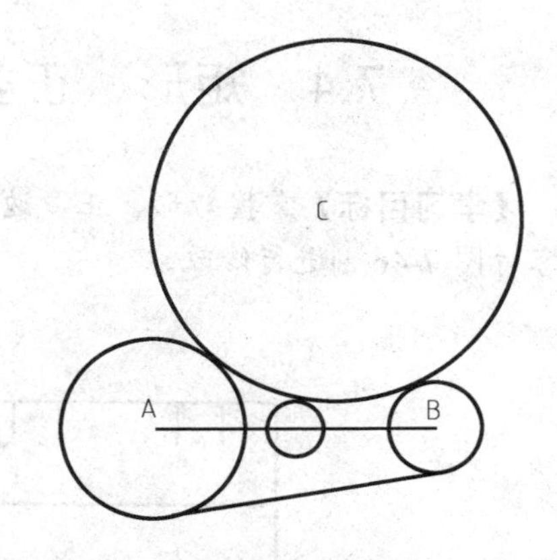

图 7-43　两圆的公切线(二)

使用修剪命令，以圆 A、B 为边界修剪圆 C；使用删除命令将直线 AB 删除。如图 7-44 所示。

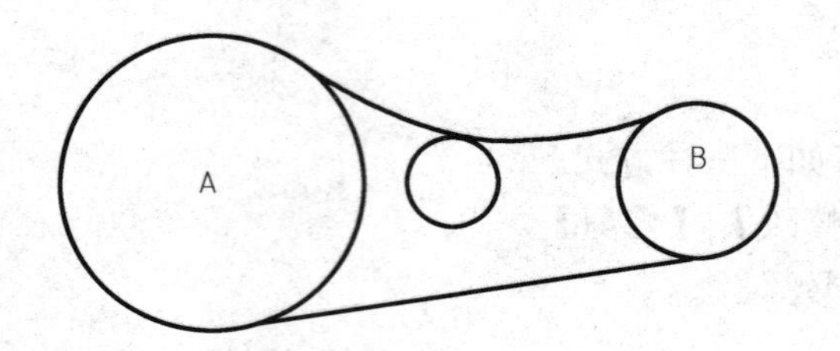

图 7-44 两圆的公切线(三)

7.3.6 实践训练

建立图形文件，按图 7-45 所示图形完成绘制。

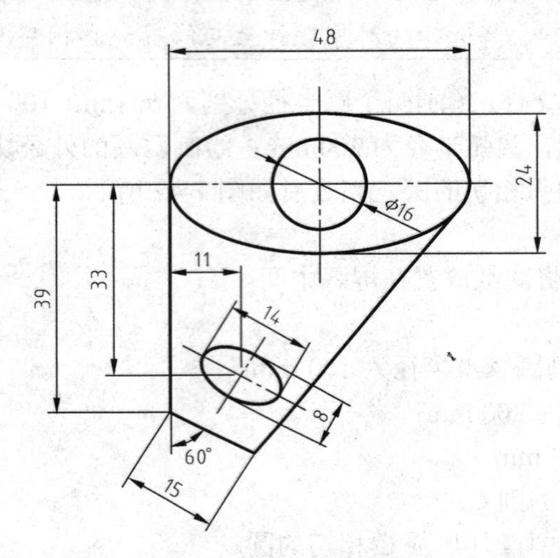

图 7-45 综合练习

7.4 矩形、正多边形、倒角和圆角的画法

【学习目标】掌握矩形、正多边形、倒角和圆角的基本命令、画法。按图 7-46(b)所示内容对图 7-46(a)进行修改。

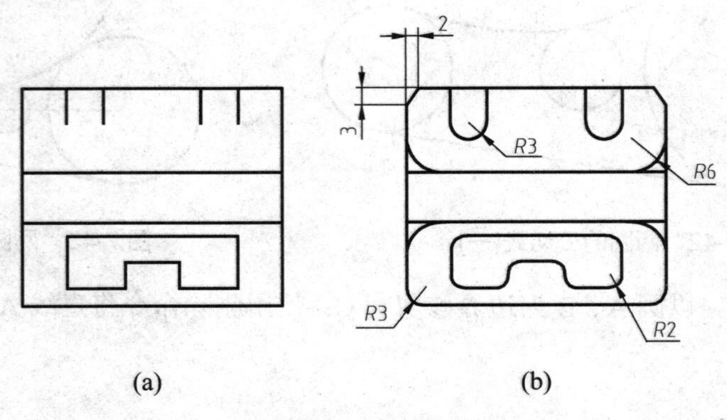

图 7-46 倒角和圆

7.4.1　圆角

1) 执行方式

执行方式有如下两种。

(1) 下拉菜单：【修改】|【圆角】。

(2) 工具栏：。

该命令可以对对象用圆弧进行倒圆角的操作。

2) 命令说明

(1) 命令执行后系统在提示行会出现以下选项：

```
选择第一个对象或 [多段线(P)/半径(R)/修剪(T)/多个(U)]:
```

多段线(P)：将多段线所有的端点，使用设置的半径值，执行圆角动作。

半径(R)：是指要修改的圆角的半径，如果圆角的半径太大，则不能进行修圆角。

修剪(T)：修剪方式是指修改圆角时原来的线段是否被修剪掉，如图 7-46 所示，半径为 2、3 和圆角的修剪方式为修剪，面半径为 6 的圆角则采用不修剪的方式。

多个(U)：是指可一次对多个圆角进行修改，若不选此项则每次只修改一个圆角。

(2) 对于两条平行线修圆角时，自动将圆角的半径定为两条平行线间距的一半。

(3) 如果指定半径为 0，则不产生圆角，只是将两个对象延长相交。

(4) 如果修圆角的两个对象具有相同的图层、线型和颜色，则圆角对象也与其相同；否则圆角对象采用当前图层、线型和颜色。例如对图 7-46 所示图形进行修改时，半径为 2、3、6 的圆角都可用此命令进行修改。其操作方法如下：

① 打开文件(见图 7-46(a))。

② 执行圆角命令，系统在提示行会出现：

```
命令: _fillet
当前设置: 模式 = 修剪, 半径 = 9.0000
选择第一个对象或 [多段线(P)/半径(R)/修剪(T)/多个(U)]: r
指定圆角半径 <9.0000>: 2
选择第一个对象或 [多段线(P)/半径(R)/修剪(T)/多个(U)]: t
输入修剪模式选项 [修剪(T)/不修剪(N)] <修剪>: t
选择第一个对象或 [多段线(P)/半径(R)/修剪(T)/多个(U)]: u
选择第一个对象或 [多段线(P)/半径(R)/修剪(T)/多个(U)]:
选择第二个对象:
选择第一个对象或 [多段线(P)/半径(R)/修剪(T)/多个(U)]:
选择第二个对象:
选择第一个对象或 [多段线(P)/半径(R)/修剪(T)/多个(U)]:
选择第二个对象:
选择第一个对象或 [多段线(P)/半径(R)/修剪(T)/多个(U)]:
选择第二个对象:
选择第一个对象或 [多段线(P)/半径(R)/修剪(T)/多个(U)]:
选择第二个对象:
选择第一个对象或 [多段线(P)/半径(R)/修剪(T)/多个(U)]:
……
```

按照要求依次对半径为 2 的圆角进行修改。在提示命令后应分别选择半径、修剪方式、多个。

再次使用圆角命令可以完成对圆角 R3、R6 的修改。

7.4.2 倒角

1) 执行方式

执行方式有如下三种。

(1) 下拉菜单：【修改】|【倒角】。

(2) 命令行：CHAMFER 。

(3) 工具栏：。

该命令可以对对象进行倒角操作。

2) 命令说明

(1) 命令执行后系统在提示行会出现以下选项：

选择第一条直线或 [多段线(P)/距离(D)/角度(A)/修剪(T)/方式(M)/多个(U)]：

多段线(P)：根据目前设置的距离和角度，在所有 2D 多段线的顶点处执行倒角动作。

距离(D)：是指要修改的倒角的距离，选择系统会询问用户倒角的距离 1 和距离 2 各为多少，输入后，在选择倒角的边时，系统自动以第一个选择的边为倒角的距离 1、第二个选择的边为倒角的距离 2 进行修改。如图 7-47(a)所示倒角距离分别为 5 和 8。如果倒角的距离太大，则不能进行倒角。

角度(A)：是指要修改的倒角的角度。选此项后系统会询问用户倒角的长度和角度。如图 7-47(b)所示倒角长度为 5，角度为 45°。

修剪(T)：方式是指修改倒角时原来的线段是否被修剪掉，如图 7-46 所示四个倒角的修剪方式为修剪。如图 7-47(a)、(b)所示倒角修剪方式为修剪，而图 7-47(c)所示倒角修剪方式为不修剪。

多个(U)：是指可一次对多个倒角进行修改，若不选此项则每次只修改一个倒角。若修改图 7-46 所示四个倒角时应使用多个的方式，若修改图 7-47 所示倒角是可不选此选项。

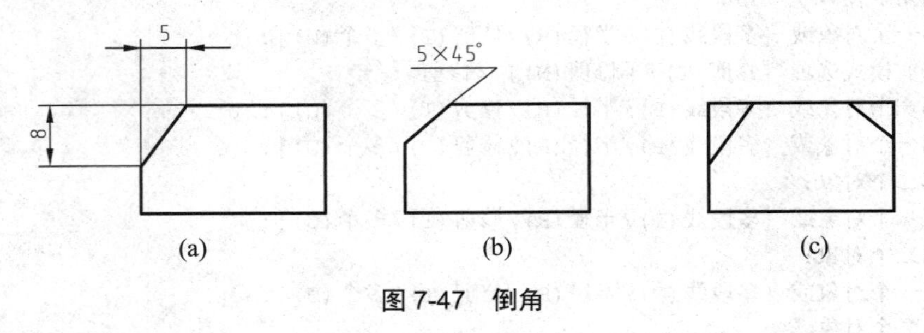

图 7-47　倒角

(2) 修倒角时，倒角距离或倒角角度不能太大，否则无效。当两个倒角距离均为 0 时，CHAMFER 命令将延伸两条直线使之相交，不产生倒角。此外，如果两条直线平行或发散时则不能修倒角。

7.4.3　矩形

矩形命令以指定两个对角点的方式绘制矩形。用本命令绘制的矩形平行于当前的用户坐标系(UCS)。在建筑工程图中常用于绘制门、窗等矩形图形。

1) 执行方式

执行方式有如下三种。

(1) 下拉菜单：【绘图】|【矩形】。

(2) 命令行：RECTANG(REC)。

(3) 工具栏：□。

2) 选项说明

单击【矩形】按钮后，命令行给出“指定第一个角点或 [倒角(C)/标高(E)/圆角(F)/厚度(T)/宽度(W)]”，各选项的意义如下。

(1) 指定第一个角点：继续提示，确定矩形另一个角点来绘制矩形。

(2) 倒角(C)：给出倒角距离，绘制带倒角的矩形。

(3) 标高(E)：给出线的标高，绘制有标高的矩形。

(4) 圆角(F)：给出圆角半径，绘制有圆角半径的矩形。

(5) 厚度(T)：给出线的厚度，绘制有厚度的矩形。

(6) 宽度(W)：给出线的宽度，绘制有线宽的矩形。

3) 命令说明

(1) 选择对角点时，没有方向限制，可以从左向右，也可以从右向左。

(2) 用矩形命令绘制的矩形是一条封闭的多段线。

注意： 标高和厚度是两个不同的概念。设定标高是指在距基面一定高度的面内绘制矩形，而设定厚度则表示可以绘制出具有一定厚度(给定值)的矩形。

【例 7-7】 建立图形文件，按图 7-48 所示图形完成绘制。

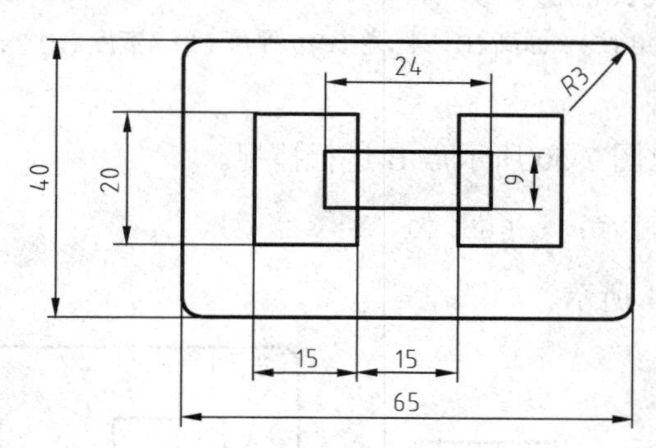

图 7-48　带有倒角的矩形(一)

作图步骤如下。

(1) 建立图形文件，设置图幅大小，并将图纸放置在屏幕中间。

(2) 绘制 24 mm×9 mm 的矩形：

执行矩形命令，系统在提示行会出现：

命令:_rectang
指定第一个角点或 [倒角(C)/标高(E)/圆角(F)/厚度(T)/宽度(W)]:
指定另一个角点或 [尺寸(D)]: @24,9

完成绘制，如图 7-49 所示矩形。

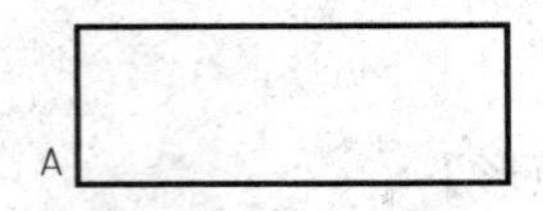

图 7-49　矩形

(3) 绘制 15 mm×20 mm 的两个矩形：

命令:_rectang
指定第一个角点或 [倒角(C)/标高(E)/圆角(F)/厚度(T)/宽度(W)]: _from 基点: <偏移>:@-10.5,-5.5
采用捕捉自的方式对图 7-49 所示点 A 进行捕捉。
指定另一个角点或 [尺寸(D)]: @15,20
命令:__rectang
指定第一个角点或 [倒角(C)/标高(E)/圆角(F)/厚度(T)/宽度(W)]: _from 基点: <偏移>: @15,0

采用捕捉自的方式对图 7-50 所示点 B 进行捕捉。

指定另一个角点或 [尺寸(D)]: @15,20

完成绘制，如图 7-50 所示。

(4) 绘制 65mm×40mm 的矩形，矩形带有半径为 3 圆角：

命令:__rectang
指定第一个角点或 [倒角(C)/标高(E)/圆角(F)/厚度(T)/宽度(W)]: f
指定矩形的圆角半径 <0.0000>: 3
指定第一个角点或 [倒角(C)/标高(E)/圆角(F)/厚度(T)/宽度(W)]: _from 基点: <偏移>: @-25,-10

采用捕捉自的方式对图 7-50 所示点 B 进行捕捉。

指定另一个角点或 [尺寸(D)]: @65,40

完成绘制，如图 7-51 所示。

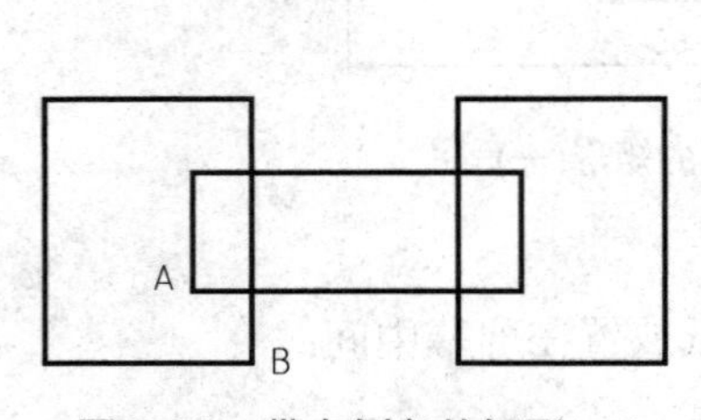

图 7-50　带有倒角的矩形(二)

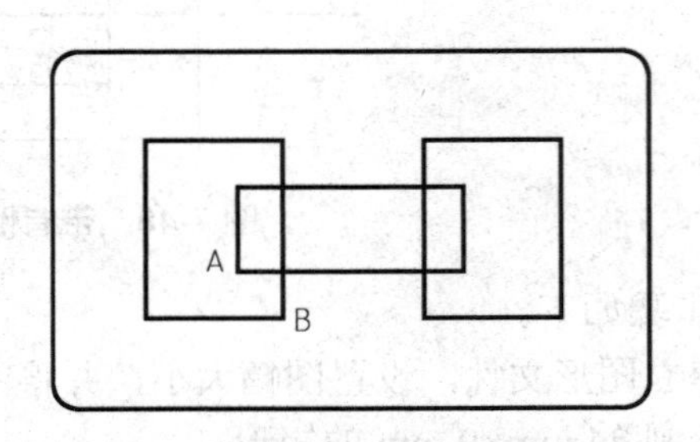

图 7-51　带有倒角的矩形(三)

7.4.4　正多边形

此命令用于绘制 3～1024 边的正多边形。

1) 执行方式

执行方式有如下三种。

(1) 下拉菜单：【绘图】|【正多边形】。

(2) 命令行：POLYGON(POL)。

(3) 工具栏：。

2) 选项说明

(1) 内接于圆(I)：设定圆心和外接圆半径(I)，此方式所绘制正多边形是以某一条边的端点为基点进行捕捉，如图 7-52(a)。

(2) 外切于圆(C)：设定圆心和内切圆半径(C)，此方式所绘制正多边形以某一条边的中点为基点进行捕捉，如图 7-52(b)。

(3) 边方式(E)：设定正多边形的边长(Edge)和一条边的两个端点，如图 7-52(c)、(d)。

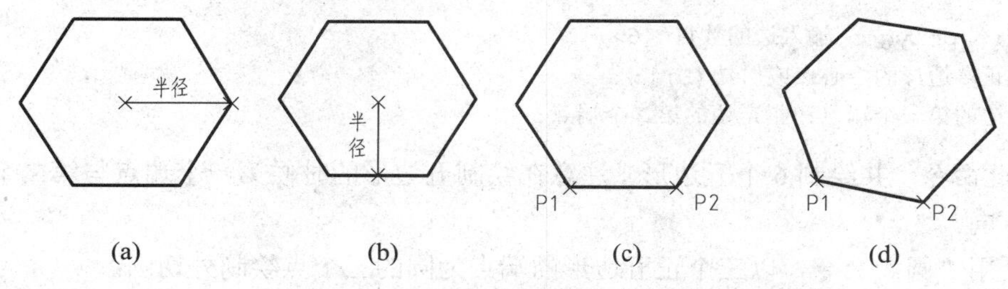

图 7-52　正多边形

注意： 因为正多边形实际上是多段线，所以不能用“圆心”捕捉方式来捕捉一个已存在的多边形的中心。

【例 7-8】 建立图形文件，按图 7-53 所示图形完成绘制。

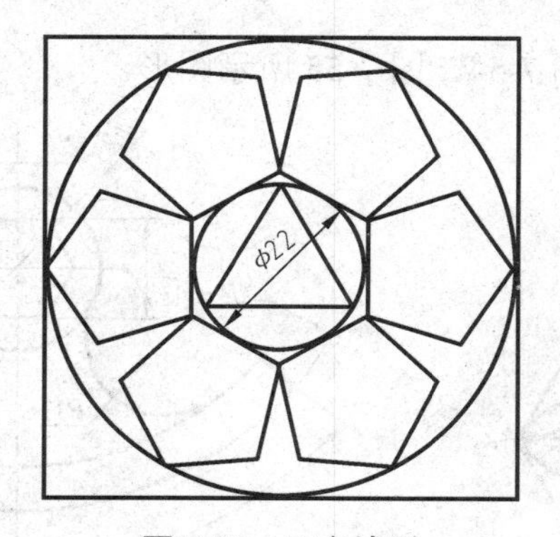

图 7-53　正多边形

(1) 建立图形文件，设置图幅大小，并将图纸放置在屏幕中间。

(2) 绘制图形。

① 使用“圆”命令，绘制直径为 22 mm 的圆；

```
命令:circle 指定圆的圆心或 [三点(3P)/两点(2P)/相切、相切、半径(T)]:
指定圆的半径或 [直径(D)]: 11
```

② 使用“正多边形”命令，绘制圆(直径为 22 mm)的内接正三角形；

```
命令: _polygon 输入边的数目 <4>: 3
指定正多边形的中心点或 [边(E)]:
输入选项 [内接于圆(I)/外切于圆(C)] <I>: i
指定圆的半径: 11
```

③ 使用正多边形命令，绘制圆(直径为 22 mm)的外切正六角形；

```
命令: _polygon 输入边的数目 <6>:
指定正多边形的中心点或 [边(E)]:
输入选项 [内接于圆(I)/外切于圆(C)] <I>: c
指定圆的半径: //采用对象捕捉的方式对圆右侧的象限点进行捕捉//
```

④ 使用正多边形命令，以正六角形的边长为边长绘制正五边形。

```
命令: _polygon 输入边的数目 <6>: 5
指定正多边形的中心点或 [边(E)]: e
指定边的第一个端点: 指定边的第二个端点:
```

重复此命令，共绘制 6 个五边形，注意在绘制五边形的时候第一个端点与第二个端点的顺序和方向。

⑤ 使用“圆”命令，以三个正五边形的端点为圆的三个点绘制外切圆：

```
命令: _circle 指定圆的圆心或 [三点(3P)/两点(2P)/相切、相切、半径(T)]: _3p
指定圆上的第二个点:
指定圆上的第三个点://依次捕捉三个正五边形的端点为所绘制圆上的三个点//
```

7.4.5 实践训练

建立图形文件，绘制如图 7-54、图 7-55 所示图形。

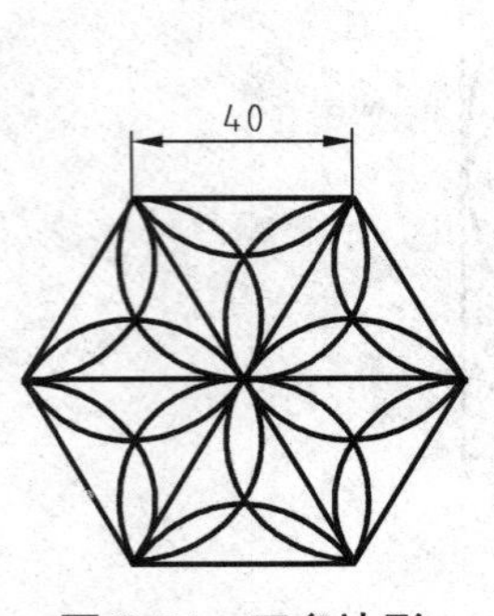

图 7-54 正多边形

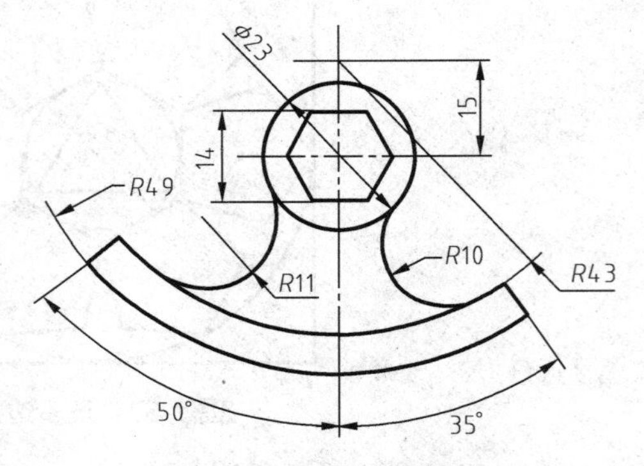

图 7-55 正多边综合练习

7.5　平面图形的布局

【学习目标】掌握图形界限、单位、对象特性、图层、窗口缩放等命令，能熟练操作。按图7-56所示图形进行绘制。

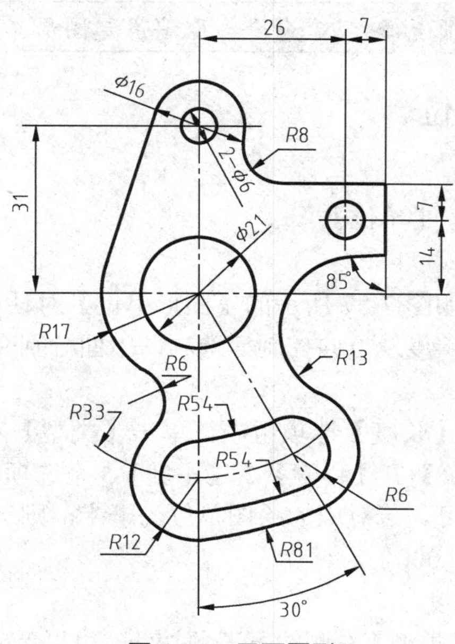

图7-56　平面图形

7.5.1　图形界限

由于CAD窗口从理论上来说是无限大的，所以我们在绘制图形之前，要先根据图形的大小选择图纸，CAD的图纸须由绘图者用命令指定，用来确定图幅大小的命令就是图形界限。

执行方式有如下两种方式。

(1) 下拉菜单：【格式】|【图形界限】。

(2) 命令行：LIMITS。

命令执行后，提示窗口会出现：

```
命令：' _limits
重新设置模型空间界限：
指定左下角点或 [开(ON)/关(OFF)] <0.0000,0.0000>: 0,0
指定右上角点 <420.0000,297.0000>: 29700,21000
```

左下角点的坐标默认为(0，0)，是指设置图纸的左下角为一个直角坐标系的坐标原点，那么指定右上角点实际上就是指定了图纸的大小，一般情况下系统默认的图纸幅面为A3(420×297)，如果输入坐标值(29700，21000)，再按Enter键，则将图纸大小改为了A4图幅。

绘图界限即是设置图形绘制完成后输出的图纸大小。常用图纸规格一般称为A0～A4

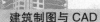

号图纸。绘图界限的设置应与选定图纸的大小相对应。在模型空间中，绘图界限用来规定一个范围，使所建立的模型始终处于这一范围内，避免在绘图时出错。利用 LIMITS 命令可以定义绘图界限，相当于手工绘图时确定图纸的大小。绘图界限是代表绘图极限范围的两个二维点的 WCS 坐标，这两个二维点分别是绘图范围的左下角和右上角，它们确定的矩形就是当前定义的绘图范围，在 Z 方向上没有绘图界限限制。

注意： *在设定图形界限时必须选择<ON>命令，取消设定图形界限时必须选择<OFF>命令。*

7.5.2 绘制图形的单位

执行方式有如下两种。

(1) 下拉菜单：【格式】|【单位】。

(2) 命令行：UNITS。

当输入命令后，会弹出如图 7-57 所示的【图形单位】对话框。【图形单位】对话框，包含长度单位、角度单位、精度及方向控制等选项，下面分别介绍这些选项的含义。

1) 长度单位及精度

在【图形单位】对话框【长度】选项组中，单击【类型】右侧的下三角按钮，会看到【分数】、【工程】、【建筑】、【科学】、【小数】5 个选项。绘制建筑图时，一般选择默认的【小数】长度类型即可。若对应的绘图单位为毫米，则选择精度“0”。若对应的绘图单位为米，则选择精度“0.000”。

2) 角度类型、方向及精度

单击【角度】选项组中【类型】右侧的下三角按钮，可以看到【百分度】、【度/分/秒】、【弧度】、【勘测单位】、【十进制度数】5 个选择项。绘制建筑图通常采用默认的【十进制度数】。

单击【图形单位】对话框中的【方向】按钮，会弹出如图 7-58 所示的【方向控制】对话框，角度起始方向及角度度量，默认以【东】向为起始 0°，逆时针度量为正，顺时针度量为负。对于精度的选择常选择 0，这里显示的精度，并非 AutoCAD 内部使用的精度。

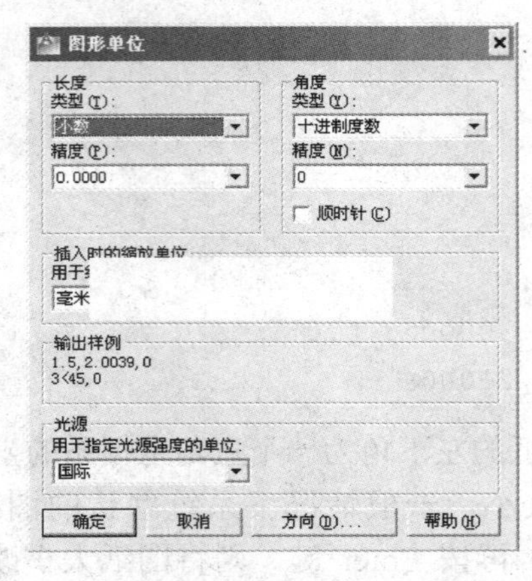

图 7-57 【图形单位】对话框

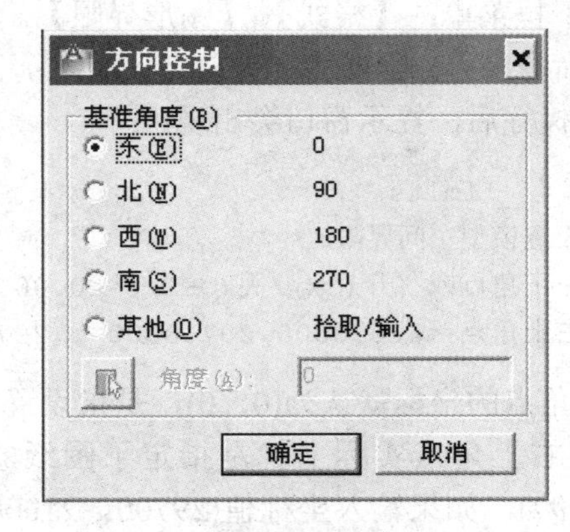

图 7-58 【方向控制】对话框

7.5.3　对象特性工具栏

通常，在【对象特性】工具栏的列表中，均采用随层(Bylayer)控制选项，如图 7-59 所示。在某一图层绘制图形对象时，图形对象的特性采用该图层的设置特性。

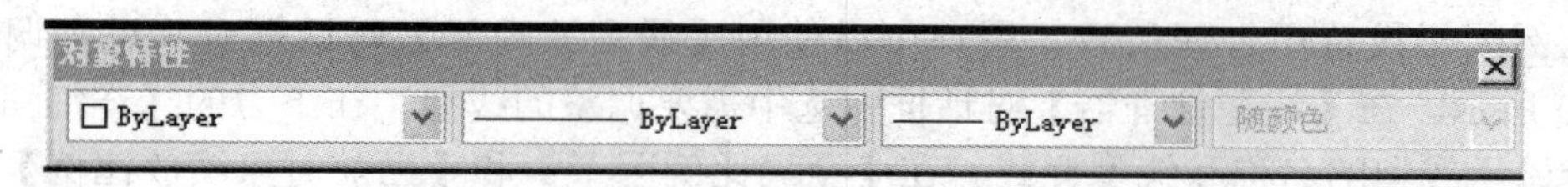

图 7-59　【对象特征】工具栏

7.5.4　线型

在 AutoCAD2012 中，系统提供了多种线型，用户可根据实际需要直接调用，还可根据线型比例控制线的疏密。

1) 设置线型

设置线型的执行方式有如下三种。

(1) 下拉菜单：【格式】|【线型】。

(2) 命令行：LINETYPE。

(3) 工具栏：从【对象特性】工具栏的线型列表中选择【其他……】。

2) 线型命令选项说明

调用线型命令后，出现【线型管理器】对话框，如图 7-60 所示。

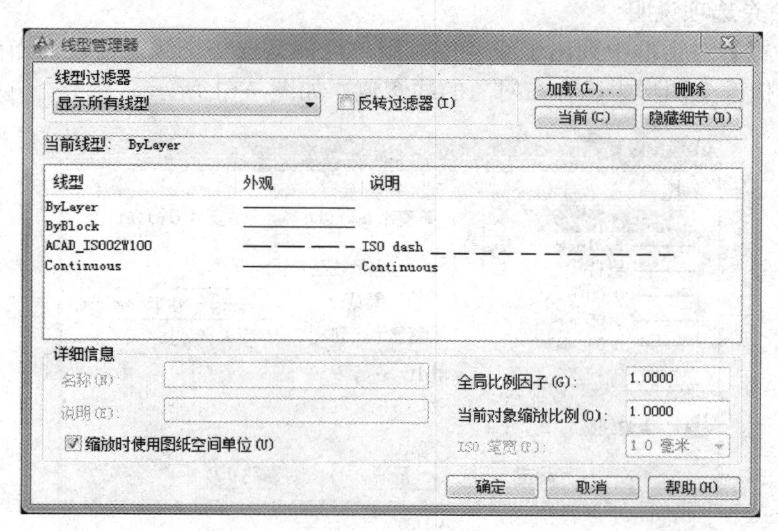

图 7-60　线型管理器

(1) 加载线型。

默认情况下，系统只给出连续实线(Continuous)的线型。如需要其他线型，单击加载按钮，弹出【加载或重载线型】对话框，从中选择需要的线型，然后单击【确定】按钮返回。

(2) 设置当前线型。

选一种线型后，单击【当前】，把选取的线型作为当前线型。

(3) 删除线型。

绘图过程中，随时可以删除不需要的线型。

3) 设置线型比例

在绘制虚线或点画线时，有时会遇到所绘制线型显示成实线的情况，这是因为线型的显示比例因子设置不合理所致。用户可以使用【线型管理器】对话框对其进行调整，如图 7-60 所示。在【线型管理器】对话框中选中需要调整的线型。在下方的【详细信息】选项区会显示线型的名称和线型样式。在【全局比例因子】和【当前对象缩放比例】编辑框中显示的是系统当前的设置，可对其进行修改。

【全局比例因子】适用于显示所有线型的全局缩放比例因子。【当前对象缩放比例】适用于新建的线型，其最终的缩放比例是全局缩放比例因子与该对象缩放比例因子的乘积。比例因子大于 1 时，线型对象将放大；小于 1 则缩小。

4) 设置线宽

线宽是用于直观地区分不同的实体和信息，而不能用来精确表示实体的实际宽度，线宽特性可以在屏幕显示和输出到图纸时起作用。带有线宽的对象，出图时以设定的线宽值为宽度绘出。

执行方式有如下三种。

(1) 下拉菜单：【格式】|【线宽】。

(2) 命令行：LWEIGHT。

(3) 工具栏：从【对象特性】工具栏的线宽列表中选择。

5) 线宽命令选项说明

【线宽设置】对话框中列出了线宽值。用户可任意选一个线宽值设为当前线宽值，也可以用选中的值改变图形中已存在对象的线宽值，如图 7-61 所示。

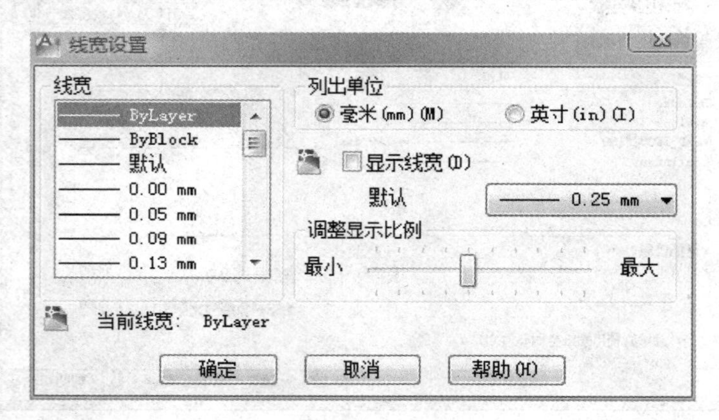

图 7-61　线宽设置

7.5.5　颜色

在一幅复杂的图纸中，若将图形对象设置为不同颜色，会使画面层次分明，结构清晰，给操作和识图带来方便。图形对象既可以单独拥有自己的颜色值，也可以由图形所在的图层来控制其颜色。AutoCAD 提供了 256 种可供选择的颜色，每种颜色具有确定的编号和名

称，如图 7-62 所示。

执行方式有如下三种。

(1) 下拉菜单：【格式】|【颜色】。

(2) 命令行：COLOR。

(3) 工具栏：从【对象特性】工具栏的颜色列表中选择。

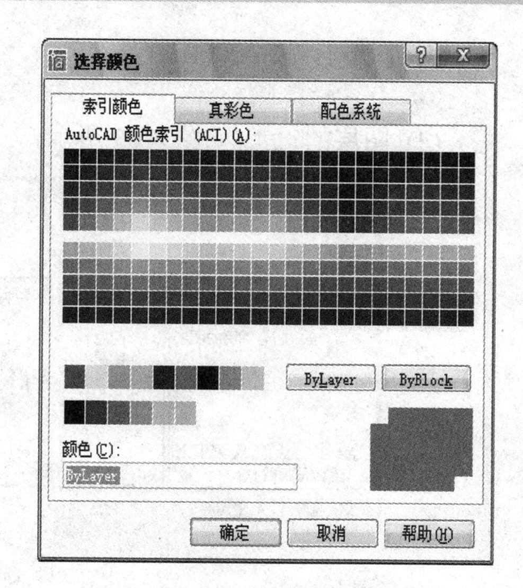

图 7-62　选择颜色

7.5.6　图层

AutoCAD 中的图层就是具有相同坐标系的透明电子纸，用户可将不同对象绘制在不同的图层上，它们一层一层地叠加在一起即可构成所绘的图形。

如绘制建筑平面图时，可以把轴线、墙体、门窗、文字与尺寸标注分别画在不同的图层上，如果要修改墙体的线宽，只需修改墙体所在图层的线宽即可，而不需逐一地修改每一道墙体。同时，还可以关闭、解冻或锁定某一图层，使该图层不在屏幕上显示或不能对其进行修改。

图层的每一层均可以拥有任意的颜色、线型和线宽，并且还可以随时调整这些颜色、线型和线宽。在绘图时可根据需要增加和删除图层。

1) 图层的作用

(1) 控制图形的显示。

图层上的图形可以显示在屏幕上，也可以隐藏起来，以使图形简单、清晰。

(2) 冻结图形。

图层上的图形可以被冻结起来，冻结后的图形既不显示在屏幕上，又不能参与各种运算，因而可以加快图形处理的速度。

(3) 锁住图形。

图层的图形可以锁住，锁住后的图形不能被选择命令选中，因而不能用编辑命令进行修改，这样可以保护图形，防止一些误操作。

(4) 设置图形的颜色、线型和线宽。

2) 图层的性质

AutoCAD 对图层的数量没有限制，在一幅图中，可以建立任意多个层。其特性为：共享坐标系；严格对齐；具有相同的绘图界限和缩放比例。

3) 在使用图层时应注意

(1) 0 层。系统自动建立 0 层，用户不能修改 0 层的层名，也不能删除该层。

(2) 当前层。只能选择一个层作为当前层，绘制的图形都在当前层上。

4) 图层的设置与管理

(1) 调用图层方式。

执行方式有如下三种。

① 下拉菜单：【格式】|【图层】。

② 命令行：LAYER。

③ 工具栏：。

(2) 图层的设置(如图 7-63 所示)。

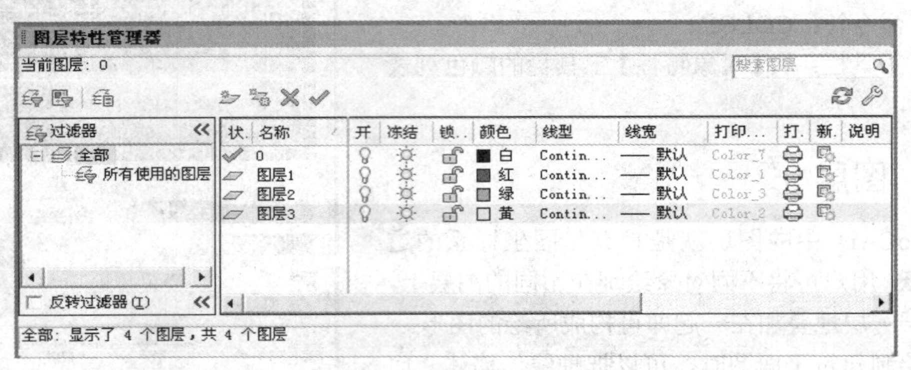

图 7-63　图层特性管理器

① 创建新图层。

在【图层特性管理器】对话框中单击【新建】按钮，在图层列表中将自动生成名为“图层 1”的新图层。图层名最多可采用 31 个字符，可以是数字、字母和$(美元符号)、-(连字符)、_(下划线)等，但不能出现< >/，\ “” ？ *|=等。

② 删除图层。

在绘图过程中也可以删除不需要的图层，在【图层特性管理器】对话框中选定要删除的图层，单击【删除】按钮即可。但在删除图层时，0 层是默认层、当前层、含有实体的层和外部引用依赖层均不能被删除。

③ 设置当前图层。

用户只能在当前层上绘制图形，并且所绘制的实体将继承当前层的属性，当前图层的状态信息都显示在【对象特性】工具栏中，可通过以下几种方法来设置当前图层：

在【图层特性管理器】对话框中选择所需的图层，单击【置为当前】按钮；在【对象特性】工具栏的【图层控制】下拉列表框中单击需置为当前层的图层；选择某个实体，则该实体所在图层被设置为当前层。

④ 设置图层的颜色、线型、线宽。

(3) 图层管理。

① 【打开】|【关闭】：图层关闭后，该层上的实体不能在屏幕上显示或由绘图仪输出，重新生成图形时，关闭层上的实体仍将重新生成。

② 【冻结】|【解冻】：图层冻结后，该层上的实体不能在屏幕上显示或由绘图仪输出，在重新生成图形时，冻结层上的实体将不被重新生成。

③ 【上锁】|【解锁】：图层上锁后，用户只能观察该层上的实体，不能对其进行编辑和修改，但实体仍可以显示和输出。

④ 【打印】：设置该层是否打印输出。

7.5.7　缩放视图

实际绘图时，经常需要改变图形的显示比例，如放大图形或缩小图形。

1) 实时缩放

实时缩放的执行方式有如下三种。

(1) 下拉菜单：【视图】|【缩放】|【实时缩放】。

(2) 命令行：ZOOM。

(3) 工具栏：。

按住鼠标左键，向上拖动鼠标，就可以放大图形，向下拖动鼠标，则缩小图形。可以通过单击 Esc 键或 Enter 键来结束实时缩放操作，或者右击，选择快捷菜单中的【退出】命令可以结束当前的实时缩放操作。

2) 窗口缩放

窗口缩放指放大指定矩形窗口中的图形，其执行方式有如下三种。

(1) 下拉菜单：【视图】|【缩放】|【窗口】。

(2) 命令行：ZOOM/W(透明命令)。

(3) 工具栏：。

3) 显示前一个视图

指返回到前面显示的图形视图。可以通过连续单击该按钮的方式依次往前返回。其执行方式有如下三种。

(1) 下拉菜单：【视图】|【缩放】|【上一个】。

(2) 命令行：ZOOM/P(透明命令)。

(3) 工具栏：。

4) 动态缩放

动态缩放的执行方式有如下两种。

(1) 下拉菜单：【视图】|【缩放】|【动态】。

(2) 命令行：ZOOM/D(透明命令)。

通过拾取框来动态确定要显示的图形区域。执行该命令后屏幕上会出现动态缩放特殊屏幕模式，其中有三个方框。蓝色虚线框一般表示图纸的范围，该范围是用 LIMITS 命令设置的边界或者是图形实际占据的矩形区域。绿色虚线框一般表示当前屏幕区，即当前在屏幕上显示的图形区域。选取视图框(框的中心处有一个×)，用于在绘图区域中选取下一次在屏幕上显示的图形区域。

5) 按比例缩放

按比例缩放指根据给定的比例来缩放图形，执行方式有如下两种。

(1) 下拉菜单：【视图】|【缩放】|【比例】。

(2) 命令行：ZOOM/S。

6) 重设视图中心点

指将图形上的指定点作为绘图屏幕的显示中心点(实际上平移视图)，执行方式有如下两种。

(1) 下拉菜单：【视图】|【缩放】|【中心点】。

(2) 命令行：ZOOM/C。

7) 根据绘图范围或实际图形显示

执行方式有如下两种。

(1) 下拉菜单：【视图】|【缩放】|【全部】。

(2) 命令行：ZOOM/A。

将全部图形显示在屏幕上。此时如果各图形对象均没有超出由 LIMITS 命令设置的绘图范围，AutoCAD 在屏幕上显示该范围。如果有图形对象画到所设范围之外，则会扩大显示区域。以将超出范围的部分也显示在屏幕上。

7.5.8 平移视图

在 AutoCAD 绘图过程中，可以移动整个图形，使图形的特定部分位于显示屏幕。

执行方式如下。

(1) 下拉菜单：【视图】|【平移】|【实时】。

(2) 命令行：PAN。

(3) 工具栏：。

注意：PAN 不改变图形中对象的位置或放大比例，只改变视图。

7.5.9 实践训练

按图 7-64 所示图形进行绘制。

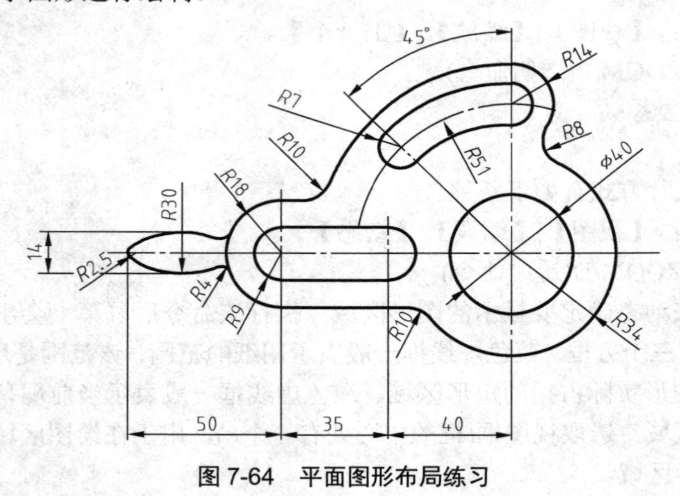

图 7-64 平面图形布局练习

7.6 复杂平面图形的绘制

【学习目标】掌握圆环、多段线、面域等命令，能熟练操作。按图 7-65 所示图形进行绘制。

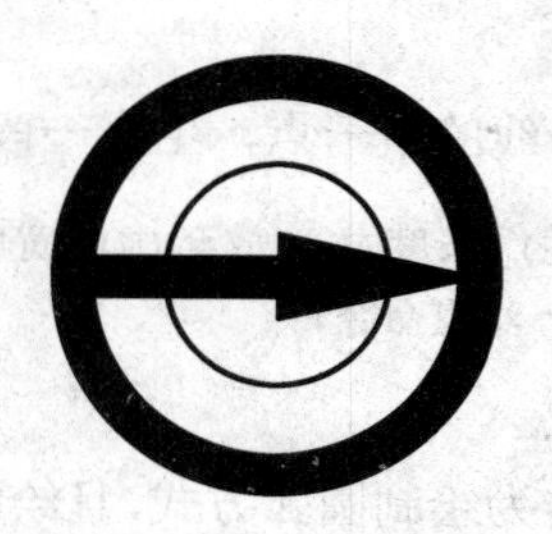

图 7-65　复杂平面图形

7.6.1　圆环

圆环是填充环或实体填充圆，即带有宽度的闭合多段线，如图 7-65 所示。要创建圆环，应指定它的内外直径和圆心。通过指定不同的中心点，可以连续创建具有相同直径的多个副本。要创建实体填充圆，应将内径值指定为 0。

1) 执行方式有如下两种。

(1) 下拉菜单：【绘图】|【圆环】。

(2) 命令行：donut。

2) 选项说明

(1) 指定圆环的内径<0.5>：如图 7-65 所示，指定圆环的内直径(80)，如果指定内径为零，则圆环成为填充圆。

(2) 指定圆环的外径 <1>：如图 7-65 所示，指定外直径(100)。

(3) 指定圆环的中心点或 <退出>：如图 7-65 所示，指定圆环的圆心。

(4) 指定另一个圆环的中心点，或者按 Enter 键结束命令。

7.6.2　多段线

用来绘制连续的直线和圆弧组成的线段组，并可随意设置线宽。每条多段线曲线的线段数是可以进行设置的，设置线段数目的数值越高，对性能的影响越大。可以将此选项设置为较小的值来优化绘图性能。有效值的范围是-32767～32767。默认设置为 8，该设置保存在图形中。

1) 执行方式

执行方式有如下三种。

(1) 下拉菜单：【绘图】|【多段线】。

(2) 命令行：Pl (Pline)。

(3) 工具栏：↩。

2) 选项说明

选择上述任一方式输入命令，命令行提示：

“指定起点：(输入起点坐标值，命令行继续提示)
当前线宽为 0.0000(显示当前线宽)
指定下一个点或[圆弧(A)/半宽(H)/长度(L)/放弃(U)/宽度(W)]：”

(1) 指定下一个点。

该选项为默认选项。指定多段线的下一点，生成一段直线。命令行提示：

指定下一个点或[圆弧(A)/半宽(H)/长度(L)/放弃(U)/宽度(W)]：(可继续输入下一点，连续不断地重复操作。直接按 Enter 键，结束命令)

(2) 圆弧(A)。

该选项表示由绘制直线方式转为绘制圆弧方式，且绘制的圆弧与上一线段相切。输入 A，命令行提示：

指定圆弧的端点或[角度(A)/圆心(CE)/闭合(CL)/方向(D)/半宽(H)/直线(L)/半径(R)/第二个点(S)/放弃(U)/宽度(W)]：

① 指定圆弧的端点：此时圆弧的起点为直线方式的终点，只需输入圆弧的终点，就可画出与上一线段相切的圆弧。命令行提示：

指定圆弧的端点或[角度(A)/圆心(CE)/闭合(CL)/方向(D)/半宽(H)/直线(L)/半径(R)/第二个点(S)/放弃(U)/宽度(W)]：(可继续以上的操作，如果输入 L，则回到画直线段状态。直接按 Enter 键，结束命令)

② 角度(A)：绘制以上线段的终点为起点，并不一定与上一线段相切的圆弧。输入 A 后，命令行提示：

指定包含角：(输入圆心角，命令行继续提示)
指定圆弧的端点或[圆心(CE)/半径(R)]：

- 指定圆弧的端点：此时指定圆弧的终点，根据圆心角和起止点画圆弧。命令行提示：

  指定圆弧的端点或[角度(A)/圆心(CE)/闭合(CL)/方向(D)/半宽(H)/直线(L)/半径(R)/第二个点(S)/放弃(U)/宽度(W)]：(可继续以上的操作，如果输入 L，则回到画直线段状态。直接按 Enter 键，结束命令)

- 圆心(CE)：指定圆弧的圆心，根据圆心、圆心角和起点确定圆弧。输入 CE，命令行提示：

  指定圆弧的圆心：(输入圆心坐标值画圆弧。命令行继续提示)
  指定圆弧的端点或[角度(A)/圆心(CE)/闭合(CL)/方向(D)/半宽(H)/直线(L)/半径(R)/第二个点(S)/放弃(U)/宽度(W)]：(可继续以上的操作，如果输入 L，则回到画直线段状态。直接按 Enter 键，结束命令)

- 半径(R)：指定圆弧的半径，根据半径、圆心角、起点和弦方向确定圆弧。输入 R 后，命令行提示：

  指定圆弧的半径：(输入半径值，命令行继续提示)
  指定圆弧的弦方向<当前值>：(输入所画圆弧弦与 X 轴正方向的角度，或输入某一点的坐标，以输入点与上一线段的终点连线、与 X 轴正方向的夹角为输入角，确定弦方向。命令行继续提示)
  指定圆弧的端点或[角度(A)/圆心(CE)/闭合(CL)/方向(D)/半宽(H)/直线(L)/半径(R)/第二个点(S)/放弃(U)/宽度(W)]：(可继续以上的操作，如果输入 L，则回到画直线段状态。直接按 Enter 键，结束命令)

- 第二个点(S)：指定第二点是为了画不与上一线段相切的圆弧，将上一线段的终点设为第一点，再输入第三点，用三点确定圆弧。输入S，命令行提示：

指定圆弧上的第二个点：(输入圆弧上第二点坐标值，命令行继续提示)
指定圆弧的端点：(输入圆弧的终点，命令行继续提示)
指定圆弧的端点或[角度(A)/圆心(CE)/闭合(CL)/方向(D)/半宽(H)/直线(L)/半径(R)/第二个点(S)/放弃(U)/宽度(W)]:

- 方向(D)：用户重新指定圆弧起点的切线方向，绘制不与上一线段相切的圆弧。输入D，命令行提示：

指定圆弧的起点切向：(输入起点切线方向角度，或输入一点坐标值，以该点与起点的连线作为起点的切线方向。命令行继续提示)
指定圆弧的端点：(输入圆弧终点坐标值，命令行继续提示)
指定圆弧的端点或[角度(A)/圆心(CE)/闭合(CL)/方向(D)/半宽(H)/直线(L)/半径(R)/第二个点(S)/放弃(U)/宽度(W)]:

- 直线(L)：该选项表示由绘制圆弧方式转为绘制直线方式。输入L，命令行提示：

指定下一点或[圆弧(A)/闭合(C)/半宽(H)/长度(L)/放弃(U)/宽度(W)]:

- 圆心(CE)：用指定“起点、圆心、端点”、“起点、圆心、圆心角”或“起点、圆心、弦长”方式，绘制与上一线段不相切的圆弧。输入CE，命令行提示：

指定圆弧的圆心：(输入圆心坐标值，命令行继续提示)
指定圆弧的端点或[角度(A)/长度(L)]:

- 指定圆弧的端点：直接输入圆弧的终点坐标值，用“起点、圆心、端点”方式画圆弧。当输入终点坐标值并按Enter键，命令行提示：

指定圆弧的端点或[角度(A)/圆心(CE)/闭合(CL)/方向(D)/半宽(H)/直线(L)/半径(R)/第二个点(S)/放弃(U)/宽度(W)]:

- 角度(A)：用“起点、圆心、圆心角”画圆弧。输入A，命令行提示：

指定包含角：(输入圆弧的圆心角。当圆心角输入正值时，逆时针画圆弧；当输入负值时，则顺时针画圆弧。命令行继续提示)
指定圆弧的端点或[角度(A)/圆心(CE)/闭合(CL)/方向(D)/半宽(H)/直线(L)/半径(R)/第二个点(S)/放弃(U)/宽度(W)]:

- 长度(L)：用“起点、圆心、弦长”方式绘制与上一线段不相切的圆弧。输入L，命令行提示：

指定弦长：(输入弦长。当弦长值为正时，画小于或等于半圆的圆弧；当弦长值为负时，画大于半圆的圆弧。当弦长大于起点到圆心距离的2倍时，命令行提示“输入数值无效”。也可以指定两点，以两点的距离为弦长画圆弧。命令行继续提示)
指定圆弧的端点或[角度(A)/圆心(CE)/闭合(CL)/方向(D)/半宽(H)/直线(L)/半径(R)/第二个点(S)/放弃(U)/宽度(W)]:

(3) 半宽(H)：指定下一线段宽度的一半数值。输入H，命令行提示：

指定起点半宽<线段半宽当前值>：(输入线段起点半宽数值，命令行继续提示)

指定端点半宽<线段半宽起点值>：(如果线段等宽，直接按 Enter 键。否则，输入线段终点半宽数值。命令行继续提示)

指定下一点或[圆弧(A)/闭合(C)/半宽(H)/长度(L)/放弃(U)/宽度(W)]：

(4) 长度(L)：将上一直线段延伸指定的长度。输入 L，命令行提示：

指定直线的长度：(输入延伸长度，直线延终点向前延伸指定长度。命令行继续提示)

指定下一点或[圆弧(A)/闭合(C)/半宽(H)/长度(L)/放弃(U)/宽度(W)]：

(5) 宽度(W)：指定下一线段的宽度数值。输入 W，命令行提示：

指定起点宽度<线段宽度当前值>：(输入线段起点宽度数值，命令行继续提示)

指定端点半宽<线段半宽起点值>：(如果线段等宽，直接按 Enter 键。否则，输入线段终点宽度数值。命令行继续提示)

指定下一点或[圆弧(A)/闭合(C)/半宽(H)/长度(L)/放弃(U)/宽度(W)]：

“闭合(C)”和“放弃(U)”选项与一般绘图命令选项含义一样，不再重述。

【例 7-9】 用多段线命令绘制图 7-66。

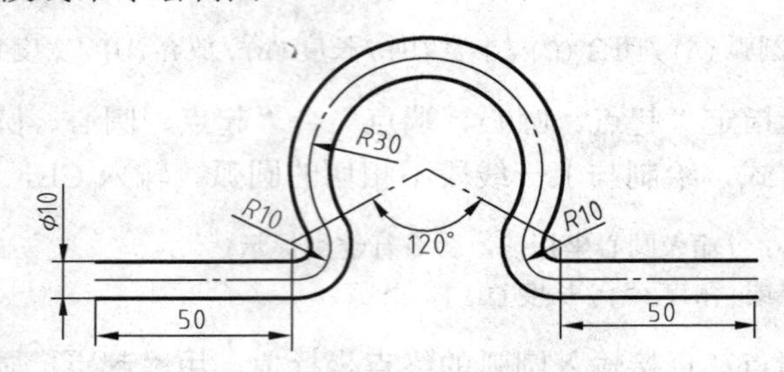

图 7-66　用多段线命令绘制热补偿管的主视图

画图步骤如下。

(1) 绘制圆管中心线的投影　选择红色点画线层为当前图层。在绘图工具条中单击按钮 + 。命令行提示：

指定起点：(在绘图区任意输入一点)

当前线宽为 0.0000

指定下一个点或[圆弧(A)/半宽(H)/长度(L)/放弃(U)/宽度(W)]：@50，0(用相对坐标画左端直线段)

指定下一点或[圆弧(A)/闭合(C)/半宽(H)/长度(L)/放弃(U)/宽度(W)]：a(选择绘制圆弧)

指定圆弧的端点或[角度(A)/圆心(CE)/闭合(CL)/方向(D)/半宽(H)/直线(L)/半径(R)/第二个点(S)/放弃(U)/宽度(W)]：a(选择用圆心角确定圆弧)

指定包含角：120(输入 R10 圆弧的圆心角)

指定圆弧的端点或[圆心(CE)/半径(R)]：ce(用圆心确定圆弧所在的方式定位)

指定圆弧的圆心：@0，10(用相对坐标确定 R10 的圆心位置，完成 R10 圆弧的绘制。)

指定圆弧的端点或[角度(A)/圆心(CE)/闭合(CL)/方向(D)/半宽(H)/直线(L)/半径(R)/第二个点(S)/放弃(U)/宽度(W)]：a(用圆心角确定第二段圆弧)

指定包含角：-240(输入圆心角，负值表示顺时针方向画圆弧)

指定圆弧的端点或[圆心(CE)/半径(R)]：r(用“起点、半径、圆心角和弦方向”方式画圆弧)
指定圆弧的半径：30(输入圆弧的半径，确定圆弧的大小)
指定圆弧的弦方向<120>：0(输入弦的方向，确定圆弧位置，完成第二段圆弧的绘制)
指定圆弧的端点或[角度(A)/圆心(CE)/闭合(CL)/方向(D)/半宽(H)/直线(L)/半径(R)/第二个点(S)/放弃(U)/宽度(W)]：a
指定包含角：120
指定圆弧的端点或[圆心(CE)/半径(R)]：r
指定圆弧的半径：10
指定圆弧的弦方向<240>：300(注意弦方向的角度为360～60，完成第三圆弧的绘制)
指定圆弧的端点或[角度(A)/圆心(CE)/闭合(CL)/方向(D)/半宽(H)/直线(L)/半径(R)/第二个点(S)/放弃(U)/宽度(W)]：l(返回到绘制直线状态)
指定下一点或[圆弧(A)/闭合(C)/半宽(H)/长度(L)/放弃(U)/宽度(W)]：@50，0(用相对坐标确定最后一个端点，完成整个点画线的绘制)
指定下一点或[圆弧(A)/闭合(C)/半宽(H)/长度(L)/放弃(U)/宽度(W)]：(直接按Enter键，结束命令)

(2) 用“偏移”命令绘制圆管的投影　在修改工具条中单击按钮。

指定偏移距离或[通过(T)]<0.0000>：5(输入圆管半径为偏移量)
选择要偏移的对象或<退出>：(拾取多段点画线，作为偏移对象)
指定点以确定偏移所在一侧：(在点画线上方任意位置拾取一点，完成一条偏移线的绘制)
选择要偏移的对象或<退出>：(拾取多段点画线，作为偏移对象)
指定点以确定偏移所在一侧：(在点画线下方任意位置拾取一点，完成另一条偏移线的绘制)
选择要偏移的对象或<退出>：(直接按Enter键，结束命令)

(3) 修改圆管轮廓线的特性。用偏移方式绘制的圆管轮廓线，仍为红色的点画线，现把它改成黑色的粗实线。

直接拾取圆管的轮廓线，单击【图层状态控制框】右边的黑三角，弹出下拉列表框，在下拉列表框中选择0层，完成线型、颜色和线宽等设置(因为线型、颜色和线宽均随层)。

7.6.3　面域的创建

面域是封闭区所形成的二维实体对象，可以看成一个平面实体区域。虽然从外观来说，面域和一般的封闭线框没有区别，但实际上面域就像是一张没有厚度的纸，除了包括边界外，还包括边界内的平面。

1) 将图形转化成面域

面域是平面实体区域，具有物理性质(如面积、质心、惯性矩等)，用户可以利用这些信息计算工程属性。用户可以将由某些对象围成的封闭区域转换为面域，这些封闭区域可以是圆、椭圆、封闭的二维多段线和封闭的样条曲线等对象，也可以是由圆弧、直线、二维多段线、椭圆弧、样条曲线等对象构成的封闭区域。

执行方式有如下三种。

(1) 下拉菜单：【绘图】|【面域】。

(2) 命令行：REGION。

(3) 工具栏：。

注意： REGION 命令只能创建面域，并且要求构成面域边界的线条必须首尾相连，不能相交。圆、多边形等封闭图形属于线框造型，而面域属于实体模型，因此它们在选中时表现的形式也不相同。

2) 创建面域

创建面域的执行方式有如下两种。

(1) 下拉菜单：【绘图】|【边界】。

(2) 命令行：BOUNDARY。

注意： BOUNDARY 命令不仅可以创建面域还可以创建边界，允许构成封闭边界的线条相交。创建面域时，如果系统变量 DELOBJ 的值为 1，AutoCAD 在定义了面域后将删除原始对象；如果系统变量 DELOBJ 的值为 0，则不删除原始对象。

3) 从面域中提取数据

面域对象除了具有一般图形对象的属性外，还有作为实体对象所具备的一个重要的属性——质量特性。

执行方式有如下三种。

(1) 下拉菜单：【工具】|【查询】|【面域 / 质量特性】。

(2) 命令行：MASSPROP。

(3) 工具栏：。

这时系统将自动切换到【AutoCAD 文本窗口】，并从中显示选择的面域对象的质量特性。

7.7 平面图形的修改

【学习目标】掌握修剪、延伸、断开、位移、复制、镜像、偏移等平面图形的修改和编辑命令。

7.7.1 图形的位移

该命令只改变图形的位置或方向，而不改变图形的大小、形状。

1) 移动

移动的执行方式有如下三种。

(1) 下拉菜单：【修改】|【移动】。

(2) 命令行：MOVE。

(3) 工具栏：。

移动对象是指对象的重定位。可以在指定方向上按指定距离移动对象，对象的位置发生了改变，但方向和大小不改变。

【例 7-10】将图 7-67(a)按图 7-67(b)进行修改：

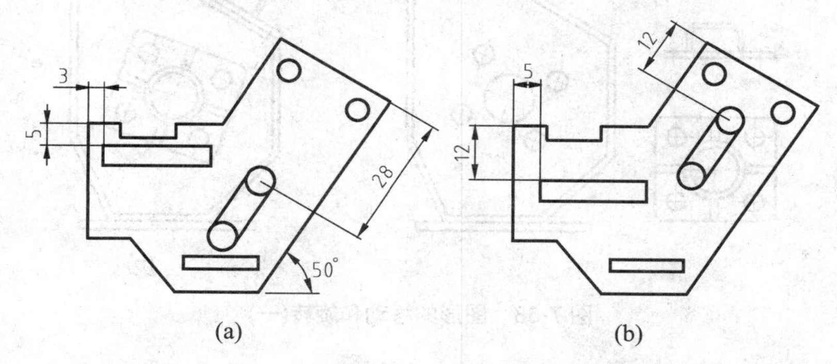

图 7-67　图形的移动

作图步骤如下。

如图 7-67(a)所示，运行【移动】命令，AutoCAD 给出提示：

```
命令：_move
选择对象：找到 1 个
选择对象：找到 1 个，总计 2 个
选择对象：找到 1 个，总计 3 个
选择对象：找到 1 个，总计 4 个
选择对象：//用单击的方式选择要移动的倾斜部分图形//
指定基点或位移：指定位移的第二点或 <用第一点作位移>：@16<58
//将选择的图形向右上方 58 度方向移动 16 毫米//
命令：_move
选择对象：指定对角点：找到 3 个
选择对象：//用交叉窗口的方式选择要移动矩形//
指定基点或位移：指定位移的第二点或 <用第一点作位移>：@2,-7//将选择的图形向右移动 2 毫米，向下移动 7 毫米//
```

2) 旋转

该命令为将对象绕基点旋转指定的角度，其执行方式有如下三种。

(1) 下拉菜单：【修改】|【旋转】。

(2) 命令行：ROTATE。

(3) 工具栏：。

> 注意：使用系统变量 ANGDIR 和 ANGBASE 可以设置旋转时的正方向和 0 角度方向。用户也可以选择【格式】|【单位】命令，在打开的【图形单位】对话框中设置它们的值。

【例 7-11】 打开图形文件图 7-68，使用移动和旋转命令将图 7-68(a)按图 7-68(b)进行修改。

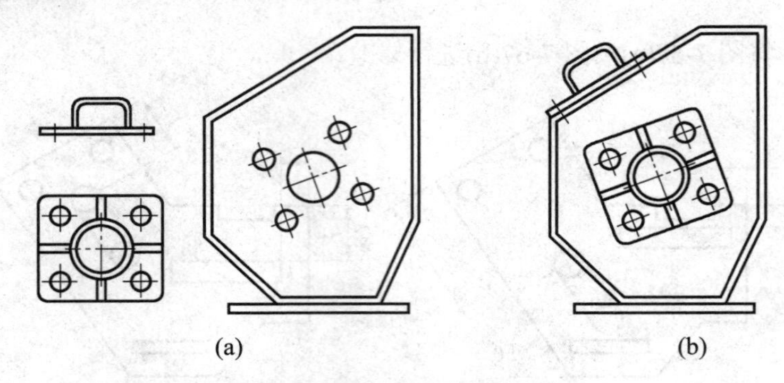

图 7-68　图形的移动和旋转(一)

作图步骤如下。

(1) 打开图形文件图 7-68(a)。

(2) 运行移动命令，将上面小图移动至 A 点，如图 7-69(a)所示。

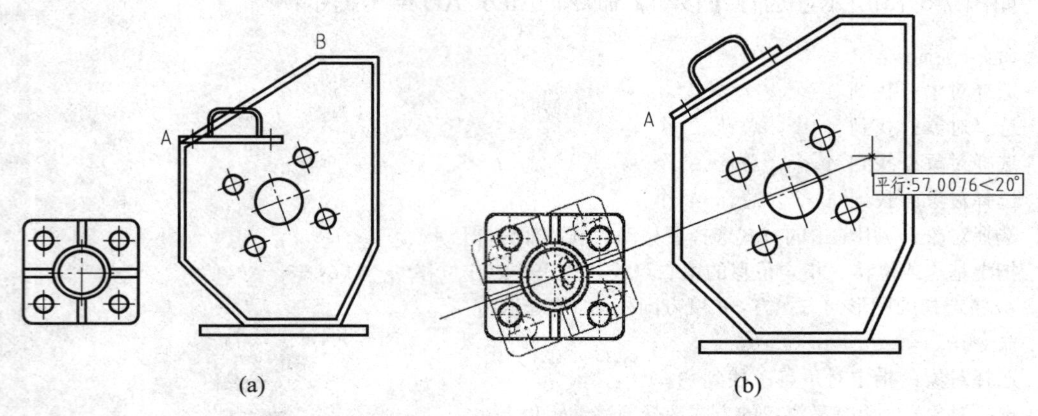

图 7-69　图形的移动和旋转(二)

(3) 运行旋转命令，使用参照方式，以 A 点所在水平线为基线，旋转至 AB 直线，如图 7-69(b)所示。

(4) 继续运行旋转命令，使用参照方式，以圆心 C 点为旋转基点，所在水平线为基线，使用对象捕捉中的平行捕捉模式，如图 7-69(b)所示，将图形旋转至指定位置线。

(5) 运行移动命令，以圆心 C 为基点，将右面小图移动到如图 7-70 所示位置。

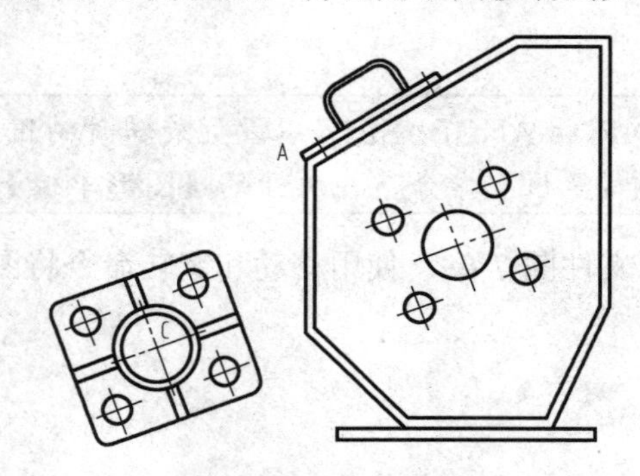

图 7-70　图形的移动和旋转(三)

7.7.2　图形的复制

执行方式有如下三种。

(1) 下拉菜单：【修改】|【复制】。

(2) 命令行：COPY。

(3) 工具栏：。

此命令可以从已有的对象复制出副本，并放置到指定的位置。执行该命令时，首先需要选择对象，然后指定位移的基点和位移矢量(相对于基点的方向和大小)。

【例 7-12】如图所示，使用复制命令将图 7-71(a)按图 7-71(b)进行修改。

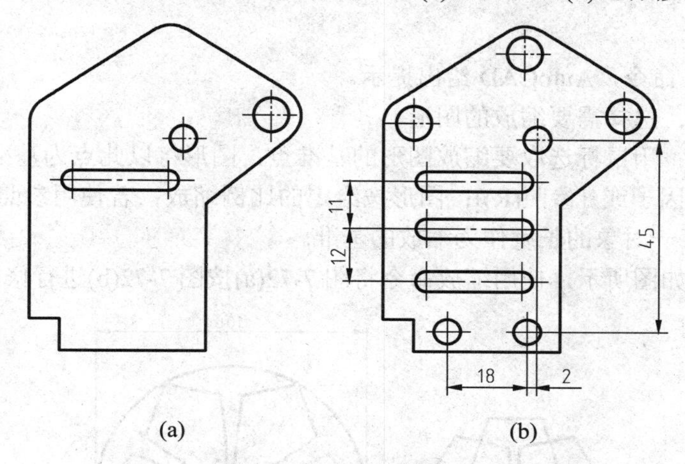

图 7-71　图形的复制

作图步骤如下。

打开图形文件图 7-71(a)，运行“复制”命令，AutoCAD 给出提示：

```
命令: _copy
选择对象: 指定对角点: 找到 3 个
选择对象:
指定基点或位移: 指定位移的第二点或 <用第一点作位移>: @-2,-45
指定位移的第二点: @-20,-45
指定位移的第二点://用相对坐标的方式复制小圆//
命令: _copy
选择对象: 指定对角点: 找到 3 个
选择对象:
指定基点或位移: 指定位移的第二点或 <用第一点作位移>:
指定位移的第二点: //用“对象捕捉”的方式复制大圆//
命令:copy
选择对象: 指定对角点: 找到 8 个
选择对象:
指定基点或位移: >>
正在恢复执行 COPY 命令。
指定基点或位移: 指定位移的第二点或 <用第一点作位移>: @0,-11
```

```
指定位移的第二点：@0,-23
指定位移的第二点：
```

7.7.3 缩放

1) 执行方式

该命令可以将对象按指定的比例因子相对于基点进行尺寸缩放，执行方式有如下三种。

(1) 下拉菜单：【修改】|【缩放】。

(2) 命令行：SCALE

(3) 工具栏：。

2) 选项说明

运行“缩放”命令，AutoCAD 给出提示。

(1) 选择对象：选择需要缩放的图形。

(2) 指定基点：用鼠标选取要缩放图形的基准点，图形将以此点为基准放大或缩小。

(3) 指定比例因子或 [参照(R)]：图形按给定的比例缩放；若使用参照方式则图形是按一定长度或是以某一对象的长度作为缩放的基准。

【例 7-13】 如图所示，使用缩放命令将图 7-72(a)按图 7-72(b)进行修改。

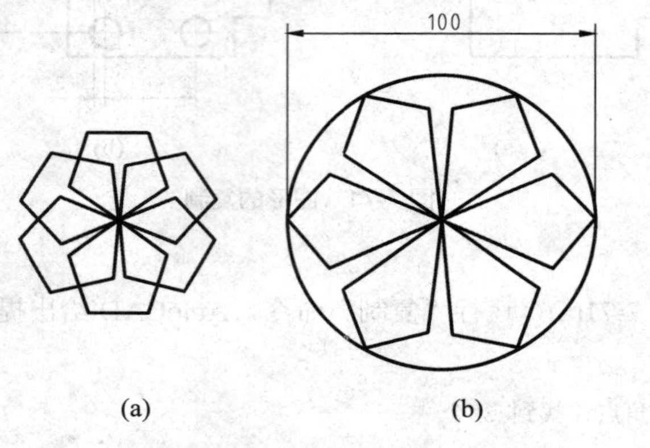

图 7-72 图形的缩放

作图步骤如下。

(1) 打开图形文件 7-72(a)。

(2) 绘制如图 7-72(b)所示的圆，运行【圆】命令，AutoCAD 给出提示：

```
命令：_circle 指定圆的圆心或 [三点(3P)/两点(2P)/相切、相切、半径(T)]:
指定圆的半径或 [直径(D)]:
```

(3) 对图形进行修剪。

(4) 将图形按图 7-72(b)所示尺寸进行缩放，运行【缩放】命令，AutoCAD 给出提示：

```
命令:_scale
选择对象：指定对角点：找到 7 个
选择对象：
指定基点：
```

```
指定比例因子或 [参照(R)]: r
指定参照长度 <1>:  指定第二点:
指定新长度: 100
```

7.7.4　修剪

1) 执行方式

该命令是对于超出边界的多余部分进行修剪并删除。在图形编辑过程中，修剪命令是编辑命令中使用最为频繁的命令，执行方式有如下三种。

(1) 下拉菜单：【修改】|【修剪】。

(2) 命令行：trim。

(3) 工具栏：-/--。

2) 命令说明

运行“修剪”命令，AutoCAD 给出提示：

```
命令: trim    (调用修剪命令，按 Enter 键)
选择对象或<全部选择>: (选择修剪边界，按 Enter 键)
选择对象: (选择修剪边界)
选择要修剪的对象，或按住 Shift 键选择要延伸的对象，或[栏选(F)/窗交(C)/投影(p)/边(E)/删除(R)/放弃(U)]: (选择要修剪的对象)
选择要修剪的对象，或按住 Shift 键选择要延伸的对象，或[栏选(F)/窗交(C)/投影(p)/边(E)/删除(R)/放弃(U)]: (选择要修剪的对象)
……
```

注意： 修剪命令可归纳为两步：确定修剪边界和确定需要修剪的多余的部分。

(1) 确定修剪边界：首先用光标拾取修剪对象的边界，然后单击，所选对象呈虚线选择状态，然后按 Enter 键确认。

(2) 修剪多余部分：首先用光标拾取修剪对象，然后单击，则修剪部分被修剪。

7.7.5　延伸对象

1) 执行方式

延伸命令是绘图中常用的编辑命令，常用于将直线、弧、多段线和多线延伸至指定位置，其执行方式有如下三种。

(1) 下拉菜单：【修改】|【延伸】。

(2) 命令行：Extend。

(3) 工具栏：--/。

2) 命令说明

运行“延伸”命令，AutoCAD 给出提示：

```
命令: extend    (调用延伸命令，按 Enter 键)
选择对象或<全部选择>: (选择延伸边界，按 Enter 键)
选择对象: (单击延伸对象)
```

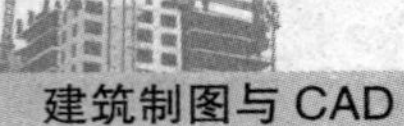

注意：命令激活后，先选择图形要延伸的边界线，并按 Enter 键或鼠标左键确认，然后再单击延伸图形的端点。对于复杂图形，在选择延伸边界后，可采用窗交方式选择延伸图形的端点，图形将同时延伸至边界。

7.7.6 拉伸对象

1) 执行方式

拉伸对象命令可对所选对象的指定部分，按规定的方向和角度拉长或缩短，并保持与未选部分相连接。拉伸命令适用于直线、弧、多段线、多线绘制的图形，其执行方式有如下三种。

(1) 下拉菜单：【修改】|【拉伸】。

(2) 命令行：Stretch。

(3) 工具栏：[icon]。

2) 命令说明

运行“拉伸”命令，AutoCAD 给出提示：

```
命令：stretch      (调用拉伸命令，按 Enter 键)
选择对象：(用窗交的方式选择拉伸的对象)
选择对象：(按 Enter 键，结束选择)
指定基点或：[位移(D)]<位移>：(指定基点)
指定第二个点或<使用第一个点作为位移> (移动光标拖曳所选部分或输入坐标精确定位移动的距离和方向)
```

如对图 7-73(a)所示几何图形进行拉伸时，可以采用窗交方式选择矩形的两个角点作为拉伸部分，呈现如图 7-73(b)所示虚线状态时按 Enter 键确认，再指定图形拉伸基点，最后向右拉伸所选部分，则图形拉伸结果如图 7-73(c)所示。

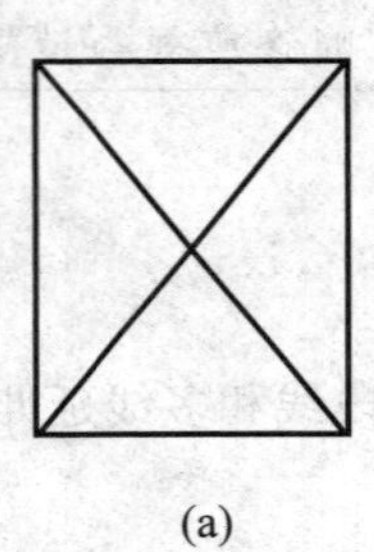
(a)

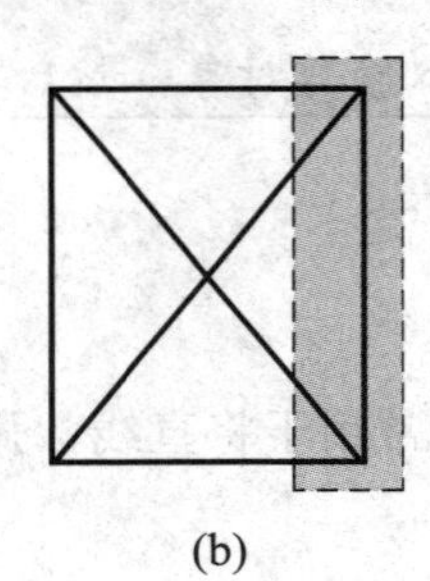
(b)

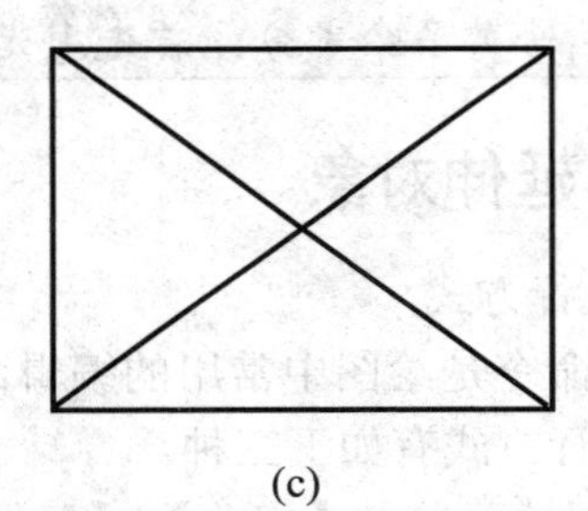
(c)

图 7-73 图形拉伸

注意：对于直线、圆弧、区域填充和多段线等对象，若其所有部分均在选择窗口内，那么它们将被移动，如果它们只有一部分在选择窗口内，则遵循拉伸规则。

7.7.7 镜像

该命令可以将对象以镜像线对称复制。在 AutoCAD 中，使用系统变量 MIRRTEXT 可以控制文字对象的镜像方向。如果 MIRRTEXT 的值为 1，则文字对象完全镜像，镜像出来

的文字变得不可读。如果 MIRRTEXT 的值为 0，则文字对象方向不镜像，镜像出来的文字变得可读。

执行方式有如下三种。

(1) 下拉菜单：【修改】|【镜像】。

(2) 命令行：MIRROR。

(3) 工具栏：。

【例 7-14】如图所示，使用镜像命令将图 7-74(a)按图 7-74(b)进行修改。

作图步骤如下。

(1) 打开图形文件图 7-74(a)，运行“复制”命令，AutoCAD 给出提示：

```
命令: _copy
选择对象: 指定对角点: 找到 3 个
选择对象:
指定基点或位移: 指定位移的第二点或 <用第一点作位移>:  @13,11
指定位移的第二点: @13,36
指定位移的第二点:
```

(2) 运行“镜像”命令，AutoCAD 给出提示：

```
命令: _mirror
选择对象: 指定对角点: 找到 17 个
选择对象:                                         //选择左边的半个图形//
指定镜像线的第一点: 指定镜像线的第二点:          //以图形的对称线为镜像线//
是否删除源对象? [是(Y)/否(N)] <N>:
```

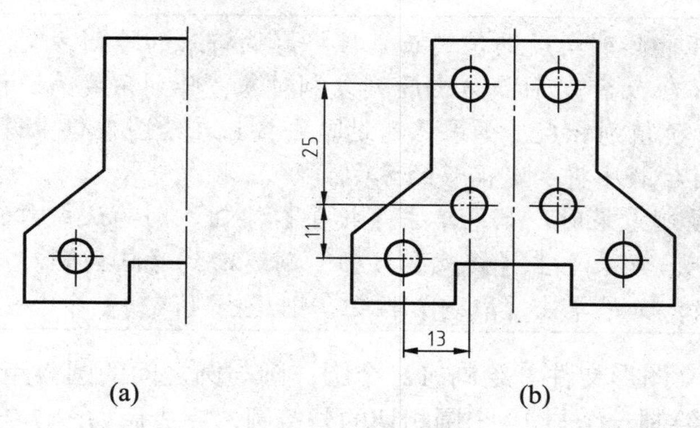

图 7-74　图形镜像

7.7.8　偏移

该命令可以对指定的直线、圆弧、圆等对象作偏移复制。在实际应用中，常利用【偏移】命令的这些特性创建平行线或等距离分布图形。

1) 执行方式

执行方式有如下三种。

(1) 下拉菜单：【修改】|【偏移】。

(2) 命令行：OFFSET。

(3) 工具栏：。

注意：使用【偏移】命令复制对象时，对直线段、构造线、射线作偏移，是平行复制。对圆弧作偏移后，新圆弧与旧圆弧同心且具有同样的包含角，但新圆弧的长度要发生改变；对圆或椭圆作偏移后，新圆、新椭圆与旧圆、旧椭圆有同样的圆心，但新圆的半径或新椭圆的轴长要发生变化。

2) 操作方法

运行“偏移”命令，AutoCAD 给出提示：

命令：offset（调用偏移命令，按 Enter 键）

当前设置：删除源=否 图层=源 OFFSETGAPTYPE=0 （系统显示相关信息）

指定偏移距离或[通过(T)/删除(E)/图层(L)]<0>：（指定偏移距离）

选择要偏移的对象，或[退出(E)/放弃(U)]<退出>：（拾取偏移对象，单击）

指定要偏移的那一侧上的点，或 [退出(E)/多个(M)/放弃(U)]<退出>：（在偏移方向上单击，按 Enter 键结束偏移）

7.7.9 阵列

打开【阵列】对话框，可以在该对话框中设置以矩形或者环形方式阵列复制对象。

执行方式有如下三种。

(1) 下拉菜单：【修改】|【阵列】。

(2) 命令行：ARRAY。

(3) 工具栏：。

注意：(1)行距、列距和阵列角度的值的正负性将影响将来的阵列方向：行距和列距为正值将使阵列沿 X 轴或者 Y 轴正方向阵列复制对象；阵列角度为正值则沿逆时针方向阵列复制对象，负值则相反。如果是通过单击按钮在绘图窗口中设置偏移距离和方向，则给定点的前后顺序将确定偏移的方向。

(2)预览阵列复制效果时，如果单击【接受】按钮，则确认当前的设置，阵列复制对象并结束命令；如果单击【修改】按钮，则返回到【阵列】对话框，可以重新修改阵列复制参数；如果单击【取消】按钮，则退出【阵列】命令，不做任何编辑。

【例 7-15】建立图形文件，绘制 12 个圆；圆与圆之间的圆心距为 50。绘图区域为 560×400，在图形中绘制一个与 12 个圆相切的外接圆，完成后如图 7-75 所示。

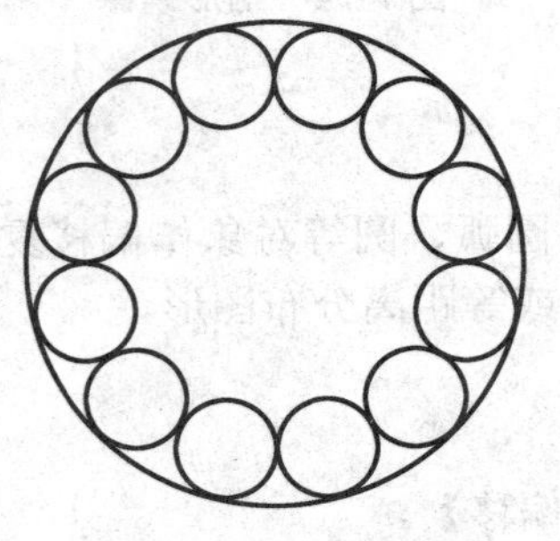

图 7-75 图形阵列

作图步骤如下。

(1) 建立图形文件，按题目要求设置图纸幅面，运行【格式】|【图形界限】命令，AutoCAD 给出提示：

```
命令:' _limits
重新设置模型空间界限:
指定左下角点或 [开(ON)/关(OFF)] <0.0000,0.0000>:
指定右上角点 <420.0000,297.0000>: 560,400
命令:<栅格 开>
命令: ' _zoom
指定窗口的角点，输入比例因子 (nX 或 nXP)，或者[全部(A)/中心(C)/动态(D)/范围(E)/上一个(P)/比例(S)/窗口(W)/对象(O)] <实时>: _all 正在重生成模型
```

(2) 运行【正多边形】命令，AutoCAD 给出提示：

```
命令: _polygon 输入边的数目 <4>: 12
指定正多边形的中心点或 [边(E)]: e
指定边的第一个端点: 指定边的第二个端点: 50
绘制边长为 50 毫米的正十二边形。
```

(3) 绘制正十二边形的外接圆及小圆，如图 7-76 所示。

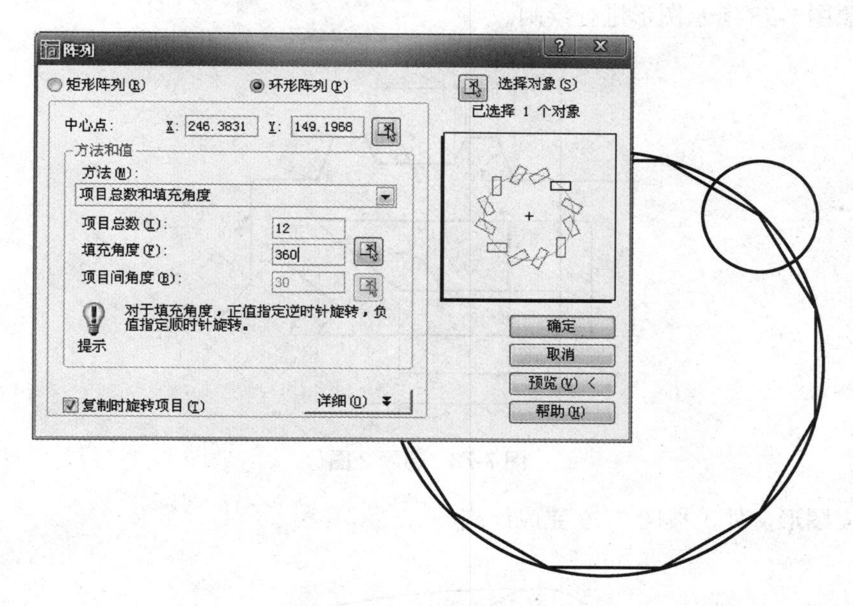

图 7-76　正十二边形外接圆及小圆

(4) 运行【阵列】命令，AutoCAD 给出【阵列】对话框，如图 7-76 所示，选【环形阵列】，捕捉外接圆的圆心为中心点，选择对象为小圆，项目总数为 12，填充角度为 360°。

习　题

1. 使用不同的坐标方式完成如图 7-77 所示图形的绘制。

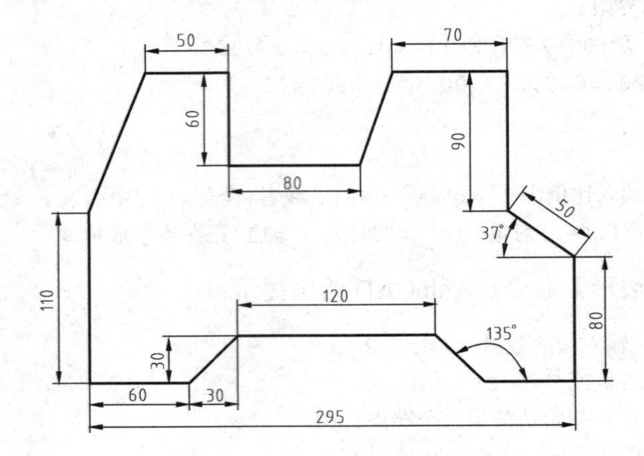

图 7-77　习题 1 图

2. 按照图 7-78 所示图形进行绘制。

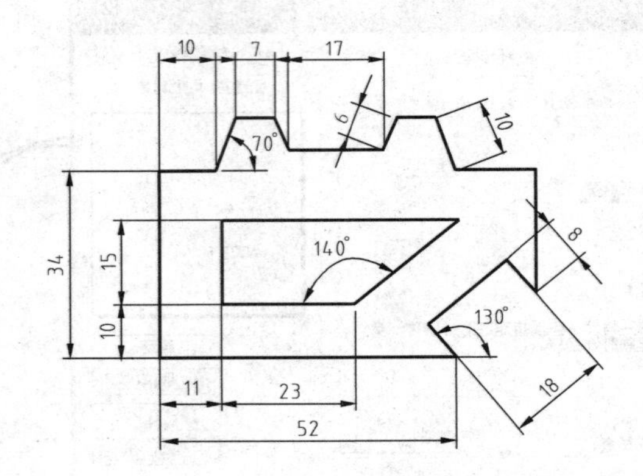

图 7-78　习题 2 图

3. 建立图形文件，按图 7-79 完成绘制。

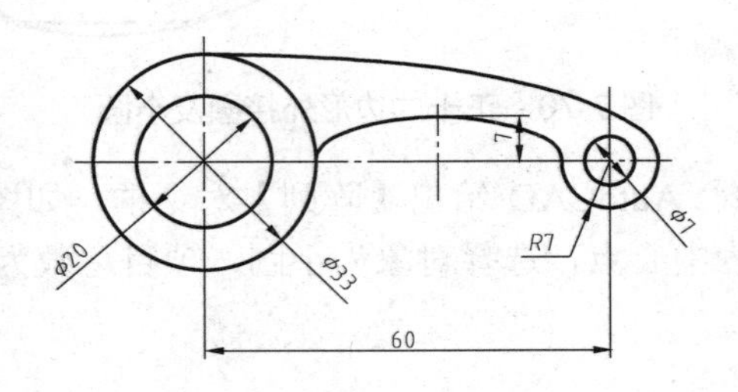

图 7-79　习题 3 图

4. 建立图形文件，按图 7-80 完成绘制。

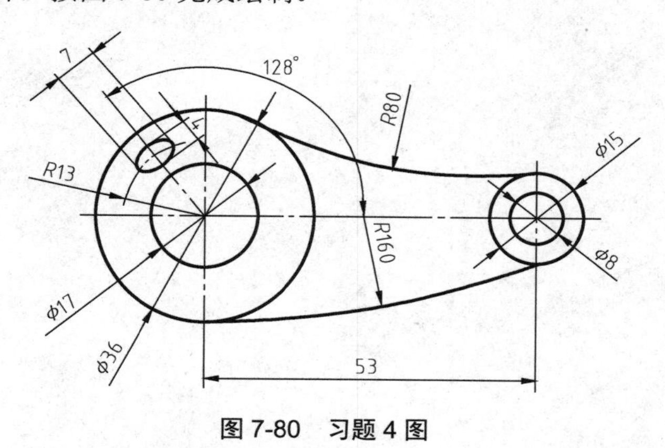

图 7-80　习题 4 图

5. 新建图形文件，按图 7-81 进行绘制。

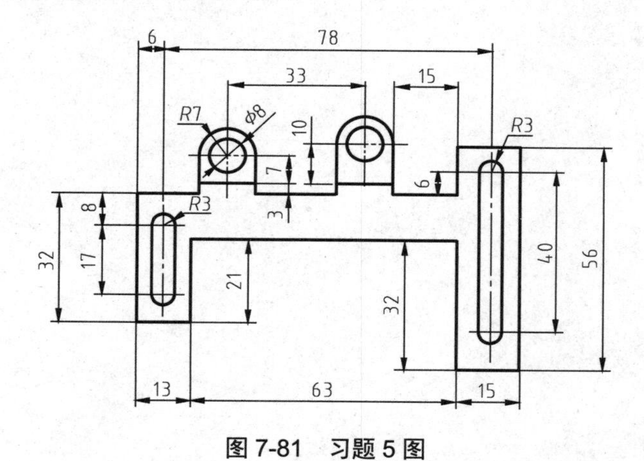

图 7-81　习题 5 图

6. 新建图形文件，完成如图 7-82 所示图形的绘制。

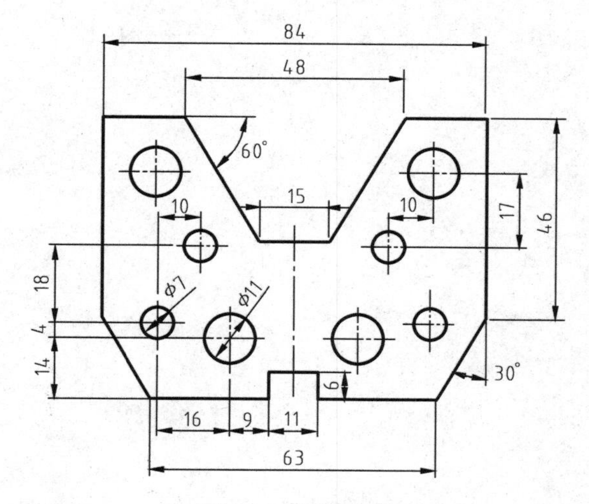

图 7-82　习题 6 图

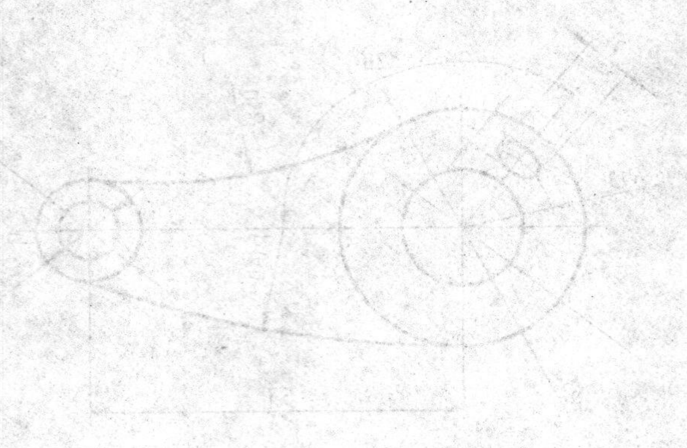

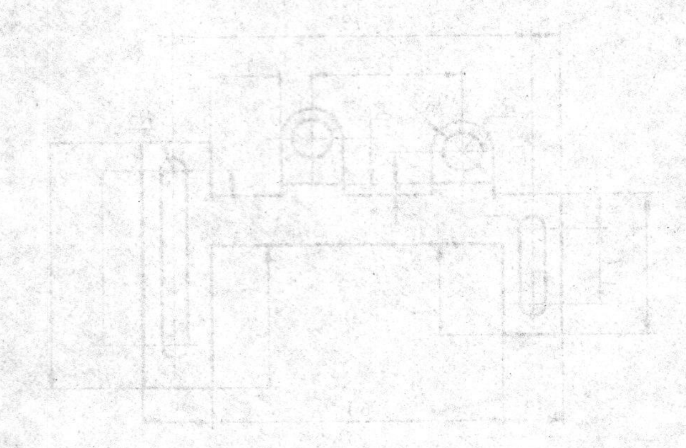

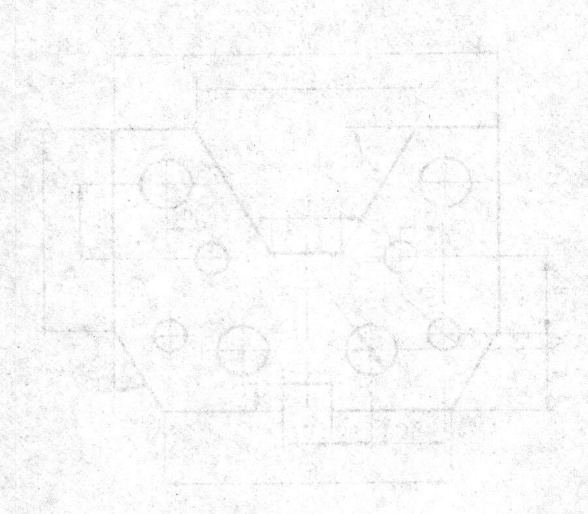

任务8　文字、标注、表格和块

【内容提要】

本章主要介绍了文字、尺寸标注、表格和块命令的基本内容和操作方法。

【技能目标】

- 掌握文字、尺寸标注、块的相关命令的使用。

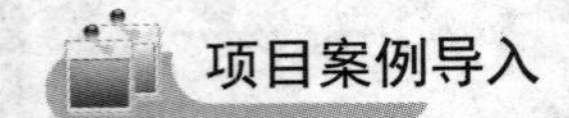

项目案例导入

使用不同的坐标方式完成如图 8-1 所示图形的绘制。

8.1 文　　字

【学习目标】掌握文字标注、编辑的方法。打开图 8-1，在图样中加入单行文字，字体为宋体，字高 3.5。

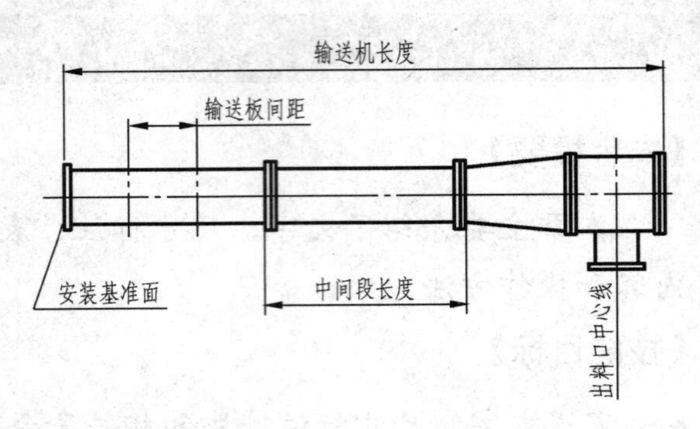

图 8-1　文字标注

打开图 8-2，在图样中加入多行文字，字体为黑体和宋体，字高 5 和 3.5。

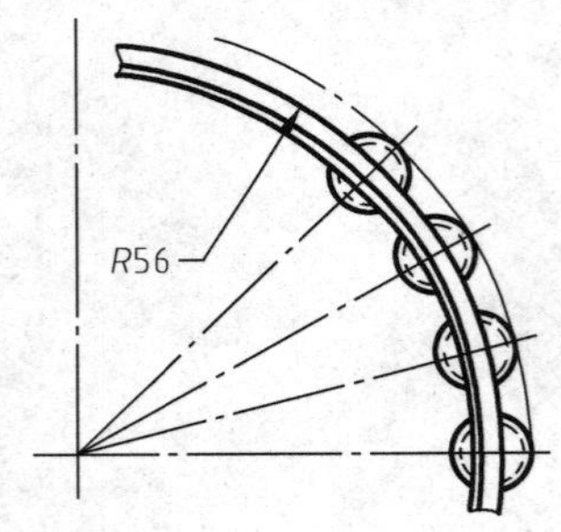

R56
技术要求:
1.本滚轮组是推车机链条在端头的专项设备,
适用的轨距为600 mm和500 mm两种;
2.考虑到设备在运输中的变形等情况,承梁
上的安装孔应在施工现场配做。

图 8-2　多行文字标注

AutoCAD 的文字样式即是文字的字体、字号、角度、方向及其他文字特征。AutoCAD 默认的文字样式为“standard”(标准样式)，字体名为“txt.shx”。在对机械图形进行文字标注前，一般需对将要标注的文字字体、字高和效果等进行设置，才能得到统一、标准的标注文字。

8.1.1　文字样式

1) 功能

在输入文字之前，首先要设置文字样式。文字样式包括字体、字高、字宽、比例、倾斜角度以及反向、倒置、垂直、对齐等形式。

2) 执行方式有如下三种

(1) 下拉菜单：【格式】|【文字样式】。

(2) 命令行：St↙(Style 的缩写)。

(3) 工具栏：![icon]。

选择上述任一方式输入命令，弹出【文字样式】对话框，如图 8-3 所示。

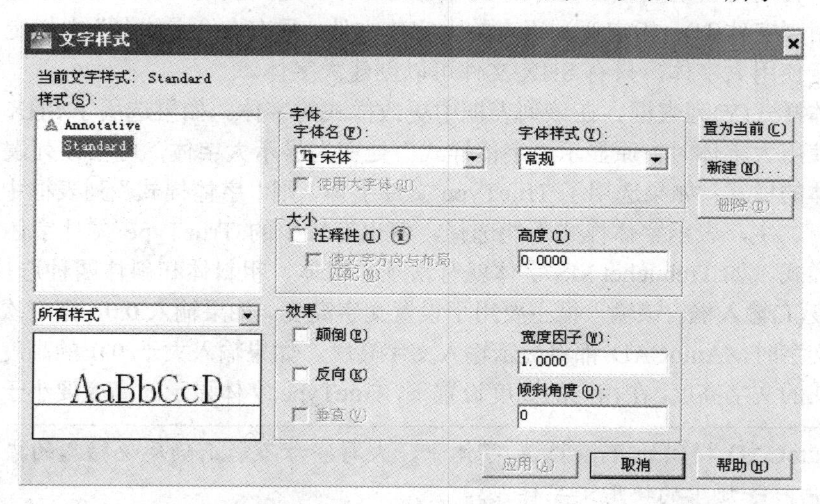

图 8-3　文字样式

3) 对话框说明

(1) 样式名控制框。

该控制框主要是用来选择已设置好的文字样式，新建一个文字样式，对已设置好的文字样式重新命名，以及删除某一文字样式。

- 样式名列表框。在该列表框中显示当前所选的字样名。单击其右侧的翻页箭头，在下拉列表中显示当前图形文件中已定义的所有字样名。在未定义其他字样名之前，系统自动定义的字样名为 Standard。
- 新建按钮。该按钮是用来创建新字体样式的。单击该按钮，弹出【新建文字样式】对话框，如图 8-4 所示。在该对话框的编辑框中输入用户所需要的样式名，单击【确定】按钮，返回到【新建文字样式】对话框，在对话框中对新命名的文字进行设置。

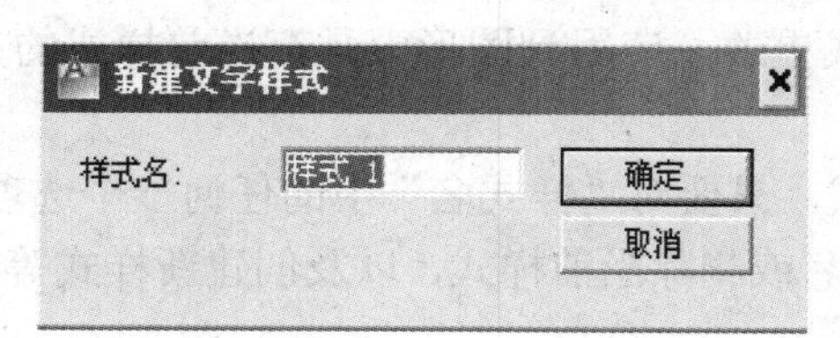

图 8-4　新建文字样式

- 重命名按钮。该按钮是用来更改已选择文字样式的样式名称。

删除按钮。该按钮是用来删除已选择的文字样式。Standard 的文字样式不能被删除。

(2) 字体控制框。

该控制框主要用来选择字体，设置字体样式、高度，以及选择是否使用大字体。

- 字体名(F)列表框。在该列表框中显示和设置中西文字体，单击该列表框的翻页箭头，在下拉列表中选取所需要的中西文字体。在列表框中列出所有注册的 TrueType 字

体和 AutoCAD Fonts 文件夹中 AutoCAD 编译 SHX 字体的字体族名。从列表框中选择名称后，AutoCAD 将读出指定字体的文件。除非文件已经由另一个文字样式使用，否则将自动加载该文件的字符定义。可以定义使用同样字体的多个样式。

- 使用大字体(U)。指定亚洲语言的大字体文件。只有在“字体名”中指定 SHX 文件，才能使用大字体。只有 SHX 文件可以创建大字体。
- 字体样式(Y)列表框。在该列表框中更改样式的字体。如果选用了 SHX 文件字体，在使用大字体时，原显示“字体样式”处变为显示大字体，可在该列表框中选择大字体的样式；如果选用了 TrueType 文件字体，则“字体样式”列表框中只显示“常规”二字，表示字体样式不能选择。但也有较少的 TrueType 文件字体可以选择字体样式，如 Trebuchet MS 字体就有常规、粗体、粗斜体和斜体四种选择。
- 高度(T)输入框。该输入框主要用于设置文字高度。如果输入 0.0，则每次用该样式输入文字时，AutoCAD 都将提示输入文字高度。如果输入大于 0.0 的高度，则设置该样式的文字高度。在相同的高度设置下，TrueType 字体显示的高度要小于 SHX 字体。

注意： 在 AutoCAD 提供的 TrueType 字体中，大写字母不能正确反映指定的文字高度。请参见用户手册中的使用文字样式。

(3) 效果控制框。

该控制框主要用来修改字体的特性。例如，高度、宽度比例、倾斜角、颠倒、反向或垂直对齐等。

注意： 设置文字倾斜角 α 的取值范围是：$-85 \leqslant \alpha \leqslant 85$。

(4) 预览框。

随着字体的改变和效果的修改，动态显示文字样例。在字符预览图像下方的方框中输入字符，将改变样例文字。

注意： 预览图像不反映文字高度。

(5) 应用按钮。

将对话框中所做的样式更改，应用到图形中具有当前样式的文字。

(6) 关闭按钮。

将更改应用到当前样式。只要对“样式名”中的任何一个选项作出更改，“取消”就会变为“关闭”。更改、重命名或删除当前样式，以及创建新样式等操作立即生效，无法取消。

(7) 取消按钮。

只要对“样式名”中的任何一个选项作出更改，“取消”就会变为“关闭”。

8.1.2 单行文本的输入(Dtext)

1) 功能

在图中注写单行文本，标注中可以使用 Enter 键换行，也可以在另外的位置单击，以确定一个新的起始位置。不论换行还是重新确定起始位置，将每次输入的一行文本作为一个独立的实体。

2) 执行方式有如下三种

(1) 下拉菜单：【绘图】|【文字】|【单行文字】。

(2) 命令行：Dt↙(Dtext 的缩写)。

(3) 工具栏：A。

选择上述任一方式输入命令，命令行提示：

当前文字样式：Standard 当前文字高度：2.5000
指定文字的起点或[对正(J)/样式(S)]：

3) 选项说明

(1) 指定文字的起点该选项为默认选项，输入或拾取注写文字的起点位置。当确定起点位置后，命令行提示：

指定高度<2.5000>：(输入文字的高度。也可以输入或拾取两点，以两点之间的距离为字高。当系统确定文字高度值后，命令行继续提示)
指定文字的旋转角度<0>：(输入所注写的文字与 X 轴正方向的夹角，也可以输入或拾取两点，以两点的连线与 X 轴正方向的夹角为旋转角。命令行继续提示)
输入文字：(输入需要注写的文字。用 Enter 键换行，连续两次回车，结束命令)

(2) 对正(J)：该选项用于确定文本的对齐方式。在 AutoCAD 系统中，确定文本位置采用 4 条线，即顶线、中线、基线和底线，如图 8-5 所示。输入 J 后，命令行提示：

输入选项[对齐(A)/调整(F)/中心(C)/中间(M)/右(R)/左上(TL)/中上(TC)/右上(TR)/左中(ML)/正中(MC)/右中(MR)/左下(BL)/中下(BC)/右下(BR)]：

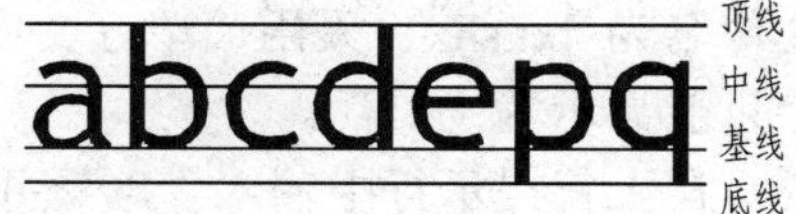

图 8-5 对齐方式

各种定位方式含义如下：

- 对齐(A)。该选项是通过输入两点(⊕表示定位点)确定字符串底线的长度，如图 8-6 所示。这种定位方式根据输入文字的多少确定字高，字高与字宽比例不变。也就是说两对齐点位置不变的情况下，输入的字数越多，字就越小。

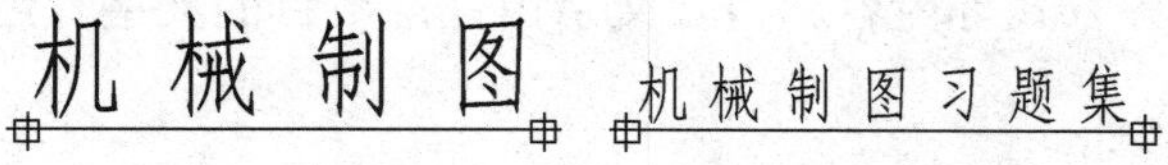

机械制图　机械制图习题集

图 8-6 对齐

- 调整(F)。该选项是通过输入两点确定字符串底线的长度和原设定好的字高确定字的定位。即字高始终不变，当两定位点确定之后，输入的字多字就变窄，反之字就变宽，如图 8-7 所示。

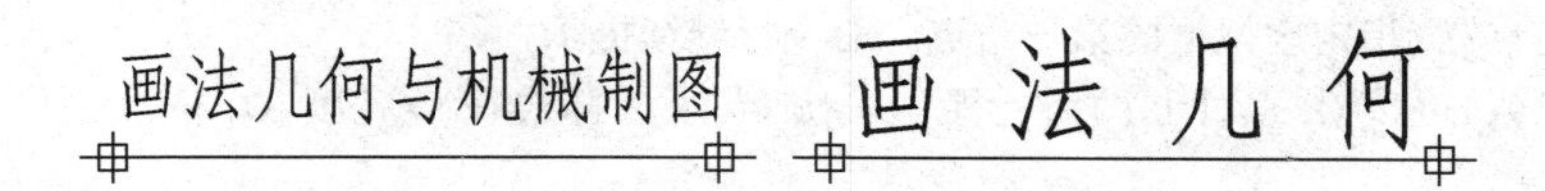

图 8-7 调整

- 中心(C)。该选项是将定位点设定在字符串基线的中点。
- 中间(M)。该选项是将定位点设定在字符串的中间。当所输入字符只占从顶线到底线或从中线到基线，那么该定位点位于中线与基线之间；当所输入字符只占从顶线到基线，该定位点位于中线上。
- 右(R)该选项是将定位点设定在字符串基线的右端。
- 左上(TL)该选项是将定位点设定在字符串顶线的左端。
- 中上(TC)该选项是将定位点设定在字符串顶线的中间。
- 右上(TR)该选项是将定位点设定在字符串顶线的右端。
- 左中(ML)该选项是将定位点设定在字符串中线的左端。
- 正中(MC)该选项是将定位点设定在字符串中线的中间。
- 右中(MR)该选项是将定位点设定在字符串中线的右端。
- 左下(BL)该选项是将定位点设定在字符串底线的左端。
- 中下(BC)该选项是将定位点设定在字符串底线的中间。
- 右下(BR)该选项是将定位点设定在字符串底线的右端。

(3) 样式(S)该选项是用于改变当前文字样式。输入 S，命令行提示：

```
输入样式名或[?]<Standard>:
```

输入的样式名必须是已经设置好的文字样式。系统默认的样式名为：Standard，其字体文件名为 txt.shx，采用“单行文字”命令时，这种字体不能用于输入中文字符，输入的汉字只能显示为“？”。

在上句提示行中输入“？”并按 Enter 键后，屏幕上弹出“AutoCAD 文本窗口”，显示已设置的文字样式名及其所选字体文件名。

8.1.3 多行文字的输入(Mtext)

1) 功能

在一个虚拟的文本框内生成一段文字，用户可以定义文字边界，指定边界内文字的段落宽度以及文字的对齐方式等内容。多行文字由任意数目的文字行组成，所有的文字构成一个单独的实体。

2) 执行方式有如下三种

(1) 下拉菜单：【绘图】|【文字】|【多行文字】。

(2) 命令行：Mt↙(Mtext 的缩写)。

(3) 工具栏：A。

选择上述任一方式输入命令，命令行提示：

```
当前文字样式：“样式 1”当前文字高度：2.5
指定第一角点：(指定虚拟框的第一角点。命令行继续提示)
指定对角点或[高度(H)/对正(J)/行距(L)/旋转(R)/样式(S)/宽度(W)]:
```

3) 选项说明

(1) 指定对角点该选项为默认选项，用于指定虚拟文本框的另一角点，确定文字行的宽

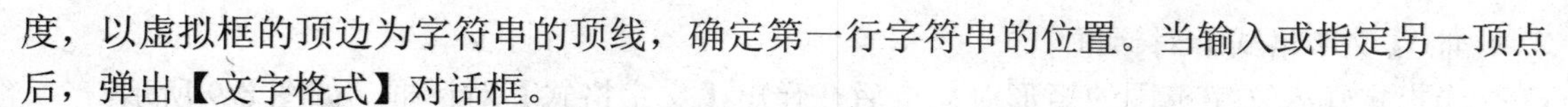

度，以虚拟框的顶边为字符串的顶线，确定第一行字符串的位置。当输入或指定另一顶点后，弹出【文字格式】对话框。

(2) 高度(H)。该选项用于指定文字高度。

(3) 对正(J)。该选项用于定义多行文字对象在虚拟文本框中的对齐排列方式。输入 J，命令行提示：

输入对正方式：[左上(TL)/中上(TC)/右上(TR)/左中(ML)/正中(MC)/右中(MR)/左下(BL)/中下(BC)/右下(BR)]<左上(TL)>:

多行文字对象在虚拟文本框中的对齐排列方式有九种，如图 8-8 所示。默认方式为“左上(TL)”。

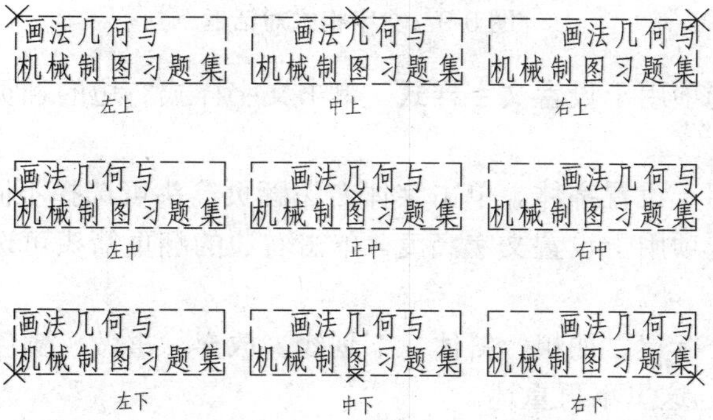

画法几何与 机械制图习题集　左上　中上　右上　左中　正中　右中　左下　中下　右下

图 8-8　多行文字对象的对齐排列方式

(4) 行距(L)该选项用于设置多行文字行与行之间的间距。输入 L，命令行提示：

输入行距类型[至少(A)/精确(E)]<至少(A)>:

① 至少(A)该选项用于确定最小行间距。输入 A，命令行提示：

输入行距比例或行距<1x>:(可直接输入行间距的数值，也可以一个带 x 的数字，表示设置行距为单行的倍数。输入的行距范围是 0.25X～4X，X≈ 1.667×文字高度)

② 精确(E)该选项用于确定一行文字中最大的字符高度，自动添加行间距。输入 E，命令行提示：

输入行距比例或行距<1x>:

(5) 旋转(R)该选项用于指定虚拟文本框的旋转角度。输入 R，命令行提示：

指定旋转角度<0>:(直接输入旋转角度。也可以输入一点坐标值，以该点与起点的连线方向确定旋转角度。完成多行文字输入后，各行文字均转过指定角度)

(6) 样式(S)，该选项用于重新输入文字样式名。输入 S，命令行提示：

输入样式名或[?]<Standard>:(输入文字的样式名)

(7) 宽度(W)，该选项用于指定文字行的宽度。输入 W，命令行提示：

指定宽度：(输入宽度数值。也可以指定一点，由该点到起点的距离确定文字宽度)

4) 【文字格式】对话框

当指定输入文字范围的矩形对角点后，弹出【文字格式】对话框，如图 8-9 所示。

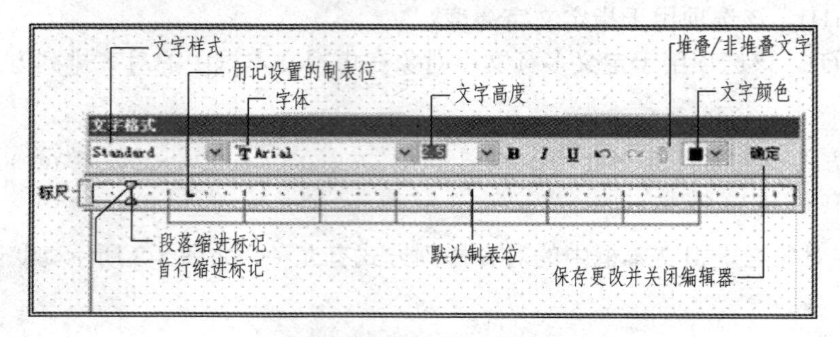

图 8-9　文字格式对话框

(1) 文字样式该选项用于设置文字样式。单击文字样式右边的翻页箭头，可选择已设置好的样式。

(2) 字体该选项用于设置字体。单击字体右边翻页箭头可选择不同字体。

(3) 文字高度该选项用于设置文字高度。单击右边的翻页箭头可选择已设置的字高，也可以直接输入字高。

(4) 其他选项对于标尺、加粗、斜体、下划线、放弃、重做、颜色和堆叠开关等，与一般软件按钮含义一样，这里不再重述。

8.1.4　特殊字符的输入

AutoCAD 提供了制图中常用的特殊字符代码：

特殊字符“ϕ”，代码为“%%C”。例如：ϕ10，输入“%%C10”。

特殊字符“°”，代码为“%%D”。例如：45°，输入“45%%D”。

特殊字符“±”，代码为“%%P”。例如：±0.000，输入“%%P0.000”。

8.1.5　编辑文本(Ddedit)

1) 文字编辑

(1) 功能。

对选定的文字进行修改。

(2) 执行方式有如下三种。

① 下拉菜单：【修改】|【对象】|【文字】|【编辑】。

② 命令行：Ddedit↙。

③ 工具栏：(在【文字】工具条中)。

选择上述任一方式输入命令，命令行提示：

```
选择注释对象或[放弃(U)]：(根据拾取的文字对象不同所要编辑的内容也不同)
```

(3) 编辑单行文字。

拾取单行文字后，弹出【编辑文字】对话框，如图 8-10 所示。在该对话框中可重新输

入、删除或增添文字后，单击确定按钮，完成编辑操作。

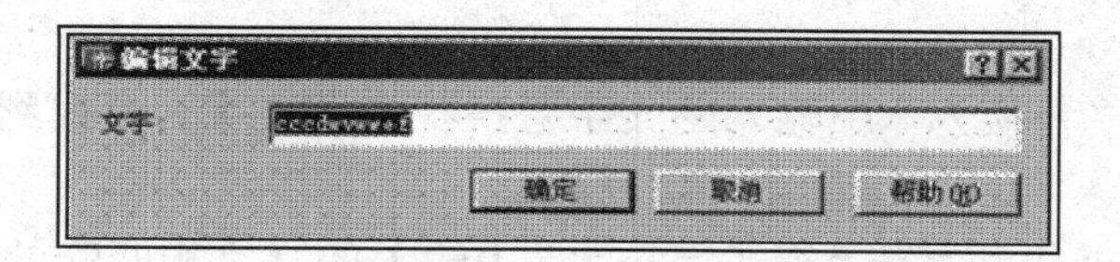

图 8-10　编辑文字对话框

(4) 编辑多行文字。

拾取多行文字后，弹出【文字格式】对话框，在该对话框中可重新输入、删除或增添文字，并可进行字高、字体、颜色等其他内容的修改。完成修改后，单击确定按钮，完成编辑操作。

2) 查找和替换(Find)

指定要查找、替换或选择的文字和控制搜索的范围及结果。

执行方式有如下三种。

(1) 下拉菜单：【编辑】|【查找】。

(2) 命令行：Find↙。

(3) 工具栏：(在“文字”工具条中)。

选择上述任一方式输入命令，弹出【查找和替换】对话框，如图 8-11 所示。

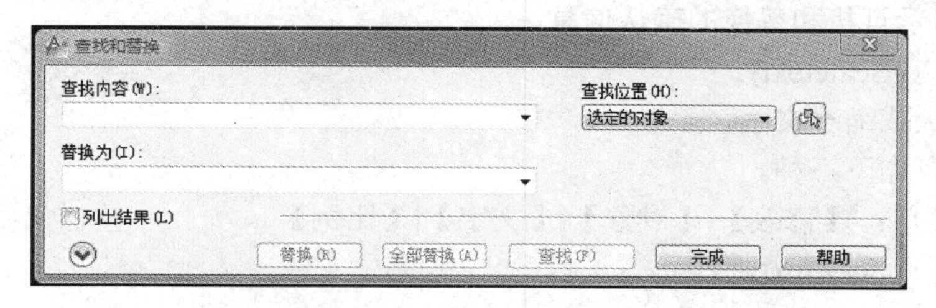

图 8-11　查找和替换对话框

选项说明如下。

① 查找字符串(I)指定要查找的字符串。输入字符串，或从列表中最近使用过的六个字符串中选择一个。

② 改为(E)指定用于替换找到文字的字符串。输入字符串，或从列表中最近使用过的六个字符串中选择一个。

③ 搜索范围(S)指定在整个图形中查找，还是仅在当前选择中查找。如果已选择某选项，“当前选择”为默认值。如果未选择任何选项，“整个图形”为默认值。可以用选择对象按钮临时关闭该对话框，并创建或修改选择集。

④ 选择对象单击按钮后，临时关闭该对话框以便可以在图形中选择对象。按 Enter 键返回对话框。选择对象时，“搜索范围”将显示“当前选择”。

⑤ 选项(O)…定义要查找对象的类型和文字。单击选项按钮后，弹出【查找和替换选项】对话框，如图 8-11 所示。在该对话框中设置需要查找对象的文字类型和属性后，单击确定按钮。

⑥ 查找(F)/查找下一个(F)查找在“查找字符串”中输入的文字。如果没有在“查找字符串”里输入文字，则该选项不可用。AutoCAD 在“上下文”区域显示找到的文字。一旦

找到第一个匹配的文本，“查找”选项变为“查找下一个”。用“查找下一个”可以查找下一个匹配的文本。

⑦ 替换(R)用在“替换为”中输入的文字替换找到的文字。查找到一个文字后，单击该按钮，完成一次替换。

⑧ 全部改为(A)查找所有与“查找字符串”中输入的文字相匹配的文本，并用“替换为”中输入的文字替换。AutoCAD 根据“搜索范围”中的设置，在整个图形或当前选择中进行查找和替换。状态区对替换进行确认并显示替换次数。

⑨ 全部选择(T)查找并全部选择包含在“查找字符串”中输入的文字已加载对象。只有当“搜索范围”设置为“当前选择”时，此选项才可用。选择“全部选择”时，该对话框将关闭，AutoCAD 在命令行显示一条信息，说明找到并选择的对象数目。

注意：“全部选择”并不替换文字。AutoCAD 忽略“替换为”中的任何文字。

⑩ 缩放为(Z)显示当前图形中包含查找或替换结果的区域。尽管 AutoCAD 搜索模型空间和图形中定义的所有布局，但只能对当前“模型”或布局选项卡中的文字进行缩放。当缩放到在多行文本对象中找到的文字时，有时找到的字符串，可能不在图形的可视区里显示。

⑪ 上下文在上下文中显示并亮显当前找到的字符串。如果选择“查找下一个”，AutoCAD 将刷新“上下文”区域并显示下一个找到的匹配字符串。

⑫ 状态显示查找和替换的确认信息。

3) 缩放文字(Scaletext)

功能：放大或缩小文字。

执行方式有如下三种。

(1) 下拉菜单：【修改】|【对象】|【文字】|【比例】。

(2) 命令行：Scaletext↙。

(3) 工具栏：。

选择上述任一方式输入命令，命令行提示：

输入缩放的基点选项：[现有(E)/左(L)/中心(C)/中间(M)/右(R)/左上(TL)/中上(TC)/右上(TR)/左中(ML)/正中(MC)/右中(MR)/左下(BL)/中下(BC)/右下(BR)]<现有>:
选择对象：(拾取要缩放的文字)
选择对象：(可继续拾取要缩放的文字，直接按 Enter 键，结束拾取。命令行继续提示)

指定一个位置作为缩放基点。按照基点提示，可以选择某个位置作为缩放基点，供每个选定的文字对象单独使用。缩放基点位于文字选项的一个插入点处，但是即使选项与选择插入点时的选项相同，文字对象的对正也不受影响。上面显示的基点选项在 TEXT 命令中描述。除了“对齐”、“调整”和“左”文字选项与左下(BL)多行文字附着点相同外，单行文字的基点选项，与多行文字的基点选项类似。当输入基点选项后，命令行提示：

指定新高度或[匹配对象(M)/缩放比例(S)]<2.5>:

选项说明如下：

① 指定文字高度该选项为默认选项，直接输入修改后的文字高度，结束命令。当文字高度改变后，文字宽度也随之改变，即字宽比例不变。

② 匹配对象(M)缩放最初选定的文字对象，与选定的文字对象大小匹配。输入 M，命令行提示：

选择具有所需高度的文字对象：(选择文字对象来匹配)

③ 比例因子(S)按参照长度和指定的新长度缩放所选文字对象。输入 S，命令行提示：

指定比例因子或[参照(R)]：

- 指定比例因子该选项为默认选项，通过直接输入比例因子的数值来缩放所选文字对象。
- 参照(R)该选项用于相对参照长度和新长度的比例关系来缩放选定的文字对象。输入 R，命令行提示：

指定参照长度<1>：(输入长度作为参照距离，命令行继续提示)
指定新长度：(输入比较参照长度输入另一长度)

选定文字将按新长度和参照长度中输入的值进行缩放。如果新长度小于参照长度，选定的文字对象将缩小，反之为放大。

4) 对正文字(Justifytext)

功能：用于修改文字的定位点。文字的定位点即为夹点。要命令状态下，直接拾取文字，文字的定位点变成冷夹点，当定位点变成热夹点后，可直接进行夹点编辑的各项操作。

执行方式有如下三种。

(1) 下拉菜单：【修改】|【对象】|【文字】|【对正】。

(2) 命令行：Justifytext↙。

(3) 工具栏：[icon]。

选择上述任一方式输入命令，命令行提示：

选择对象：(拾取要缩放的文字，可以选择单行文字对象、多行文字对象、引线文字对象和属性对象)
选择对象：(可继续拾取要缩放的文字，直接按 Enter 键，结束拾取。命令行继续提示)
输入对正选项[左对齐(L)/对齐(A)/调整(F)/中心(C)/中间(M)/右(R)/左上(TL)/中上(TC)/右上(TR)/左中(ML)/正中(MC)/右中(MR)/左下(BL)/中下(BC)/右下(BR)]<左对齐>：

选项说明如下：

指定新的对正点的位置，TEXT 命令介绍了上面显示的对正点选项。单行文字的对正点选项，除“对齐”、“调整”和“左”文字选项与左下(BL)多行文字附着点等价外，其余选项与多行文字的选项相似。输入对正选项后，结束命令。

5) 修改特性

功能：用于修改文字实体的基本特性、文字特性和几何特性。

执行方式有如下三种。

(1) 下拉菜单：【修改】|【特性】。

(2) 命令行：Justifytext↙。

(3) 工具栏：[icon](在“标准”工具条中)。

拾取文字对象后，选择上述任一方式输入命令，弹出【特性】窗口。【特性】窗口可以编辑当前图形中的任何对象。只要【特性】窗口中显示的内容均可修改。所选文字对象不同，【特性】窗口所显示的内容也不同。如选择单行文字，则显示单行文字的相应内容，如图 8-12(a)所示；如选择多行文字，则显示多行文字的相应内容，如图 8-12(b)所示。

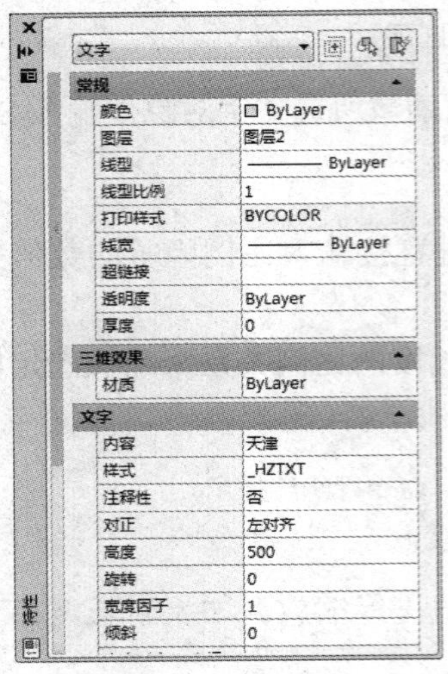

(a) 单行文字特性窗口

(b) 多行文字特性窗口

图 8-12　特性窗口

对于文字实体也可以采用【特性匹配】命令进行修改。首先输入“特性匹配”命令，再拾取源文字对象，这时光标变成刷子形，然后拾取要修改的目标文字对象。这时将目标对象的基本特性和几何特性改为与源对象的基本特性和几何特性一样。

实践训练

1. 打开图 8-13，在图样中加入单行文字，字体为宋体，字高 3.5。如图 8-13 所示。
2. 打开图 8-14，在图样中加入单行文字，字体为楷体，字高 4。如图 8-14 所示。

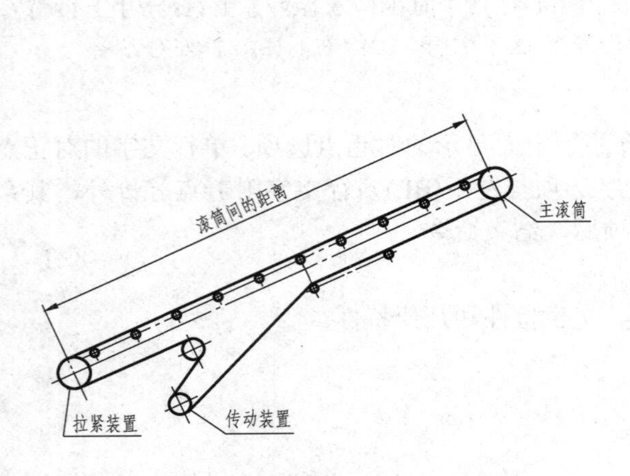

图 8-13　文字标准

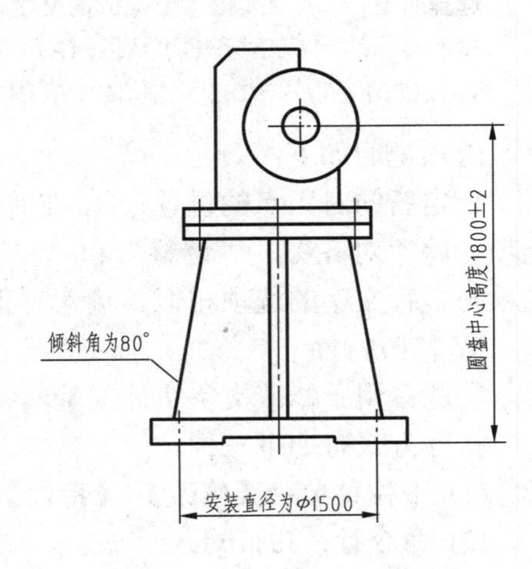

图 8-14　文字标准

课后作业

在图样中加入多行文字，字体为楷体，字高5。如图8-15所示。

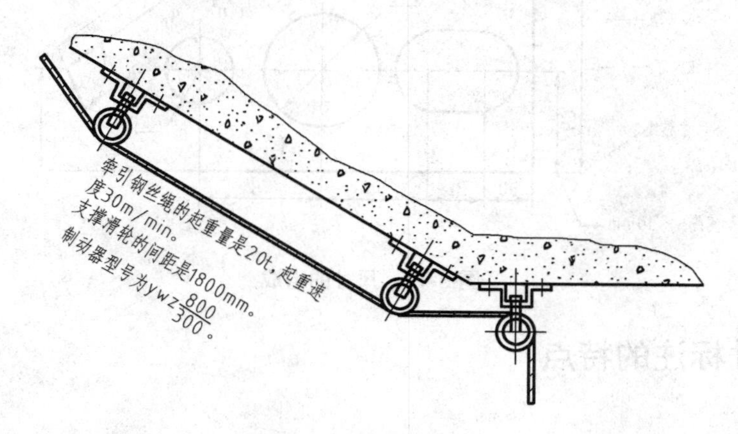

图8-15　多行文字

8.2　平面图形尺寸标注

【学习目标】掌握尺寸标注的相关命令。打开图8-16，按图8-16所示完成标注尺寸。

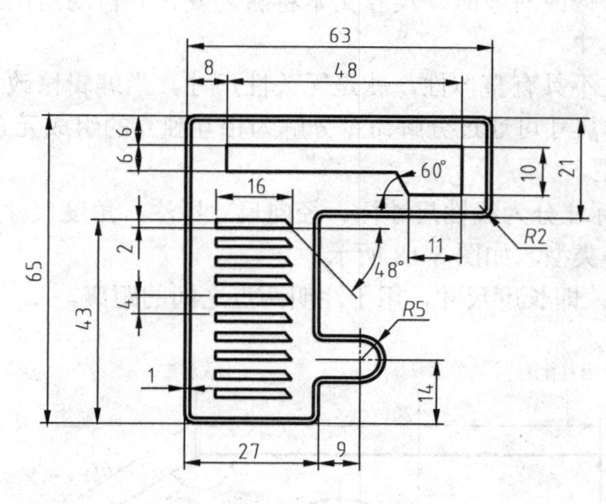

图8-16　尺寸标注

8.2.1　尺寸的组成

一个完整的尺寸由四部分组成，即尺寸线、尺寸数字、尺寸界限和箭头(起止符)。如图8-17所示。

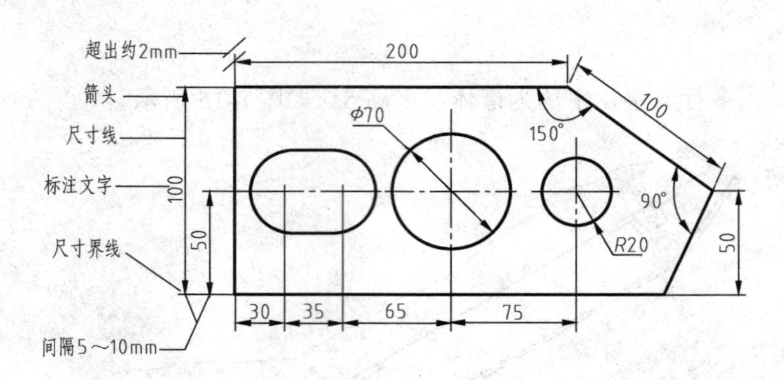

图 8-17　尺寸的组成

8.2.2　尺寸标注的特点

1) 整体性

每当标注一个尺寸时，该尺寸的所有组成部分将作为一个整体。选择尺寸时只能选中整个尺寸并进行整体处理，而不能选择某一部分进行操作。实际上，图形的每个尺寸都是作为一个块存在的，只是该块没有一个明确的名称。

2) 关联性

标注尺寸时，AutoCAD 将自动测量标注对象的大小，并在尺寸上给出测量结果，即尺寸文本。当用编辑命令修改对象时，尺寸文本将随之变化并自动给出新的对象大小，这种尺寸标注称为关联性尺寸。

如果一个尺寸标注不具有整体性，就是无关性尺寸。当编辑修改对象大小时，尺寸线不发生变化。注：整体尺寸可通过分解命令分解为相互独立的组成元素。

3) 尺寸标注的类型

AutoCAD 将尺寸标注分为线性尺寸标、径向尺寸标注、角度尺寸标注、引线旁注尺寸标注和中心尺寸标注等类型。如图 8-18 所示。

(1) 线性尺寸标注：即长度尺寸，用于注明两点之间的距离。

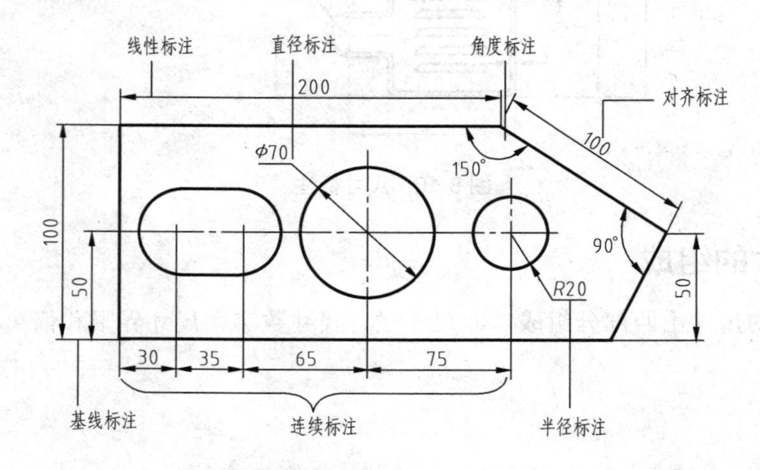

图 8-18　尺寸标注的类型

包括：①单一尺寸标注；②连续尺寸标注；③基线尺寸标注。

(2) 径向尺寸标注：用于注明圆或圆周弧半径或直径的大小。

(3) 角度尺寸标注：用于注明角度的大小。

(4) 引线旁注标注：用于对图形某点进行文字说明。

(5) 坐标尺寸标注：用于标注点的坐标。

(6) 中心尺寸标注：用于标注圆周心，圆弧或圆周中心坐标。

8.2.3　尺寸标注的规则

在 AutoCAD 中，对绘制的图形进行尺寸标注时应遵循以下规则：

(1) 图样中的尺寸以毫米为单位时，不需要标注计量单位的代号或名称。如采用其他单位，则必须注明相应计量单位的代号或名称，如度、厘米、米等。

(2) 物体的真实大小应以图样上所标注的尺寸数值为依据，与图形的大小及绘图的准确度无关。

(3) 一般物体的每一尺寸只标注一次，并应标注在最后反映该结构最清晰的图形上。

(4) 在同一图形中，同一类尺寸箭头、尺寸数字大小应该相同。

(5) 尺寸文本中的字体必须按照国家标准规定进行书写。即汉字必须使用仿宋，数字使用阿拉伯数字或罗马数字，字母使用希腊字母或拉丁字母。各种字体的大小可以从 20、14、10、7、5、3.5、2.5 等规格中选。

8.2.4　AutoCAD 尺寸标注的方法

在 AutoCAD 中对图形进行尺寸标注的基本步骤如下：

(1) 了解专业图样尺寸标注的有关规定。

(2) 一个尺寸标注所需的文字样式，标注样式。

(3) 建立一个新图层，专门用于标注尺寸，以便于区分图形和进行修改。

(4) 使用对象捕捉和标注等功能，对图形中的元素进行标注。

(5) 检查所标注的尺寸，对不符合要求的尺寸进行修改和编辑。

8.2.5　尺寸标注样式

1) 执行方式有如下三种

(1) 下拉菜单：【格式】|【标注样式】或【标注】|【样式】。

(2) 命令行：DDIM。

(3) 工具栏：。

弹出【标注样式管理器】对话框，如图 8-19 所示。

2) 选项说明

(1) 新建按钮：创建新标注样式选择【新建】起新样式名后出现：

- 【新样式名】：输入所要建立的新标注格式名称。如图 8-20 所示。
- 【基础样式】：设置新样式前可以选择一个已存在的标注样式，在此基础上进行改动。
- 【用于】：可以选择该新建样式适用于哪些标注类型。

- 【继续】：选择继续屏幕出现对话框，根据此对话框为新标注样式设置参数。

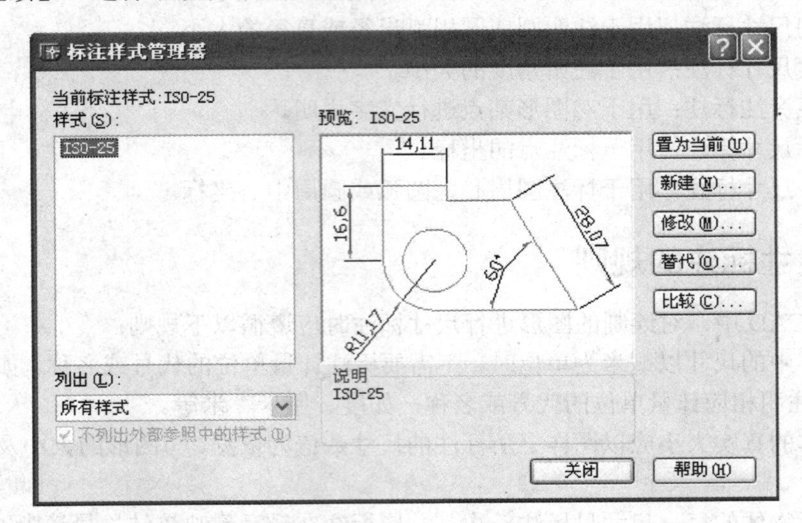

图 8-19　标注样式管理器对话框

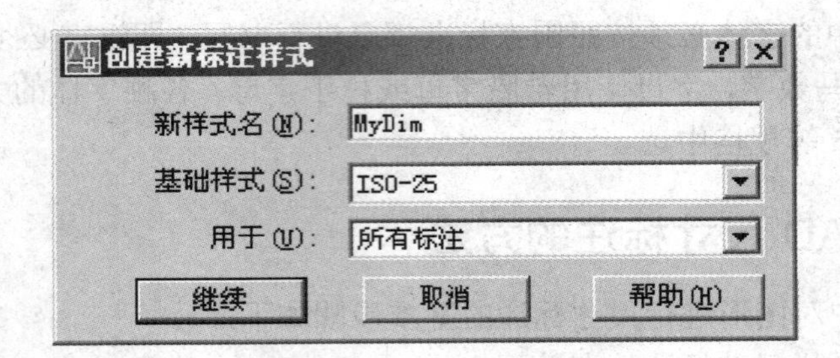

图 8-20　创建标注样式对话框

(2) 置为当前。将在【样式】下选定的标注样式设定为当前标注样式。

(3) 修改。显示【修改标注样式】对话框，从中可以修改标注样式。

(4) 替换。显示【替换当前样式】对话框，从中可以设定标注样式的临时替代值。

(5) 比较。显示【比较标注样式】对话框，从中可以比较两个标注样式或列出一个标注样式的所有特性。

3) 新建样式

(1) 直线和箭头(如图 8-21 所示)。

① 尺寸线选项区。

在【尺寸线】选项组中，可以设置尺寸线的颜色、线宽、超出标记以及基线间距等属性。【颜色】和【线宽】下拉列表框均设置为“随层(ByLayer)”，便于图层管理。

注意：尺寸线和尺寸界线一般为细实线。

② 尺寸界线选项区。

在【尺寸界线】选项组中，可以设置尺寸界线的颜色、线宽、超出尺寸线的长度和起点偏移量、隐藏控制等属性。

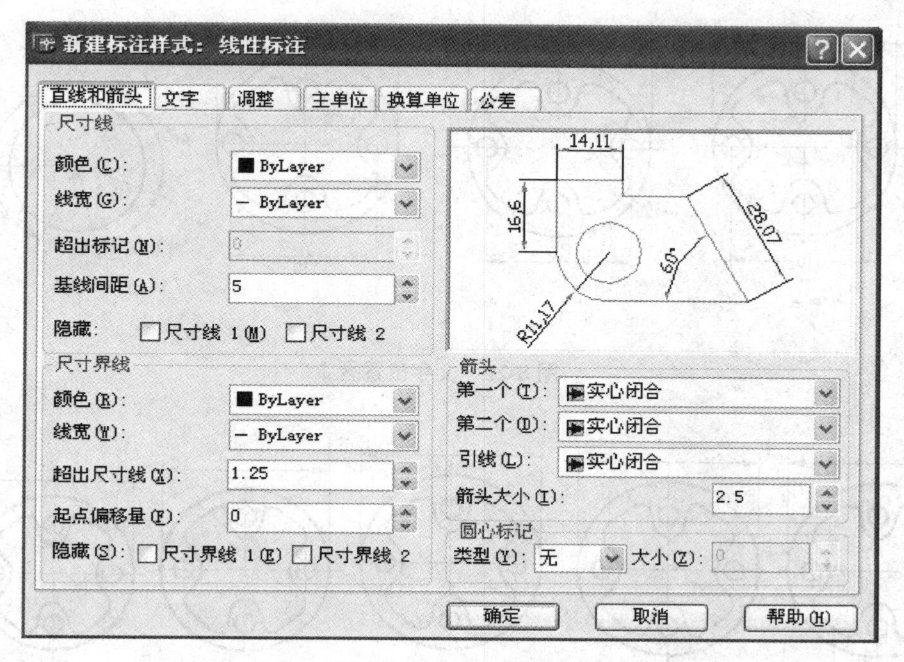

图 8-21　线性标注时对话框

③ 箭头选项组。

在【箭头】选项组中，可以设置尺寸线和引线箭头的类型及尺寸大小等。通常情况下，尺寸线的两个箭头应一致。

AutoCAD 设置了 20 多种箭头样式。可以从对应的下拉列表框中选择箭头，也可以使用自定义箭头。

箭头大小：设置箭头尺寸的大小。输入的数值指尺寸箭头长度方向尺寸，尺寸箭头的宽度按长度自动调整。

④ 圆心的中心标记选项区。

在【圆心标记】选项组中，可以设置圆或圆弧的圆心标记类型，如“标记”、“直线”和“无”。其中，选择“标记”选项可对圆或圆弧绘制圆心标记；选择“直线”选项，可对圆或圆弧绘制中心线；选择“无”选项，则没有任何标记。当选择“标记”或“直线”单选按钮时，可以在“大小”文本框中设置圆心标记的大小。

(2) 文字。

① 文字外观区。

在【文字外观】选项组中，可以设置文字的样式、颜色、高度和分数高度比例，以及控制是否绘制文字边框等。

② 文字位置区(如图 8-22 所示)。

③ 文字对齐区(如图 8-23 所示)。

在【文字对齐】选项组中，可以设置标注文字是保持水平还是与尺寸线平行。

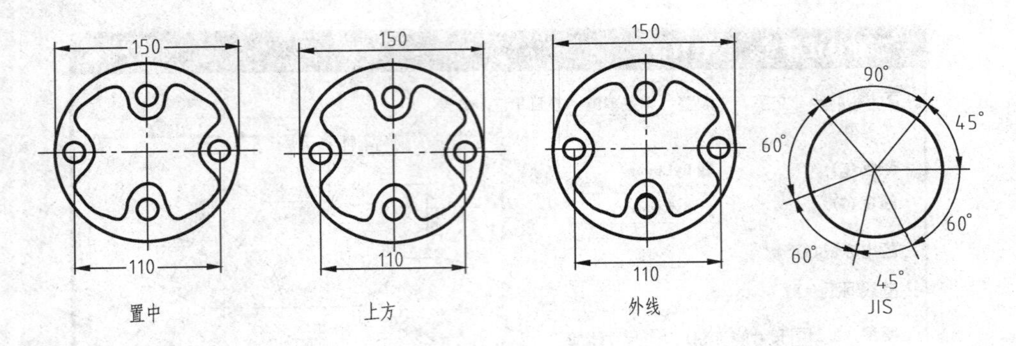

图 8-22 文字位置区

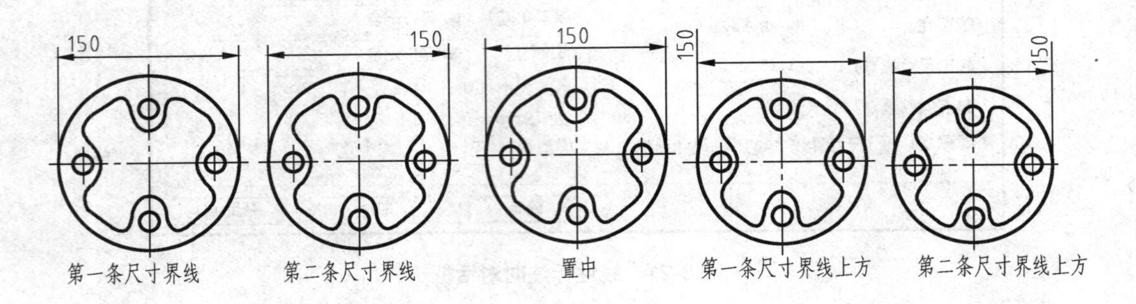

图 8-23 文字对齐区

(3) 调整和其他。

选中此选项后，将对【文字位置】、【标注特征比例】等内容进行调整。

注意：尺寸标注精度不受图形单位精度的控制，同样尺寸精度也不能影响到图形单位的精度。

8.2.6 线性尺寸标注

线性尺寸是工程制图中最常见的尺寸，包括水平尺寸、垂直尺寸、旋转尺寸、基线尺寸和连续尺寸标注。

1) 水平、垂直和旋转角度尺寸标注

(1) 执行方式有如下三种。

① 下拉菜单：【标注】|【线性】。

② 命令行：DIMLINEAR。

③ 工具栏：⊢⊣。

(2) 命令说明。

一般只用它标注垂直和水平方向的线型对象，对于倾斜的线型，一般使用对齐命令进行标注；选择尺寸标注定位时，采用对象捕捉更准确。

2) 对齐尺寸标注

(1) 执行方式有如下三种。

① 下拉菜单：【标注】|【对齐文字】。

② 命令行：DIMALIGEND。

③ 工具栏：。

(2) 命令说明。

该命令用于倾斜对象的尺寸标注，系统能自动将尺寸线调整为与所标注线段平行；选项角度可改变尺寸文本的方向，否则，尺寸文本将按照尺寸规格设置方向摆放。

3)　连续尺寸标注

以某个面(或线)作为基准，其他尺寸都以该基准进行定位或画线，这就是基线标注。

(1) 执行方式有如下三种。

① 下拉菜单：【标注】|【连续】。

② 命令行：DIMBASELINE/DIMCONTINUE。

③ 工具栏： / 。

(2) 命令说明。

在使用连续尺寸标注命令之前，应先进行线性、对齐或角度命令标注第一段尺寸；在标注连续的角度尺寸时，也可采用连续标注

注意：在使用基线命令标注尺寸时，尺寸线间的距离由尺寸标注格式中基线间距大小设置控制，用户不能在此调整。

8.2.7　圆弧尺寸标注

1) 半径、直径尺寸标注

执行方式有如下三种。

(1) 下拉菜单：【标注】|【半径】|【直径】。

(2) 命令行：DIMRADIUS(DIMRAD)/DIMDIAMTER(DIMDIA)。

(3) 工具栏： / 。

2) 圆心标记标注

直径的标注形式有三种选择：无、十字和中心线，其设置和大小在【标注样式】中设定。

执行方式有如下三种。

(1) 下拉菜单：【标注】|【圆心标记】。

(2) 命令行：DIMCENTER。

(3) 工具栏：。

8.2.8　径向尺寸标注

1) 角度标注

用于圆弧、角、两条非平行线的夹角以及三点之间夹角的标注。

对于三点之间夹角的角度标注，需先右击或按 Enter 键。待命令行出现“指定角的顶点”提示时，再依次拾取两个端点，最后确定标注弧线位置，即可完成三点之间夹角的标注。

执行方式有如下三种。

(1) 下拉菜单：【标注】|【角度】。

(2) 命令行：DIMANGULAR。

(3) 工具栏：。

2) 引线标注

引线标注用于对图形中的某一特征进行说明，并用一条引线将文字指向被说明的特征。引线由箭头、直线段或样条曲线以及水平线等组成的复杂对象。引线和注释是两全独立的对象，但两者是相关的。如果移动注释，引线也会移动，但移动引线注释并不移动。

引线不测量距离。

执行方式有如下两种。

(1) 下拉菜单：【标注】|【引线】。

(2) 工具栏：。

命令选项如下：

启动命令后出现：指定第一个引线点或【设置 CS】<设置>:

选择“S”设置进入【引线设置】对话框(如图 8-24 所示)。

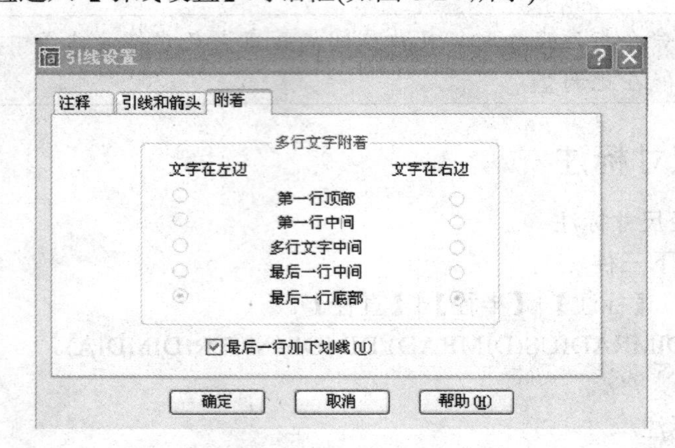

图 8-24　引线设置对话框

(1) 注释选项卡：可设置引线的注释类型，多行文字选项以及是否重复使用同一引线标注。

(2) 引线和箭头选项卡：可设置引线和箭头的格式类型。

(3) 附着选项卡：可设置引线标注和引线的相互位置。

3) 坐标标注

坐标标注是从当前坐标系的原点到标注特征点的 X、Y 方向的距离。坐标标注精确定义了几何特征点与基准的距离。

执行方式如下：

下拉菜单：【标注】|【坐标】。

8.2.9　快速标注

使用快速标注命令时，系统可以自动查找所选几何体上的端点，并将它们作为尺寸界

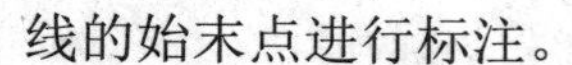

线的始末点进行标注。

1) 执行方法

执行方式有如下三种。

(1) 下拉菜单：【标注】|【快速标注】。

(2) 命令行：QDIM。

(3) 工具栏：。

2) 命令选项

并列：是指一组由中间向左、右两端对称且尺寸文本相互错开的尺寸。

编辑：通过增加(或减少)尺寸标注点来编辑一系列尺寸。

其他各选项的标注方法同前。

8.2.10　尺寸标注修改与编辑

1) 编辑尺寸文本

执行方式有如下三种。

(1) 下拉菜单：【标注】|【倾斜】。

(2) 命令行：DIMEDIT。

(3) 工具栏：。

2) 编辑尺寸文本位置

执行方式有如下三种。

(1) 下拉菜单：【标注】|【对齐】。

(2) 命令行：DIMTEDIT。

(3) 工具栏：。

3) 更新标注样式

(1) 执行方式有如下三种。

① 下拉菜单：【标注】|【更新】。

② 命令行：DIMSTYLE。

③ 工具栏：。

(2) 命令说明。

该命令执行之前必须先设置一个新的尺寸标注格式，然后再执行此命令。

如果修改当前尺寸标注格式，图形中已标注尺寸会立即被更新。

4) 利用【特性】编辑尺寸标注

选择下拉菜单【修改】|【特性】，弹出【特性】对话框，即可修改。

实践训练

按图8-25所示尺寸完成图形并标注尺寸。

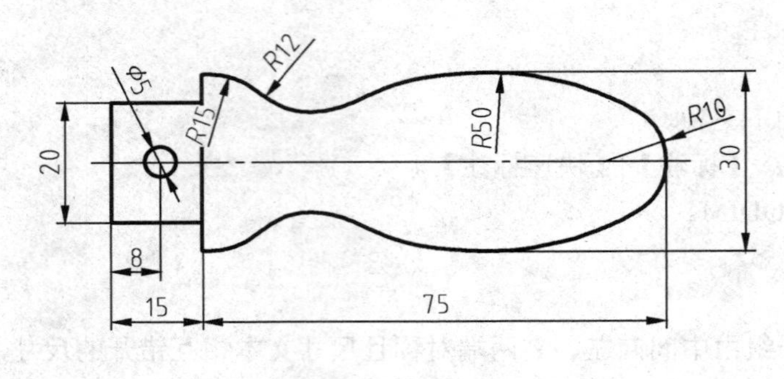

图 8-25 尺寸标准

课后作业

按图 8-26 所示尺寸完成图形并标注尺寸。

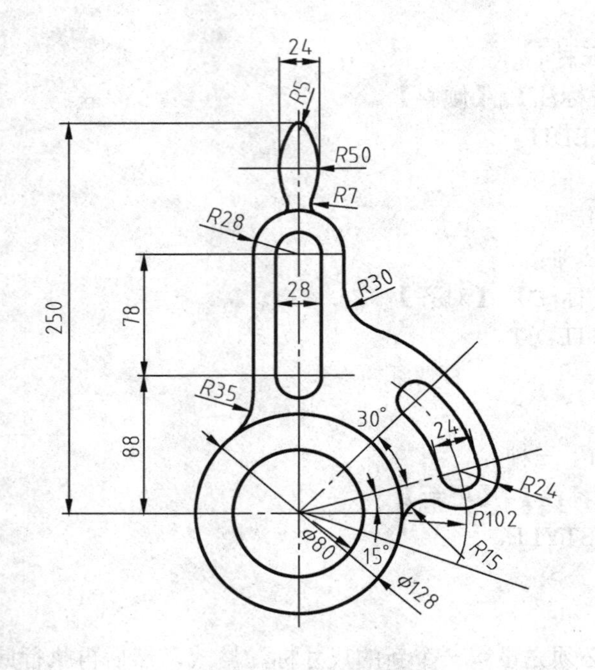

图 8-26 尺寸标注

8.3 表格和块

【学习目标】学习表格和块的相关命令。

完成图 8-27 所示图形的绘制。

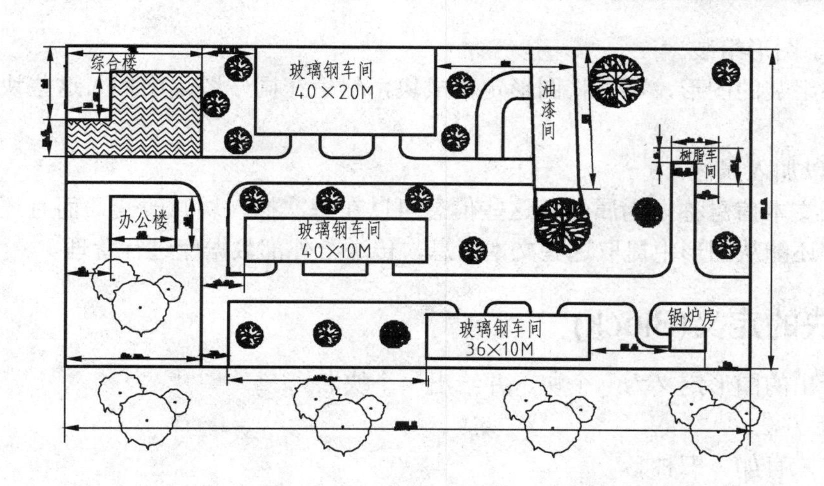

图 8-27　块操作示例

8.3.1　表格

可以使用创建表格命令来建立表格，还可以从 Excel 中直接复制表格。

(1) 表格样式设置：【格式】|【表格样式】。

(2) 创建表格：【绘图】|【表格】；工具栏的绘图。

(3) 编辑表格和表格单元：可以使用夹点操作编辑表格，也可以使用快捷菜单编辑表格，还可以使用【特性】编辑表格。

8.3.2　块的概念

块是由多个对象组成并赋予块名的一个整体。系统将块当作一个单一的对象来处理，用户可以把块插入到当前图形的任意一个指定位置，同时可以缩放和旋转。组成块的各个对象可以有自己的图层、线型和颜色。块的主要作用如下。

(1) 创建图形库。

在绘图时，常常会遇到多次重复使用的图形，如建筑图样中的门、窗、各种符号、标题栏，以及一些常用的图形符号等。将这些经常使用的图形定义成图块，存放在图形库中，在需要时用“块插入”命令的方法来调用这些块，可以避免大量的重复工作，进而提高绘图速度和质量。

(2) 节省存储空间。

加入到当前图形中的每个对象，都会增加磁盘上相应的存储空间，因系统必须保存每个图形对象的信息，而把图形定义成块就不必记录重复的对象构造信息。一个块尽管包含若干个图形信息，但系统把每个块只当作一个图形信息来处理。块定义越复杂，插入的次数越多，越能体现其优越性。

(3) 便于修改图形。

一张工程图样往往需要进行多次修改，尤其当图形中有多个相同部分需要重新定位或修改时，如逐个去定位或修改既费时又不方便，但若将其定义成块，当进行重新定位或修改时只需将该块重新进行块定义，则图中所引用该图块的地方会自动更新。

(4) 便于图形组装。

对需要组装的图形，可先将图形定义成块，然后在同一图幅中插入这些块，并对它们进行组装。

(5) 可以加入属性。

块加入文本信息称之为属性，这些信息可以在每次插入块时改变，而且还可以设置它的可见性，还能从图形中提取这些文本信息，传送给外部数据库进行管理。

8.3.3 块的定义(Block)

对已给出的图形定义为一个块，并给出一个块名。

1) 执行方法

执行方式有如下三种。

① 下拉菜单：【绘图】|【块】|【创建】。

② 工具栏：图标位置：在“绘图”工具条中。

③命令行：B↙(Block 的缩写)。

2) 选项说明

选择上述任一方式输入命令，弹出如图 8-28 所示的对话框，其各选项功能如下：

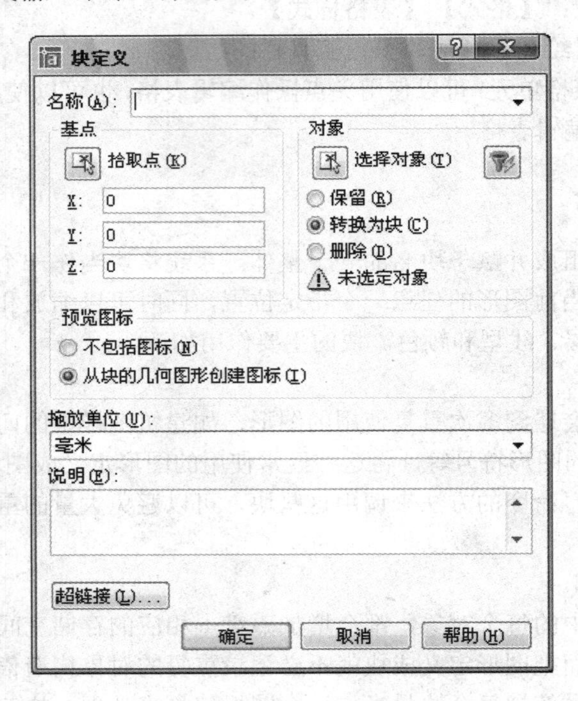

图 8-28 块定义对话框

(1) 名称栏。用于输入指定块的名称。块的名称可以由字母、数字、汉字等组成，最多不能超过 255 个字符。

(2) 基点组框。用于指定块的基点，即插入图块时的参考点。单击拾取点按钮，AutoCAD 临时关闭该对话框，命令行提示“指定插入基点：”，基点选取后 AutoCAD 自动返回对话框。用户也可以在X、Y或Z文本框中直接输入基点坐标，基点在插入图块时将被AutoCAD作为插入时的插入点。

(3) 对象组框。用于指定组成图块的实体或实体集。单击选择对象按钮，AutoCAD临时关闭该对话框，命令行提示“选择对象：”，用户选择定义图块的对象，确定对象后再次返回原对话框。对象组框中其他各选项的功能如下：

- 快速选择按钮：用于过滤被选对象的特性。单击该按钮，打开“快速选择”对话框，选择定义图块中的对象。
- 保留：表示所创建的图块保留在当前的图形中。
- 转换为块：表示创建图块后，将这些对象用新建的图块代替。
- 删除：表示所创建的图块在当前图形中删除。

(4) 预览图标组框。用来设置是否需要创建图块的预览图标。其中“不包括图标”表示不创建图块的预览图标。“从块的几何图形创建图标”表示创建图块的预览图标，并将创建的预览图标与图块定义一起保存，同时在该组框右侧显示块图形。

(5) 拖放单位框。用于在下拉列表中选择块插入时所使用的单位。

(6) 说明文本框。用于输入说明块的文字注释。不需要时该栏内可以不填写。

最后，单击确定按钮完成图块定义。

说明： (1) 用Block命令定义的图块只存在于当前的图形文件中，只能在当前图形文件中调用，不能被其他图形文件调用，称为内部块。用Wblock命令定义的图块以图形文件的形式存入磁盘，能被其他图形文件调用，称为公共图块或外部图块。

(2) 如果用户在命令行输入Wblock命令，AutoCAD将执行Wblock命令，用户可以依照提示操作。

如果用户指定的块名与已定义的块名重复，AutoCAD则显示一个警告信息，询问是否重新定义。如果选择重新定义，则同名的旧图块被取代。

8.3.4 块的插入

用于将已定义的块插入到当前图形中指定的位置。在插入的同时还可以改变所插入块图形的比例与旋转角度。

执行方式如下。

① 下拉菜单：【插入】|【块】。

② 图标位置：在“绘图”工具条中。

③ 输入命令：I↙(Insert的缩写)。

选项说明如下：

选择上述任一方式输入命令，弹出如图8-29所示的对话框，其各选项功能如下：

1) 名称栏

下拉列表中选择要插入当前图形中已存在的块名。单击浏览按钮，弹出【选择图形文件】对话框，在该对话框中选择要插入的块或图形文件。当插入的是一个外部图形文件时，系统将把插入的图形自动生成一个内部块。单击打开按钮，返回“插入”对话框。

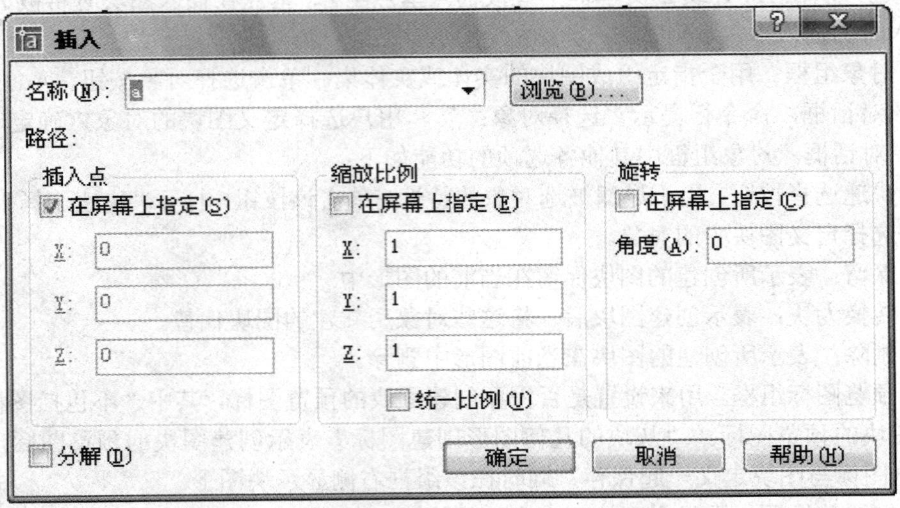

图 8-29　块插入对话框

2) 插入点组框

当用户选择“在屏幕上指定”项，单击【确定】按钮，AutoCAD 会提示用户指定插入点，可见到拖动的图形。若取消该项，用户可以在 X、Y、Z 的文本框中输入插入点的坐标值。

3) 缩放比例组框

当用户选择“在屏幕上指定”项，单击【确定】按钮，AutoCAD 会提示用户输入插入块时的 X、Y、Z 方向上的比例因子，可见到拖动的图形。若取消该项，用户还可以在 X、Y、Z 文本框中输入缩放比例。如果选择“统一比例”项，AutoCAD 将对块进行等比例缩放。

4) 旋转组框

当用户选择“在屏幕上指定”项，单击【确定】按钮，AutoCAD 会提示用户输入插入块时的旋转角度。若取消该项，用户可在“角度”文本框中输入块的旋转角度值。

5) 分解选项

当用户选择“分解”项，AutoCAD 将块插入到图形中后，立即将其分解成单独的对象。

最后，单击【确定】按钮，完成插入块的设置。

说明：如果用户在命令行输入 Insert 命令，AutoCAD 将执行 Insert 命令。

8.3.5　块的多重插入(Minsert)

按行、列的形式插入多个块。

执行方式如下。

输入命令：Minsert↙

输入命令后，命令行提示：

输入块名或[？]：灌木↙（输入块名）

指定插入点或[比例(S)/X/Y/Z旋转(R)/预览比例(PS)/PX/PY/PZ/预览旋转(PR)]：↙（给出插入点）

输入X比例因子，指定对角点，或[角点(C)/XYZ]<1>：↙

输入Y比例因子或<使用X比例因子>：↙

指定旋转角度<0>：↙（输入阵列的旋转角度）

输入行数(--)<1>：2↙（行数）

输入列数(|||)<1>：3↙（列数）

输入行间距或指定单位单元(---)：50↙（行间距）

指定列间距(|||)：50↙（列间距）

输入属性值：↙

此时“灌木”块便以2行3列且行、列间距各为50个单位排列，如图8-30所示。

图8-30　块的多重插入

8.3.6　块存盘命令(外部块)

将块以文件的形式写入磁盘(文件格式为.DWG)，生成图形文件，并可在其他图形中插入块。

执行方式如下。

输入命令：W↙（Wblock的缩写）

弹出【写块】对话框，如图8-31所示。

(1) 源组框，用于确定图块文件的来源。源组框中的各项功能如下：

- 块选项：选中该项，AutoCAD将打开右侧的下拉列表，可从中选择已定义的块存为块文件。
- 整个图形选项：表示将当前图形作为一个图块保存到图形文件中。
- 对象选项：表示将当前图形中的所选对象定义成图块并存盘。

(2) 基点组框，用于确定块在插入时的参考点。

(3) 对象组框，用于选择所组成图块的对象。

(4) 目标组框，用于确定块文件的名称、存盘路径及块在插入时所采用的单位。

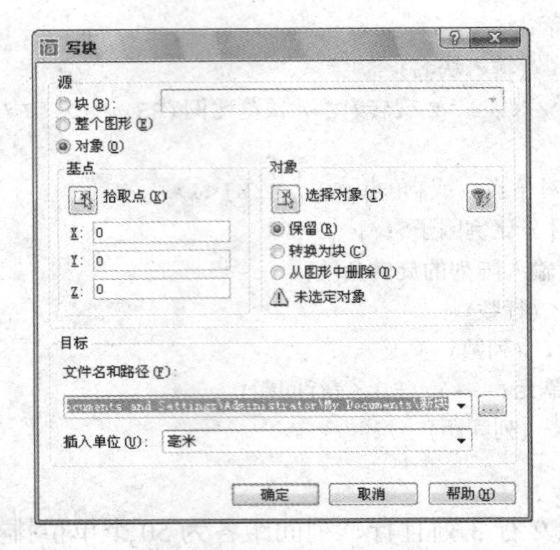

图 8-31　块写入对话框

8.3.7　块的属性

1) 块的属性概念

块的属性是从属于块的非图形信息，它是块的一个组成部分，并通过“定义属性”命令以字符串的形式表现出来。一个属性包括属性标记和属性值两部分内容，如“姓名”为属性标志，而具体的姓名“YangMing”为属性值。一个具有属性的图块应由两部分组成，即图形实体+属性。属性是块中的一个组成部分，在一个块中可包含多个属性，在应用时，属性可以显示或隐藏，还可以根据需要改变其属性值。

2) 块的属性定义(Attdef 或 Ddattdef)

用于创建块的文本信息，并使具有属性的块在使用时具有通用性。

执行方式如下。

① 下拉菜单：【绘图】|【块】|【定义属性】。

② 输入命令：Att↙(Attdef 的缩写)。

选择上述任一方式输入命令，弹出如图 8-32 所示的对话框，其各选项功能如下：

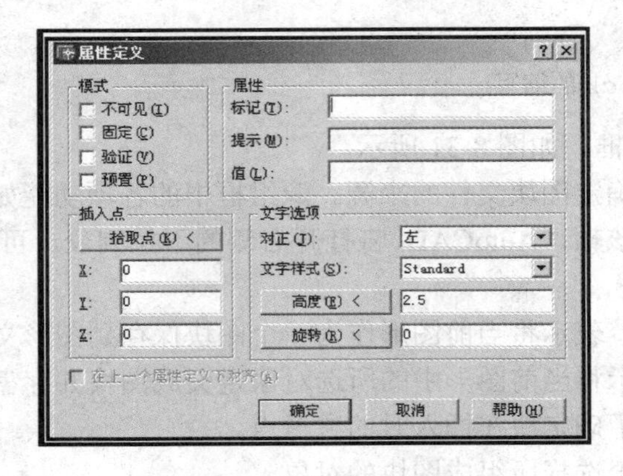

图 8-32　定义属性对话框

(1) 模式组框。模式组框中的各选项功能如下。

- 不可见选项：选取该项，表示在插入块时不显示其属性。
- 固定选项：选取该项，表示块的属性已设为指定值，块在插入时不再提示属性信息，也不能对其属性值进行修改。
- 验证选项：选取该项，表示在插入块时，对每个属性值都会进行提示，要求用户验证属性值的输入是否正确。如有误，则要求重新输入正确的属性值。
- 预置选项：该选项的功能与“固定”选项的功能类似，其主要区别在于可以修改其属性值。

(2) 属性组框。属性组框中的各项功能如下。

- 标记栏：在栏内可输入用来确认属性的名称。属性名必须为字符串，最长可达256个字符。属性名不能为空值，属性中的字母总是以大写形式出现。
- 提示栏：该栏用于输入提示用户的信息。
- 值栏：该栏用于在插入块时显示在图形中的值或字符。如按Enter键，则表示它是空值。

(3) 插入点组框。用来确定属性值在图形中的位置。单击拾取点按钮，用户可在图形中指定一个点作为属性值的定位点，也可以在X、Y、Z栏中输入定位点的坐标值。

(4) 文字选项组框。用于确定属性文字的对齐方式、文字样式、文字高度、文字的旋转角度等参数值。

(5) 在上一个属性定义下对齐选项。选取该选项，则表示属性的字体、文字样式、文字高度、旋转角度的设置均与上一个属性相同。

说明： 在定义了第一个属性后，才可以使用“在上一个属性定义下对齐”选项。

注意： 在需要定义带有属性块时，应先要绘制出所要组成图块的对象，然后使用“定义属性”命令来建立块的属性。

例如：用“定义属性”命令将如图8-33所示标题栏定义为一个带属性的块文件，块名为BTL，并将该块插入到A4的图幅中去，并按图所示内容，填写图名、制图人的姓名、日期、比例、材料、图号、学校和班名。

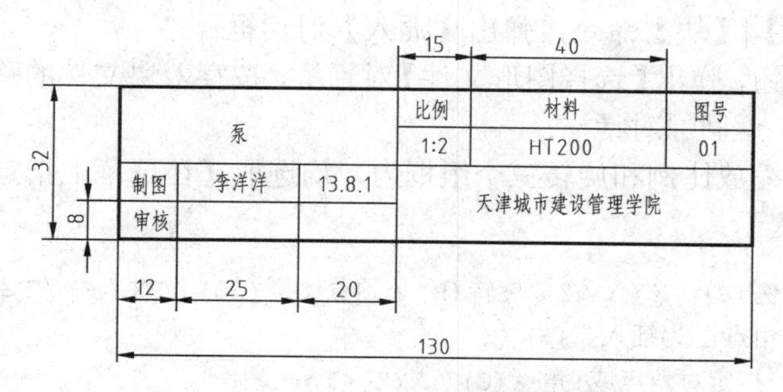

图8-33　定义属性应用举例

操作步骤如下：

(1) 尺寸画出标题栏，并填写出标题栏中各项内容，如图8-34所示。

			比例	材料	图号
制图					
审核					

图 8-34　标题标中填写项目名称

(2) 在标题栏中定义块的属性。下面以“图样名称”为例，说明定义块属性的过程。

① 选择【绘图】|【块】|【定义属性】命令，弹出【定义属性】对话框；

② 在“属性”组框内的“标记”栏内输入“图样名称”。

③ 单击“插入点”组框内的拾取点按钮，在标题栏内的 *a* 点处拾取一点作为属性文字的定位点。

④ 在“文字选项”组框内设定文字样式(为可书写汉字样式)、文字高度(5)、旋转角度(0)及对齐方式(左)，单击确定按钮。

重复使用“定义属性”命令，依次按指定的文字定位点 *b*、*c*、*d*、*e*、*f*、*g*，定义出属性名为“姓名”、“日期”、“校名及班名”、“比例”、“材料”、“图号”。完成属性定义的标题栏，如图 8-35 所示。

图样名称 a×			比例	材料	图号
			e×比例	f×材料	×图号 g
制图	b×姓名	×日期	校名及班名 d×		
审核		c			

图 8-35　定义属性后的标题栏

(3) 将定义属性后的标题栏保存为块文件 BTL，其过程如下：

① 在命令行内输入块存盘命令。

命令：W↙(Wblock 的缩写)

弹出【写块】对话框，在“文件名和路径”栏内，指定存储块文件的路径和块名。

② 在“基点”组框内单击拾取点按钮，拾取标题栏右下角为基点；

③ 在“对象”组框内单击选择对象按钮，选取整个标题栏，单击确定按钮。

(4) 将标题栏块文件插入到图幅右下角，其过程如下：

① 选择【插入】|【块】命令，弹出【插入】对话框；

② 单击浏览按钮，弹出【选择图形文件】对话框，按存入块文件的路径选中 BTL 文件，单击【打开】按钮，返回原对话框；

③ 在插入点、缩放比例和旋转三个组框内，均选取【在屏幕上指定】选项，单击【确定】按钮，命令行提示：

```
指定插入点或[比例(S) / X / Y / Z / 旋转(R) / 预览比例(PS) / PX / PY / PZ / 预览旋转(PR) ]:
(捕捉标题栏右下角点 I 为插入点)
输入 X 比例因子，指定对角点或[角点(C) / XYZ]<1>: ↙
输入 Y 比例因子或<使用 X 比例因子>: ↙
指定旋转角度<0>: ↙
输入属性值
```

图样名称：泵↙
姓名：李洋洋↙
日期：13.8.1↙
校名及班名：天津城市建设管理学院↙
比例：1：2↙
材料：HT200↙
图号：01↙

插入标题栏后的图幅，如图 8-36 所示。

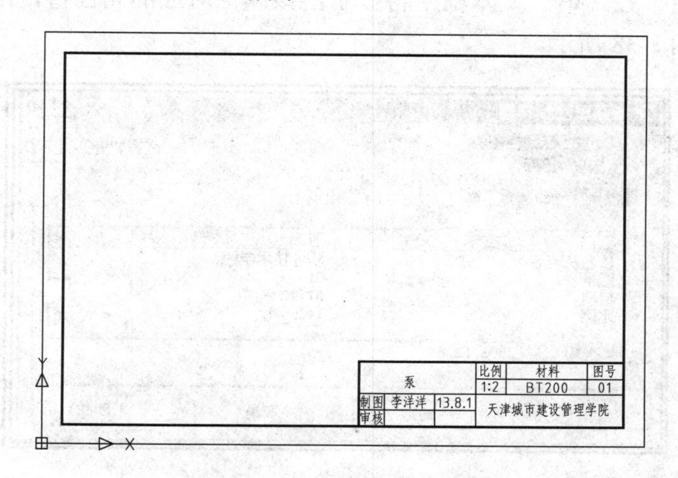

图 8-36　插入标题栏后的图幅

3) 块的属性编辑

在属性定义与块相联之前对属性进行修改。

执行方式有以下两种。

① 下拉菜单：【修改】|【对象】|【文字】|【编辑】。

② 输入命令：Ddedit↙。

选择上述任一方式输入命令，命令行提示："选择注释对象或[放弃(U)]："选择要进行编辑的属性定义，弹出【编辑属性定义】对话框，可对选定的属性内容进行修改，如图 8-37 所示。单击确定按钮。

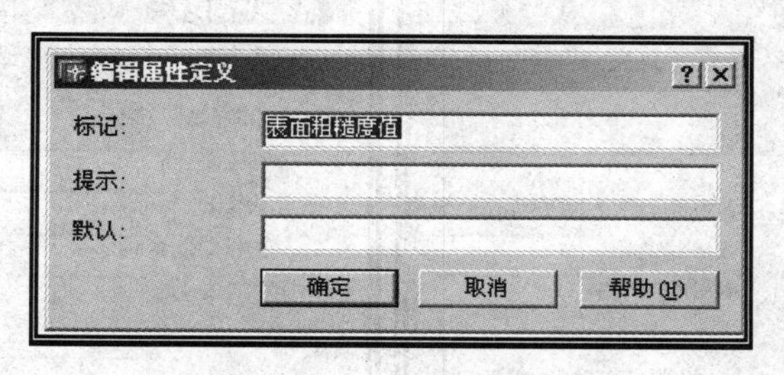

图 8-37　编辑属性定义对话框

4) 修改块属性(Eattedit)

用于修改已插入到图形中的块的属性值。

执行方式有以下两种。

(1) 下拉菜单：【修改】|【对象】|【属性】|【单个】。

(2) 输入命令：Eattedit↙。

选择上述任一方式输入命令，选择块：↙(选择要修改的带属性的图块)。

弹出【增强属性编辑器】对话框，重新设置属性，如图 8-38 所示。

对话框说明如下：

(1) 属性选项卡。该选项卡的列表框显示了块中每个属性的标记、提示和值。在列表框中选择某一属性后，在“值”文本框中将显示出该属性对应的属性值，用户可以通过它来修改属性值，如图 8-38 所示。

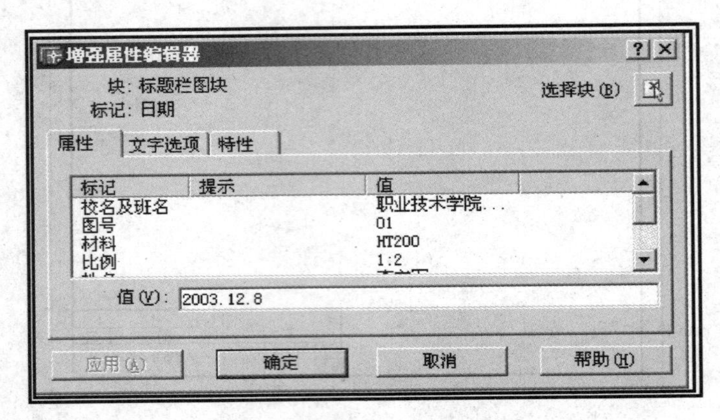

图 8-38　增强属性编辑对话框

注意：用户不能编辑锁定图层上的属性值。

(2) 文字选项卡。该选项卡用于修改属性值的文字格式，即对文字的样式、文字的对齐方式、文字高度、旋转角度、文字的宽度系数和文字的倾斜角度等进行设置。其中“反向”和“颠倒”两个选项，分别表示文字行是否反向显示及是否上下颠倒显示，如图 8-39(a)所示。

(3) 特性选项卡。该选项卡用于修改属性值文字的图层以及它的线宽、线型、颜色及打印样式等，如图 8-39(b)所示。

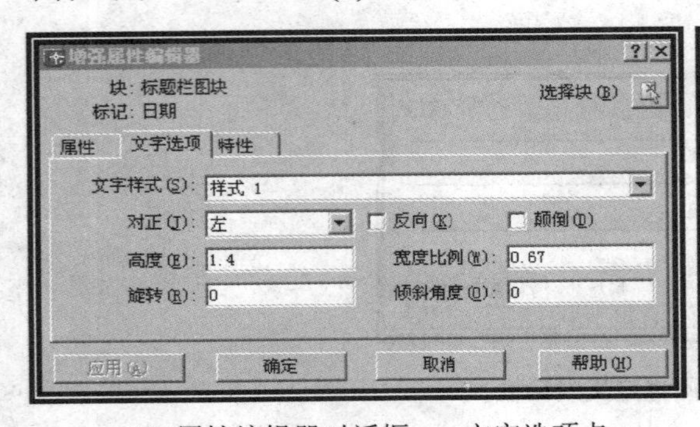

(a) 属性编辑器对话框——文字选项卡

增强属性编辑器
块：标题栏图块
标记：日期
选择块(B)
属性
文字选项
特性
图层(L)：0
线型(T)：ByLayer
颜色(C)：ByLayer
线宽(W)：— ByLayer
打印样式(S)：ByLayer
应用(A)
确定
取消
帮助(H)

(b) 属性编辑器对话框——特性选项卡

图 8-39　属性编辑器对话框

实践训练

打开图 8-40，将图 8-40 按图 8-41 进行修改。

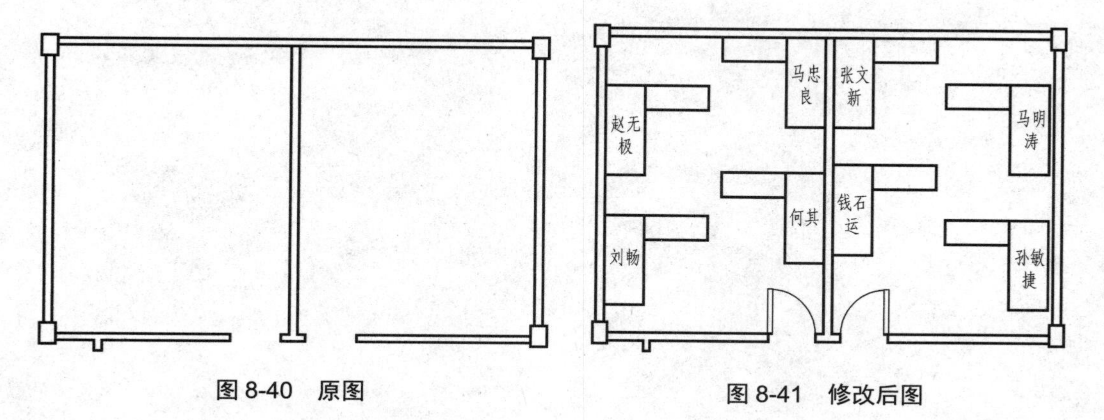

图 8-40 原图　　图 8-41 修改后图

课后作业

打开图 8-42，按图 8-42 所示完成图形的标注。

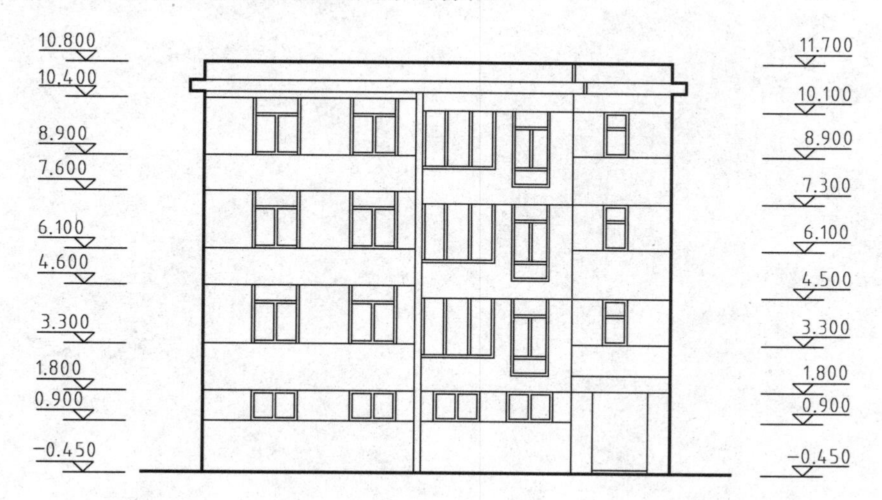

图 8-42 图形标注

任务9 建筑图形

【内容提要】

本章主要介绍了使用坐标方式绘制平面图形。

【技能目标】

掌握建筑图形平面、立面和剖面的绘制方法。

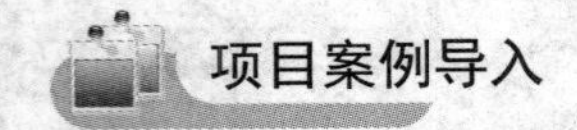
项目案例导入

如何绘制如图 9-1 所示建筑图形的轴网。

9.1 轴与网柱的绘制

【学习目标】绘制图示图形(图 9-1)。

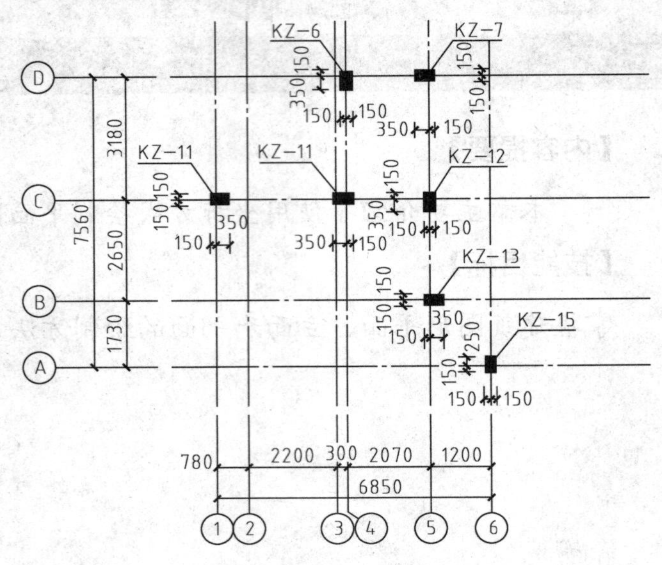

图 9-1 柱平面布置图

9.1.1 轴网的绘制

(1) 设置绘图的辅助工具。将轴线图层置为当前层；用显示缩放命令缩放整个绘图区域；打开捕捉、正交方式，坐标显示为动态显示状态。

(2) 用点划线绘制一水平和一垂直直线，然后用偏移命令偏移直线，得到轴网。

9.1.2 轴网标注

首先绘一个半径为 400 mm 的圆，定义属性为标记，标记为 1，定义块名，命名为纵轴符号。标注时只要输入相应轴线上的相应数字即可。

同理分别定义下纵轴轴线符号、左右横轴轴线符号块。配合对象捕捉和对象追踪进行标注。注意更改数字和符号。

9.1.3 图案填充

用户经常要重复绘制某些图案以填充图形中的一个区域，从而表达该区域的特征，这样的填充操作在 AutoCAD 中称为图案填充。图案填充是一种使用指定线条图案来充满指定区域的图形对象，常常用于表达剖切面和不同类型物体对象的外观纹理等，被广泛应用在

绘制机械图、建筑图、地质构造图等各类图形中。例如，在建筑工程图中，有时使用不同的图案填充来表达不同材料的墙体、柱子。

1. 基本概念

1) 图案边界

当进行图案填充时，首先要确定填充图案的边界。定义边界的对象只能是直线、双向射线、单向射线、多段线、样条曲线、圆、圆弧、椭圆、椭圆弧、面域等对象或用这些对象定义的块，而且作为边界的对象在当前屏幕上必须全部可见。

2) 孤岛

在进行图案填充时，把内部闭合边界称为孤岛。在用 BHATCH 命令填充时，AutoCAD 允许用户以拾取点的方式确定填充边界，即在希望填充的区域内任意拾取一点，AutoCAD 会自动确定出填充边界，同时也确定该边界内的孤岛。如果用户是选择对象的方式确定填充边界的，则必须确切地拾取这些孤岛。如图 9-2 所示。

图 9-2　孤岛样式

2. 创建图案填充

创建图案的执行方式有如下三种。

(1) 下拉菜单：【绘图】|【图案填充】。

(2) 命令行：BHATCH。

(3) 工具栏：▦。

在【图案填充和渐变色】对话框中的【图案填充】选项卡中，用户可以设置图案填充的类型和图案、角度、比例等内容。

注意： 以普通方式填充时，如果填充边界内有诸如文字、属性这样的特殊对象，且在选择填充边界时也选择了它们，填充时图案填充在这些对象处会自动断开，就像用一个比它们略大的看不见的框保护起来一样，以使这些对象更加清晰。

在 AutoCAD 中，用户可以使用【图案填充和渐变色】对话框的【渐变色】选项卡创建一种或两种颜色形成的渐变色，并对图形进行填充。

注意： 在 AutoCAD 2006 中，尽管可以使用渐变色来填充图形，但该渐变色最多只能由两种颜色创建。

3. 编辑图案填充

执行方式有如下三种。

(1) 下拉菜单：【修改】|【对象】|【图案填充】。

(2) 命令行：HATCHEDIT。

(3) 工具栏：。

4. 控制图案填充的可见性

图案填充的可见性是可以控制的。可以用两种方法来控制图案填充的可见性，一种是用命令 FILL 或系统变量 FILLMODE 来实现，另一种是利用图层来实现。

(1) 使用 FILL 命令和 FILLMODE 变量。

执行方式如下。

命令行：FILL

如果将模式设置为【开】，则可以显示图案填充；如果将模式设置为【关】，则不显示图案填充。

用户也可以使用系统变量 FILLMODE 控制图案填充的可见性。

执行方式如下。

命令行：FILLMODE

其中，当系统变量 FILLMODE 为 0 时，隐藏图案填充；当系统变量 FILLMODE 为 1 时，显示图案填充。

注意： 在使用 FILL 命令设置填充模式后，可以选择菜单【视图】|【重生成】，重新生成图形以观察效果。

(2) 用图层控制。

对于能够熟练使用 AutoCAD 的用户来说，应该充分利用图层功能，将图案填充单独放在一个图层上。当不需要显示该图案填充时，将图案所在层关闭或者冻结即可。使用图层控制图案填充的可见性时，不同的控制方式会使图案填充与其边界的关联关系发生变化，其特点如下：

① 当图案填充所在的图层被关闭后，图案与其边界仍保持着关联关系。即修改边界后，填充图案会根据新的边界自动调整位置。

② 当图案填充所在的图层被冻结后，图案与其边界脱离关联关系。即边界修改后，填充图案不会根据新的边界自动调整位置。

③ 当图案填充所在的图层被锁定后，图案与其边界脱离关联关系。即边界修改后，填充图案不会根据新的边界自动调整位置。

9.1.4　柱的绘制

用矩形表示，矩形的长度和宽度分别对应柱截面的长度和宽度，注意使用捕捉自方式。如果柱为填满颜色，不能使用图案填充命令，而应使用二维填充或多段线命令绘制。柱数量较多，可以建立块，通过图块插入和复制柱的方式完成柱的绘制。注意柱建块时的图形要用 1 个单位绘制。

练习与提高

绘制如图 9-3 所示图形。

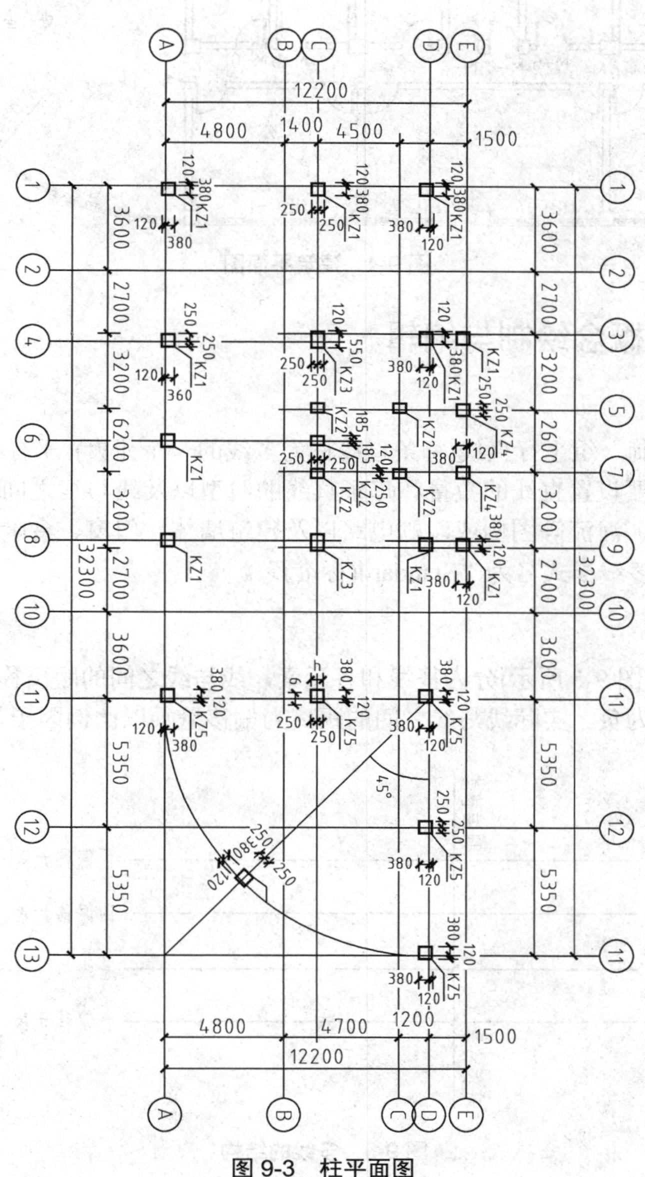

图 9-3　柱平面图

9.2 墙体与门窗的绘制

【学习目标】绘制建筑图形(图 9-4)。

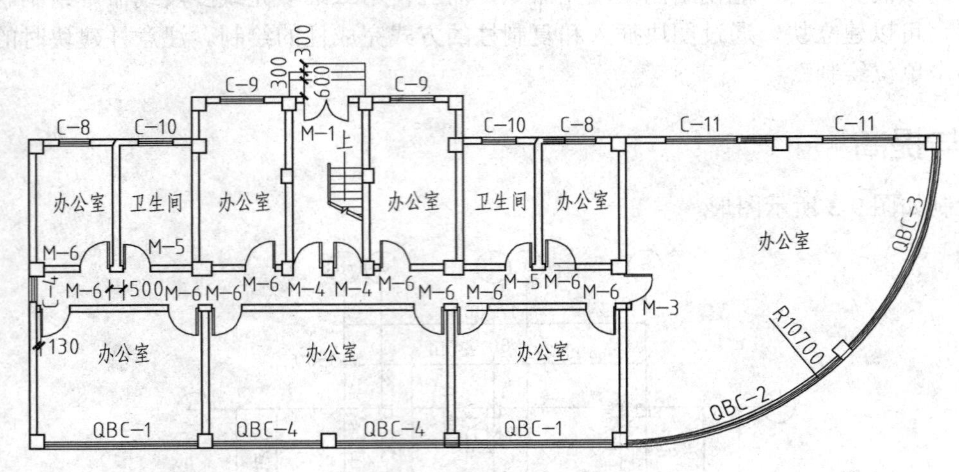

图 9-4　建筑平面图

9.2.1　多线的概念绘制与编辑

1. 功能

按指定样式绘制一组平行直线(每条直线称为多线的一个元素)，平行线数量最多可达 16 条。用户可以按需要设置直线的数量和每条直线的线型以及线与线之间的距离。它主要用来绘制道路、桥梁、河流等图例或印刷电路以及建筑墙体、门窗、台阶等，可提高绘图效率。系统中默认的多线样式名为“Standard(标准)”。

2. 多线的结构

多线的结构(如图 9-5 所示)分为基线和各元素，线与线之间的距离称为偏移量，顶偏移量为正，底偏移量为负。实际线与线之间的距离为偏移量乘以比例因子。

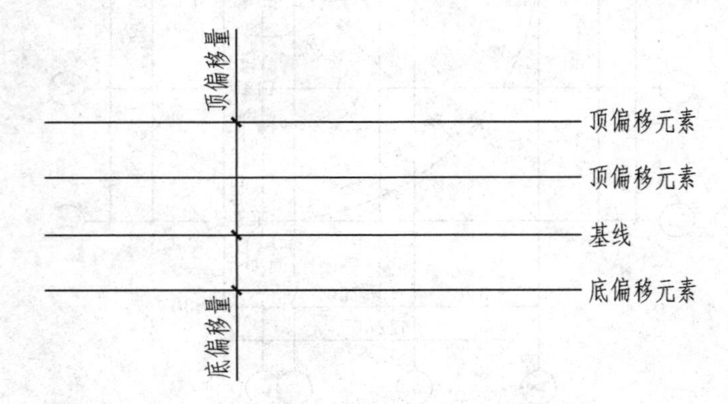

图 9-5　多线的结构

9.2.2　定义多线样式

通过对多样式中的元素特性(包括数量、偏移距离、线型和颜色等)及多线特性(包括多线连接点的显示方式、多线端头是否封口和封口形式以及背景颜色等)的设置，创建新的多线样式或编辑已建立的多线样式。

1. 定义

执行方式有如下两种。

(1) 下拉菜单：【格式】|【多线样式】。

(2) 命令行：MLSTYLE。

选择上述任一方式输入命令，弹出图 9-6 所示的【多线样式】对话框。

图 9-6　多线样式对话框

2. 【多线样式】对话框

(1) 当前。显示当前多线样式名称。单击翻页箭头，列表显示已设置的多线样式供用户选择。

(2) 名称。用于指定新的多线样式名或更改已有的多线样式名。

(3) 说明。对多线样式名作简单的特征描述(也可不作描述)。

(4) 加载按钮。用于从多线样式库中选择多线样式并加载到当前图形。系统的样式库文件名为 ACAD.MLN。

(5) 保存按钮。将新设置的多线样式保存到多线样式库中。用户以后可随时调用，文件格式为.mln。

(6) 添加按钮。在“名称”栏中输入一个新的多线样式名，单击添加按钮，则将新的样式名加入到“当前”栏的列表框中。

(7) 重命名按钮。将“名称”栏中显示的名称改名后单击重命名按钮，则在“当前”栏的列表框中显示更改后的多线样式名。这与一般文件重命名的操作顺序不同，要特别予以注意。

(8) 元素特性按钮。单击该按钮后，屏幕弹出【元素特性】对话框，如图 9-7 所示。该对话框主要用于设置、添加或修改元素的偏移、数量、线型和颜色等特性。

① 元素。元素列表框中显示已存在元素的特性，它包括偏移量、线型和颜色。

② 添加按钮。在元素列表框中添加元素。新元素默认的偏移量为 0.0，颜色和线型“随层”(Bylayer)。

③ 删除按钮。删除已激活的元素(元素列表框中显示为蓝色光标条的元素)。

④ 偏移。输入被激活的元素偏移量。

⑤ 颜色按钮。单击该按钮或旁边的颜色框，屏幕将显示【选择颜色】对话框，可根据需要对元素赋予某种颜色。

⑥ 线型按钮。单击该按钮后，屏幕显示【选择线型】对话框，可根据按需要对元素赋予某种线型。

(9) 【多线特性】按钮。单击该按钮，屏幕弹出【多线特性】对话框，如图 9-8 所示。该对话框用于设置或修改多线连接点的显示方式、端头封口形式及背景颜色等。

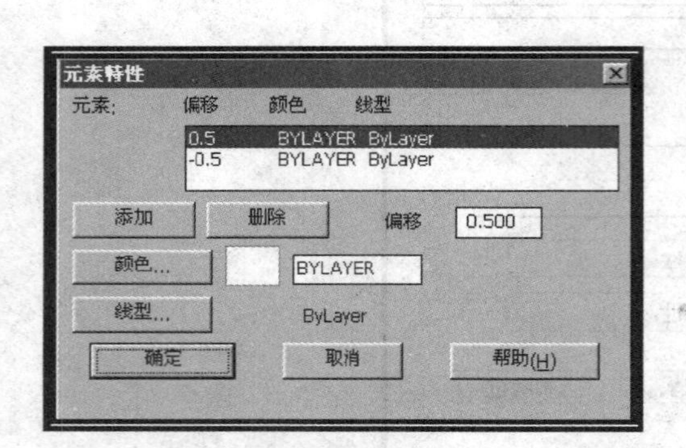

图 9-7 元素特性对话框

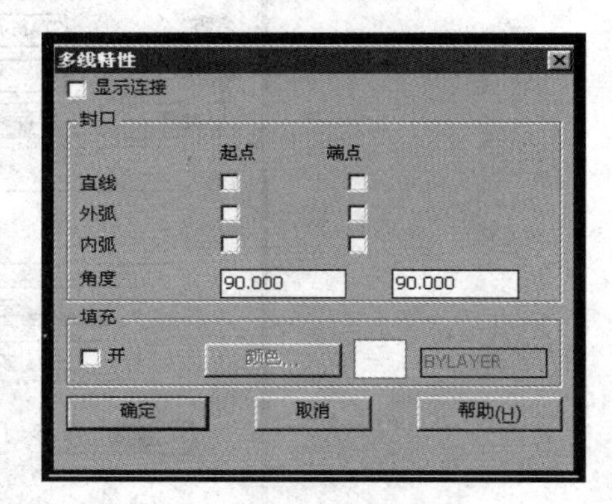

图 9-8 多线特性对话框

① 显示连接。该选项是控制绘制多线时，每段之间连接处是否显示连接线，默认状态是不显示连接线，如图 9-9(a)所示。当选取该选项时，就显示连接线，如图 9-9(b)所示。

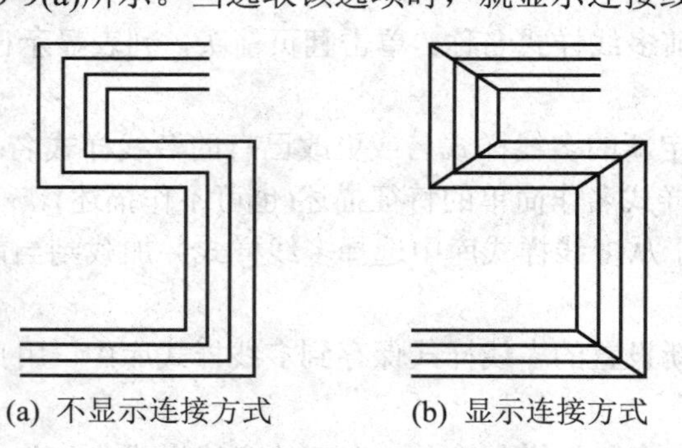

(a) 不显示连接方式　　(b) 显示连接方式

图 9-9 显示连接的两种方式

② “封口”区。该区被分为多线起点和端点两部分，它们的封闭形式有三种类型，即直线、外弧和内弧。还有封口的角度确定封口位置。如图 9-10 所示。

直线。选择该多选框，表示用直线封闭多线的起末端，如图 9-10(a)、(b)所示。
外弧。选择该多选框，表示用用半圆弧封闭最外层多线起末端，如图 9-10(c)、(d)所示。
内弧。选择该多选框，表示用用半圆弧封闭最内层多线起末端，如图 9-10(e)、(f)所示。
角度。默认角度为 90°，如图 9-10(g)、(h)所示。

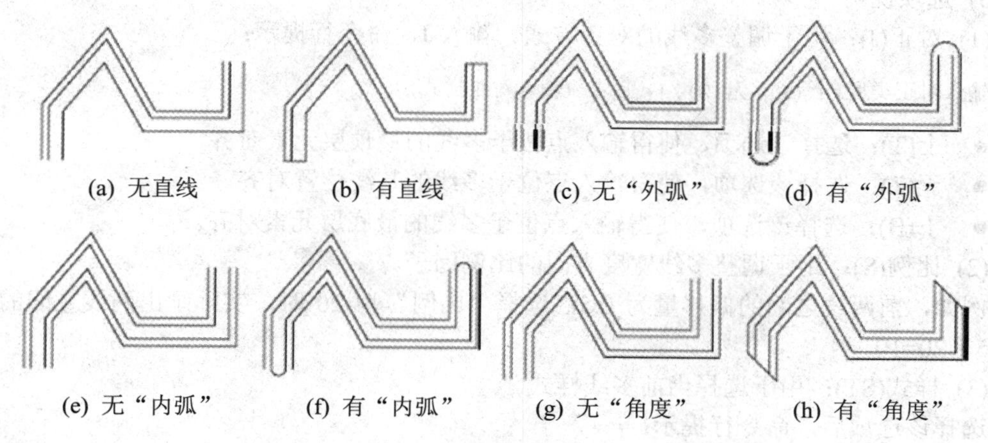

图 9-10　封口样式

③ “填充”区。填充区用于控制多线是否进行填充背景的复选开关。当点取“开”旁边的复选框后，【颜色…】按钮被激活。单击该按钮后，进入【颜色选择】对话框，用户可以确定多线的背景颜色。默认的背景颜色为“随层”。

3. 建立多线样式的一般步骤

(1) 选择下拉菜单【格式】|【多线样式】…，弹出【多线样式】对话框，如图 9-6 所示。
(2) 将“名称”栏中的 STANDARD 改为用户自定义的多线样式名后，单击添加按钮。
(3) 分别单击元素特性和多线特性按钮，在相应的对话框中设置需要的选项，确认后返回【多线样式】对话框，完成多线样式的设置。如需要保存，单击保存按钮，进入程序存储对话框，按.mln 文件类型保存多线样式文件。如只在本张图样上使用，直接单击确定按钮，结束多线样式设置。

9.2.3　多线的绘制

1) 执行方式

执行方式有如下两种。

(1) 下拉菜单：【绘图】|【多线】。

(2) 命令行：ML(MLINE 的缩写)。

2) 命令行提示

选择上述任一方式输入命令，命令行提示：

```
当前设置：对正=上，比例=20.00，样式=STANDARD(显示当前设置)
指定起点或[对正(J)/比例(S)/样式(ST)]：(指定起点或其他选项，命令行提示)
指定下一点：
```

指定下一点或[放弃(U)]：
指定下一点或[闭合(C)/放弃(U)]：
…
指定下一点或[闭合(C)/放弃(U)]：

3) 选项说明

(1) 对正(J)：用于调整多线的对齐方式。输入 J，命令行提示：

输入对正类型[上(T)/无(Z)/]<上>：(输入对正样式)

- 上(T)：选择该选项，使得输入点位于多线的最顶层元素对齐。
- 无(Z)：选择该选项，使得输入点位于多线的基线位置对齐。
- 下(B)：选择该选项，使得输入点位于多线的最底层元素对齐。

(2) 比例(S)：用于调整多线宽度方向的比例因子。

例如，前两线之间的偏移量为 0.5，选择“比例”为 20 时，实际画出两线之间的距离为 0.5×20=10。

(3) 样式(ST)：用于选择当前多线样式。

选择该选项后，命令行提示：

输入多线样式名或[?]：输入多线样式名，作为当前样式。

(当用户记不清多线样式名时，输入“？”并按 Enter 键，屏幕上将以文本窗口的形式显示所有已设置的样式。)

9.2.4 多线的编辑

可对多行平行线实体进行编辑修改。

1) 执行方式：

执行方式有以下两种。

(1) 下拉菜单：【修改】|【对象】|【多线】…

(2) 命令行：Mledit

选择上述任一方式输入命令，弹出如图 9-11 所示【多线编辑工具】对话框。

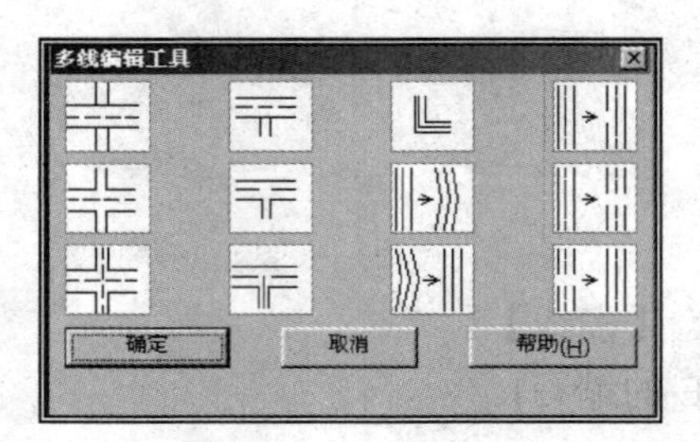

图 9-11 多线编辑工具对话框

2) 选项说明

(1) 十字闭合(第 1 行，第 1 列)。

当两组“多行平行线”交叉时，选择“十字闭合”修改方式，单击确定按钮。

如图 9-12(b)所示依次拾取第一组和第二组“多行平行线”，这时第一组“多行平行线”

被剪断。

(2) 十字打开(第 2 行，第 1 列)。

当两组“多行平行线”交叉时，选择“十字打开”修改方式后，单击确定按钮。

如图 9-12(c)所示依次拾取第一组和第二组“多行平行线”，这时第一组“多行平行线”全部被剪断，第二组“多行平行线”最外层线被打断。

(3) 十字合并(第 3 行，第 1 列)。

当两组“多行平行线”交叉时，选择“十字合并”修改方式后，单击确定按钮。

如图 9-12(d)所示依次拾取第一组和第二组“多行平行线”，这时两组“多行平行线”的最外层线均被打断，从外到内对应线段依次连接。

(4) T 形闭合(第 1 行，第 2 列)。

当两组“多行平行线”交叉时，选择“T 形闭合”修改方式后，单击确定按钮。

如图 9-12(e)所示，依次拾取第一组和第二组“多行平行线”，这时第一组“多行平行线”只保留拾取端，第二组“多行平行线”不变。

(5) T 形打开(第 2 行，第 2 列)。

当两组“多行平行线”交叉时，选择“T 形打开”修改方式后，单击确定按钮。

如图 9-12(f)所示，依次拾取第一组和第二组“多行平行线”，这时第一组“多行平行线”只保留拾取端，第二组“多行平行线”与第一组保留部分相交的最外层线被剪断。

(6) T 形合并(第 3 行，第 2 列)。

当两组“多行平行线”交叉时，选择“T 形合并”修改方式后，单击确定按钮。

如图 9-12(g)所示，依次拾取第一组和第二组“多行平行线”，这时第一组“多行平行线”只保留拾取端，两组“多行平行线”从外到内对应线段依次连接。

(7) 角点结合(第 1 行，第 3 列)。

当两组“多行平行线”交叉时，选择“角点结合”修改方式后，单击确定按钮。

如图 9-12(h)、(i)所示，依次拾取第一组和第二组“多行平行线”，这时两组“多行平行线”只保留拾取端，从外至内相应线段相连接。拾取点的位置不同，得到的结果也不同。

以上七种编辑方式都是对于两条“多行平行线”而言的，后面五种方式只是相对一组“多行平行线”而进行的。

(8) 添加顶点(第 2 行，第 3 列)。

当选择“添加顶点”修改方式后，单击确定按钮。在某组“多行平行线”上拾取需要添加的顶点，如图 9-12(j)、(k)所示。如拖动该添加的顶点，就可以改变原“多行平行线”的形状，如图 9-12(l)所示。

(9) 删除顶点(第 3 行，第 3 列)。

当选择“删除顶点”修改方式后，单击确定按钮。在某组“多行平行线”上拾取需要删除的顶点，如图 9-12(m)所示。“多行平行线”将删除顶点的上一点与下一点相连，如图 9-12(n)所示。

(10) 单个剪切(第 1 行，第 4 列)。

当选择“单个剪切”修改方式后，单击确定按钮。

在某组“多行平行线”上拾取需要剪切的某线段起点，再拾取终点，将该线条中两拾取点之间部分删除，如图 9-12(o)所示。

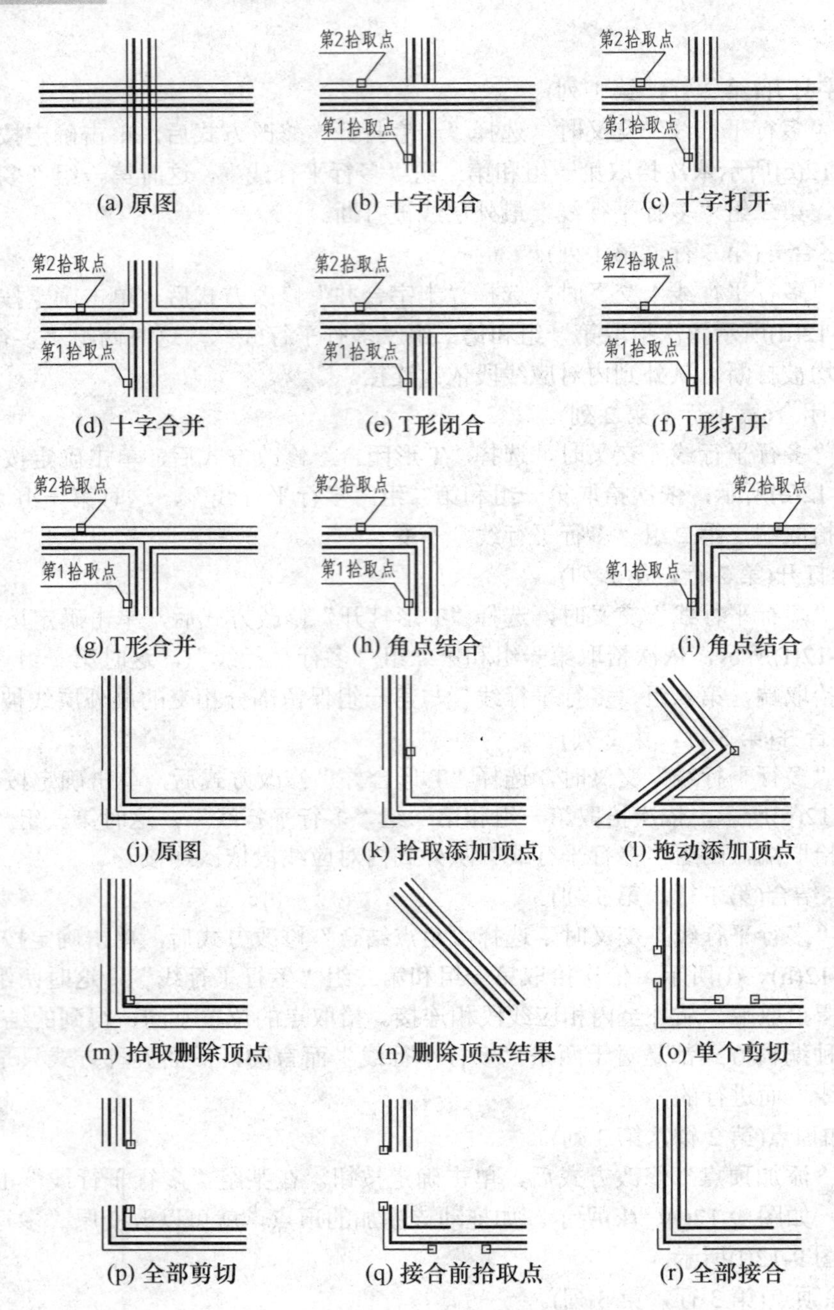

图 9-12　多行平行线的编辑方式

(11) 全部剪切(第 2 行，第 4 列)。

当选择“全部剪切”修改方式后，单击确定按钮。在某组“多行平行线”上拾取需要剪切的起点，再拾取终点，将“多行平行线”中两拾取点之间的所有线段删除，如图 9-12(p)所示。

(12) 全部接合(第 3 行，第 4 列)。

当选择“全部接合”修改方式后，单击确定按钮。在某组已被剪切的“多行平行线”

上拾取需要连接的起点，再拾取终点，将“多行平行线”中两拾取点之间的所有线段连接起来，如图 9-12(q)、(r)所示。

如果原被剪“多行平行线”是单个剪切的线段，当全部接合后，在两拾取之间外的线段不会连接起来，如图 9-12(r)所示。

9.2.5　墙体对象的绘制和编辑

绘制墙体线有多种办法。一种是用直线或多段线命令绘制单条墙线，再用偏移命令生成双线，最后用修剪命令修剪多余部分。另外也可使用多线命令直接绘制墙体线，经多线编辑命令、分解和修剪命令编辑修改得到内外墙体线的绘制。

9.2.6　各种门窗的绘制

1. 窗体

一般先在墙体线上对应的位置画出窗体的界限，然后用修剪命令开出窗洞，再用直线命令和偏移命令画出窗体线，或插入窗体图块。

2. 门

在实际建筑设计中，一幢建筑物有许多扇门，而且往往有许多门是型号相同的。在作图时，当需要绘制门时，只要把相应的图块按一定的位置、比例和旋转角度插入即可。

练习与提高

绘制如图 9-13 所示图形。

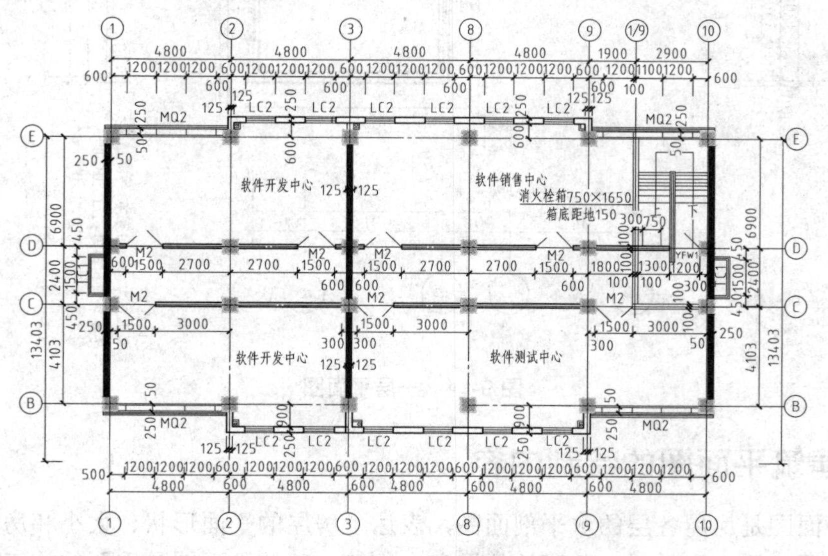

图 9-13　首层平面图

9.3 平面图形的绘制

【学校目标】绘制建筑平面图 9-14。

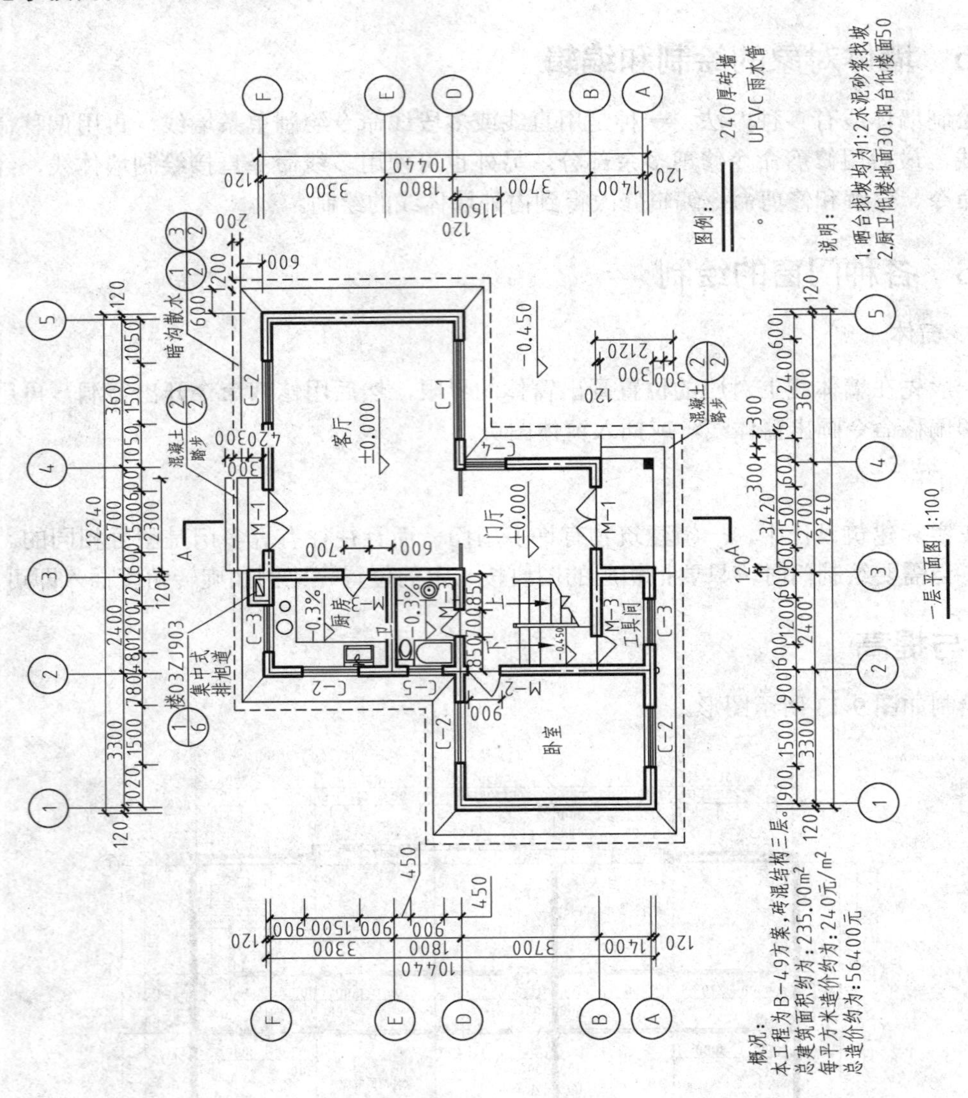

图 9-14 一层平面图

9.3.1 建筑平面图的绘制内容

建筑平面图是房屋各层的水平剖面图，表达了房屋的平面形状、大小和房间的布置，墙和柱的位置、厚度和材料，门窗的位置和大小等。建筑平面图是重要的施工依据，在绘制前首先应清楚需绘制的内容。建筑平面图的主要内容如下：

(1) 图名、比例。

(2) 纵横定位轴线及其标号。

(3) 建筑的内外轮廓、朝向、布置、空间与空间的相互联系、入口、走道、楼梯等，首层平面图需绘制指北针表达建筑的朝向。

(4) 建筑物的门窗开启方向及其编号。

(5) 建筑平面图中的各项尺寸标注和高程标注。

(6) 建筑物的造型结构、室内布置、施工工艺、材料搭配等。

(7) 剖面图的剖切符号及编号。

(8) 详图索引符号。

(9) 施工说明等。

9.3.2 建筑平面图的绘制要求

1. 图纸幅面

A3 图纸幅面是 297×420mm^2，A2 图纸幅面是 420×594mm^2，A1 图纸幅面是 594×841mm^2，其图框的尺寸见相关的制图标准。

2. 图名及比例

建筑平面图的常用比例是 1∶50、1∶100、1∶150、1∶200、1∶300。图样下方应注写图名，图名下方应绘一条短粗实线，右侧应注写比例，比例字高宜比图名的字高小一号或二号。

3. 图线

(1) 图线宽度。

图线的基本宽度 b 可从下列线宽系列中选取：0.18mm、0.25 mm、0.35 mm、0.5 mm、0.7 mm、1.0 mm、1.4 mm、2.0mm。

A2 图纸建议选用 b=0.7mm(粗线)、0.5b=0.35mm(中粗线)、0.25b=0.18mm(细线)。

A3 图纸建议选用 b=0.5mm(粗线)、0.5b=0.25mm(中粗线)、0.25b=0.13mm(细线)。

(2) 线型。

实线 continuous、虚线 ACAD_ISOO2W100 或 dashed、单点长画线 ACAD_ISOO4W100 或 Center、双点长画线 ACAD_ISOO5W100 或 Phantom。

线型比例大致取出图比例倒数的一半左右(在模型空间应按 1∶1 绘图)。

用粗实线绘制被剖切到的墙、柱断面轮廓线，用中实线或细实线绘制没有剖切到的可见轮廓线(如窗台、梯段等)。尺寸线、尺寸界线、索引符号、高程符号等用细实线绘制，轴线用细单点长画线绘制。

4. 字体

(1) 图样及说明的汉字应采用长仿宋体，高度与宽度的比值是 0.707。文字的高度应从以下系列中选择：2.5 mm、3.5 mm、5 mm、7 mm、10 mm、14 mm、20 mm。

(2) 汉字的高度不应小于 3.5mm，拉丁字母、阿拉伯数字或罗马数字的字高不应小于 2.5 mm。

(3) 在 AutoCAD 中，文字样式的设置见第三章任务三的叙述。在执行 Dtext 或 Mtext

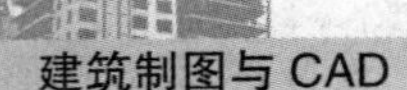

命令时，文字高度应设置为上述的高度值乘以出图比例的倒数。

5. 尺寸标注

(1) 尺寸界线应用细实线绘制，一般应与被注长度垂直，其一端应离开图样轮廓线不小于 2 mm，另一端宜超出尺寸线 2～3 mm。

(2) 尺寸起止符号一般用中粗(0.5*b*)斜短线绘制，其斜度方向与尺寸界线成顺时针 45°，长度宜为 2～3 mm。半径、直径、角度与弧长的尺寸起止符号，宜用箭头表示。

(3) 互相平行的尺寸线，应从被注写的图样轮廓线由近向远整齐排列，应将大尺寸标在外侧，小尺寸标在内侧。尺寸线距图样最外轮廓之间的距离不宜小于 10 mm。平行排列的尺寸线的间距宜为 7～10 mm，并应保持一致。

(4) 所有注写的尺寸数字应离开尺寸线约 1 mm。

(5) 在 AutoCAD 中，标注样式的设置见第三章任务四的叙述，全局比例应设置为出图比例的倒数。

6. 剖切符号

剖切位置线长度宜为 6～10 mm，投射方向线应与剖切位置线垂直，画在剖切位置线的同一侧，长度应短于剖切位置线，宜为 4～6 mm。为了区分同一形体上的剖面图，在剖切符号上宜用字母或数字，并注写在投射方向线一侧。

7. 详图索引符号

(1) 图样中的某一局部或构件，如需另见详图，应以索引符号标出。索引符号是由直径为 10mm 的圆和水平直径组成，圆及水平直径均以细实线绘制。

(2) 详图的位置和编号，应以详图符号表示。详图符号的圆应以直径为 14 mm 的粗实线绘制。

8. 引出线

引出线应以细实线绘制，宜采用水平方向的直线，与水平方向成 30°、45°、60°、90°的直线，或经上述角度再折为水平线。文字说明宜注写在水平线的上方，也可注写在水平线的端部。

9. 指北针

指北针是用来指明建筑物朝向的。圆的直径宜为 24 mm，用细实线绘制，指针尾部的宽度宜为 3 mm，指针头部应标示“北”或“N”。需用较大直径绘制指北针时，指针尾部宽度宜为直径的 1/8。

10. 高程

(1) 高程符号用以细实线绘制的等腰直角三角形表示，其高度控制在 3 mm 左右。在模型空间绘图时，等腰直角三角形的高度值应是 3 mm 乘以出图比例的倒数。

(2) 高程符号的尖端指向被标注高程的位置。高程数字写在高程符号的延长线一端，以米为单位，注写到小数点的第 3 位。零点高程应写成±0.000，正数高程不用加“+”，但负数高程应注上“－”。

11. 定位轴线

(1) 定位轴线应用细单点长画线绘制。

(2) 定位轴线一般应编号，编号应注写在轴线端部的圆圈内，字高大概比尺寸标注的文字大一号。圆应用细实线绘制，直径为 8～10 mm，定位轴线圆的圆心，应在定位轴线的延长线上。

(3) 横向编号应用阿拉伯数字，从左至右顺序编写；竖向编号应用大写拉丁字母，从下至上顺序编写，但字母 I、O、Z 不得用作轴线编号。

9.3.3 建筑平面图的绘制方法

(1) 选择比例，确定图纸幅面。

(2) 绘制定位轴线。

(3) 绘制墙体和柱的轮廓线。

(4) 绘细部，如门窗、阳台、台阶、卫生间等。

(5) 尺寸标注、轴线圆圈及编号、索引符号、高程、门窗编号等。

(6) 文字说明。

9.3.4 建筑平面图的绘制过程

1) 设置绘图环境

设置绘图环境的主要内容有：

(1) 设置图形界限。按所绘平面图的实际尺度和出图时的图纸幅面确定图形界限。本例用 A3 图纸，1∶100 出图，故将图形界限的左下角确定为(0,0)，右上角确定为(42000,29700)。

(2) 设置图形单位。将长度单位的类型设置为“小数”，“精度”设置为“0”，其他使用默认值。

(3) 设置图层。为方便绘图，便于编辑、修改和输出，根据建筑平面图的实际情况，建议按表 9-1 设置图层。

表 9-1 一层平面图的图层设置

图层名	颜 色	线 型	线宽/mm
图框标题栏	白	Continuous	0.13
粗实线	白	Continuous	0.5
墙体	青	Continuous	0.5
标注	绿	Continuous	0.13
文字	白	Continuous	0.13
轴线	红	ACAD-IS004W100	0.13
虚线	洋红	ACAD-IS002W100	0.13
暗沟	黄	ACAD-IS002W100	0.13
散水	白	Continuous	0.13
楼梯	白	Continuous	0.13
窗	蓝	Continuous	0.13

续表

图层名	颜 色	线 型	线宽/mm
门	白	Continuous	0.13
室内布置	白	Continuous	0.13
阳台	白	Continuous	0.13
其他构造线	白	Continuous	0.13

(4) 设置文字样式。

(5) 设置标注样式。

2) 绘制轴线

(1) 执行 Line 命令，在轴线层绘制水平和垂直的两条基准轴线。

(2) 修改线型比例，此例可将单点画线的线型比例改为35。

(3) 执行 Offset 命令，画出其他轴线。

(4) 执行 trim、Erase 命令，剪去、删除多余的轴线，其效果如图9-15所示。

3) 绘制墙体

墙体分内墙与外墙。墙线用双线表示，并通常以轴线为中心，用多线绘制，也可用偏移命令以轴线为基线向两边偏移得出。绘制步骤如下：

(1) 设置多线样式。

(2) 执行 Mline 命令，在墙体图层绘制外墙、内墙和其他墙体。绘制多线时注意按命令行的提示选择多线样式、对正方式和缩放比例。

(3) 执行 Mledit 命令，对已绘制的墙体进行编辑。墙体绘制结果如图9-16所示。

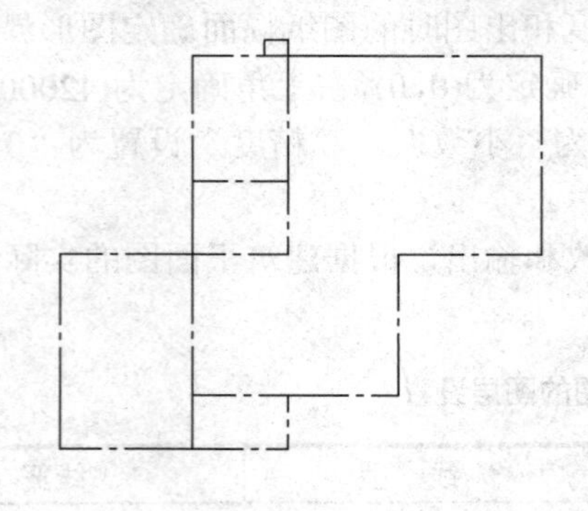

图9-15 轴线

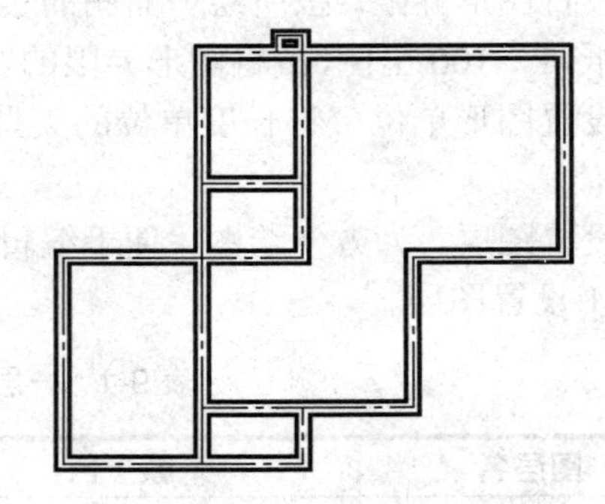

图9-16 墙体

4) 绘制门窗

(1) 开设门窗洞口。

用 Line、Offset、Trim 等命令，依据图9-17提供的门窗的定形尺寸和定位尺寸开设门窗洞口。

(2) 制作门窗图块。

按图9-17所示的图形和尺寸在0层制作门窗图块。

(3) 插入门窗图块。

按图9-14所示的门窗尺寸，分别在门层和窗层插入门窗图块。插入时应调整好缩放比例和旋转角度。个别门插入后，还要执行 Mirror 命令，才能达到图9-14所示的效果。图9-18

所示的是插入门窗后的效果。

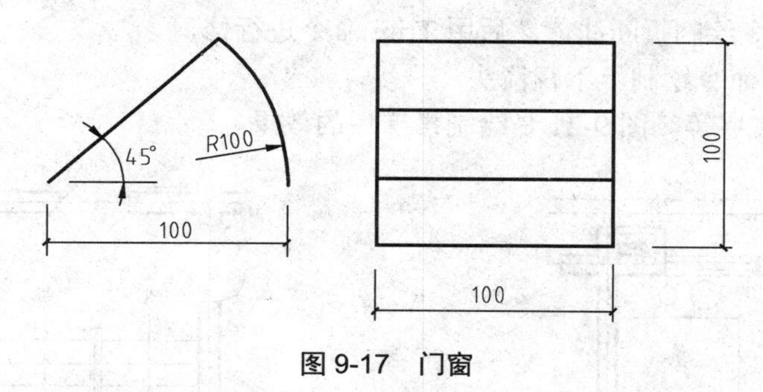

图 9-17　门窗

操作演示：别墅一层平面图的绘制——绘制门窗

5) 绘制阳台、台阶、散水等

(1) 绘制台阶。

执行 Line 命令或 Mline 命令，在阳台图层按照图 9-14 所示的台阶平面位置绘制。

(2) 绘制暗沟散水。

执行 Line 命令，在暗沟散水图层按照图 9-14 所示的建筑平面暗沟散水的位置绘制。图 9-19 是绘制阳台散水后的效果。

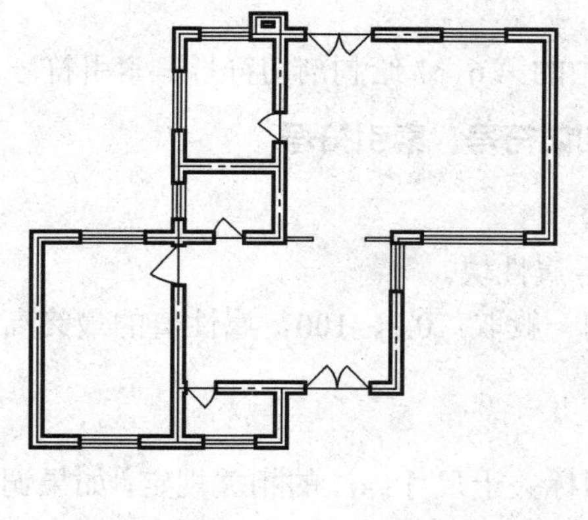

图 9-18　插入门窗

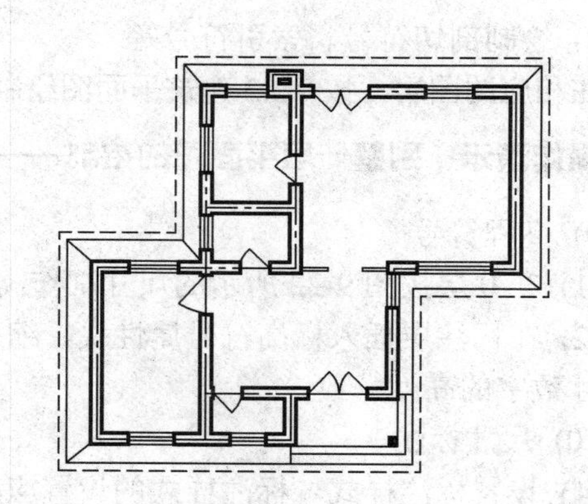

图 9-19　阳台、散水

操作演示：别墅一层平面图的绘制——绘制阳台、散水

6) 绘制厨房、卫生间的设置

厨房、卫生间的主要设置有灶台、燃气灶、洗涤池、水龙头、浴盆等，这些可通过点击 AutoCAD 的设计中心的“主页”按钮，将“House Designer.dwg”和“Kitchens.dwg”文件中的相应图块插入到目标文件。也可按图 9-14 所示的形状绘制。图 9-20 是绘制厨房、卫生间布置后的效果。

7) 绘制楼梯

(1) 将“楼梯”层切换为当前层，在楼梯间确定踏步线的起点。用 Line、Offset 或 Array 等命令绘制楼梯踏步线。

(2) 用 Line、Offset 等命令绘制扶手。

(3) 用 Line 命令绘制折断线，然后用 Trim 命令进行修剪。

(4) 用 Qleader 命令绘制上下行箭头。

(5) 注写上下文字等。图 9-21 是绘制楼梯后的效果。

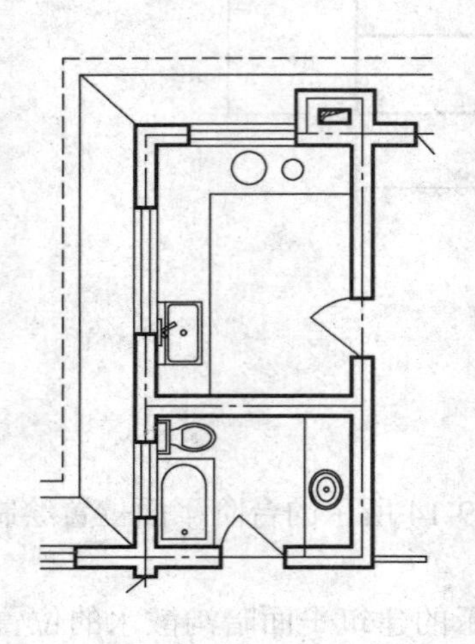

图 9-20　厨房、卫生间

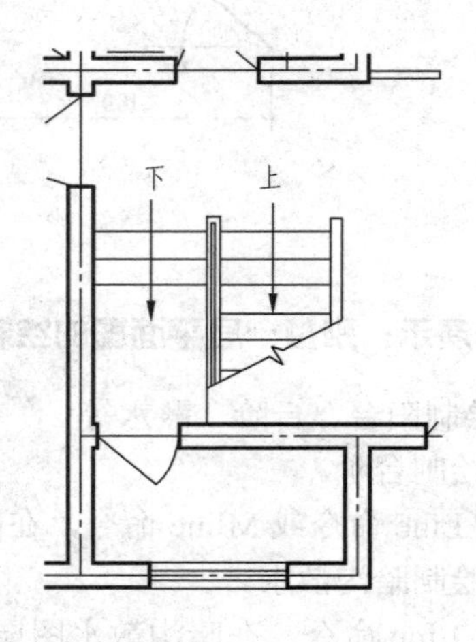

图 9-21　楼梯

8) 绘制剖切符号、索引符号等

在相应的图层，按 9.3.2 建筑平面图绘制要求中的第 6、7 绘制剖切符号、索引符号。

操作演示：别墅一层平面图的绘制——绘制剖切符号、索引符号

9) 高程符号

(1) 在 0 层按图 9-22 所示的尺寸制作高程符号属性块。

(2) 在标注层插入标高符号属性块，缩放比例一般取 70.7、100，属性值的最终高度应和尺寸数字的高度一致。

10) 尺寸标注

(1) 设置标注样式　标注样式的设置应符合国标关于尺寸标注的相关规定，如果调用在实训 5 创建的 A3.dwt 模板文件，需将“建筑”标注样式的全局比例设置为 100，并置为当前。尺寸数字的高度视一般可设置为 2.5 mm 或 3.5 mm。

(2) 用 Dimlinear 和 Dimcontinue 命令，按图 9-14 所示的图样完成一层平面图的尺寸标注。

11) 编制定位轴线

(1) 在 0 层按图 9-23 所示的尺寸制作定位轴线圆属性块。

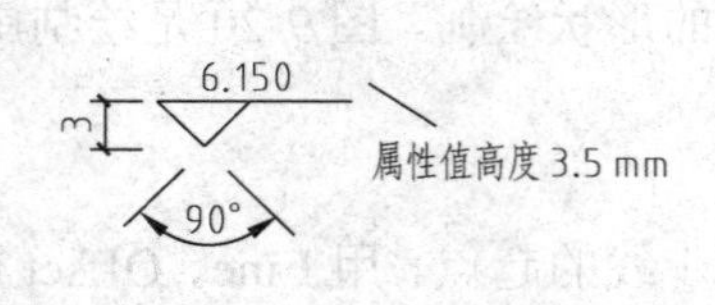

图 9-22　高程符号

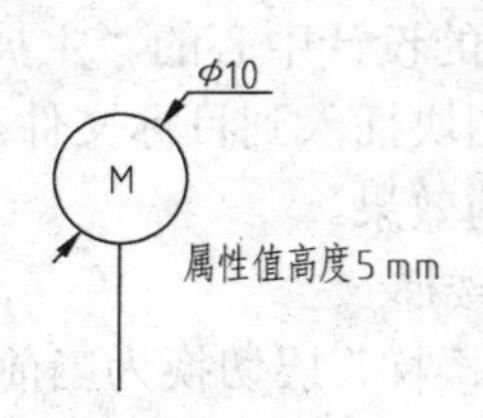

图 9-23　轴线图

(2) 在标注层按图 9-23 所示的图样插入相应的定位轴线圆属性块，缩放比例一般取 70.7、100，属性值的最终高度应比尺寸数字的高度大一号。旋转角度视轴网而定。

(3) 对文字方向不对的编号，应执行 Eattedit 命令，通过弹出的【增强属性编辑器】对话框，将文字的旋转角度改为 0，如图 9-24 所示。

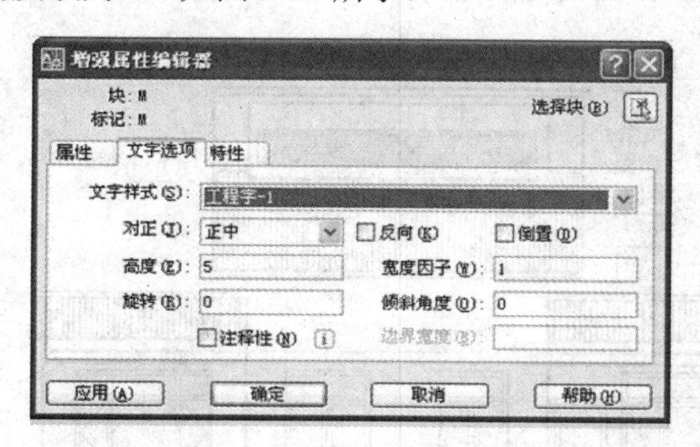

图 9-24　增强属性编辑器

12) 文字说明

将“工程字-1”文字样式置为当前，用单行文字或多行文字输入图 9-24 所示的文字。图名的字高 7 mm、标题和比例的字高 5 mm、正文和房间名称的字高 3.5 mm。因采用 1∶100 的比例出图，在模型空间输入文字时高度值还应乘上 100。

某小区别墅一层平面图的最终效果如图 9-25 所示。

练习与提高

完成图 9-25 所示图形的绘制。

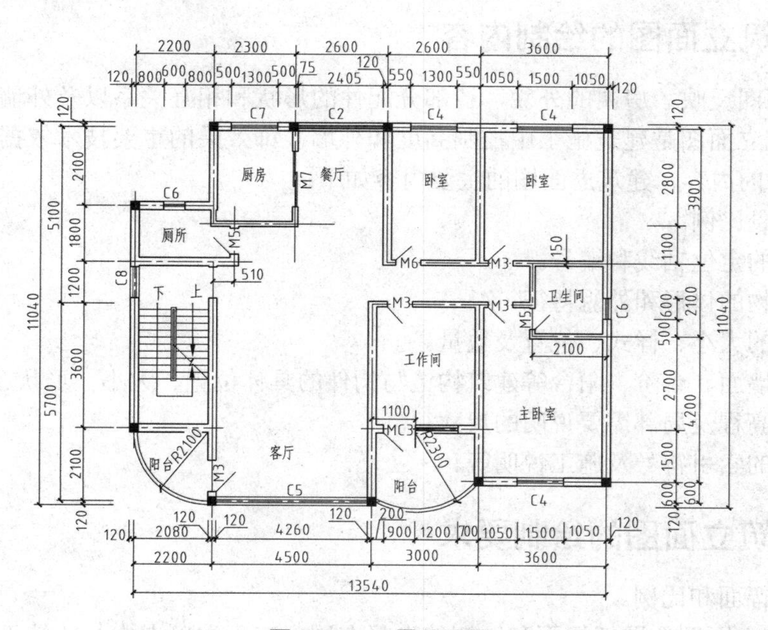

图 9-25　一层平面图

9.4 建筑立面图形的绘制

【学习目标】绘制正立面图(图 9-26)。

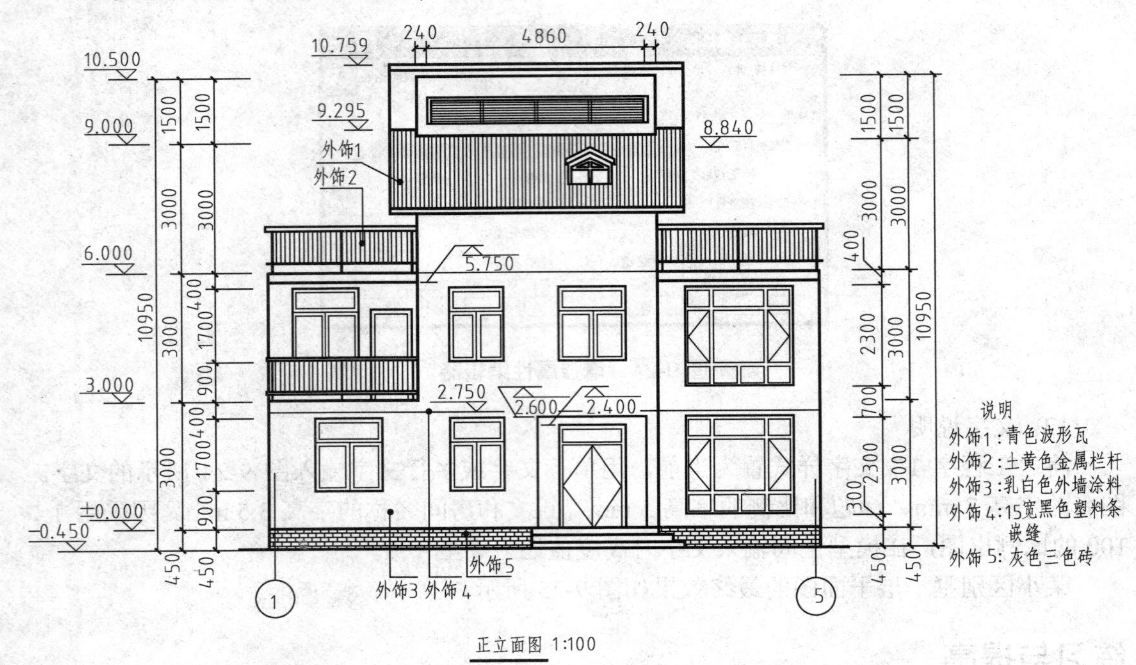

图 9-26 正立面图

9.4.1 建筑立面图的绘制内容

建筑立面图反映了房屋的外貌，各部分配件的形状和相互关系以及外墙面装饰材料、做法等。建筑立面图是建筑施工中控制高度和外墙装饰效果的重要技术依据。在绘制前也应清楚需绘制的内容，建筑立面图的主要内容如下：

(1) 图名、比例。

(2) 两端的定位轴线和编号。

(3) 建筑物的体形和外貌特征。

(4) 门窗的大小、样式、位置及数量。

(5) 各种墙面、台阶、阳台等建筑构造与构件的具体位置、大小、形状、做法。

(6) 立面高程及局部需要说明的尺寸。

(7) 详图的索引符号及施工说明等。

9.4.2 建筑立面图的绘制要求

(1) 图纸幅面和比例。

通常建筑立面图的图纸幅面和比例的选择在同一工程中可考虑与建筑平面图相同，一般采用 1∶100 的比例。建筑物过大或过小时，可以选择 1∶200 或 1∶50。

(2) 定位轴线。

在立面图中，一般只绘制 2 条定位轴线，且分布在两端，与建筑平面图相对应，确认立面的方位，以方便识图。

(3) 线型。

为了更能突现建筑物立面图的轮廓，使得层次分明，地坪线一般用特粗实线(1.4*b*)绘制；轮廓线和屋脊线用粗实线(b)绘制；所有的凹凸部位(如阳台、线脚、门窗洞等)用中实线(0.5*b*)绘制；门窗扇、雨水管、尺寸线、高程、文字说明的指引线、墙面装饰线等用细实线(0.25*b*)绘制。

(4) 图例。

由于立面图和平面图一般采用相同的出图比例，所以门窗和细部的构造也常采用图例来绘制。绘制的时候我们只需要画出轮廓线和分格线，门窗框用双线。常用的构造和配件的图例可以参照相关的国家标准。

(5) 尺寸标注。

立面图分三层标注高度方向的尺寸，分别是细部尺寸、层高尺寸和总高尺寸。

细部尺寸用于表示室内外地面高度差、窗口下墙高度、门窗洞口高度、洞口顶部到上一层楼面的高度等；层高尺寸用于表示上下层地面之间的距离；总高尺寸用于表示室外地坪至女儿墙压顶端檐口的距离。除此外还应标注其他无详图的局部尺寸。

(6) 高程尺寸。

立面图中需标注房屋主要部位的相对高程，如建筑室内外地坪、各级楼层地面、檐口、女儿墙压顶、雨罩等。

(7) 索引符号等。

建筑物的细部构造和具体做法常用较大比例的详图来反映，并用文字和符号加以说明。所以凡是需绘制详图的部位，都应该标上详图的索引符号，具体要求与建筑平面图相同。

9.4.3　建筑立面图的绘制方法

(1) 选择比例，确定图纸幅面。

(2) 绘制轴线、地坪线及建筑物的外围轮廓线。

(3) 绘制阳台、门窗。

(4) 绘制外墙立面的造型细节。

(5) 标注立面图的文本注释。

(6) 立面图的尺寸标注。

(7) 立面图的符号标注，如高程符号、索引符号、轴标号等。

9.4.4　建筑立面图的绘制过程

1) 设置绘图环境

绘制建筑立面图的绘图环境设置与绘制建筑平面图的绘图环境设置相同，可添加“地坪线”图层，线宽 1.4*b*(*b* 取 0.5 mm)。

快速简单的方法是直接将上一任务的建筑平面图打开，按绘制立面图的需要适当添加图层，然后另存为本任务的建筑立面图文件。

2) 调整平面图、绘制地坪线和轴线及纵向定位辅助线

(1) 将平面图中与正立面相关的图线保留，删除其他图线。

(2) 将平面图中剩余的图线按对正的方式移到图框的下方。

(3) 在图面的适当位置，在“地坪线”图层绘制地坪线。

(4) 利用“长对正”的作图原理绘制轴线及其他纵向定位辅助线，其效果如图 9-27 所示。

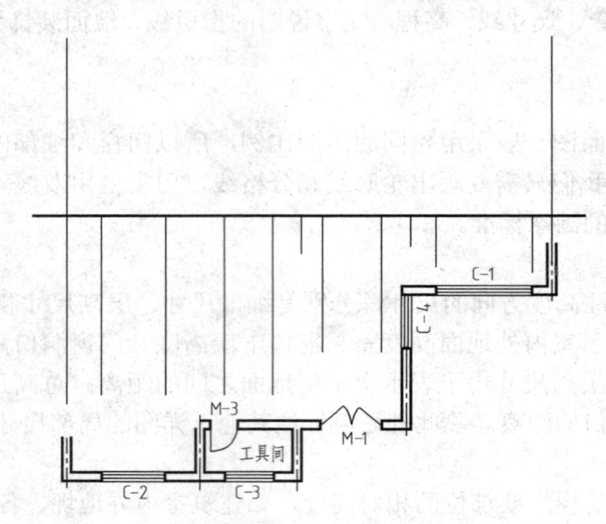

图 9-27　立面图绘制(一)

3) 绘制立面第一层

(1) 依据门窗洞口的高度定位尺寸绘制门窗洞口的横向定位辅助线。结合纵向定位辅助线用中实线绘制门窗洞口，然后删除横向辅助线，如图 9-28 所示。

(2) 按图 9-29 所示的图形尺寸在 0 层制作窗 C1～C3 和门 M1 的图块，然后分别在门、窗图层插入门和窗的图块，其效果如图 9-30 所示。

4) 绘制立面标准层

(1) 依据二层平面图确定纵向定位辅助线。

(2) 依据门窗洞口的高度定位尺寸绘制门窗洞口的横向定位辅助线。

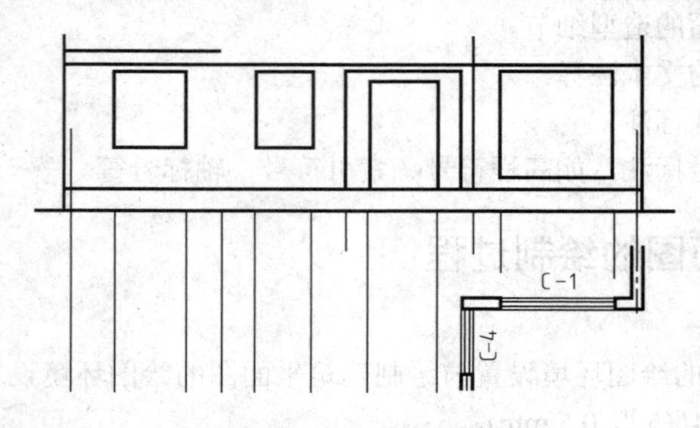

图 9-28　立面图绘制(二)

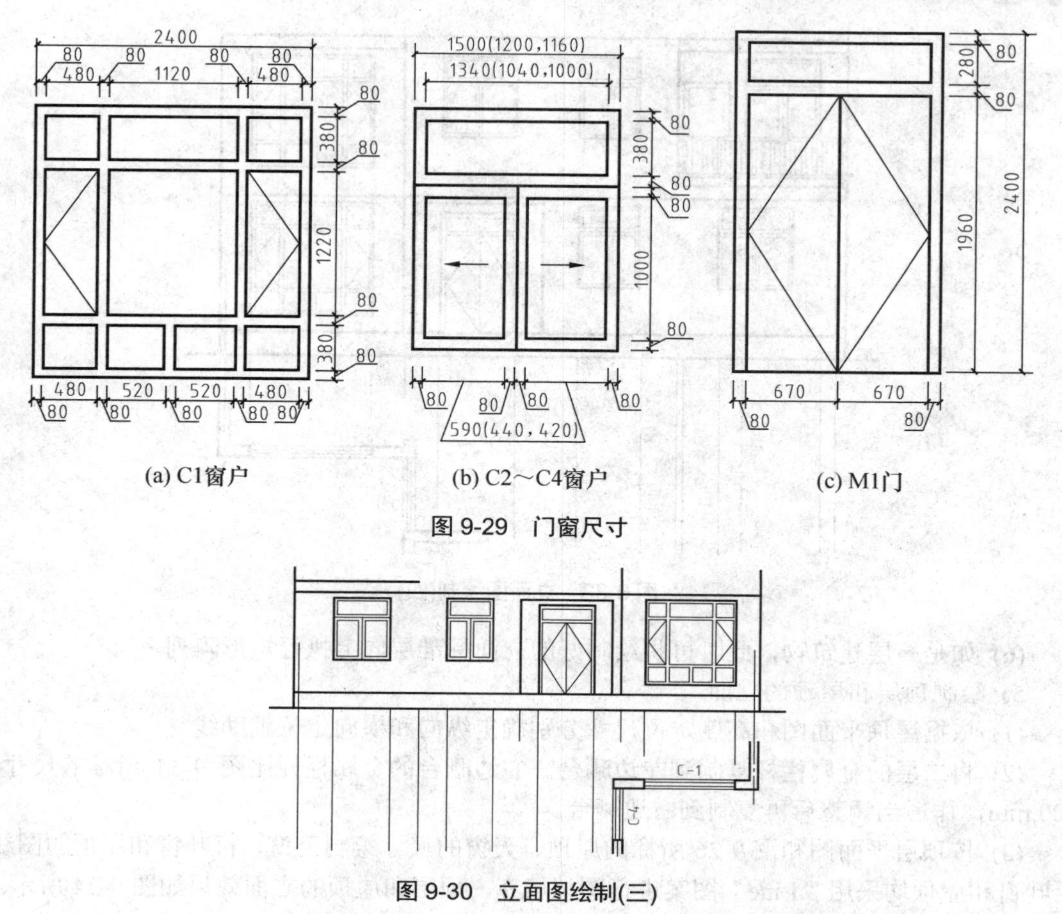

(a) C1窗户　(b) C2～C4窗户　(c) M1门

图 9-29　门窗尺寸

图 9-30　立面图绘制(三)

(3) 用中实线绘制 M2 门洞，然后按图 9-31 所示的图形尺寸在 0 层制作门 M2 的图块，接着在门层插入门 M2。

(4) 将立面第一层中 C1、C2、C3 窗洞及窗分别复制到第二层的指定位置。

(5) 按图 9-32 所示的图形尺寸在指定位置绘制金属栏杆。第二层立面的效果如图 9-33 所示。

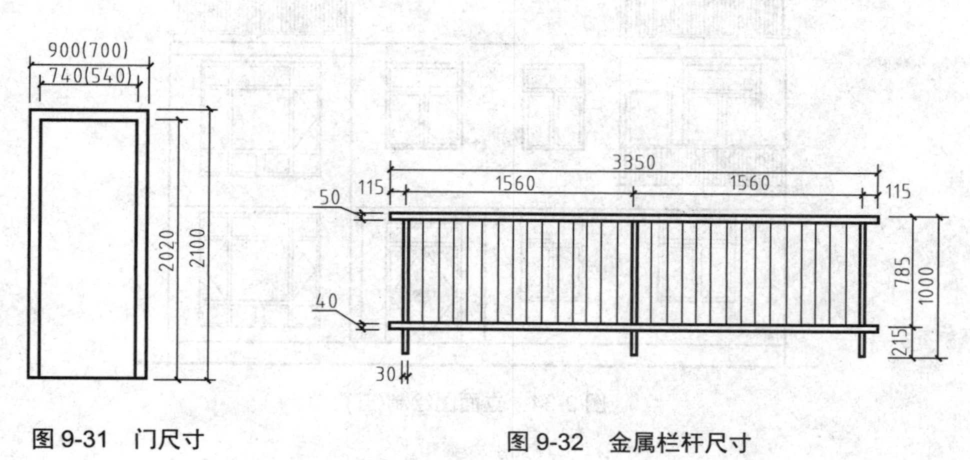

图 9-31　门尺寸　　图 9-32　金属栏杆尺寸

图 9-33 立面图绘制(四)

(6) 如是高层建筑物，此时可将绘制好的立面标准层向上执行矩形阵列。

5) 绘制顶层和屋顶的立面

(1) 依据屋顶平面图和高度定位尺寸分别确定纵向和横向定位辅助线。

(2) 将二层的金属栏杆复制到左边晒台。右边晒台的金属栏杆比图 9-34 所标的尺寸长 300 mm，作适当调整后再复制到右边晒台。

(3) 按顶层平面图和图 9-26 所标的屋顶、天窗的尺寸绘制天窗、百叶窗和屋顶的图线。百叶窗和屋顶均采用“Line”图案进行图案填充。顶层和屋顶的立面效果如图 9-34 所示。

图 9-34 立面图绘制(五)

操作演示：别墅正立面图的绘制——绘制顶层和屋顶的立面图

6) 绘制其他细部的造型、填充外立面的材料图案

(1) 依据一层平面图中所标注的台阶的定形尺寸和定位尺寸，在“台阶”图层绘制台阶的立面图。

(2) 在一层地面和地坪面之间的外墙上，用“AR-B816”图案进行图案填充，其效果如图 9-35 所示。

图 9-35 立面图绘制(五)

7) 尺寸标注

按三级尺寸标注法，分别标注细部尺寸、层高尺寸和总高尺寸。除此外还应标注屋顶细部无详图的局部尺寸。尺寸数字的高度一般取 2.5 mm 或 3.5 mm。标注尺寸后的效果如图 9-26 所示。

8) 注写文字及相关符号的标注

按图 9-26 所示的文字内容，注写施工说明。文字高度应设定为 3.5 mm 乘以出图比例的倒数。其他文字高度的设定与建筑平面图相同。

高程符号和索引符号只需插入在上一任务制作的属性块，视图面的复杂程度确定缩放比例，一般为 70.7、100。高程数字的高度应和尺寸数字的高度一致，定位轴线编号的数字、字母的高度应比尺寸数字大一号。某小区别墅正立面图的最终效果如图 9-26 所示。

练习与提高

完成如图 9-36 所示图形的绘制。

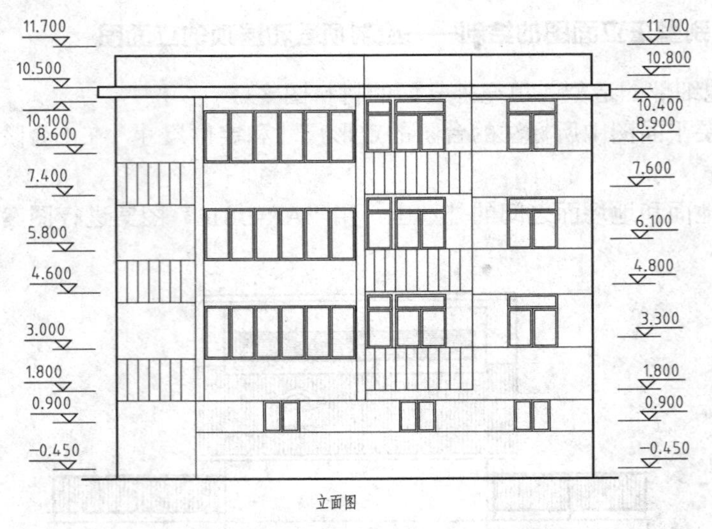

图 9-36 立面图

9.5 绘制建筑剖面图

【学习目标】绘制建筑剖面图(图 9-37)。

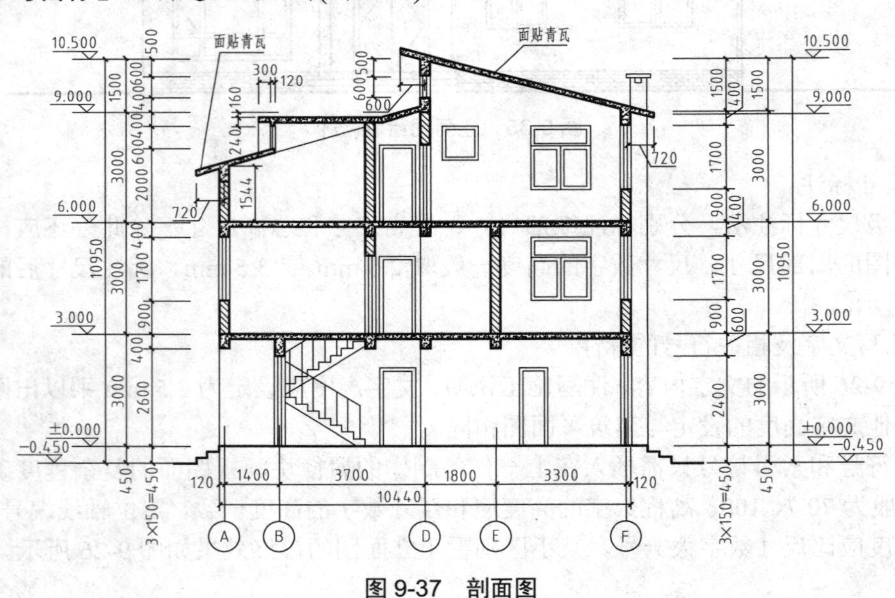

图 9-37 剖面图

9.5.1 建筑剖面图的绘制内容

建筑剖面图反映了房屋内部垂直方向的高度、分层情况，楼地面和屋顶结构形式及各构配件在垂直方向的相互关系。建筑剖面图是与平面图、立面图相互配合的不可缺少的重要图样之一。建筑剖面图的主要内容如下：

(1) 图名、比例。

(2) 必要的轴线以及各自的编号。

(3) 被剖切到的梁、板、平台、阳台、地面以及地下室图形。

(4) 被剖切到的门窗图形。

(5) 剖切处各种构配件的材质符号。

(6) 未剖切到的可见部分，如室内的装饰、和剖切平面平行的门窗图形、楼梯段、栏杆的扶手等和室外可见的雨水管、水漏等以及底层的勒脚和各层的踢脚。

(7) 高程以及必须的局部尺寸的标注。

(8) 详图的索引符号。

(9) 必要的文字说明。

9.5.2　建筑剖面图的绘制要求

(1) 图名和比例。建筑剖面图的图名必须与底层平面图中剖切符号的编号一致，如：1—1 剖面图。

建筑剖面图的比例与平面图、立面图一致，采用 1∶50、1∶100、1∶200 等较小比例绘制。

(2) 所绘制的建筑剖面图与建筑平面图、建筑立面图之间应符合投影关系，即长对正、宽相等、高平齐。读图时，也应将三图联系起来。

(3) 图线。凡是剖到的墙、板、梁等构件的轮廓线用粗实线表示，没有剖到的其他构件的投影线用细实线表示。

(4) 图例。由于比例较小，剖面图中的门窗等构配件应采用国家标准规定的图例表示。

为了清楚地表达建筑各部分的材料及构造层次，当剖面图的比例大于 1∶50 时，应在剖到的构配件断面上画出其材料图例；当剖面图的比例小于 1∶50 时，则不画材料图例，而用简化的材料图例表示其构件断面的材料，如钢筋混凝土的梁、板可在断面处涂黑，以区别于砖墙和其他材料。

(5) 尺寸标注与其他标注。剖面图中应标出必要的尺寸。

外墙的竖向标注三道尺寸，最里面一道为细部尺寸，标注门窗洞及洞间墙的高度尺寸；中间一道为层高尺寸；最外一道为总高尺寸。此外，还应标注某些局部的尺寸，如内墙上门窗洞的高度尺寸，窗台的高度尺寸；以及一些不需绘制详图的构件尺寸，如栏杆扶手的高度尺寸、雨篷的挑出尺寸等。

建筑剖面图中需标注高程的部位有室内外地面、楼面、楼梯平台面、檐口顶面、门窗洞口等。剖面图内部的各层楼板、梁底面也需标注高程。

建筑剖面图的水平方向应标注墙、柱的轴线编号及轴线间距。

(6) 详图索引符号。由于剖面图比例较小，某些部位如墙脚、窗台、楼地面、顶棚等节点不能详细表达，可在剖面图上的该部位处画上详图索引符号，另用详图表示其细部构造。楼地面、顶棚、墙体内外装修也可用多层构造引出线的方法说明。

9.5.3　建筑剖面图的绘制方法

(1) 绘制各定位轴线。

(2) 绘制建筑物的室内地坪线和室外地坪线。

(3) 绘制墙体断面轮廓、未被剖切到的可见墙体轮廓以及各层的楼面、屋面等。

(4) 绘制门窗洞、楼梯、檐口及其他可见轮廓线。

(5) 绘制各种梁的轮廓和具体的断面图形。

(6) 绘制固定设备、台阶、阳台等细节。

(7) 尺寸标注、高程及文字说明等。

9.5.4 建筑剖面图的绘制过程

下面以某小区别墅的 A—A 剖面图(图 9-37)为例介绍建筑剖面图的具体绘制步骤。

1) 设置绘图环境

绘制建筑立面图的绘图环境设置与绘制建筑平面图的设置相同。

快速简单的方法是直接将上一任务的建筑正立面图打开，按绘制建筑剖面图的需要适当添加图层，然后另存为本任务的建筑立面图文件。

操作演示：别墅建筑剖面图的绘制——设置绘图环境

2) 调整平面图和正立面图的位置，绘制三视图的作图辅助线

(1) 依据已绘制的建筑平面图、正立面图与将要绘制的 A—A 剖面图之间的投影关系和三视图的作图原则，在打开的建筑正立面图文件中，将底层平面图粘贴在正立面图的正下方，即长对正。

(2) 绘制三视图的坐标线和 45° 辅助线(按照作右视图的方法绘制辅助线)。

(3) 按照宽相等的作图原则，绘制宽度方向的定位辅助线。如图 9-38 所示。

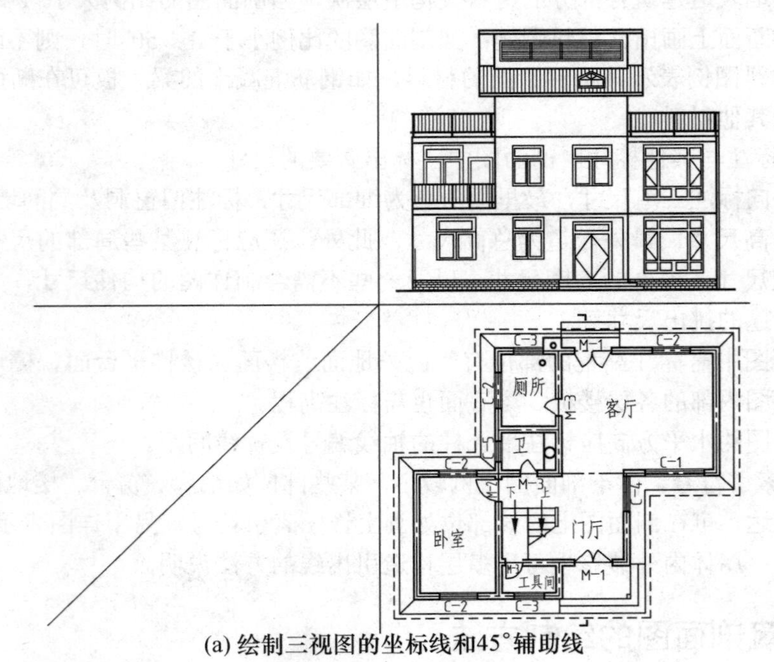

(a) 绘制三视图的坐标线和45°辅助线

图 9-38 剖面图绘制(一)

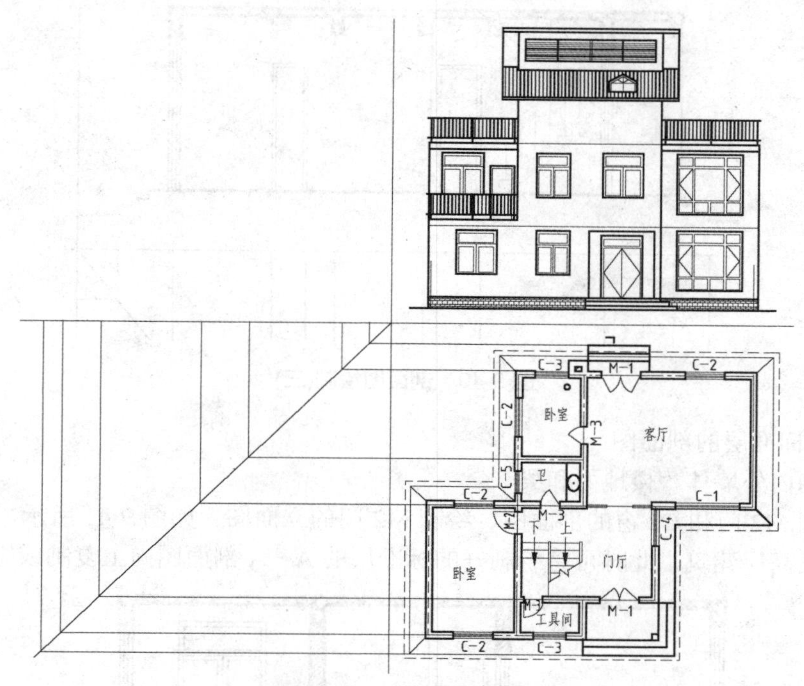

(b) 绘制宽度方向的定位辅助线

图 9-38　续

操作演示：别墅建筑剖面图的绘制——绘制三视图的作图辅助线

3) 绘制剖面图的室外地坪线、底层的地面线和前后的台阶

在地坪线图层，依据高平齐的作图原则，绘制室外地坪线和底层的地面线以及前后的台阶。见图 9-39 所示。

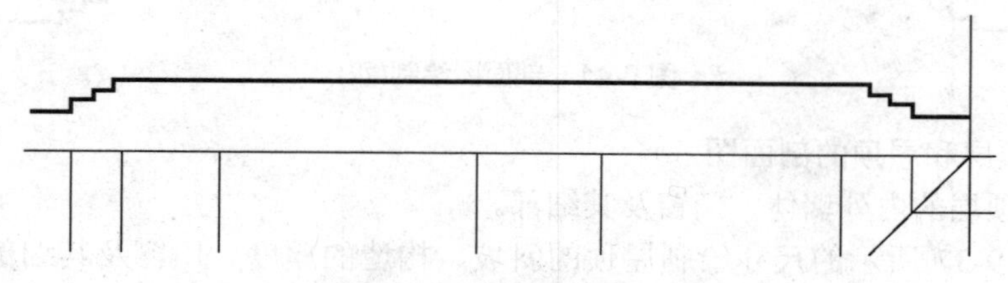

图 9-39　剖面图绘制(二)

4) 绘制底层的剖面图

(1) 绘制内外墙体、楼地面和梁。

没有被剖切到的墙体用单实线绘制。剖切到的墙体用双线绘制。图形比例为 1∶100～1∶200 时，材料图例可采用简化画法，如砖墙涂红、钢筋混凝土涂黑。但在本例中还是填充了材料图例，省略了楼地面的面层线。

(2) 绘制 M1 门的剖面图、绘制 M2 门和 M3 门的立面图，尺寸如图 9-29(c)和图 9-31 所示。

(3) 绘制楼梯及其扶手，见图 9-40 所示。楼梯的具体绘制过程见 9.6 节相关内容。

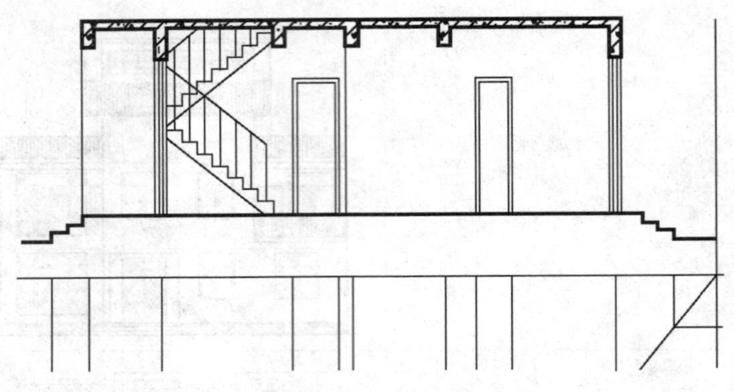

图 9-40 剖面图绘制(三)

5) 绘制标准层的剖面图

(1) 绘制内外墙体、楼地面和梁。

(2) 绘制 M2 门和 C2 窗的剖面图、绘制 M2 门的立面图。如图 9-41 所示。

(3) 如是高层建筑，此时可将绘制好的标准层的 A—A 剖面图向上复制或矩形阵列。

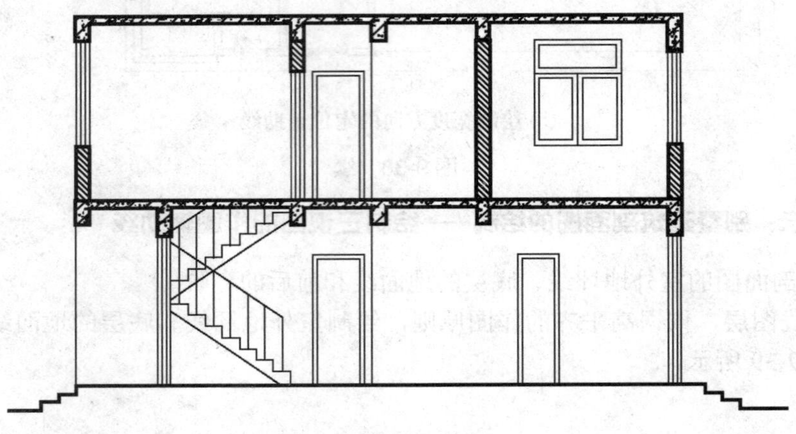

图 9-41 剖面图绘制(四)

6) 绘制顶层和屋顶的剖面图

(1) 绘制顶层的内外墙体、门窗及其细部。

(2) 按图 9-37 所示的尺寸绘制屋顶的斜坡、构造的厚度、门窗及其细部。如图 9-42 所示。

7) 尺寸标注

(1) 标注外墙上的细部尺寸、标注层高尺寸和总高尺寸。

(2) 标注轴线间距的尺寸和前后墙间的总尺寸。

(3) 标注细部尺寸。标注尺寸后的效果如图 9-43 所示。

8) 注写文字及相关符号的标注

按图 9-37 所示的文字内容，注写文字。文字高度的设定与建筑立面图相同。

高程符号和轴线编号只需插入已制作的属性块，缩放比例的设定与建筑立面图相同。

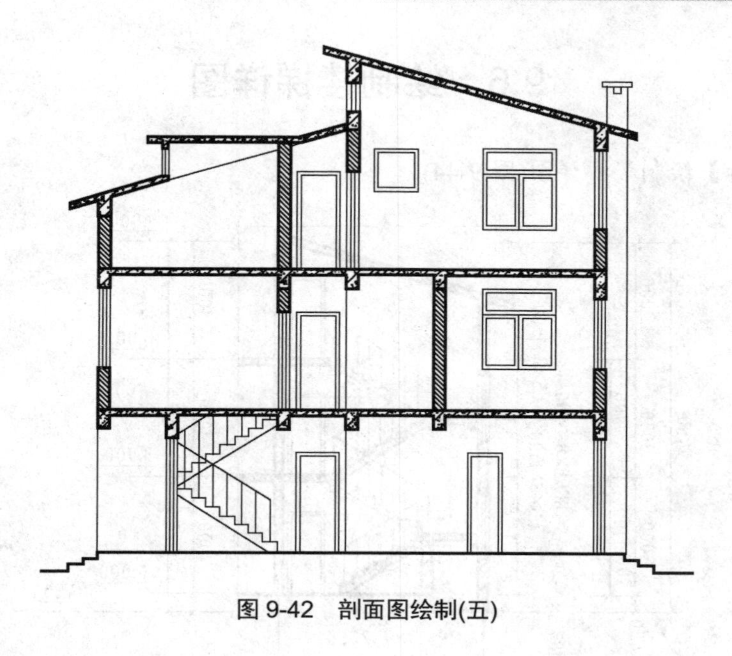

图 9-42　剖面图绘制(五)

练习与提高

按图 9-43 所示图形完成绘制。

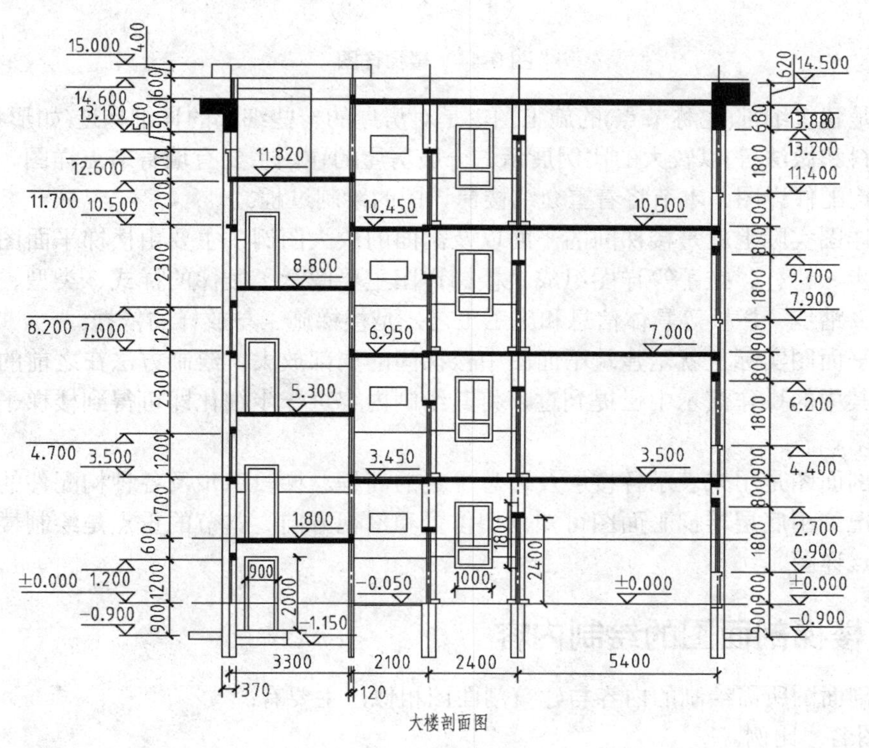

图 9-43　剖面图

9.6　绘制楼梯详图

【学习目标】绘制楼梯详图(图 9-44)。

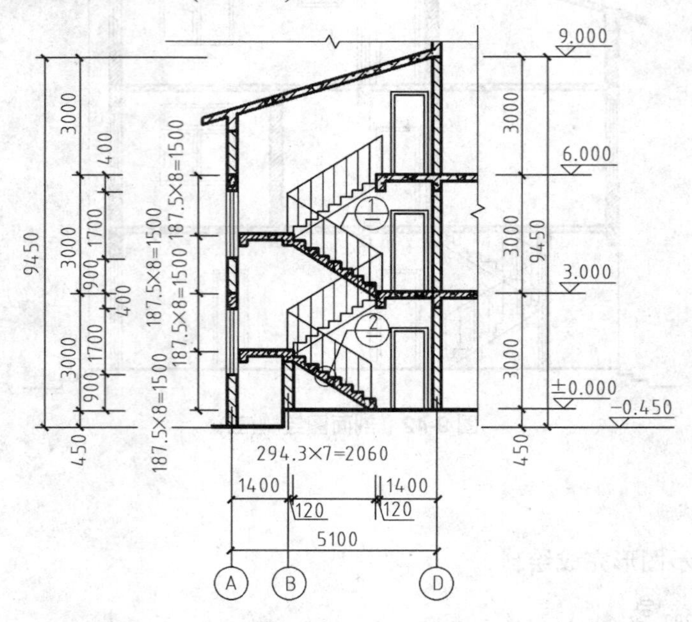

图 9-44　楼梯详图

详图是建筑细部(也称节点)的施工图，是对房屋的一些细部的详细构造(如形状、层次、尺寸、材料和做法等)以较大的比例展示。一般房屋的详图主要有墙身节点详图、楼梯详图及室内外构配件详图。本节将着重介绍楼梯详图的绘制过程。

楼梯详图实际上就是楼梯间的平面以及剖面的放大图例，主要由楼梯平面图，楼梯剖面图和踏步、栏杆、扶手等详图组成。楼梯详图主要图示了楼梯的样式、类型、结构、各部位尺寸、踏步、栏板等具体信息和施工工艺，是楼梯施工与放样的依据。

楼梯平面图实际上就是建筑平面图中楼梯间的局部放大，绘制方法在之前的绘制建筑平面图及其中的操作演示中已提到过，将其绘制内容进一步细化即可得到楼梯平面图，这里不再介绍。

楼梯剖面图是用来表示各楼层及休息平台的高程、梯段踏步及各种构配件的竖向布置和构造情况。由底层楼梯平面图可知剖切位置和剖视方向。本节的重点是绘制楼梯剖面图和楼梯节点详图。

9.6.1　楼梯剖面图的绘制内容

楼梯剖面图所需绘制的内容与建筑剖面图相似，主要有：

(1) 图名、比例。

(2) 必要的轴线以及各自的编号。

(3) 房屋的层数、楼梯的梯段数、踏步数。

(4) 被剖切到的门窗、梁、板、平台、阳台、地面等。

(5) 剖切处各种构配件的材质符号。

(6) 一些虽然没有被剖切到，但是可见部分的构配件，如室内外的装饰和与剖切平面平行的门窗图形、楼梯段、栏杆的扶手等。

(7) 可见的部分的勒脚和踢脚。

(8) 楼梯的竖向尺寸和各处的高程等。

(9) 详图的索引符号。

(10) 文字说明等。

9.6.2　楼梯剖面图的绘制要求

1) 图名和比例

楼梯剖面图应与楼梯平面图选取相同的比例，与建筑剖面图的比例基本一致。节点详图采用 1∶10、1∶20 等较大比例绘制。

楼梯剖面图的剖切符号的编号可直接命名楼梯剖面图。如楼梯底层平面图中有剖切符号，其剖面图的命名应与剖切符号的编号一致。

2) 图线

凡是剖切到的墙、板、梁等构件的轮廓线用粗实线表示，没有剖切到的其他构件的投影线用细实线表示。

3) 图例

剖面图中的门窗等构配件也可采用国家标准规定的图例表示。

4) 尺寸标注与其他标注

楼梯剖面图中应标出必要的尺寸。节点图则需清楚地表达出细小的构造尺寸，在之前的平面图和剖面图中出现过的尺寸可以不加标注。

5) 详图索引符号

楼梯剖面图中，某些不能详细表达部位，可在该处画上详图索引符号，另用节点详图表示其细部构造。

9.6.3　楼梯剖面图的绘制方法

(1) 绘制各定位轴线、墙身线、室内外地坪线和休息平台顶面线。

(2) 确定休息平台的宽度和梯段的起步点。

(3) 依据楼梯踏步的宽度、步数和高度绘制楼梯的踏步。

(4) 绘制楼梯板、平台板、楼梯梁、栏杆扶手等轮廓。

(5) 绘制门窗洞、檐口及其他细节。

(6) 尺寸标注、高程及文字说明等。

(7) 绘制节点详图。

9.6.4　楼梯剖面图的绘制过程

下面以某小区别墅的楼梯剖面图(图 9-44)为例介绍楼梯剖面图的具体绘制步骤。

1) 设置绘图环境

绘制楼梯剖面图的绘图环境设置与绘制建筑剖面图的绘图环境设置相同，这里不再介绍。

2) 绘制与楼梯相关的辅助定位图线

(1) 绘制定位轴线。

(2) 绘制室内外地坪线。如图 9-45 所示。

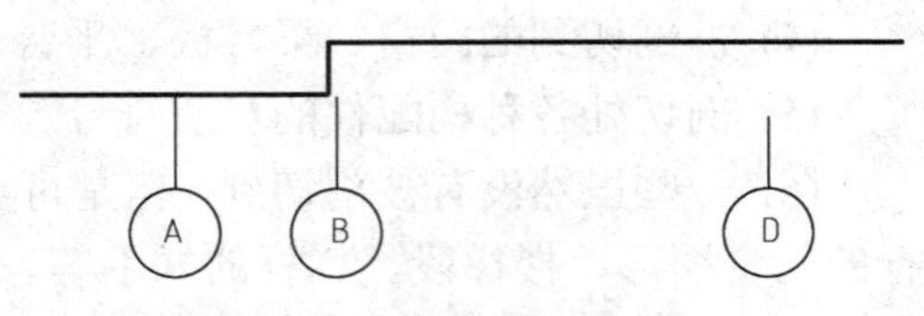

图 9-45 楼梯剖面图绘制(一)

操作演示：别墅楼梯剖面图的绘制——绘制与楼梯相关的定位图线

3) 绘制内外墙

选择墙体图层，绘制内外墙图线和折断线。如图 9-46 所示。

4) 绘制屋顶、楼板和梁

选择相应的图层，绘制屋顶、楼板和梁图线。如是高层建筑，绘制完标准层的楼板和梁后可向上复制或矩形阵列，如图 9-47 所示。

操作演示：别墅楼梯剖面图的绘制——绘制屋顶等图线

5) 绘制门窗

选择相应的图层，绘制 C3 窗的剖面图和 M2 门的立面图。如图 9-48 所示。

快速完成这五步的方法是将上一任务绘制的建筑剖面图打开，删除与楼梯剖面图无关的图线，并做些适当的修改就可达到图 9-48 所示的效果。

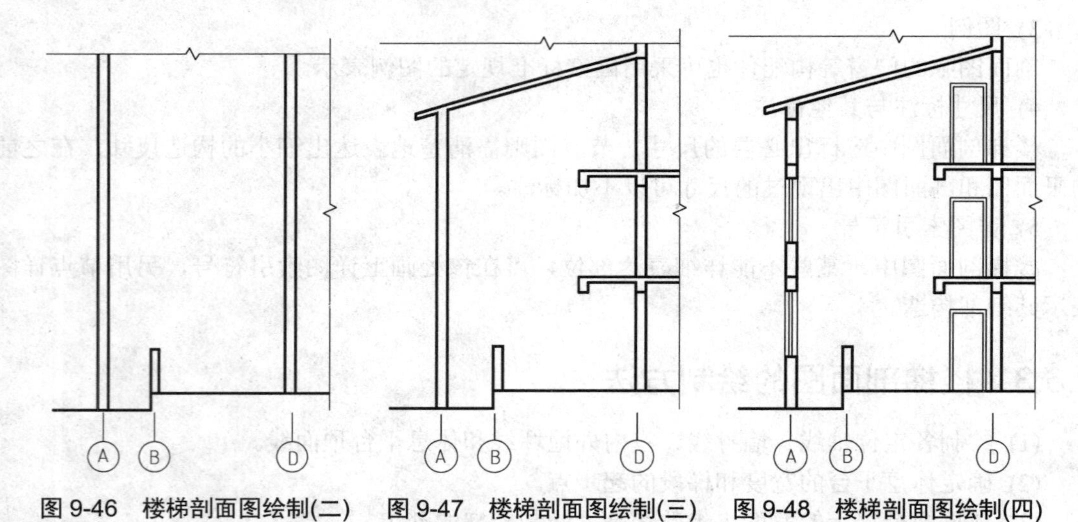

图 9-46 楼梯剖面图绘制(二) 图 9-47 楼梯剖面图绘制(三) 图 9-48 楼梯剖面图绘制(四)

操作演示：别墅楼梯剖面图的绘制——绘制门窗

6) 绘制休息平台

选择相应的图层，绘制休息平台的楼板和梁。休息平台的边缘至梯段起步点的水平距离=踏步宽×(踏步数-1)，高度=踏步高×踏步数。如图 9-49 所示。

7) 绘制楼梯

(1) 按上述的计算公式，确定底层梯段踏步的起点，然后用 Line 命令绘制第一个踏步。

(2) 用 Copy 命令将已绘制的踏步逐个复制，直到第一个休息平台。

(3) 用 Mirror 命令，将第一梯段的踏步以第一个休息平台的表面为镜像线进行镜像复制，得到第二梯段。

(4) 用 Line 和 Offset 命令完成楼梯坡度线的绘制。

(5) 绘制扶手和栏杆，并进行细部修正。

(6) 将绘制好的底层楼梯逐层向上复制。如图 9-50 所示。

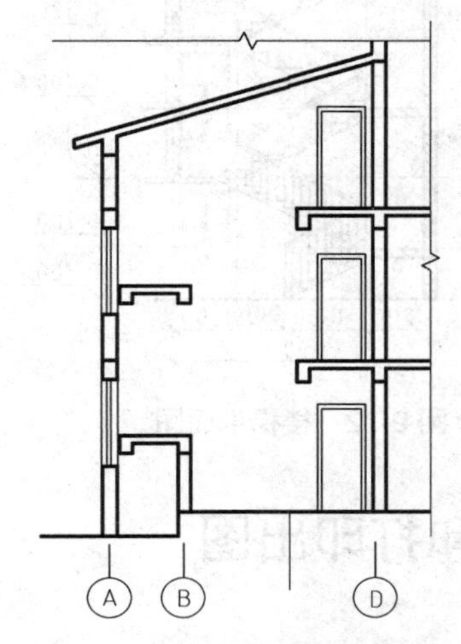

图 9-49　楼梯剖面图绘制(五)

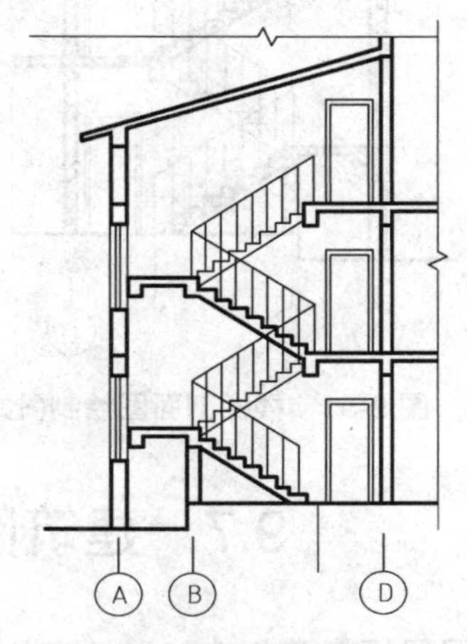

图 9-50　楼梯剖面图绘制(六)

8) 填充钢筋混凝土和墙体图案

(1) 剖切到的墙体填充“ANS31” 图案。

(2) 剖切到的梯段、梁楼板、屋顶填充“ANS31+ARCONC”图案，如图 9-51 所示。

9) 尺寸标注、注写文字及相关符号的标注

(1) 标注楼梯的竖向尺寸、标注层高尺寸。

(2) 标注轴线间距的尺寸和楼梯的水平尺寸。

(3) 注写文字、标注高度、轴线编号和索引符号等，最终效果如图 9-44 所示。

操作演示：别墅楼梯剖面图的绘制——尺寸标注等

10) 绘制节点详图

(1) 选择相应图层按一般的作图顺序绘制详图的轮廓、细节。

(2) 选择相应图层对其加以标注和注写文字。

练习与提高

按图 9-52 所示图形完成绘制。

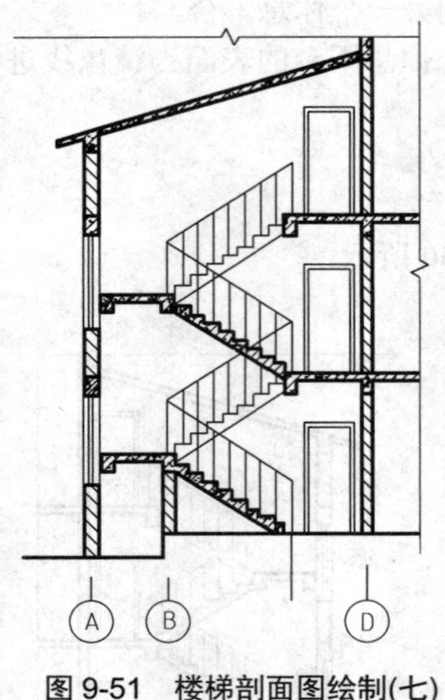

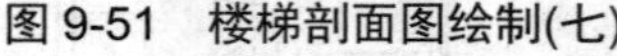

图 9-51　楼梯剖面图绘制(七)

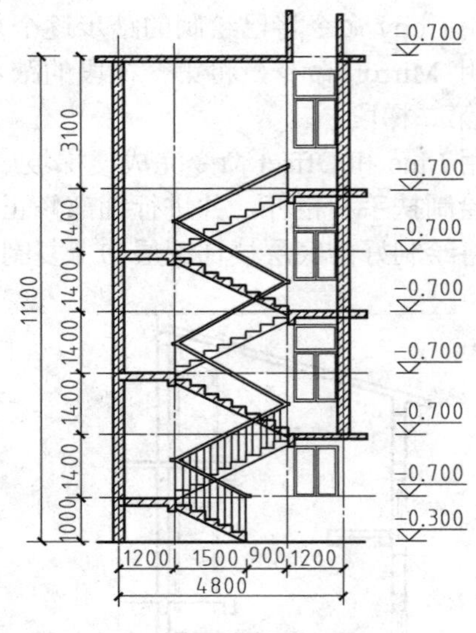

图 9-52　楼梯剖面图

9.7　建筑图形的布局和打印出图

【学习目标】掌握建筑图的布局和出图方法。

打开图 9-53，并用 A3 图纸打印出来。

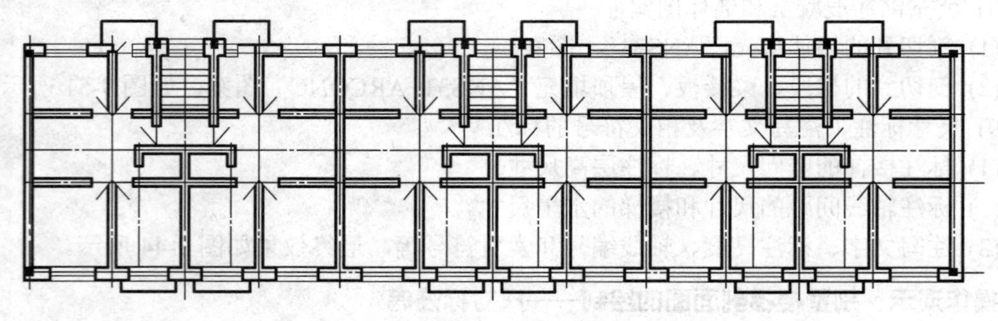

图 9-53　建筑平面图

9.7.1　建筑图形的布局

图形绘制完成后，就可以进行打印输出图形了，但如何输出一个满意的符合要求的图形，就需要了解一些有关图形的布局和打印输出的基本知识和概念。

1. 纸张的大小和方向

根据输出设备的不同，纸张的来源、大小、规格也不同，通常情况下使用标准规格的图纸，如 A1 纸的大小为 841mm×594mm，也可以根据图形情况自定义输出纸张的大小，但定义的纸张大小受输出设备的最大打印纸张的限制，不能超过输出设备打印的最大宽度，但长度可以增加。

纸张设置完成后，纸张纵向和横向放置，应考虑与图形输出的方向相对应。

2. 输出图形的范围和比例

图形绘制完成后，要将图形输出到图纸上，需要选定输出图形的范围，通常有图形界限、范围、显示和窗口等格式。范围选好之后，设计输出到多大的图纸上，就要设定绘图比例。绘图比例是指出图时图纸上的单位尺寸与实际绘图尺寸之间的比例。例如：绘图比例1∶1，出图比例1∶100，则图纸上的1个单位长度代表100个实际单位长度。

计算机提供了按图纸空间自动比例缩放、选择一个设定的比例和自定义比例等方式。

注意： 首先可以使用自动比例，然后选用接近它的整数比例。

3. 标题栏和图框设置

图纸大小确定后，可按图纸的大小绘制边框和标题栏，并作为图块写出成为一个独立的文件。

根据出图比例大小，将保存有边框和标题栏的文件插入到当前图形文件中，如果图形输出时比例缩小到1/10，插入到当前文件的图块就放大10倍，并修改使所有输出的图形都包括在图框之内；如果图形输出时比例放大10倍，插入到当前文件的图块就缩小到1/10，并修改使所有输出的图形都包括在图框之内。这样输出到图纸上的图框正好等于设置的图纸规格的图框大小。

也可以采用另外一种方法，按照输出的图形大小规格绘制的边框、标题栏作为图块写成一个独立的文件后，1∶1插入到当前图形文件中，将当前图形文件中的图形用比例缩放命令(SCALE)缩放，使之能够正好容在刚才插入的图框之内。这样出图时绘图采用1∶1的比例，但图形上标注的尺寸数值会变化，需要调整。

注意： 可以根据采用的图纸大小，分别绘制好标题栏、图框，存成一个独立的文件，用到哪个就调用哪一个。

9.7.2 打印输出

打印图形在实际应用中具有重要意义，通常在图形绘制完成后，需要将其打印于图纸上，这样方便土建工程师、室内设计师和施工工人参照。在打印图形的操作过程中，用户首先需要启用【打印】命令，然后选择或设置相应的选项即可打印图形。

打印输出的调用方式有以下三种。

(1) 下拉菜单：【文件】|【打印】。

(2) 标准工具栏：🖨。

(3) 命令：PLOT(或Ctrl+P)。

启用【打印】命令，弹出【打印—模型】对话框，如图9-54所示，从中用户需要选择打印设备、图纸尺寸、打印区域、打印比例等。

图 9-54　打印对话框

1) 选择打印设备

【打印机/绘图仪】：选择用于选择打印设备。

用户可在【名称】下拉列表中选择打印设备的名称。当用户选定打印设备后，系统将显示该设备的名称、连接方式、网络设置及打印相关的注释信息，同时其右侧【特性】按钮将变成可选状态。

单击【特性】按钮，弹出【绘图仪配置编辑器】对话框，如图 9-55 所示，用户可以设置打印介质、图形、自定义特性、自定义图纸尺寸等。

【打印机/绘图仪】选项组的右下部显示图形打印的浏览图形，如图 9-54 所示，该浏览图形显示了图纸的尺寸以及可打印的有效区域。

2) 选择图纸尺寸

【图纸尺寸】：选项组用于选择图纸的尺寸。

打开【图纸尺寸】下拉列表，如图 9-56 所示，此时用户即可根据打印的要求选择相应的图纸。

若该下拉列表中没有相应的图纸，则需要用户自定义图纸尺寸，其操作方法是单击【自定义图纸尺寸】选项，并在出现的【自定义图纸尺寸】选项组中单击【添加】按钮，随后根据系统的提示依次输入相应的图纸尺寸即可。

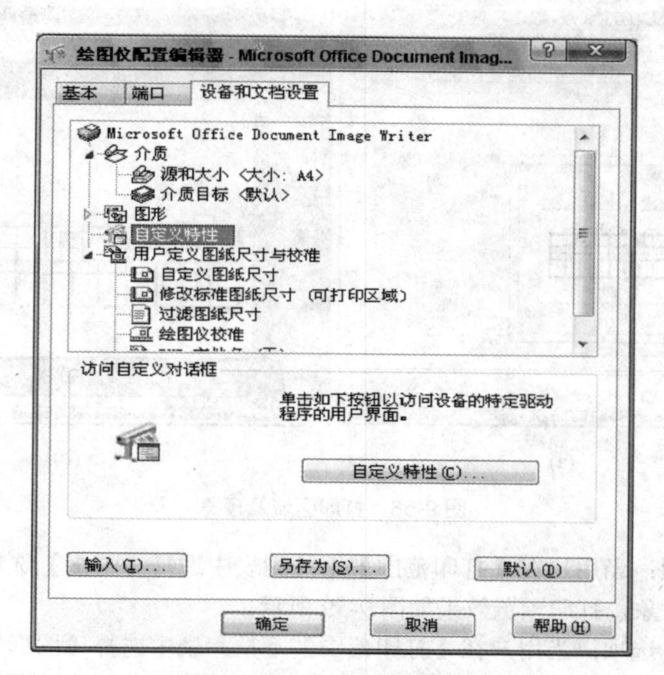

图 9-55　绘图仪配置编辑器

3) 设置打印区域

【打印区域】：选项组用于设置图形的打印范围。

打开【打印区域】选项组中的【打印范围】下拉列表，如图 9-57 所示，从中可选择要输出图形的范围。

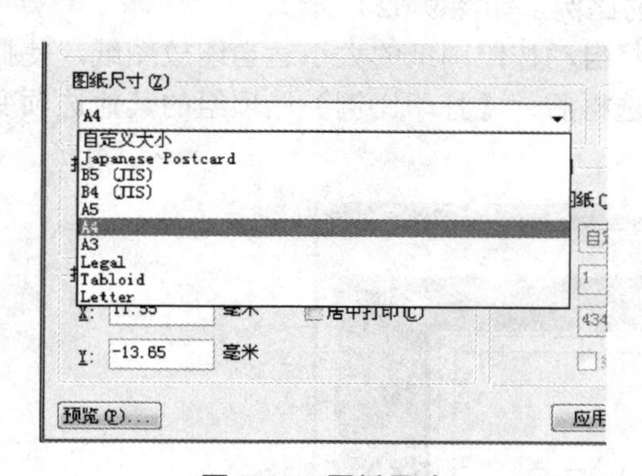

图 9-56　图纸尺寸

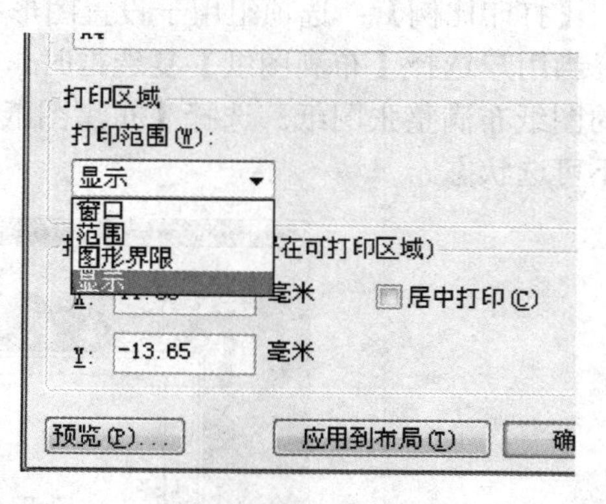

图 9-57　打印范围

【窗口】选项：当用户在【打印范围】下拉列表中选择【窗口】选项时，用户可以选择指定的打印区域。其操作方法是在【打印范围】下拉列表中选择【窗口】选项，其右侧将出现【窗口】按钮，单击【窗口】按钮，系统将隐藏【打印—模型】对话框，此时用户即可在绘图窗口内指定打印的区域，如图 9-58(a)所示，打印预览效果如图 9-58(b)所示。

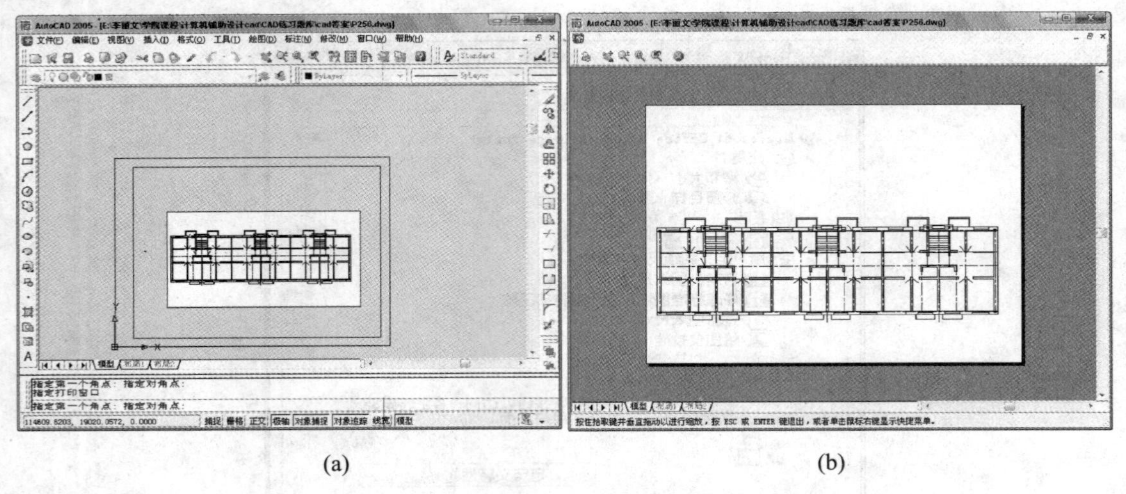
(a) (b)

图 9-58　打印区域及预览

【范围】选项：当用户在【打印范围】下拉列表中选择【范围】选项时，系统可打印出图形中所有的对象，打印预览效果如图 9-59 所示。

【图形界限】选项：当用户在【打印范围】下拉列表中选择【图形界限】选项时，系统将按照用户设置的图形界限来打印图形，此时在图形界限范围内的图形对象将打印在图纸上，打印预览效果如图 9-60 所示。

【显示】选项：当用户在【打印范围】下拉列表中选择【显示】选项时，系统将打印绘图窗口内显示的图形对象，打印预览效果如图 9-61 所示。

4) 设置打印比例

【打印比例】：选项组用于设置图形打印的比例，如图 9-62 所示。

当用户选择【布满图纸】复选框时，系统将自动按照图纸的大小适当缩放图纸，使打印的图纸布满整张图纸。选择【布满图纸】复选框后，【打印比例】选项组的其他选项变为不可选状态。

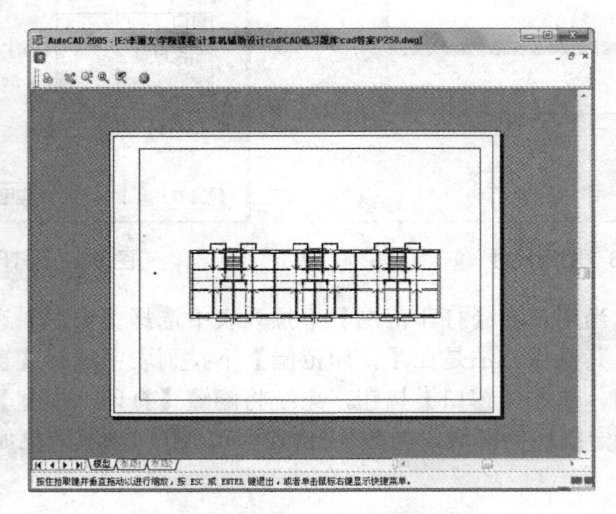

图 9-59　“范围”选项打印预览

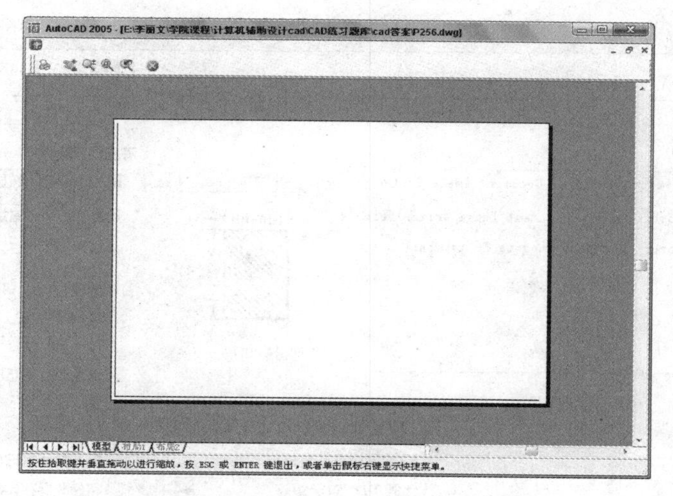

图 9-60　“图形界限”选项打印预览

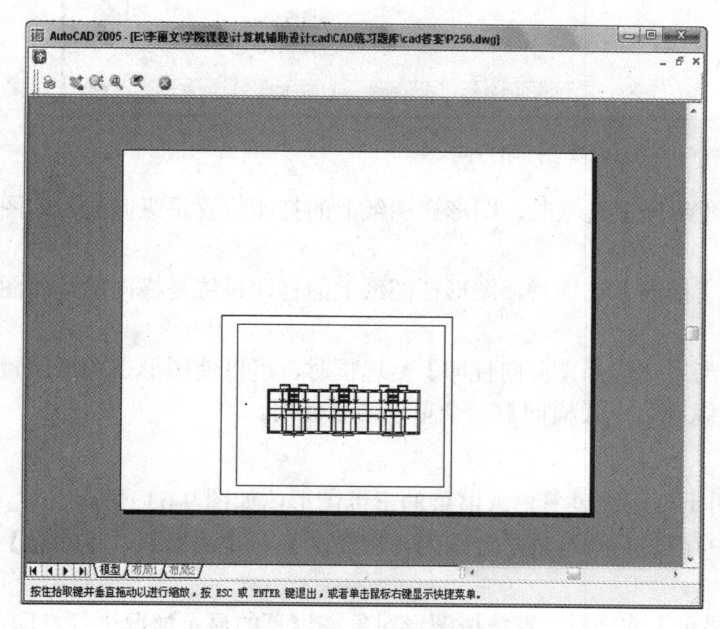

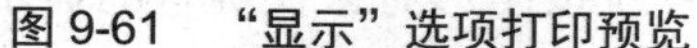

图 9-61　“显示”选项打印预览

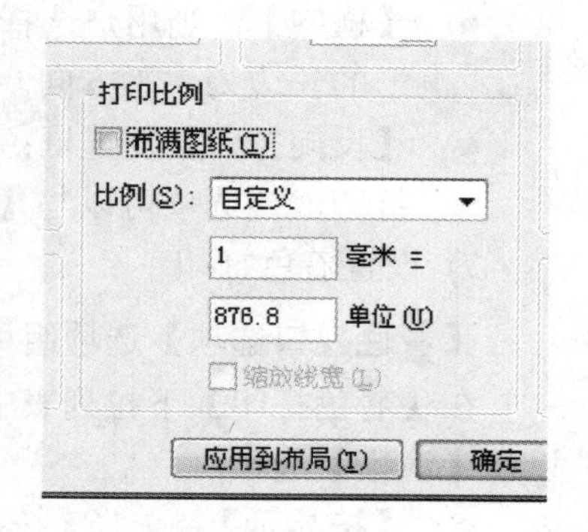

图 9-62　打印比例

【比例】下拉列表用于选择图形的打印比例，当用户选择相应的比例选项后，系统将在下面的数值框中显示相应的比例数值。

5) 设置打印的设置

【打印偏移】选项组用于设置图纸打印的位置，在缺省状态下，AutoCAD 将从图纸的左下角打印图形，其打印原点的坐标是(0，0)。若用户在 X、Y 数值框中输入相应的数值，则可以设置图形打印的原点位置，此时图形将在图形沿 X 和 Y 轴移动相应的设置。

若选择【居中打印】复选框，则系统将在图纸的正中间打印图形。

6) 设置打印的方向

【图形方向】选项组用于设置图形在图纸上的打印方向，如图 9-63 所示。

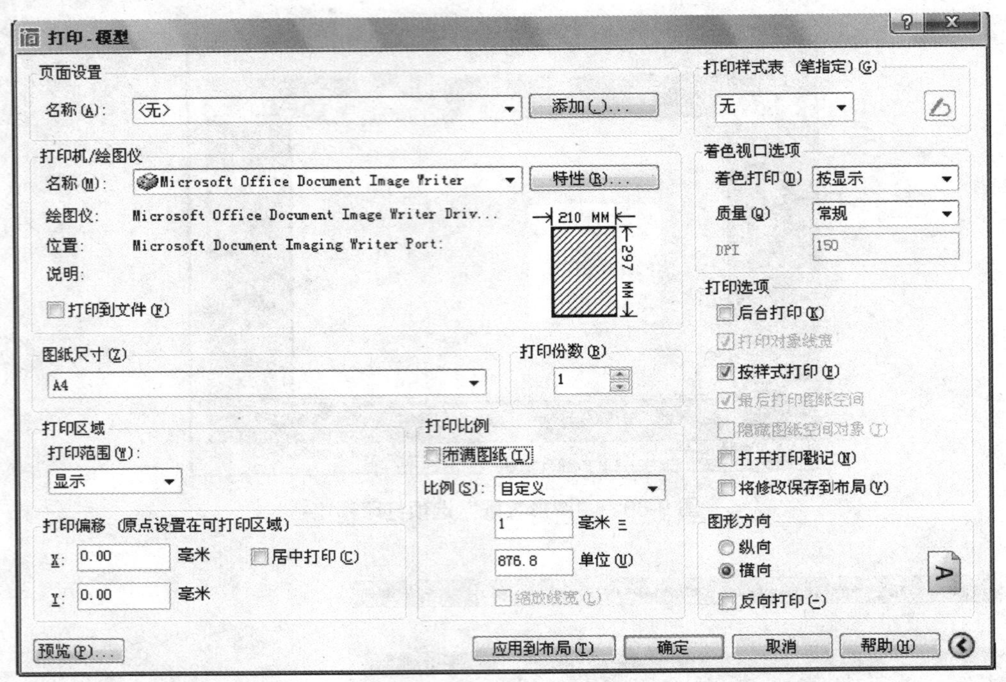

图 9-63　打印方向

- 【纵向】：当用户选择【纵向】选项时，图形在图纸上的打印位置是纵向的，即图形的长边为垂直方向。
- 【横向】：当用户选择【横向】选项时，图形在图纸上的打印设置是横向的，即图形的长边为水平方向。
- 【反向打印】复选框：当用户选择【反向打印】复选框时，可以使图形在图纸倒置打印。该选项可以与【纵向】、【横向】二个单项结合使用。

7) 设置着色打印

【着色视口选项】选项组用于打印经过着色或渲染的三维图形，如图 9-63 所示。

在【着色打印】下拉列表中存在 4 个选项，分别为【按显示】、【线框】、【消隐】以及【渲染】选项。

- 【按显示】：选择【按显示】选项时，系统按图形对象在屏幕的显示情况进行打印。
- 【线框】：选择【线框】选项时，系统按线框模式打印图形对象，而不考虑图形在屏幕的显示情况。
- 【消隐】：选择【消隐】选项时，系统按消隐模式打印图形对象，即可在打印图形时去除其隐藏线。
- 【渲染】：选择【渲染】选项时，系统按渲染模式打印图形对象。

在【质量】下拉列表出现 6 个选项，分别为【草稿】、【预览】、【常规】、【演示】、【最大】以及【自定义】选项。

- 【草稿】：选择【草稿】选项时，将渲染或着色的图形以线框方式打印。
- 【预览】：选择【预览】选项时，将渲染或着色的图形的打印分辨率设置为当前设备分辨率 1/4，DPI 最大值为 150。

- 【常规】：选择【常规】选项时，将渲染或着色的图形的打印分辨率设置为当前设备分辨率的 1/2，DPI 最大值为 300。
- 【演示】：选择【演示】选项时，将渲染或着色的图形的打印分辨率设置为当前设备的分辨率，DPI 最大值为 600。
- 【最大】：选择【最大】选项时，将渲染或着色的图形的打印分辨率设置为当前设备的分辨率。
- 【自定义】:选择【自定义】选项时，将渲染或着色的图形的打印分辨率设置为“DPI”框中用户指定的分辨率。

8) 设置打印选项

在【打印选项】选项组中，有指定线宽、打印样式、着色打印和对象的打印次序等选项。

- 选择【后台打印】复选框，用于指定在后台处理打印操作。
- 选择【打印对象线框】复选框，用于指定是否打印为对象或图层指定的线宽。
- 选择【按模式打印】复选框，用于指定是否打印应用于对象和图层的打印模式。选择该选项时，将自动选择【打印对象线宽】复选框。
- 选择【最后打印图纸空间】复选框，通常先打印图纸空间几何图形，然后再打印模型空间几何图形。
- 选择【隐藏图纸空间对象】复选框，用于指定渲染操作是否应用于图纸空间视图中的对象。此选项仅在布局选项卡中可用，效果可以反映在打印预览中，而不能反映在布局中。
- 选择【打开打印戳记】复选框，用于打开打印戳记。在每个图形的指定角点放置打印戳记，其中，打印戳记也可以保存在日志文件中。
- 选择【将修改保存到布局】复选框，将【打印】对话框中所做的修改保存到布局。

9) 保存或输入打印设置

在完成图纸幅画、比例、方向等打印参数的设置后，可以将所有设置的打印参数保存在页面设置中，以便以后使用。

利用【打印—模型】对话框中的【页面设置】选择组，可将图形中保存的命名页面设置成为当前页面设置，也可以创建一个新的命名页面设置。

10) 打印预览

打印设置完成后，单机【预览】按钮，将显示图纸打印的预览图。如果想直接进行打印，可以单机【打印】按钮，打印图形；如果设置的打印效果不理想，可以单击【预览】按钮，返回到【打印】对话框中进行修改，再进行打印。

11) 一张图纸上打印多个图形

通常在一张图纸上需要打印多个图形，以便节省图纸，具体的操作步骤如下：

(1) 选择【文件】|【新建】菜单命令，创建新的图形文件。

(2) 选择【插入】|【块】，弹出【插入】对话框，单击【浏览】按钮，弹出【选择图形文件】对话框，从中选择要插入的图形文件，单击【打开】按钮，此时在【插入】对话框的【名称】文本框内将显示所选文件的名称，单击【确定】按钮，将图形插入到指定的位置。

> **注意**：如果插入文件的文字格式与当前图形中的文字格式名称相同，则插入的图形文件中的文字将使用当前图形文件中的文字格式。

(3) 使用相同的方法插入其他需要的图形，使用【缩放】工具将图形进行缩放，其缩放的比例与打印比例相同，适当组成一张图纸幅画。

(4) 选择【文件】|【打印】菜单命令，弹出【打印】对话框，设置为 1∶1 的比例打印图形即可。

9.7.3 输出为其他格式文件

在 AutoCAD 中，使用【输出】命令可以将绘制的图形输出为.BMP、.3DS 等格式的文件，并可在其他应用程序中进行使用。

启用【输出】命令，有以下几种方法：

下拉菜单：【文件】|【输出】。

命令：EXPORT(EXP)。

启用【输出】命令，弹出【输出数据】对话框，指定文件的名称和保存路径，并在【文件类型】选项的下拉列表中选择相应的输出格式，如图 9-64 所示，然后单击【保存】按钮，将图形输出为所选格式的文件。

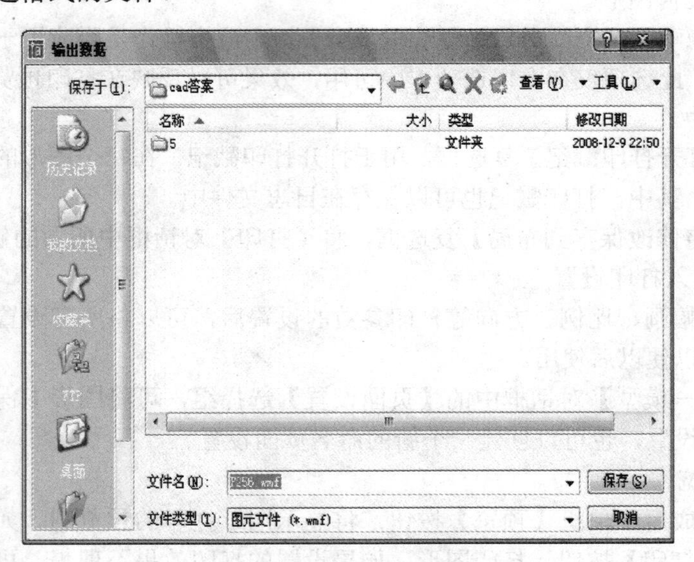

图 9-64 输出数据

在 AutoCAD 中，可以将图形输出为一下几种格式的文件：

- 图元文件：此格式以“.wmf”为扩展名，将图形输出为图元文件，以供不同的 Windows 软件调用，图形在其他的软件中图元的特性不变。
- ACIS：此格式以“.sat”为扩展名，将图形输出为实体对象文件。
- 平板印刷：此格式以“sd”为扩展名，输出图形为实体对象立体画文件。
- 封装 PS：此格式以“.eps”为扩展名，输出为 PostScrip 文件。
- DXX 提取：此格式以“.dxx”为扩展名，输出为属性抽取文件。

- 位图：此格式以“.bmp”为扩展名，输出为与设备无关的位图文件，可供图像处理软件调用。
- 3D Studio：此格式以“.3ds”为扩展名，输出为 3D Studio(MAX)软件可接受的格式文件。
- 块：此格式以“.dwg”为扩展名，输出为图形块文件，可提供不同版本 CAD 软件调用。

练习与提高

将本项目绘制的图形文件分别按 A3、A4 图纸进行设置并预览。

任务 10　天正建筑软件简介

【内容提要】

本章主要介绍了天正建筑软件的绘图命令和绘制步骤。

【技能目标】

了解用天正建筑软件绘制图形平面、立面和剖面的绘制方法。

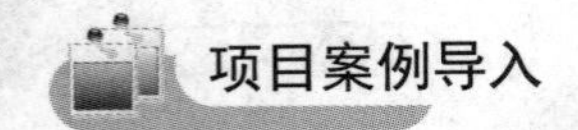

项目案例导入

由 AutoCAD 软件引入天正建筑软件。

10.1 软件界面

【学习目标】了解天正建筑软件的界面。

针对建筑设计的实际需要，天正软件对 AutoCAD 的交互界面作出了必要的扩充，建立了自己的菜单系统和快捷键、提供了可由用户自定义的折叠式屏幕菜单、新颖方便的在位编辑框、与选取对象环境关联的右键菜单和图标工具栏，保留 AutoCAD 的所有下拉菜单和图标菜单，从而保持 AutoCAD 的原有界面体系，便于用户同时加载其他软件。

10.1.1 折叠式屏幕菜单

天正软件的主要功能都列在“折叠式”三级结构的屏幕菜单上，上一级菜单可以单击展开下一级菜单，同级菜单互相关联，展开另外一个同级菜单时，原来展开的菜单自动合拢。二到三级菜单项是天正建筑的可执行命令或者开关项，全部菜单项都提供 256 色图标，图标设计具有专业含义，以方便用户增强记忆，更快地确定菜单项的位置。当光标移到菜单项上时，AutoCAD 的状态行会出现该菜单项功能的简短提示。折叠式菜单效率最高，但由于屏幕的高度有限，在展开较长的菜单后，有些菜单项无法完全在屏幕可见，为此可用鼠标滚轮上下滚动菜单快速选取当前不可见的项目；天正屏幕菜单在 2004 以上版本下支持自动隐藏功能，在光标离开菜单后，菜单可自动隐藏为一个标题，光标进入标题后随即自动弹出菜单，节省了宝贵的屏幕作图面积。

10.1.2 在位编辑框与动态输入

在位编辑框是从 AutoCAD2006 的动态输入中首次出现的新颖编辑界面，如图 10-1 所示，天正软件把这个特性引入到 AutoCAD 200X 平台，使得这些平台上的天正软件都可以享用这个新颖界面特性， 对所有尺寸标注和符号说明中的文字进行在位编辑，而且提供了与其他天正文字编辑同等水平的特殊字符输入控制，可以输入上下标、钢筋符号、加圈符号，还可以调用专业词库中的文字，与同类软件相比，天正在位编辑框总是以水平方向合适的大小。

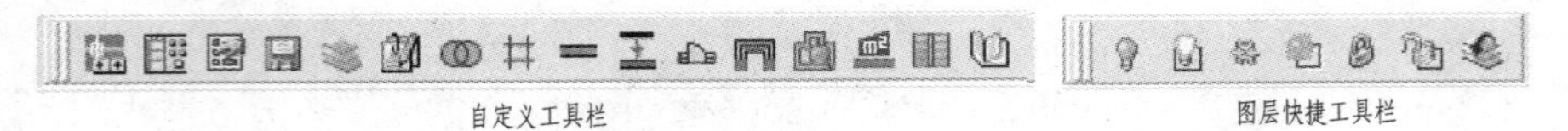

图 10-1　在位编辑

提供编辑框修改与输入文字，而不会受到图形当前显示范围而影响操控性能，关于在位编辑框的具体使用，在位编辑框在天正软件中广泛用于构件绘制中的尺寸动态输入、文字表格内容的修改、标注符号的编辑等，成为新版本的特色功能之一，动态输入中的显示特性可在状态行中右击 DYN 按钮设置。

10.1.3　选择预览与智能右键菜单

天正软件为 2000～2005 的 AutoCAD 版本新增了光标“选择预览”特性，光标移动到对象上方时对象即可亮显，表示执行选择时要选中的对象，同时智能感知该对象，此时右击鼠标即可激活相应的对象编辑菜单，使对象编辑更加快捷方便，当图形太大选择预览影响效率时会自动关闭，也可以在【自定义】命令的【操作配置】对话框下人工关闭。

右键快捷菜单在 AutoCAD 绘图区操作，单击鼠标右键(简称右击)弹出，该菜单内容是动态显示的，根据当前光标下面的预选对象确定菜单内容，当没有预选对象时，弹出最常用的功能，否则根据所选的对象列出相关的命令。当光标在菜单项上移动时， AutoCAD 状态行给出当前菜单项的简短使用说明。

TArch8 新增图形空白处慢击右键的操作，勾选在“自定义”→“操作配置”提供的“启用天正右键快捷菜单”→“慢击右键”功能，设置好慢击时间阈值，释放鼠标右键快于该值相当于按 Enter 键，慢击右键时显示天正的默认右键菜单。

TArch8 新增双击图形空白处的操作，用于取消此前的多个对象的选择，代替需要用手按下 ESC 键取消选择的不便。

10.1.4　默认与自定义图标工具栏

天正图标工具栏兼容的图标菜单，由三条默认工具栏以及一条用户定义工具栏组成，默认工具栏 1 和 2 使用时停靠于界面右侧，把分属于多个子菜单的常用天正建筑命令收纳

其中，天正软件提供了“常用图层快捷工具栏”避免反复的菜单切换，进一步提高效率。光标移到图标上稍作停留，即可提示各图标功能。工具栏图标菜单文件为 tch.mns，位置为 sys15、sys16 与 sys17 文件夹下 ，用户可以参考 AutoCAD 有关资料的说明，使用 AutoCAD 菜单语法自行编辑定制。

用户图标工具栏与常用图层快捷工具栏默认设在图形编辑区的下方，由 AutoCAD 的 toolbar 命令控制它的打开或关闭，用户可以键入【自定义】 (ZDY)命令选择【工具条】对话框，在其中增删工具栏的内容，不必编辑任何文件。

10.1.5　基本操作

大家使用 CAD 技术进行建筑设计，有必要了解一般的 CAD 操作流程，天正建筑的基本操作包括初设设置基本参数选项，新建工程、编辑已有工程时碰到的命令操作，除了以前大家熟悉的命令行和对话框外，新提供的交互界面包括折叠屏幕菜单系统、智能感知右键菜单、在位编辑、动态输入等都是大家比较生疏的，在此也对新提供的工程管理功能作一个简单介绍，最后介绍了自定义图标与热键的操作。

1) 天正做建筑设计的流程

天正软件的主要功能可支持建筑设计各个阶段的需求，无论是初期的方案设计还是最后阶段的施工图设计，设计图纸的绘制详细程度(设计深度)取决于设计需求，由用户自己把握，而不需要通过切换软件的菜单来选择，不需要有先三维建模，后做施工图设计这样的转换过程，除了具有因果关系的步骤必须严格遵守外，通常没有严格的先后顺序限制。

图 10-2 是包括日照分析与节能设计在内的建筑设计流程图。

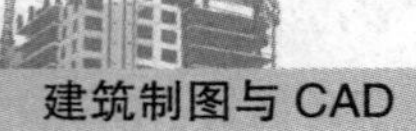

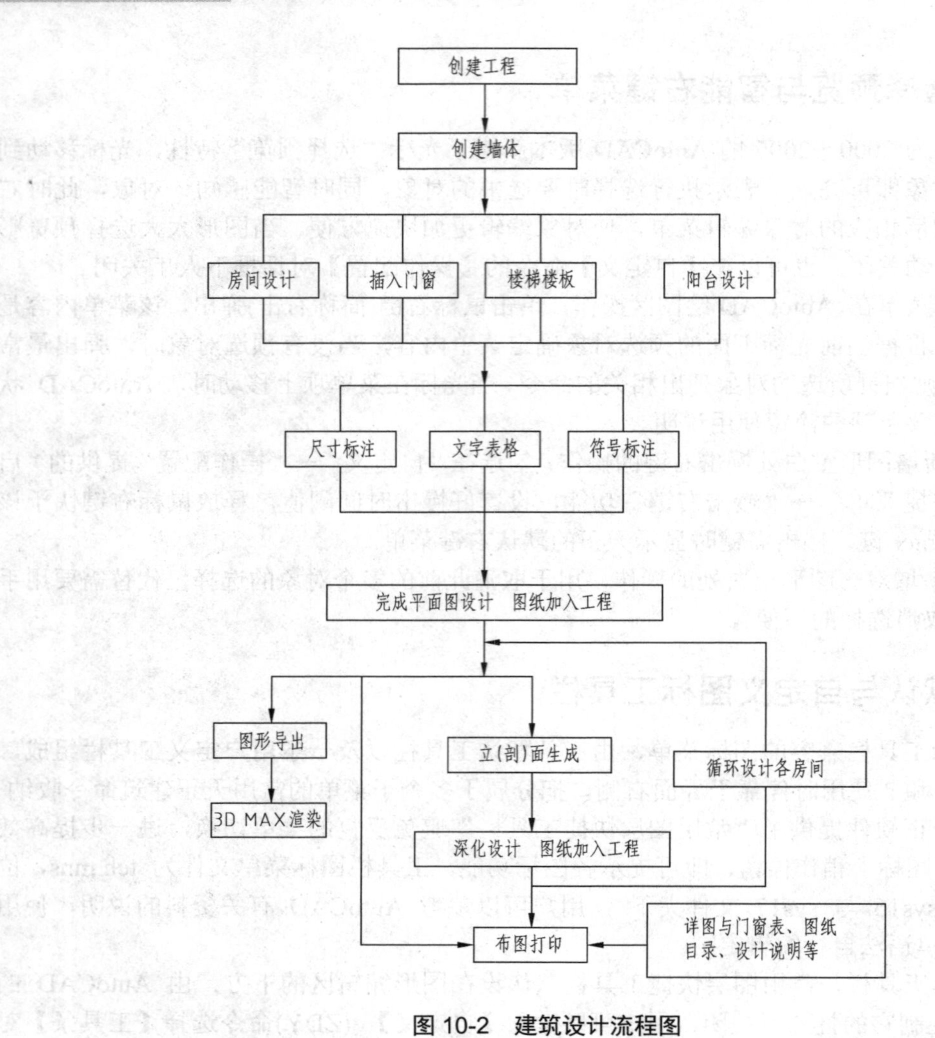

图 10-2 建筑设计流程图

2) 选项设置与自定义界面

以前版本的“天正基本设定”和“天正加粗填充”是作为 AutoCAD【选项】命令的两个页面出现的，命令埋藏太深，造成部分用户的困惑，TArch8 为用户提供了【自定义】和【天正选项】两个命令进行设置，内容在新版本中进行了分类调整与扩充；【高级选项】命令在新版本中作为天正选项的一个页面，但依然能作为独立命令执行。

【自定义】命令是专用于修改与用户操作界面有关的参数设置而设计的，包括屏幕菜单、图形工具栏、鼠标动作、快捷键。

【天正选项】命令是专门用于修改与工程设计作图有关的参数而设计的，如绘图的基本参数、墙体的加粗、填充图案等的设置，“高级选项”如今作为【天正选项】命令的一个页面，其中列出的是长期有效的参数，不仅对当前图形有效，对机器重启后的操作都会起作用。如图 10-3 所示。

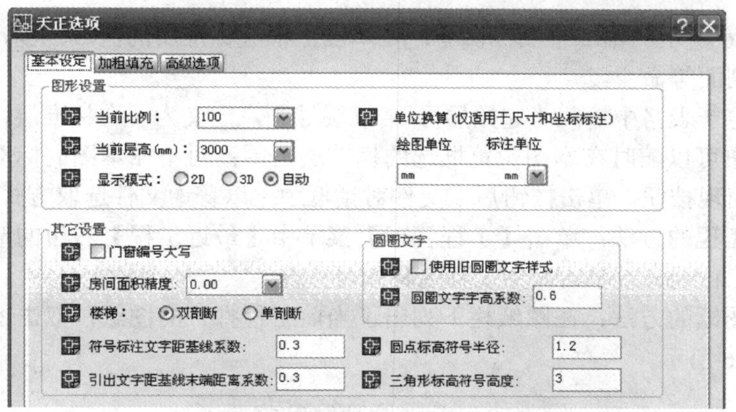

图 10-3　天正选项

3) 工程管理工具的使用方法

在新版本首次引入了工程管理的概念，工程管理工具是管理同属于一个工程下的图纸(图形文件)的工具，命令在文件布图菜单下，启动命令后出现一个界面在 2004 以上平台，此界面可以设置自动隐藏，随光标自动展开。

单击界面上方的下拉列表，可以打开【工程管理】菜单，其中选择【打开工程】、【新建工程】等命令，如图 10-4 所示。

为保证与旧版兼容，特地提供了导入与导出楼层表的命令。

首先介绍的是【新建工程】命令，为当前图形建立一个新的工程，并为工程命名。

在界面中分为图纸、楼层、属性栏，在图纸栏中预设有平面图、立面图等多种图形类别，首先介绍图纸栏的使用：

图纸栏是用于管理以图纸为单位的图形文件的，右击工程名称，出现右键菜单，在其中可以为工程添加图纸或子工程分类。

在工程任意类别右击，出现右键菜单，功能也是添加图纸或分类，只是添加在该类别下，也可以把已有图纸或分类移除。

单击添加图纸出现文件对话框，在其中逐个加入属于该类别的图形文件，注意事先应该使同一个工程的图形文件放在同一个文件夹下。如图 10-5 所示。

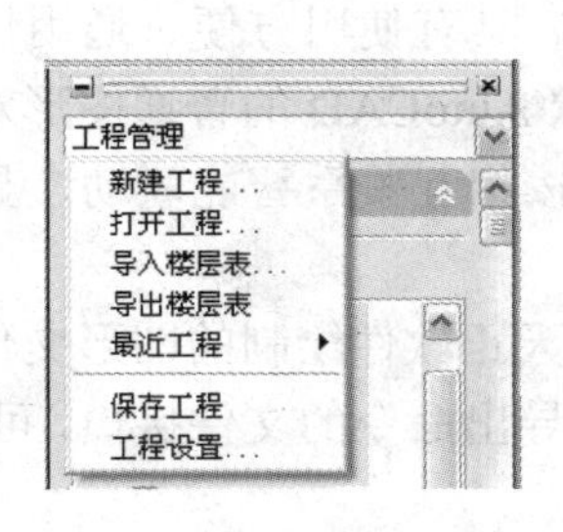

图 10-4　工程管理

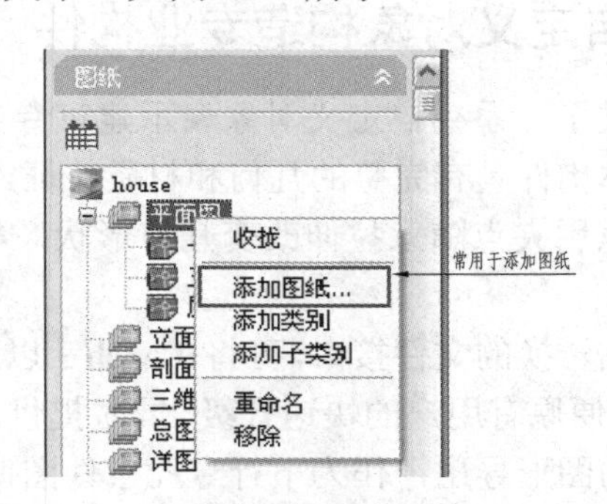

图 10-5　添加图纸

楼层栏的功能是取代就旧版本沿用多年的楼层表定义功能，在软件中以楼层栏中的图标命令控制属于同一工程中的各个标准层平面图，允许不同的标准层存放于一个图形文件

下，通过图 10-6 所示的第二个图标命令，在本图上框选标准层的区域范围，具体命令的使用详见立面、剖面等命令。

在下面的电子表格中输入“起始层号-结束层号”，定义为一个标准层，并取得层高，双击左侧的按钮可以随时在本图预览框选的标准层范围；对不在本图的标准层，则单击空白文件名栏后出现按钮，单击按钮后在文件对话框中，以普通文件选取方式点取图形文件。

打开已有工程的方法：单击【工程管理】菜单中【最近工程】右边的箭头，可以看到最近建立过的工程列表，单击其中工程名称即可打开。

打开已有图纸的方法：在图纸栏下列出了当前工程打开的图纸，双击图纸文件名即可打开。如图 10-6 所示。

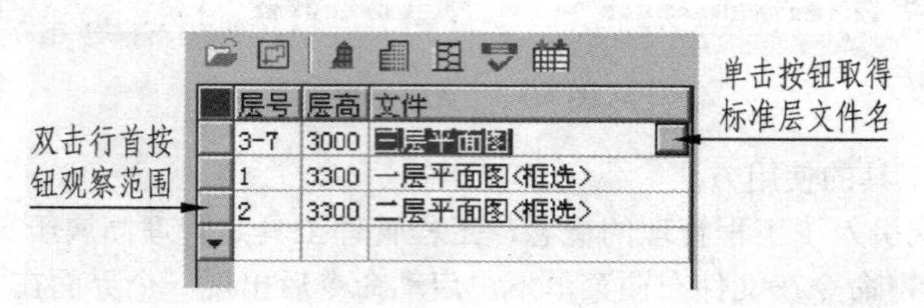

图 10-6　打开已有图纸

10.2　天正建筑 CAD 简介

【学习目标】了解天正建筑软件的命令操作。

10.2.1　天正软件功能设计的目标定位

应用专业对象技术，在三维模型与平面图同步完成的技术基础上，进一步满足建筑施工图需要反复修改的要求。利用天正专业对象建模的优势，为规划设计的日照分析提供日照分析模型(如图 10-7 所示)和遮挡模型；为强制实施的建筑节能设计提供节能建筑分析模型。实现高效化、智能化、可视化是天正建筑 CAD 软件的开发目标。

10.2.2　自定义对象构造专业构件

天正开发了一系列自定义对象表示建筑专业构件，具有使用方便、通用性强的特点。例如各种墙体构件具有完整的几何和材质特征。可以像 AutoCAD 的普通图形对象一样进行操作，也可以用夹点随意拉伸改变几何形状，与门窗按相互关系智能联动，显著提高编辑效率。

具有旧图转换的文件接口，可将 TArch 3 以下版本天正软件绘制的图形文件转换为新的对象格式，方便原有用户的快速升级。同时提供了图形导出命令的文件接口，可将 TArch 8.0 新版本绘制的图形导出，作为下行专业条件图使用。

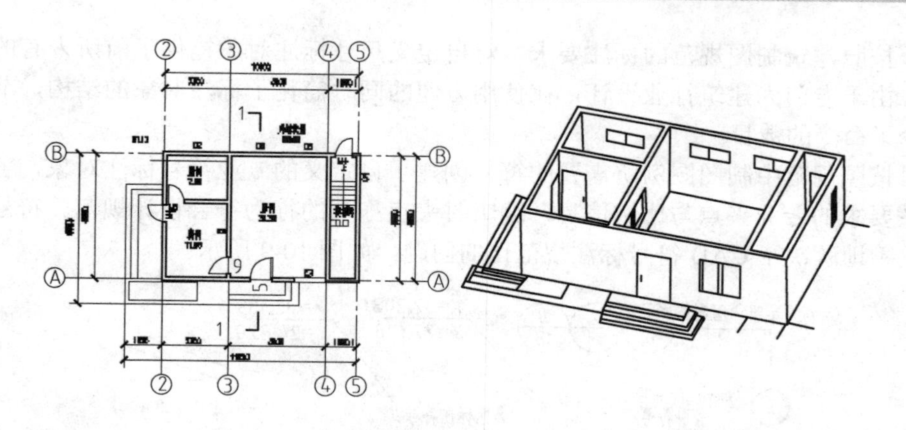

图 10-7　日照分析模型

10.2.3　方便的智能化菜单系统

采用新式屏幕菜单，图文并茂、层次清晰、折叠结构，支持鼠标滚动操作，使子菜单之间切换快捷。

屏幕菜单的右键功能丰富，可执行命令帮助、目录跳转、启动命令、自定义等操作。

在绘图过程中，右键快捷菜单能感知选择对象类型，弹出相关编辑菜单，可以随意定制个性化菜单适应用户习惯，汉语拼音快捷命令使绘图更快捷。

10.2.4　支持多平台的对象动态输入

AutoCAD 从 2006 版本开始引入了对象动态输入编辑的交互方式，天正将其全面应用到天正对象，适用于从 2004 起的多个 AutoCAD 平台，这种在图形上直接输入对象尺寸的编辑方式，有利于提高绘图效率。

10.2.5　强大的状态栏功能

状态栏的比例控件可设置当前比例和修改对象比例，提供了墙基线显示、加粗、填充和动态标注（对标高和坐标有效）控制、DYN 动态输入控制。所有状态栏按钮都支持右键菜单进行开关与设置，如图 10-8 所示。

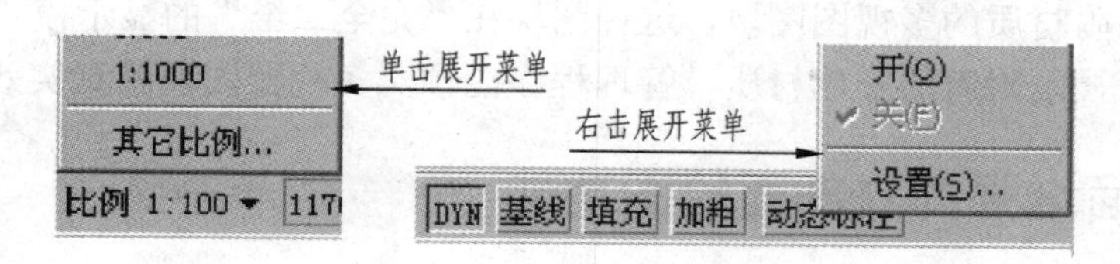

图 10-8　状态栏

10.2.6　先进的专业化标注系统

天正专门针对建筑行业图纸的尺寸标注开发了专业化的标注系统，轴号、尺寸标注、符号标注、文字都使用对建筑绘图最方便的自定义对象进行操作，取代了传统的尺寸、文字对象。按照建筑制图规范的标注要求，对自定义尺寸标注对象提供了前所未有的灵活修改手段。由于专门为建筑行业设计，在使用方便的同时简化了标注对象的结构，节省了内存，减少了命令的数目。

同时按照规范中制图图例所需要的符号创建了自定义的专业符号标注对象，各自带有符合出图要求的专业夹点与比例信息，编辑时夹点拖动的行为符合设计规范。符号对象的引入，妥善地解决了 CAD 符号标注规范化的问题。如图 10-9 所示。

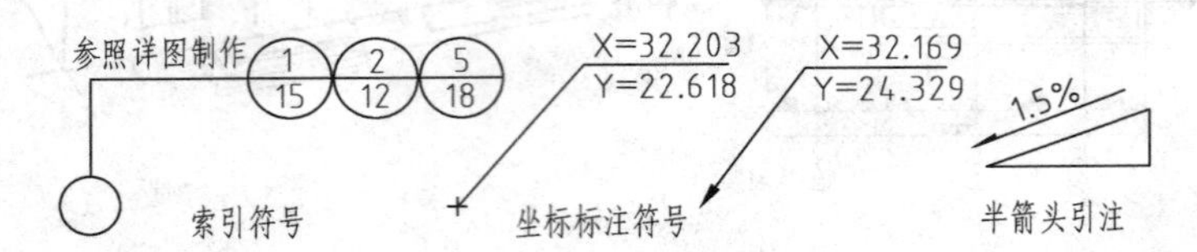

图 10-9　自定义专业符号

10.2.7　全新设计文字表格功能

天正的自定义文字对象可方便地书写和修改中西文混排文字，方便地输入和变换文字的上下标，输入特殊字符，书写加圈文字等。文字对象可分别调整中西文字体各自的宽高比例 ，修正 AutoCAD 所使用的两类字体(*.shx 与*.ttf)中英文实际字高不等的问题，使中西文字混合标注符合国家制图标准的要求。此外天正文字还可以设定对背景进行屏蔽，获得清晰的图面效果。天正建筑的在位编辑文字功能为整个图形中的文字编辑服务，双击文字进入编辑框，提供了前所未有的方便性。

天正表格使用了先进的表格对象，其交互界面类似 Excel 的电子表格编辑界面。表格对象具有层次结构，用户可以完整地把握如何控制表格的外观表现，制作出有个性化的表格。更值得一提的是，天正表格还实现了与 Excel 的数据双向交换，使工程制表同办公制表一样方便高效。

10.2.8　与 ACAD 兼容的材质系统

天正建筑天正软件提供了与 ACAD2006 以下版本渲染器兼容的材质系统，包括全中文标识的大型材质库、具有材质预览功能的材质编辑和管理模块，天正对象模型同时支持 ACAD2007～2009 版本的材质定义与渲染，为选配建筑渲染材质提供了便利。

天正支持贴附材质的多视图图块，这种图块在“完全二维”的显示模式下按二维显示，而在着色模式下显示附着的彩色材质，管理程序能预览多视图图块的真实效果。

10.2.9　全面增强的立剖面绘图功能

天正建筑随时可以从各层平面图获得三维信息，按楼层表组合，立面图与剖面图，生成步骤得到简化，成图质量明显提高。如图 10-10 所示。

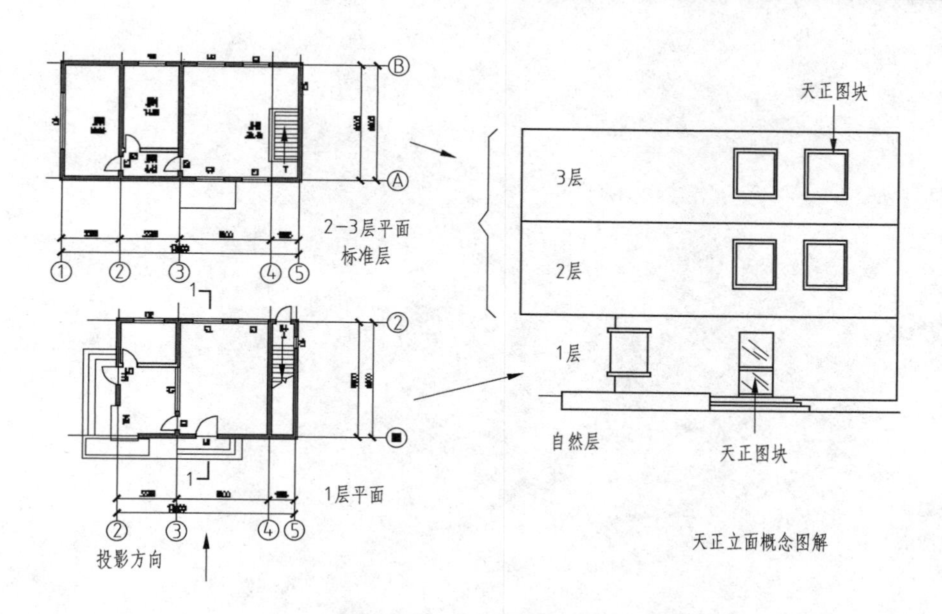

图 10-10　立、剖面图生成

10.2.10　提供工程数据查询与面积计算

在平面图设计完成后，可以统计门窗数量，自动生成门窗表。可以获得各种构件的体积、重量、墙面面积等数据，作为其他分析的基础数据。

天正建筑提供了各种面积计算命令，可计算房间净面积、建筑面积、阳台面积等等，可以按《住宅建筑设计规范》以及建设部限制大户型比例的有关文件，统计住宅的各项面积指标，分别用于房产部门的面积统计和设计审查报批。

附录1 建筑说明

目录

序号	图纸名称	图号	重复使用图纸号 院内	重复使用图纸号 院外	实际张数	折合标准张	备注
1	封面				1	2	
2	目录				1	2	
	建筑专业						
3	防火设计专篇	建施防说 -1			1	1	
4	施工图设计说明	建施说 -1			1	2	
5	营造做法表、室名做法表	建施说 -2			1	2.5	
6	门窗表	建施表 -1			1	2	
7	总平面图	建施总 -1			1	1	
8	地下室平面图	建施 -1			1	1	
9	首层平面图	建施 -2			1	1	
10	二层平面图	建施 -3			1	1	
11	阁楼层平面图	建施 -4			1	1	
12	屋顶层平面图	建施 -5			1	1	
13	①-Ⓑ 立面图 Ⓑ-Ⓕ 立面图	建施 -6			1	1	
14	Ⓕ-Ⓐ 立面图 Ⓑ-① 立面图	建施 -7			1	1	
15	1-1剖面图 2-2剖面图	建施 -8			1	1	
16	外檐详图(一)	建施 -9			1	2	
17	外檐详图(二)	建施 -10			1	2	
18	楼梯间详图	建施 -11			1	1	
19	卫生间详图	建施 -12			1	1	
20	电梯详图	建施 -13			1	1	
21	门窗小样	建施 -14			1	2	
	合计				19	25.5	

会签 主持人 电气 建筑 暖通 结构 概预算 给排水

附注

注册师用章

技术专用章

出图专用章

XX建筑设计院

审核 专业负责人 校正 设计 制图

工程名称 XX局

图名 目录

工号 日期 分号 1 图号 目录

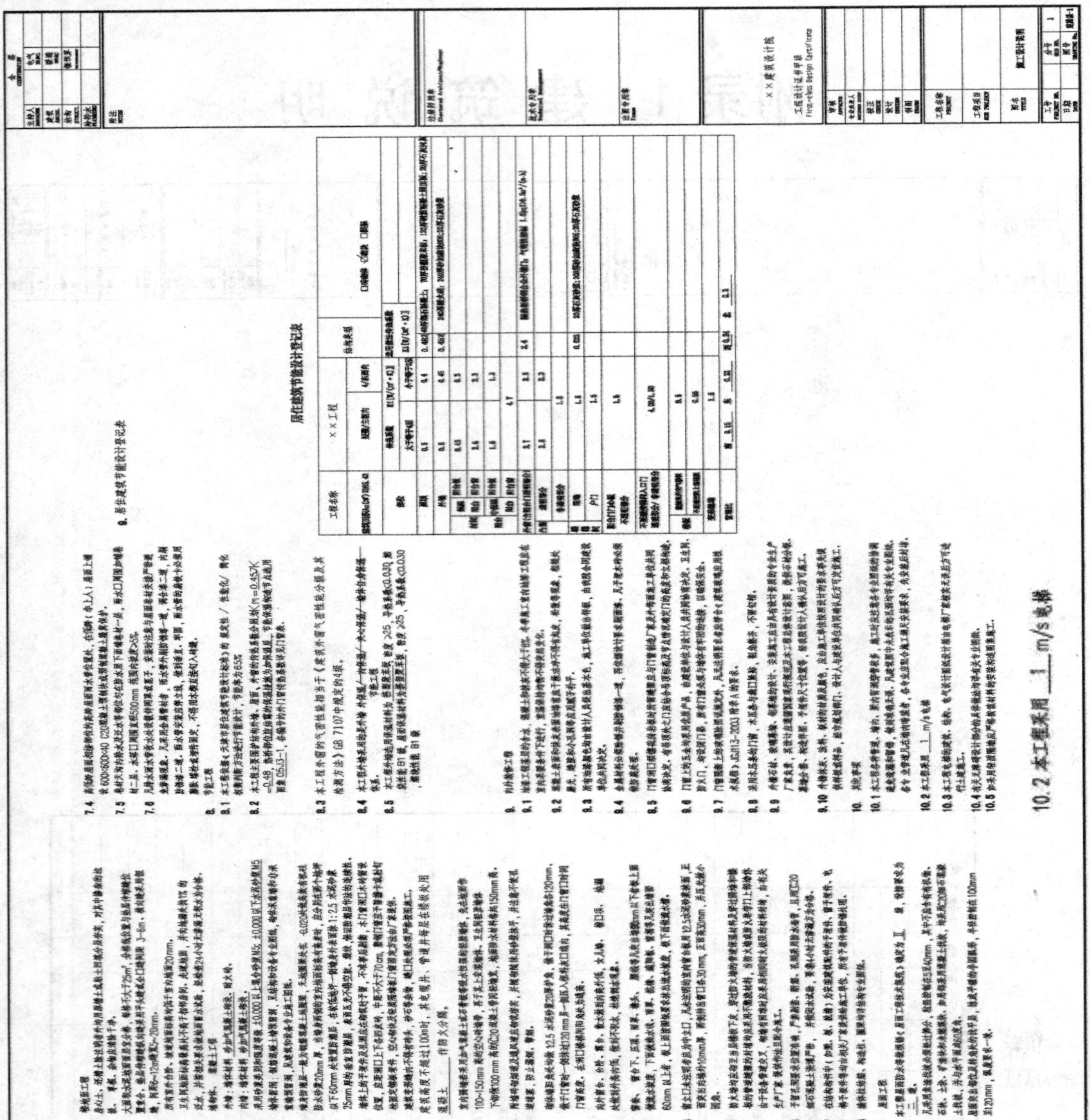

施工设计说明

1. 设计依据

1.1 本施工图编制依据为 07 6 年 19 天津市规划和国土资源局单位批准的初步设计（方案设计）及有关文件。

1.2 现行国家有关建筑设计规范、标准。

《建筑设计防火规范》 (2006 年版) GB 50016-2006
《天津市城市规划管理技术规定》(建筑管理篇) 津政函(95)24号
《城市道路和建筑物无障碍设计规范》 JGJ 50-2001
《屋面工程技术规范》 GB 50345-2004
《地下工程防水技术规范》 GB 50108-2001
《建筑玻璃应用技术规程》 JGJ 113-2003
《民用建筑设计通则》 GB 50352-2005
《天津市居住建筑节能设计标准》 J10409-2007

2. 工程概况

2.1 建筑名称：XXX工程

2.2 建设地点：东至———；西至———；西至———；北至———。

2.3 建设单位————。

2.4 建筑面积 1085.42m²。

2.5 建筑基底面积 273.18m²。

2.6 设计使用年限为50年。

2.7 建筑层数和建筑高度 3 层 9.00m(檐口)。

2.8 防火设计建筑分类和耐火等级 民用建筑 二级。

2.9 人防工程抗力（防护）等级 无

2.10 屋面防水等级为 Ⅱ 级。

2.11 地下室防水等级为 二 级。

2.12 抗震设防烈度 7度 0.15g。

2.13 主要结构类型 异型柱框架结构。

2.14 机动车停车位 6 辆；非机动车停车位 ____ 辆。

2.15 本工程相对标高±0.000 相当于大沽标高 5.35m。

3. 基本要求

3.1 本施工图设计说明与施工图互为补充，施工单位应在施工前熟悉图纸，经各专业技术交底后方能施工。如遇图纸交待不清或作法不当时，请及时与设计人联系解决，未经同意不得擅自变更设计。

3.2 本工程总平面图高程及尺寸以米(m)为单位，其它图纸尺寸以毫米(mm)为单位。

3.3 各层标高为完成面标高，屋面标高为结构面标高。

3.4 所有尺寸均以图面标注为准，不可直接从图纸量取；所有尺寸均须在现场校核准确方准施工。

3.5 有关施工质量、操作规程、验收标准均以国家部委和本市颁发的有关规范、规程、验收标准为准。

4 地下工程

4.1 地下工程应严格施工质量管理，对薄弱环节如变形缝、施工缝、后浇带、穿墙管道、预埋件、水池、局部坑槽、预留连接口等部位，必须严加督导，精心施工，确保整个防水层的连续性。

4.2 本工程地下工程防水等级为 二 两级 道设防，除钢筋混凝土自防水外，采用内或外防水作法，其各部位防水作法均详05J2《地下工程防水》图集中的相应作法。

4.3 地下工程钢筋混凝土顶板、底板、墙身均采用抗渗混凝土，抗渗等级 S6 。

4.4 采用桩基的地下工程防水，必须在垫层以上做好刚性材料或柔性材料的防水层，其桩头的防水作法应与结构专业最后商定。

4.5 ±0.00以下所有设备管井，均需均在内部做刚性防水四层作法以防渗漏

4.6 地下室内的设备用房及设备管井的门下均做100mm 高门槛。

5. 楼地面工程

5.1 房心土、还槽土除注明者外均用原槽土或粘土回填分层夯实，对其中掺杂的垃圾、草根、杂物应清除干净。

5.2 大面积水泥地面面层宜分格，每格不大于25m²，分格线位置与垫层伸缩缝位置重合。垫层伸缩缝纵向缝采用平头缝或企口缝间距 3~6m，横向缝采用假缝，间距6~12m缝宽5~20mm。

5.3 所有室外台阶、坡道地面标高均低于室内地面20mm。

5.4 卫生间地面标高最高处不高于相邻房间、走道地面，并向地漏处找1%的泛水，并按相关要求做地面蓄水试验，经检查24小时无渗漏无积水为合格。

6. 墙砌体、混凝土工程

6.1 外墙：墙体材料 砂加气混凝土砌块、耐火砖。

6.2 内墙：墙体材料 砂加气混凝土砌块。

6.3 采用砂浆类别和强度等级 ±0.000以上混合砂浆M5；±0.000以下水泥砂浆M5

6.4 墙体留洞：钢筋混凝土墙预留洞，见结构和设备专业图纸，砌体承重墙和非承重墙预留洞，见建筑和设备专业施工图纸。

6.5 墙身防潮层一般为钢筋混凝土地圈梁，无地圈梁处在 -0.020处做高掺有机硅防水砂浆20mm厚，当墙身两侧的室内地面标高有高差时，应分别在两个地坪以下60mm处设置防潮层，在较低地坪一侧墙身外表面抹 1:2.5 水泥砂浆25mm厚的垂直防潮层，表面压光不得空鼓、裂纹，保证防潮层作法的连续性。

6.6 墙体上的预埋件及孔洞应在砌筑时预留，不准事后剔凿，木门窗洞口木砖留设位置，应距洞口上下各四皮砖，中距不大于70cm，塑钢门窗应予留插卡或射钉栓固定钢板埋件，空心砌块及轻质隔墙板门窗固定方法由厂家提供。

6.7 建筑变形缝内不得有砖头，砂石等杂物，缝口处理必须严格按图施工。

6.8 建筑高度不超过100m时，其电缆井、管道井每层在楼板处用 混凝土 作防火分隔。

6.9 室内隔墙若采用加气混凝土或石膏板等吸水性强的轻质墙体，先在地面作100~150mm高的空心砖墙带，再于其上安装墙体。卫生间轻质墙体下部做100 mm高的C20混凝土带同轻墙宽，地面防水材料卷起150mm高。

6.10 附墙砖砌烟道及通风道应砌筑密实，并随砌随抹用砂浆抹平，并注意不使孔道堵塞，防止漏烟、窜烟。

6.11 砌体墙阳角处均做 1:2.5 水泥砂浆20厚护角，做于洞口时护过墙角各120mm，做于门窗时一侧抹过120 mm另一侧压入框料灰口线内，其高度在门窗口时同门窗高度，在洞口楼梯间阳角处为通高。

6.12 内外窗台、台阶、雨台、散水做到内高外低，女儿墙、檐口顶、地漏处做到外高内低，做到不积水，杜绝倒水现象。

6.13 窗套、窗台下、压顶、雨罩、捲头、腰线等凡突出墙面mm以下者板上面做流水坡度，下面做滴水线，雨罩、挑檐、遮阳板、窗楣等凡突出墙面60mm以上者，板上面按图纸要求抹出流水坡度，板下面做滴水槽。

6.14 窗立口未注明者应为中立口，凡未注明的室内窗台板用1:2.5水泥砂浆抹面，正面突出内墙外10mm厚，两侧伸出窗口各30 mm，正面高30mm，并压光做小圆角。

6.15 防火墙均应砌至当层楼板下皮，穿过防火墙的管道保温材料及穿过隔墙和楼板的管道缝隙的封堵均应采用不燃烧材料，当防火墙或防火卷帘门上部墙体由于设备管道交叉，砌墙有困难时应采用相同耐火极限的材料封堵，由有关生产厂家提供作法且配合施工。

6.16 预留孔洞要求位置准确，严禁剔凿、断筋，孔洞采用防水套管，且用C20细石混凝土浇灌严密，并做闭水试验，要求4小时无渗漏方为合格。

6.17 在结构构件中（如梁、板、挑檐）为安装建筑配件的预埋件、窗预埋件、电梯预埋件等均由相关厂家提供给施工单位，所有预埋件做防锈处理。

6.18 墙体柱结构、构造柱、圈梁均详结构专业图纸。

7. 屋面工程

7.1 本工程屋面防水等级根据《屋面工程技术规范》确定为 Ⅱ 级，设防要求为 二 道。

7.2 凡采用废渣找坡必须经过筛分，粒径控制在5至40mm，其中不应含有有机物、石块、土块、矿渣块和未燃煤块。如局部采用混凝土找坡，均采用C20细石混凝土找坡，并与水平面成60度角。

7.3 屋面突出部位及转角处的找平层，抹成平缓的半圆弧形，半径控制在100mm至120mm，弧度要求一致。

7.4 高低跨屋面较低部位的高跨屋面水落管位置处，在落（非上人）屋面上铺设600×600×40 C20混凝土预制块或管制水簸上覆膜保护。

7.5 卷材天沟的防水层泛水等部位均在防水层下面铺卷材一层，雨水口周围加铺卷材二层，水落口周围直径500mm范围内坡度≥5%。

7.6 凡排水雨水管安装必设落铸管周草底子，安装时注意与屋面卷材衔接严密防渗漏现象。凡采用金属雨水管者，雨水管外刷防锈漆一道，调合漆二道，内刷防锈漆二道。雨水管安装应保立线，做到垂直、牢固，雨水管的扁铁卡必须用膨胀螺栓或射钉固定，不得用木楔直钉入砖墙。

8. 节能工程

8.1 本工程依据《天津市居住建筑节能设计标准》的规定性/性能化/简化权衡判断方法进行节能设计，节能率为65%

8.2 本工程主要围护结构外墙、屋面、外窗的传热系数分别为K(m=0.457K=0.48，热桥部位应当有保温措施为加保温层。节能保温做法节点选用图集05J3-1，各编号的外门窗传热系数详见门窗表。

8.3 本工程外窗的气密性能达到《建筑外窗气密性能分级及其检测方法》GB 7107中规定的4级。

8.4 本工程外墙采用的是外墙 外保温/内保温/夹心保温/墙体自身保温体系。

8.5 本工程外墙选用保温材料为 挤塑聚苯板 密度≥25，导热系数≤0.030 燃烧性能 B1 级，屋面保温材料为挤塑聚苯板，密度≥25，导热系数≤0.030，燃烧性能 B1 级

9. 内外装修工程

9.1 [illegible]

9.2 [illegible]

9.3 [illegible]

9.4 [illegible]

9.5 [illegible]

9.6 [illegible]

9.7 [illegible] JGJ113-2003 附录A 的要求。

9.8 [illegible]

9.9 [illegible]

9.10 [illegible]

10. 其他事项

10.1 [illegible]

10.2 本工程采用 1 m/s电梯

10.3 [illegible]

10.4 [illegible]

10.5 [illegible]

10.2 本工程采用 1 m/s电梯

9. 居住建筑节能设计登记表

居住建筑节能设计登记表

工程名称	××工程			结构类型	
建筑面积Ao(m²) 1085.42	层数/主要方向	4/东西向			
部位	传热系数 K[W/(m²·K)] 大于等于4层	小于等于3层	选用保温做法		
屋顶	0.5	0.4	0.482	[illegible]	
外墙	0.6	0.45	0.456	[illegible]	
[illegible]	0.45	0.3			
[illegible]	1.6	1.1			
[illegible]	1.6	1.1			
[illegible]		4.7			
[illegible]	3.1	2.3	2.4	[illegible]	
[illegible]	2.3	2.3			
[illegible]		1.5			
地面		1.5	0.033	[illegible]	
户门		1.5			
[illegible]		1.5			
[illegible]		4.00/1.50			
[illegible]		0.5			
[illegible]		0.56			
[illegible]		1.5			
窗墙比	南 0.16	东 0.22	西 0.24	北 0.3	

会签	
主持人	电气
建筑	暖通
结构	给排水
附注	
注册师用章	
技术专用章	
出图专用章	
××建筑设计院	
工程设计证书甲级	
审核	
专业负责人	
校正	
设计	
制图	
工程名称	
工程项目	
图名	施工设计说明
工号	分号 1
日期	图号

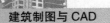

营造做法

名称	做法
地面1（花岗石地面）	1、20厚花岗石板铺实拍平，水泥浆擦缝 2、30厚1:4干硬性水泥砂浆 3、素水泥浆结合层一道 4、100厚C15混凝土 5、素土夯实
地面2（陶瓷地砖地面）	1、8-10厚防滑地砖铺实拍平，水泥浆擦缝 2、20厚1:4干硬性水泥砂浆 3、素水泥浆结合层一道 4、100厚C15混凝土 5、素土夯实
地面3（陶瓷地砖防水地面）	1、8-10厚防滑地砖铺实拍平，水泥浆擦缝或1:1水泥砂浆填缝 2、20厚1:4干硬性水泥砂浆 3、1.5厚聚氨酯防水涂料，面上撒黄砂，四周沿墙上翻150高 4、刷基层处理剂一道 5、15厚1:2水泥砂浆找平层 6、50厚C15细石混凝土找坡不小于0.5% 最薄处不小于30 7、100厚C15混凝土 8、素土夯实
地面4（地下室地面）	1、黑水泥砂浆防水楼面 2、钢筋砼墙体（自防水） 3、40厚C20细石砼保护层 4、1.5厚高分子卷材防水层 5、20厚M2.5水泥砂浆找平层 6、100厚M[illegible]砂垫层 7、素土夯实
地面5（种植土地面）	1、种植介质（70%泥土，30%膨胀蛭石或锯木） 2、干铺无纺聚酯纤维布一层 3、聚氯乙烯泡沫塑料板蓄水层 4、粒径20-30卵石（排水孔内侧周围堆取卵石，其高度超过排水孔） 5、40厚C20细石防水砼保护层 1.5厚高分子卷材防水层 6、基层处理剂 7、1:3水泥砂浆，砂浆中掺聚丙烯或锦纶—6纤维0.75-0.9kg/m³ 8、1:8水泥膨胀珍珠岩找2%坡 9、钢筋混凝土底板
楼面1（水泥砂浆防水楼面）	1、20厚1:2水泥砂浆抹面压光 2、素水泥浆结合层一道 3、50厚C15细石混凝土找坡不小于0.5% 最薄处不小于30 4、钢筋混凝土楼板
楼面2（陶瓷地砖防水楼面）	1、8-10厚防滑地砖铺实拍平，水泥浆擦缝或1:1水泥砂浆填缝 2、30厚1:4干硬性水泥砂浆 3、1.5厚聚氨酯防水涂料，面上撒黄砂，四周沿墙上翻150高 4、刷基层处理剂一道 5、25厚1:2水泥砂浆找平层 6、50厚C15细石混凝土找坡不小于0.5% 最薄处不小于30 7、钢筋混凝土楼板
楼面3（花岗石楼面）	1、20厚花岗石板铺实拍平，水泥浆擦缝 2、30厚1:4干硬性水泥砂浆 3、素水泥浆结合层一道 4、钢筋混凝土楼板
楼面4（陶瓷地砖楼面）	1、10厚防滑地砖铺实拍平，水泥浆擦缝 2、40厚1:4干硬性水泥砂浆 3、素水泥浆结合层一道 4、钢筋混凝土楼板
楼面5（水泥砂浆楼面）	1、20厚1:2水泥砂浆抹面压光 2、素水泥浆结合层一道 3、钢筋混凝土楼板
踢脚1（水泥砂浆踢脚）（120高）	1、10厚1:3水泥砂浆 2、8厚1:2水泥砂浆抹面压光
踢脚2（面砖踢脚）（120高）	1、刷建筑胶素水泥浆一遍，配合比为建筑胶：水=1:4 2、17厚2:1:8水泥石灰砂浆，分两次抹灰 3、3-4厚1:1水泥砂浆加水重20%建筑胶镶贴 4、8-10厚面砖，水泥浆擦缝
踢脚3（石质板材踢脚）（120高）	1、刷建筑胶素水泥浆一遍，配合比为建筑胶：水=1:4 2、15厚2:1:8水泥石灰砂浆，分两次抹灰 3、3-4厚1:1水泥砂浆加水重20%建筑胶镶贴 4、10厚花岗岩板，水泥浆擦缝
内墙1（水泥砂浆墙面）	1、刷建筑胶素水泥浆一遍，配合比为建筑胶：水=1:4 2、15厚1:3水泥砂浆 3、5厚1:2水泥砂浆 4、内墙涂料
内墙2（釉面砖墙面）	1、刷建筑胶素水泥浆一遍，配合比为建筑胶：水=1:4 2、15厚2:1:8水泥石灰砂浆，分两次抹灰 3、3-4厚1:1水泥砂浆加水重20%建筑胶镶贴 4、4-5厚釉面砖，白水泥浆擦缝
内墙3（保温墙面）	1、15厚复合硅酸盐保温砂浆打底划出纹理 2、15厚复合硅酸盐保温砂浆压实赶光 3、刮内墙腻子二道 4、刷二遍内墙乳胶漆
内墙4（直接罩白）	刮腻子直接喷涂白色涂料
顶棚1（粉刷石膏砂浆顶棚）	1、钢筋混凝土板底面清理干净 2、10厚1:1粉刷石膏砂浆 3、2厚粉刷石膏浆 4、表面喷刷涂料
顶棚2（轻钢龙骨纸面石膏板粘贴矿棉装饰板吊顶）	1、轻钢龙骨标准骨架：主龙骨中距900-1000 次龙骨中距450，横撑龙骨中距900 2、12厚900x2700纸面石膏板，自攻螺丝拧牢 3、配套胶粘剂粘贴12-15厚开槽矿棉装饰板
顶棚3（轻钢龙骨塑料条形扣板吊顶）	1、轻钢龙骨标哈骨架：主龙骨中距900-1000 次龙骨中距400 2、8-9厚塑料条形扣板用自攻螺钉固定。
外墙1（清水砖墙）	1:1水泥砂浆（细砂）勾凹缝 砌式采用每皮一顺一丁式
外墙2（料石镶挂外墙面）	1、1:1水泥细砂浆勾缝压实 2、60宽缝隙用C20细石混凝土捣实（每层＜200高） 3、粗料磨料石厚100~120，上、下侧面刻槽打孔用ϕ8挂钩与横向ϕ12钢筋钩牢，料石下楔圆1:2水泥砂浆墙身预埋ϕ10锚固筋（长210，入墙180）双向@500与纵向ϕ12钢筋焊牢，按料石高度尺寸在竖筋与墙面之间设横向ϕ12钢筋与纵筋绑扎
外墙3（干挂石材外墙面）	1、20厚1:3水泥砂浆（砖墙、钢筋混凝土墙）找平 2、1.2厚聚氨酯防水涂料 3、按石材板高度安装配套不锈钢挂件 4、30厚石质板材，用环氧树脂胶固定销钉；石材接缝宽5-8，用硅酮密封胶填缝
外墙4（混合砂浆拉毛外墙面）	1、15厚1:1:6水泥石灰砂浆 2、5厚1:0.5:5水泥石灰砂浆拉毛
屋面1（坡屋面）	1、瓦材：块瓦 2、挂瓦条：L30x4，中距按瓦材规格 3、顺水条：-25x5，中距600 4、找平层：C20细石混凝土，内配ϕ6@500x500钢筋网片 5、保温层：挤塑聚苯板（80厚） 6、防水层：4厚高聚物改性沥青防水卷材 基层处理剂 7、找平层：1:3水泥砂浆，砂浆中掺聚丙烯或锦纶—6纤维0.75~0.90kg/m（20厚） 8、结构层：钢筋混凝土屋面板
屋面2（块材上人屋面）	1、保护层：1:4干硬性水泥砂浆，面上撒素水泥8-10厚地砖铺平拍实，缝宽5-8，1:1水泥砂浆灌缝 2、垫层：C20细石混凝土，内配ϕ4@150x150钢筋网片 3、隔离层：干铺无纺聚酯纤维布一层 4、保温层：挤塑聚苯板（60厚） 5、防水层：3厚高聚物改性沥青防水卷材 3厚高聚物改性沥青防水卷材 基层处理剂 6、找平层：1:3水泥砂浆，砂浆中掺聚丙烯或锦纶—6纤维0.75-0.90kg/m（20厚） 7、找坡层：1:8水泥膨胀珍珠岩找2%坡（最薄处20厚） 8、结构层：钢筋混凝土屋面板
屋面3（涂料或粒料保护层屋面，不上人）	1、保护层：涂料或粒料 2、隔离层：干铺无纺聚酯纤维布一层 3、保温层：挤塑聚苯板（[illegible]厚） 4、防水层：3厚高聚物改性沥青防水卷材 3厚高聚物改性沥青防水卷材 基层处理剂 5、找平层：1:3水泥砂浆，砂浆中掺聚丙烯或锦纶—6纤维0.75-0.90kg/m（20厚） 6、找坡层：1:8水泥膨胀珍珠岩找2%坡（最薄处20厚） 7、结构层：钢筋混凝土屋面板

室名作法表

楼层	房间名称	楼地面	踢脚	内墙面	顶棚
地下室	楼梯间（厅）	地面2	踢脚2	内墙3	顶棚1
	餐厅	地面1	踢脚3	内墙1	顶棚2
	厨房	地面3	踢脚2	内墙2	顶棚3
	四季厅	地面5	踢脚3	内墙1	顶棚2
	走道	地面2	踢脚2	内墙1	顶棚2
	活动室	地面2	踢脚2	内墙1	顶棚1
	男（女）卫生间	地面3		内墙2	顶棚3
	锅炉房	地面4	踢脚1	内墙1	顶棚1
首层	过厅、门厅	楼面3	踢脚3	内墙1	顶棚2
	楼电梯间（厅）	楼面4	踢脚2	内墙3	顶棚2
	走道	楼面4	踢脚2	内墙1	顶棚2
	配电室	楼面4	踢脚2	内墙1	顶棚1
	值班	楼面4	踢脚2	内墙1	顶棚1
	男（女）卫生间	楼面2		内墙2	顶棚3
	客房	楼面2	踢脚2	内墙1	顶棚1
二层	走道	楼面4	踢脚2	内墙1	顶棚2
	楼电梯间（厅）	楼面4	踢脚2	内墙3	顶棚1
	男（女）卫生闲	楼面2		内墙2	顶棚3
	客房	楼面4	踢脚2	内墙1	顶棚1
	会议室	楼面3	踢脚3	内墙1	顶棚2
阁楼层	男（女）卫生间	楼面2		内墙2	顶棚3
	客房	楼面4	踢脚2	内墙1	顶棚1
	楼梯间（厅）	楼面4	踢脚2	内墙3	顶棚1
	走道	楼面4	踢脚2	内墙1	顶棚2
	贮藏	楼面4	踢脚2	内墙1	顶棚1
	音响控制室	楼面4	踢脚2	内墙1	顶棚1
	夹层	楼面5	踢脚1	内墙1	顶棚1
所有层	风管、水管、电气竖井	楼面5		内墙4	顶棚1

注：1、表中作法详见03系列建筑标准设计图集。
2、所有木装修材料的选用均应满足《建筑内部装修设计防火规范》GB 50222—95 第3.1.1条的规定。

建筑设计防火专篇

一、设计依据：

《民用建筑设计通则》GB50352-2005（简称"通则"）

《建筑设计防火规范》GB50016-2006（简称"建规"）

《建筑内部装修设计防火规范》GB50222-95（及1999，2001局部修订条文）

（简称"内规"）

《建筑灭火器配置设计规范》　GBJ140-90（97版）

《热水锅炉安全技术监察规程》（简称"规范"）

二、工程概况：

XX 市 XX 局XX 建 XX 号招待所工程　总用地面积1028.54平方米，总建筑面积1085.42平方米（其中：地下建筑面积300.388平方米），最大建筑高度9.00米（檐口高度），最多层数三层。

三、耐火等级及主要构件耐火极限的确定：

1.根据本工程使用性质和"建规"5.1.1条，确定本建筑为二级耐火等级。

2.根据"建规"第5.1.1条规定，确定工程主要构件耐火等级如下：

构件名称 ＼ 燃烧性能和耐火极限(h)	规范要求(h)	设计选材
楼梯间墙	不燃烧体2.00	200厚加气混凝土砌块墙=8小时
走道隔墙	不燃烧体1.00	200厚加气混凝土砌块墙=8小时
房间隔墙	不燃烧体0.50	200厚加气混凝土砌块墙=8小时
柱	不燃烧体2.50	最小截面400×400>5小时
梁	不燃烧体1.50	保护层厚度2cm=1.75小时
屋顶承重构件	不燃烧体1.00	钢筋砼梁板100厚保护层1.5cm>1.45小时
楼　板	不燃烧体1.00	钢筋砼梁板100厚保护层1.5cm>1.45小时
疏散走道	不燃烧体1.00	钢筋砼楼梯保护层1　=1.20小时
吊　顶	难燃烧体0.25	轻钢龙骨石膏板、矿棉板>0.25小时

四、总平面图：

防火间距：本工程与西南侧平房（三级耐火等级）间距6.69m，与东北侧公厕（二级耐火等级）间距6.06m，与西北侧平房（三级耐火等级）间距7.00m，周围其它方向现状均无建筑，满足"建规"5.2.1条规定。

五、单体设计：

1.防火分区

本工程总建筑面积1085.42平方米<2500平方米，设一个防火分区。

2.安全疏散

本工程为三层建筑，每层最大建筑面积300.388平方米<500平方米，二、三层人数之和20人<100人，设一个封闭楼梯间，楼梯疏散宽度1.2m，疏散楼梯各层位置未改变。袋形走道最远房门至安全出口8m，地下室设三个安全出口。

以上安全疏散设计均符合"建规"5.3.2条、5.3.8条、5.3.12条、5.3.13条之规定

3.建筑构造

（1）疏散楼梯均有直接采光通风，疏散用门均向疏散方向开启，符合"建规"7.4.1条、7.4.7条之规定。

（2）地下室与地上层共用楼梯间在首层采用耐火极限不低于2.00小时隔墙和乙级防火门将连同部分完全隔开。

所有管道井均每层用不燃烧体封隔，检查门采用丙级防火门。

（3）锅炉房内为0.2吨燃气锅炉，使用面积16.85平方米，泄爆面积为6平方米，满足"规范"第135条"锅炉间的外墙或屋顶至少应有相当于锅炉间占地面积10%的泄压面积"　的要求。

锅炉房采用耐火极限不低于2.00小时隔墙和1.5小时不燃烧体楼板隔开，符合"建规"5.4.2条、7.4.4条、7.4.1条、7.2.4条、7.2.9条、7.2.11条之规定。

六、给排水专业：

1、根据《建筑设计防火规范》GB50016-2006（2006年版）本建筑可不设置消火栓、自动喷淋灭火系统。

2、根据《建筑灭火器配置设计规范》GB50140-2005（2005年版）

灭火器的配置：本建筑为中危险级，A类火灾。配置手提式磷酸铵盐灭火器。

每处设两具保护距离为20米，每具灭火器的灭火级别为 配电室为中危险级，

E类火灾配置手提式二氧化碳灭火器，每具灭火器级别为55B。

3、室外消防用水量为15l/s，根据市政条件睦南道上有市政消火栓一个，可满足要求，院内不设消防系统。

七、暖通专业：

（一）设计依据：

根据《建筑设计防火规范》GB50016-2006（2006年版）

《采暖通风与空气调节设计规范》GB50016-2006（2006年版）

建筑专业提供的图纸

（二）设计内容：

本工程空调系统采用VRV空调系统，空调设备、水管均为金属材料制作，为非燃烧材料。

保温为闭泡橡塑保温管，为难燃烧材料。

锅炉房内设事故排风机。

八、电气专业：

本工程为三层一般民用建筑，其一般照明、动力用电为三类负荷。

电源由市政变电站采用低压直埋电缆引入，单电源供电，电源电压均为380/220V。

室内照明、插座线路采用ZR-BV型阻燃塑料绝缘铜芯导线穿PVC阻燃塑料管暗设。

各层走道、楼梯间设自带电池的应急照明灯以及紧急疏散诱导灯，其电池放电时间不小于30分钟。

在首层值班室内设一台壁挂式智能型区域火灾报警器，各层客房及办公用房间内设智能式感烟报警探测器，地下层厨房及锅炉房内设感温报警探测器以及可燃气体泄漏报警装置。各层走道设智能式感烟报警探测器以及感温报警探测器，并根据规范规定设置手动报警按钮及火灾声光报警器。当发生火灾并确认火灾时，火灾报警控制器可联动切除相关楼层的非消防电源并发出火警信号，通知人员疏散并向消防部门报警。当厨房内发生天然气泄漏时，火灾报警控制器可联动关闭天然气管道电磁阀。当锅炉房发生可燃气体泄漏时，联动关闭管道电磁阀，启动事故排风机工作，并向值班管理人员发出报警信号。火灾报警控制器的电源为单电源供电并采用蓄电池作为其备用电源。

根据规范规定，不设防雷装置。

会签 COUNTERSIGN			
主持人 MANAGER		电气 ELEC.	
建筑 ARCHI.		暖通 HVAC	
结构 STRUCT.		概预算	
给排水 PLUMBING			

注册师用章 Chartered Architect/Engineer

注册建筑师	一级	二级

技术专用章 Technical Management

出图专用章 Issue

XX建筑设计院

工程设计证书甲级 First-class Design Certificate

审核 APPROVE	
专业负责人 DIVISION CHIEF	
校正 CHECK	
设计 DESIGN	
制图 DRAWN	
工程名称 PROJECT	
工程项目 SUB PROJECT	
图名 TITLE	建筑设计防火专篇

工号 PROJECT NO.		分号 SUB NO.	1
日期 DATE		图号 DRAWING No.	建施防-1

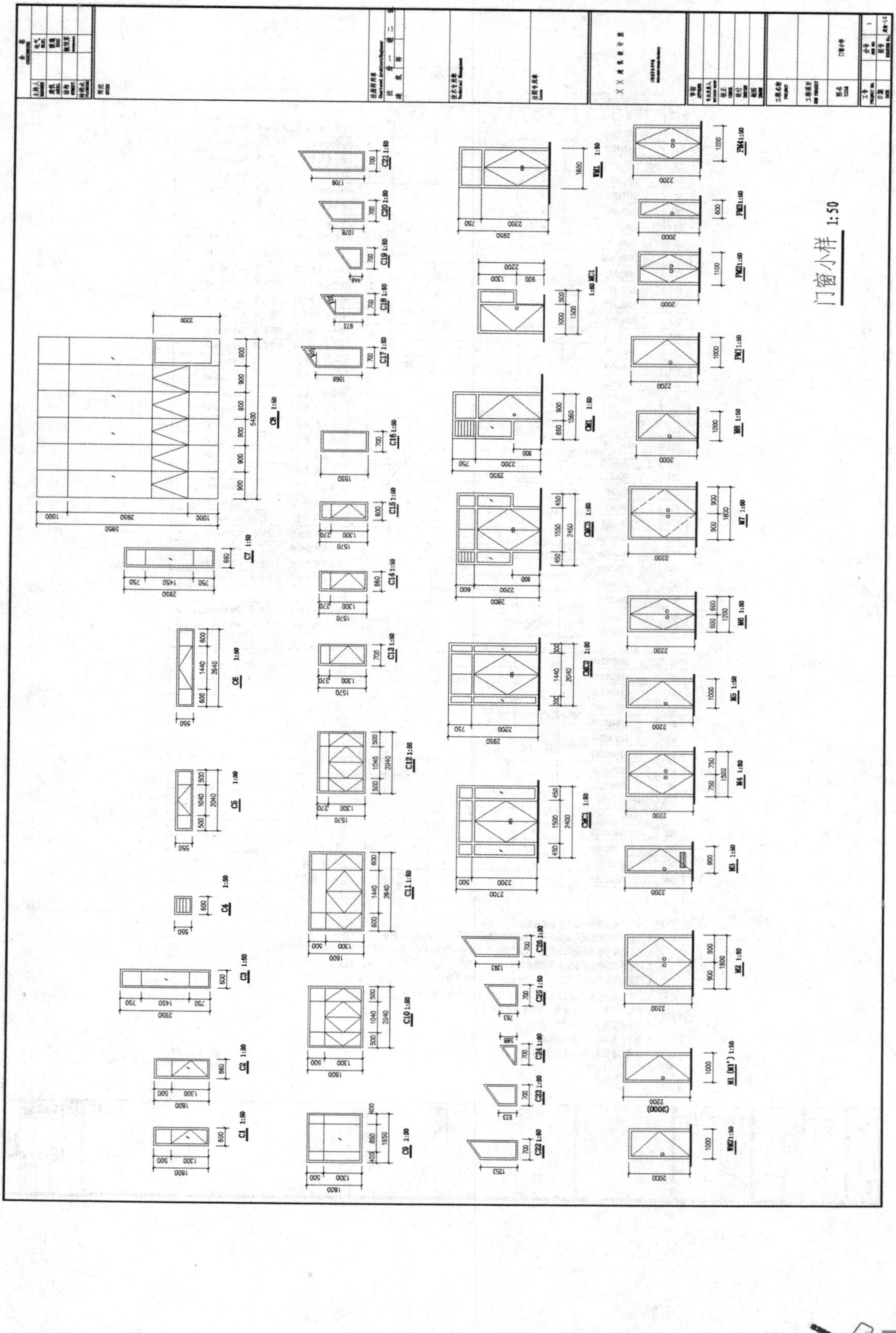

C1 1:50 — 1800（500，1300）；600

C2 1:50 — 1800（500，1300）；660

C3 1:50 — 2950（750，1450，750）；800

C4 1:50 — 550；600

C5 1:50 — 550；500，1040，500；2040

C6 1:50 — 550；600，1440，600；2640

C7 1:50 — 2950（750，1450，750）；660

C8 1:50 — 5950（1000，3950，1000）；2200；900，900，900，900，900，900；5400

C9 1:50 — 1800（500，1300）；400，850，400；1650

C10 1:50 — 1800（500，1300）；500，1040，500；2040

C11 1:50 — 1800（500，1300）；600，1440，600；2640

C12 1:50 — 1570（270，1300）；500，1040，500；2040

C13 1:50 — 1570（270，1300）；700

C14 1:50 — 1570（270，1300）；660

C15 1:50 — 1570（270，1300）；600

C16 1:50 — 1550；700

C17 1:50 — 1568；700

C18 1:50 — 973；700

C19 1:50 — 448；700

C20 1:50 — 1078；700

C21 1:50 — 1709；700

C22 1:50 — 1253；700

C23 1:50 — 623；700

C24 1:50 — 388；700

C25 1:50 — 783；700

C26 1:50 — 1383；700

CMC1 1:50 — 2700（500，2200）；450，1500，450；2400

CMC2 1:50 — 2950（750，2200）；300，1440，300；2040

CMC3 1:50 — 2800（600，2200）；900；450，1550，450；2450

CM1 1:50 — 2950（750，2200）；900；660，900；1560

MC1 1:50 — 1300；2200；900；1000，500；1500

WM1 1:50 — 2950（750，2200）；1650

WM2 1:50 — 2000；1000

M1（M1'）1:50 — 2200（2000）；1000

M2 1:50 — 2200；900，900；1800

M3 1:50 — 2200；900

M4 1:50 — 2200；750，750；1500

M5 1:50 — 2200；1000

M6 1:50 — 2200；600，600；1200

M7 1:50 — 2200；900，900；1800

M8 1:50 — 2000；1000

FM1 1:50 — 2200；1000

FM2 1:50 — 2000；1100

FM3 1:50 — 2000；600

FM4 1:50 — 2200；1200

门窗小样 1:50

会签	
主持人	电气
建筑	暖通
结构	概预算
给排水	

附注

注册师用章

注 册 一 级 二 级 建 筑 师

技术专用章

出图专用章

XX建筑设计院

审核	
专业负责人	
校正	
设计	
制图	
工程名称	
工程项目	
图名	门窗小样
工号	分号 1
日期	图号 建施-14

门窗表

编号	门窗洞口尺寸 宽×高	樘数 地下	首层	二层	阁楼层	合计	材料
C1	600x1800		10			10	铝合金断热型材，中空玻璃 K<2.7w/m.k²
C2	660x1800		4			4	铝合金断热型材，中空玻璃 K<2.7w/m.k²
C3	600x2950	8				8	铝合金断热型材，中空玻璃 K<2.7w/m.k²
C4	600x550	2				2	防水百页 K<2.7w/m.k²
C5	2040x550	1				1	铝合金断热型材，中空玻璃 K<2.7w/m.k²
C6	2640x550	2				2	铝合金断热型材，中空玻璃 K<2.7w/m.k²
C7	660x2950	2				2	铝合金断热型材，中空玻璃 K<2.7w/m.k²
C8	5400x5050		1			1	中空玻璃，隐框 K<2.7w/m.k²
C9	1650x1800		1			1	铝合金断热型材，中空玻璃 K<2.7w/m.k²
C10	2040x1800		1			1	铝合金断热型材，中空玻璃 K<2.7w/m.k²
C11	2640x1800		3			3	铝合金断热型材，中空玻璃 K<2.7w/m.k²
C12	2040x1570			1		1	铝合金断热型材，中空玻璃 K<2.7w/m.k²
C13	700x1570			6		6	铝合金断热型材，中空玻璃 K<2.7w/m.k²
C14	660x1570			2		2	铝合金断热型材，中空玻璃 K<2.7w/m.k²
C15	600x1570			8		8	铝合金断热型材，中空玻璃 K<2.7w/m.k²
C16	700x1550				18	18	中空玻璃，隐框 K<2.7w/m.k²
C17	700x1568				2	2	中空玻璃，隐框 K<2.7w/m.k²
C18	700x973				2	2	中空玻璃，隐框 K<2.7w/m.k²
C19	700x448				2	2	中空玻璃，隐框 K<2.7w/m.k²
C20	700x1078				2	2	中空玻璃，隐框 K<2.7w/m.k²
C21	700x1709				2	2	中空玻璃，隐框 K<2.7w/m.k²
C22	700x1253				2	2	中空玻璃，隐框 K<2.7w/m.k²
C23	700x623				2	2	中空玻璃，隐框 K<2.7w/m.k²
C24	700x588				2	2	中空玻璃，隐框 K<2.7w/m.k²
C25	700x763				2	2	中空玻璃，隐框 K<2.7w/m.k²
C26	700x1393				2	2	中空玻璃，隐框 K<2.7w/m.k²
CMC1	2400x2700		2			2	铝合金断热型材，中空玻璃 K<2.7w/m.k²
CMC2	2040x2950	1				1	铝合金断热型材，中空玻璃 K<2.7w/m.k²
CMC3	2450x2800	1				1	铝合金断热型材，中空玻璃 K<2.7w/m.k²
CM1	1560x2950	1				1	铝合金断热型材，中空玻璃
MC1	1500x2200		1			1	木
WM1	1650x2950	1				1	铝合金断热型材，中空玻璃 透明部分K<2.7w/m.k²
WM2	1000x2000				1	1	铝合金断热型材，中空玻璃 透明部分K<2.7w/m.k²
M1	1000X2200	3	4	6	2	15	木
M1'	1000X2000				1	1	木
M2	1800X2200	1				1	木
M3	900x2200	2	3	5	3	13	木
M4	1500x2200		1			1	木
M5	1000x2200		1			1	木 门槛距地150
M6	1200X2200		1			1	木
M7	1800X2200						木，隔音门
M8	1000X2000						木，隔音门
FM1	1000X2200	1				1	木，乙级防火门
FM2	1100X2000	1	1	1		3	木，丙级防火门
FM3	600X2000	1	1	1		3	木，丙级防火门
FM4	1200X2200		1			1	木，乙级防火门

说明：本工程部分的外门窗其性能指标要符合以下要求：

1. 门窗的抗风压性能，不应低于现行国家标准GB/T 7106的要求，低层、多层 ≥2500Pa
2. 门窗的气密性能不应低于现行国家标准GB/T 7107-02规定的4 级水平（$0.5m^3/m.h < q1 \leq 1.5m^3/m.h$）
3. 门窗的水密性能不应低于现行国家标准GB/T 7108 规定的3级水平（$\Delta p \geq 250pa$）。
4. 门窗的保温性能：居住建筑门（透明部分）、窗传热系数：≥4层 $K<2.7w/m.k^2$
5. 门窗的隔声性能，不应低于现行国家标准GB/T8485 规定的计权隔声量 $R_W \geq 25dB$。
6. 所有外门窗均为中空玻璃，外窗活扇均设纱扇。
7. 门窗厂家要在核对洞口尺寸后方可加工。
8. 防火门要具备自行关闭的功能。
9. 内檐门除防火门外结合二次装修。

附录2 建筑附图

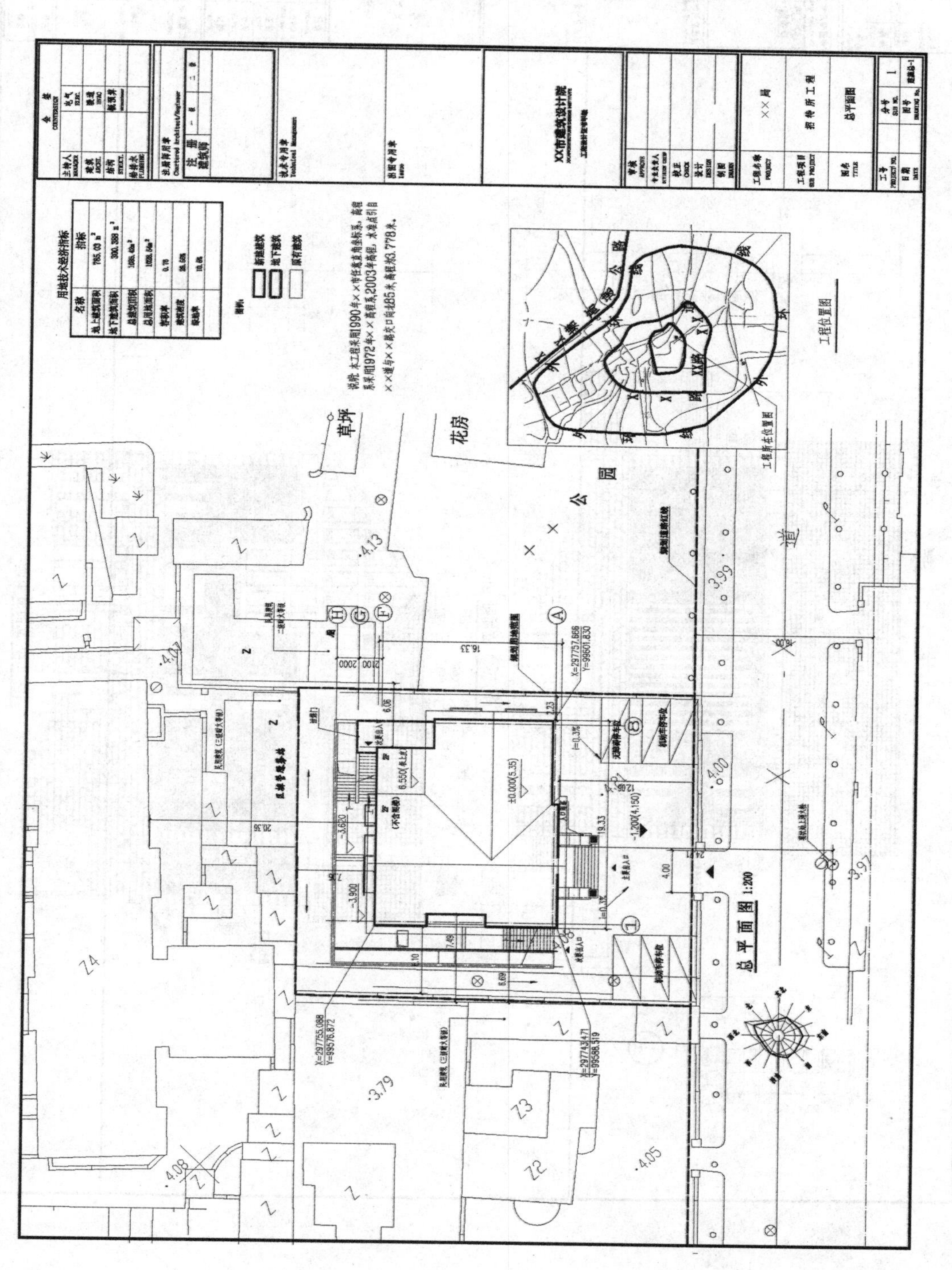

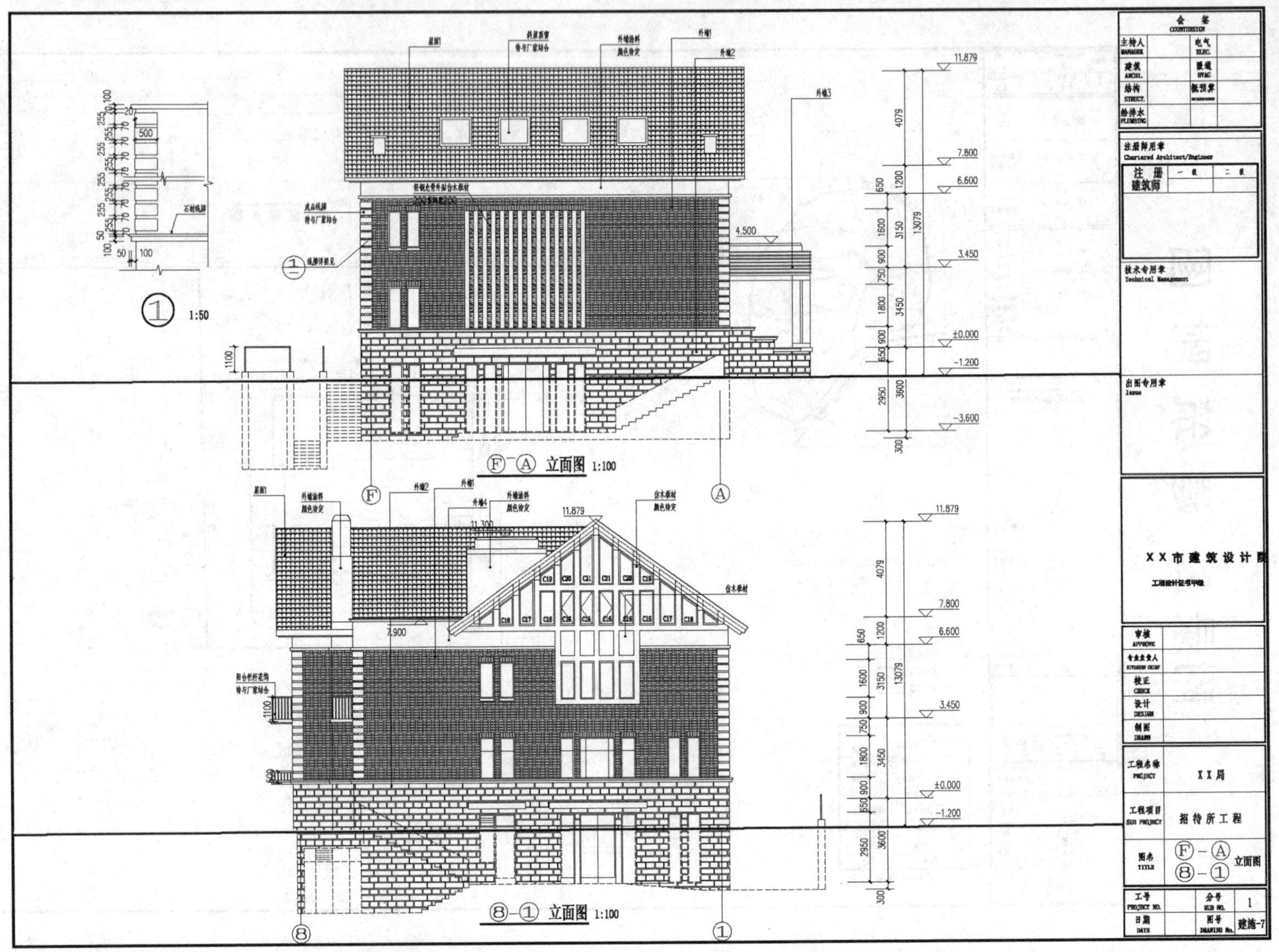

Ⓕ-Ⓐ 立面图 1:100
⑧-① 立面图 1:100
① 1:50
会签
主持人
电气
建筑
暖通
结构
概预算
给排水
注册师用章
注册建筑师
技术专用章
出图专用章
XX市建筑设计院
审核
专业负责人
校正
设计
制图
工程名称
XX局
工程项目
招待所工程
图名
立面图
工号
日期
分号
1
图号
建施-7

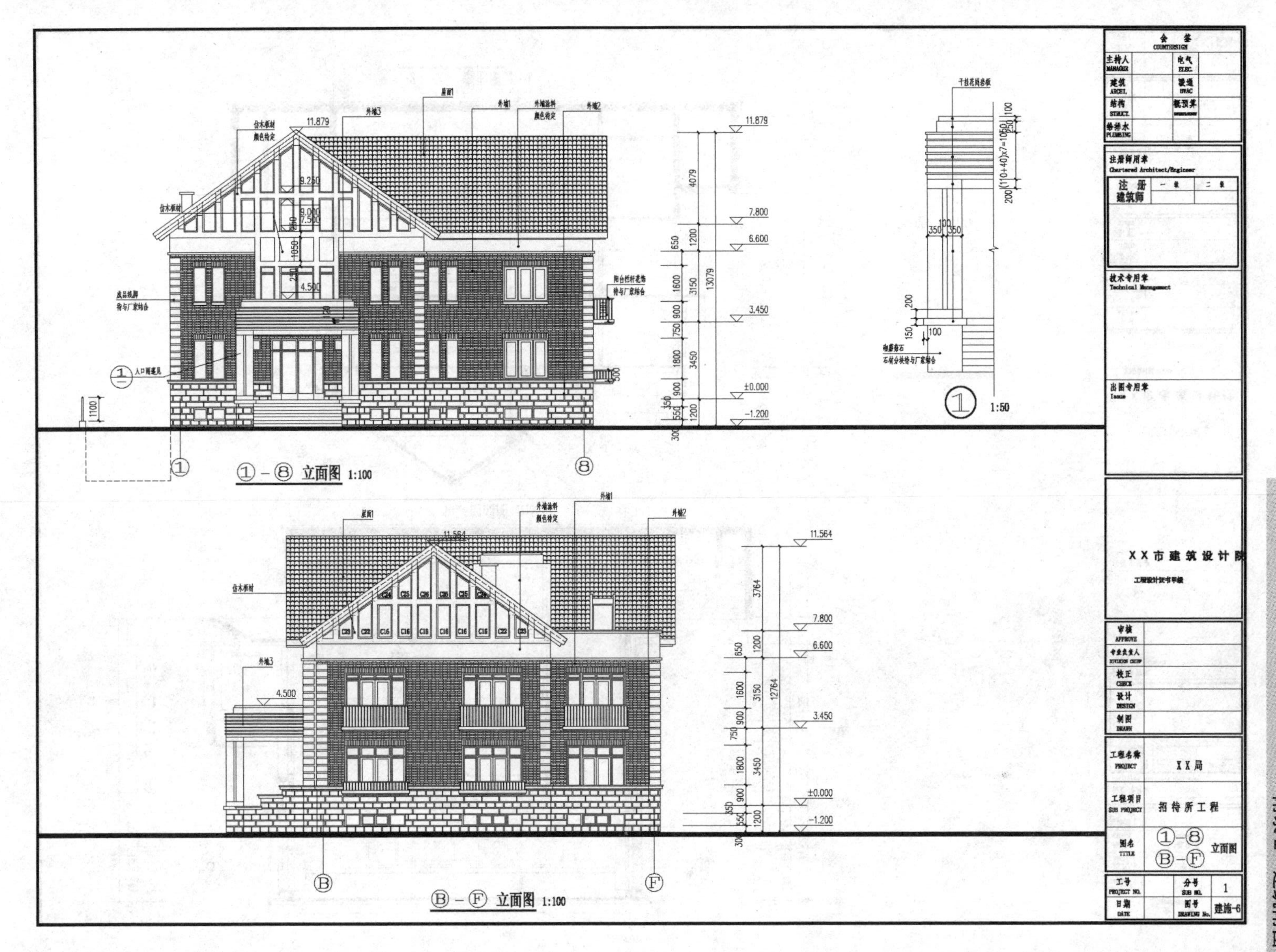

①-⑧ 立面图 1:100
Ⓑ-Ⓕ 立面图 1:100
① 1:50
XX市建筑设计院
XX局
招待所工程
①-⑧ Ⓑ-Ⓕ 立面图
建施-6

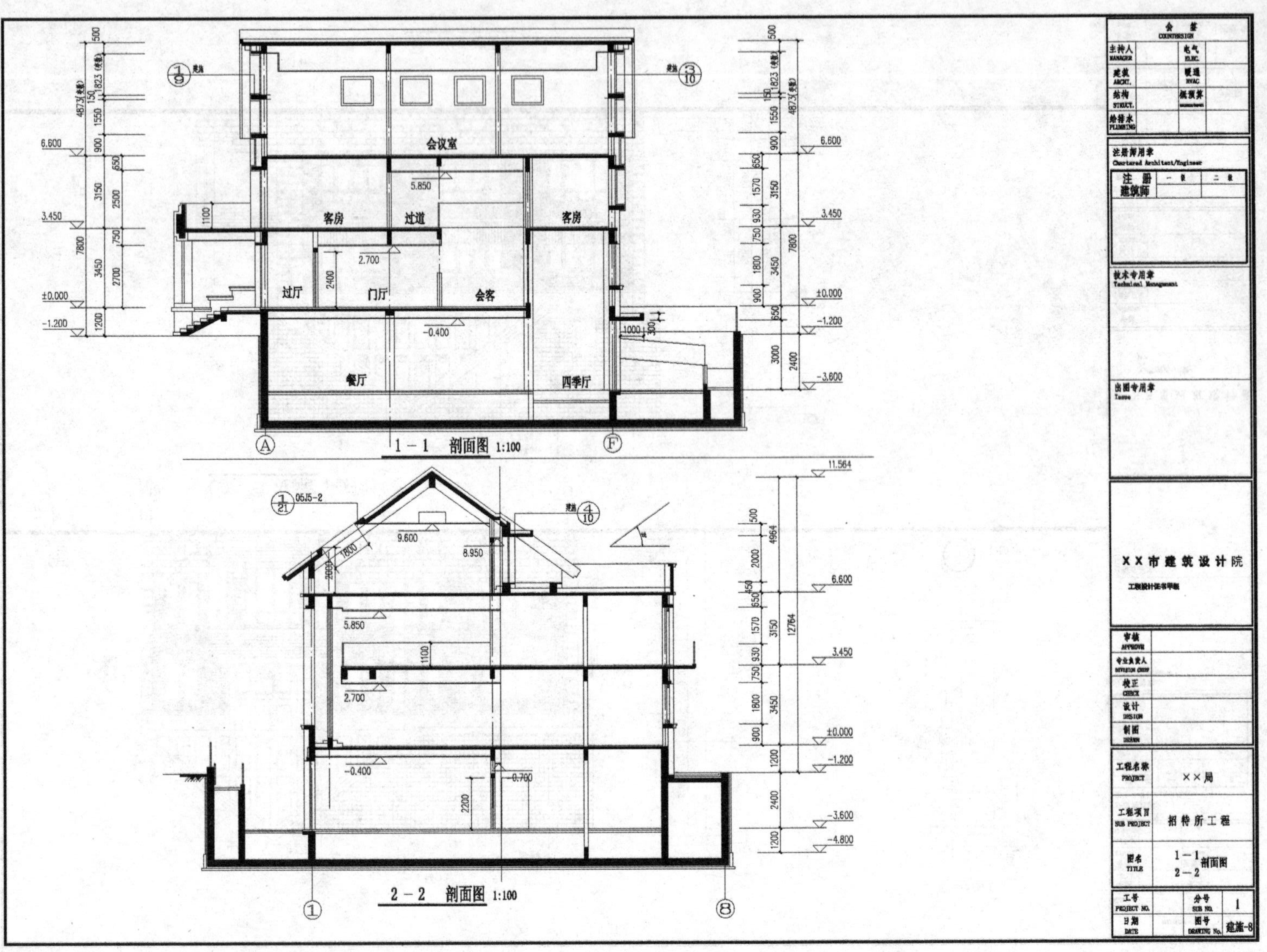
会议室
客房
过道
客房
过厅
门厅
会客
餐厅
四季厅
1－1 剖面图 1:100
2－2 剖面图 1:100
XX市建筑设计院
工程名称 PROJECT ××局
工程项目 SUB PROJECT 招待所工程
图名 TITLE 1－1 2－2 剖面图
分号 SUB NO. 1
图号 DRAWING No. 建施-8

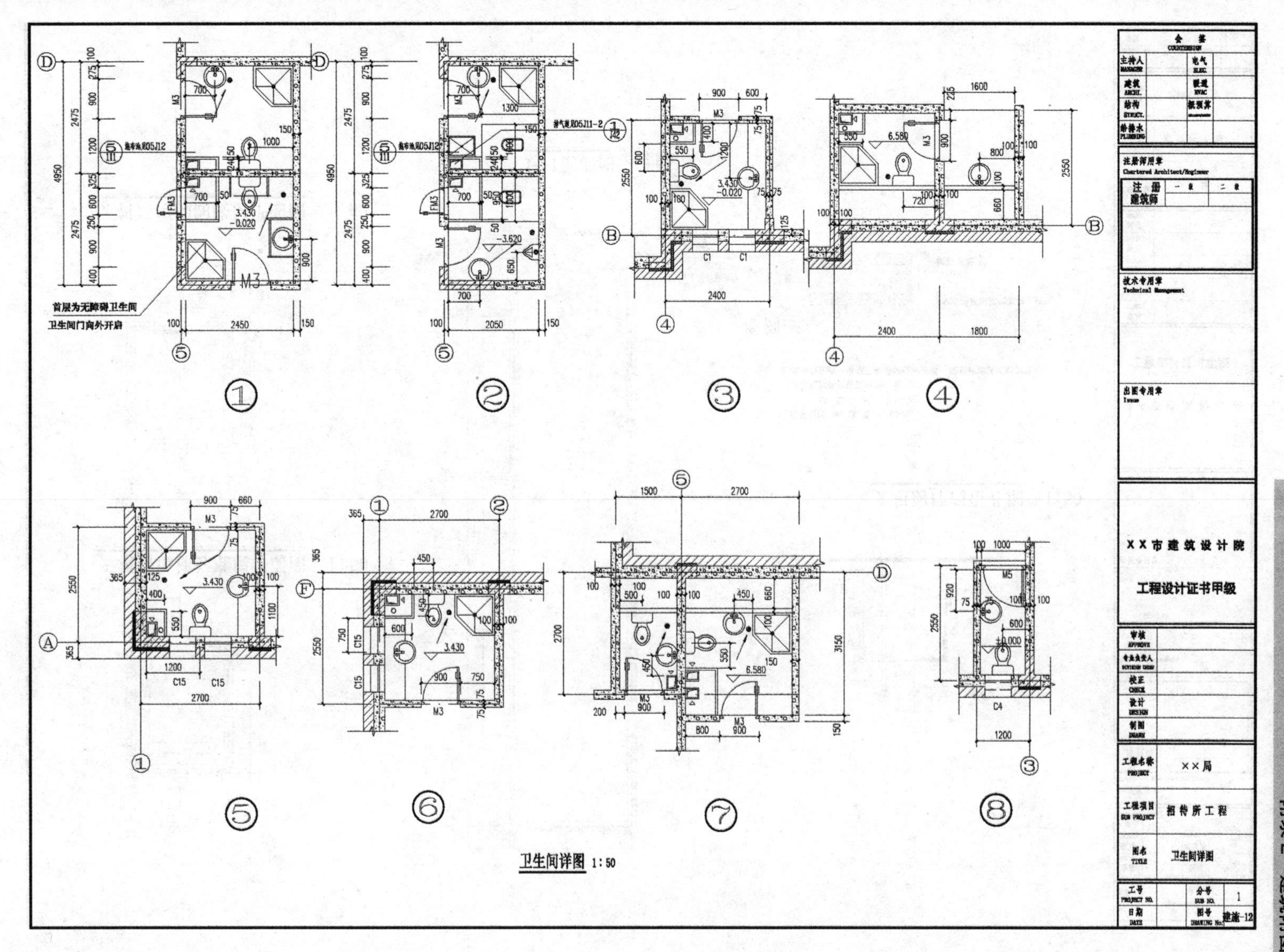

首层为无障碍卫生间
卫生间门向外开启
X X 市 建 筑 设 计 院
工程设计证书甲级
××局
招 待 所 工 程
卫生间详图
建施-12
卫生间详图 1:50

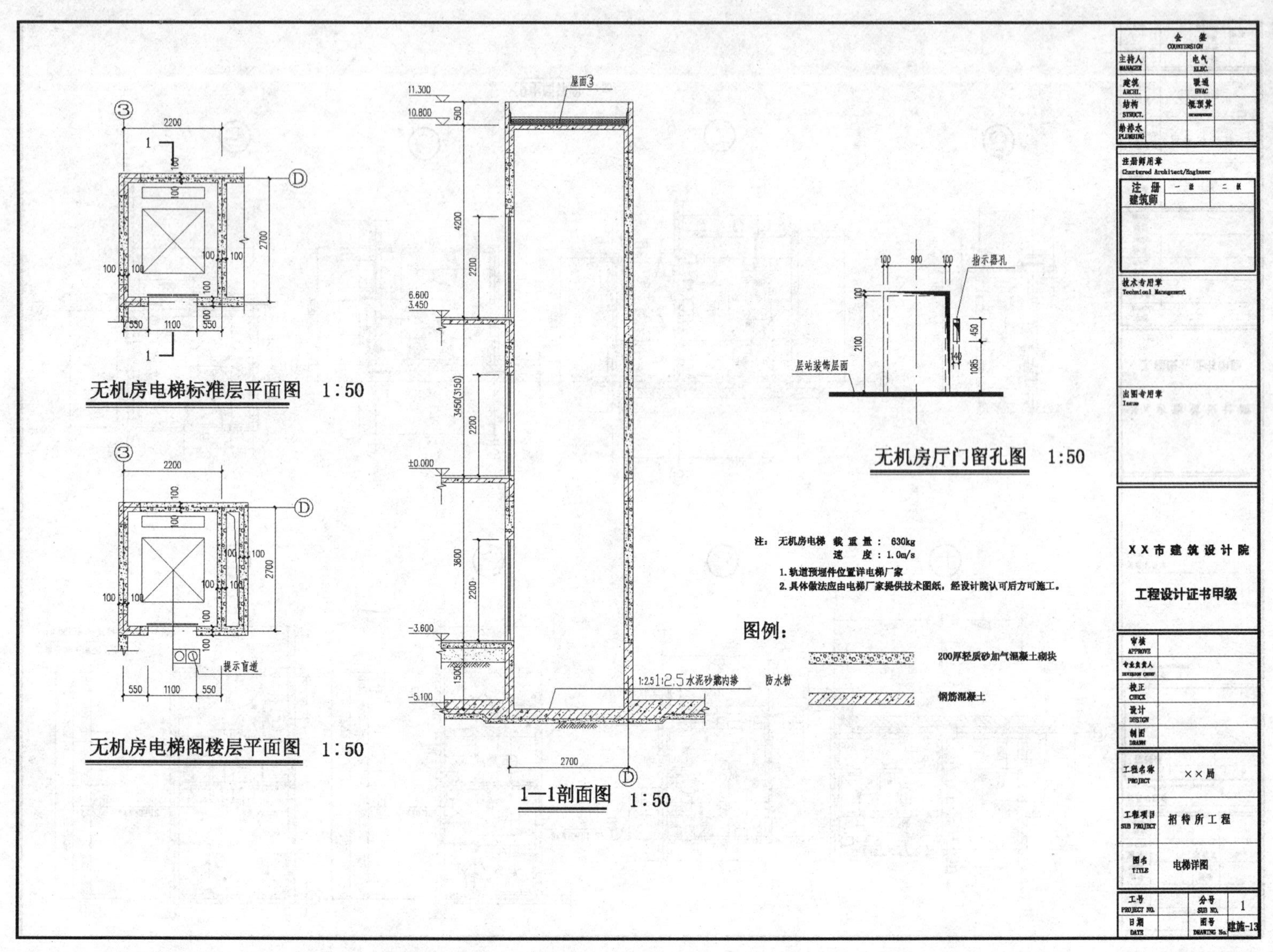

无机房电梯标准层平面图 1:50
无机房电梯阁楼层平面图 1:50
提示盲道
1—1剖面图 1:50
屋面3
11.300
10.800
6.600
3.450
±0.000
-3.600
-5.100
1:2.5水泥砂浆内掺 防水粉
无机房厅门留孔图 1:50
指示器孔
层站装饰层面
注：无机房电梯 载重量：630kg
速 度：1.0m/s
1.轨道预埋件位置详电梯厂家
2.具体做法应由电梯厂家提供技术图纸，经设计院认可后方可施工。
图例：
200厚轻质砂加气混凝土砌块
钢筋混凝土
会签 COUNTERSIGN
主持人 MANAGER
电气 ELEC.
建筑 ARCHI.
暖通 HVAC
结构 STRUCT.
概预算
给排水 PLUMBING
注册师用章 Chartered Architect/Engineer
注册建筑师
技术专用章 Technical Management
出图专用章 Issue
X X 市 建 筑 设 计 院
工程设计证书甲级
审核 APPROVE
专业负责人 DIVISION CHIEF
校正 CHECK
设计 DESIGN
制图 DRAWN
工程名称 PROJECT
××局
工程项目 SUB PROJECT
招 待 所 工 程
图名 TITLE
电梯详图
工号 PROJECT NO.
分号 SUB NO.
1
日期 DATE
图号 DRAWING No.
建施-13

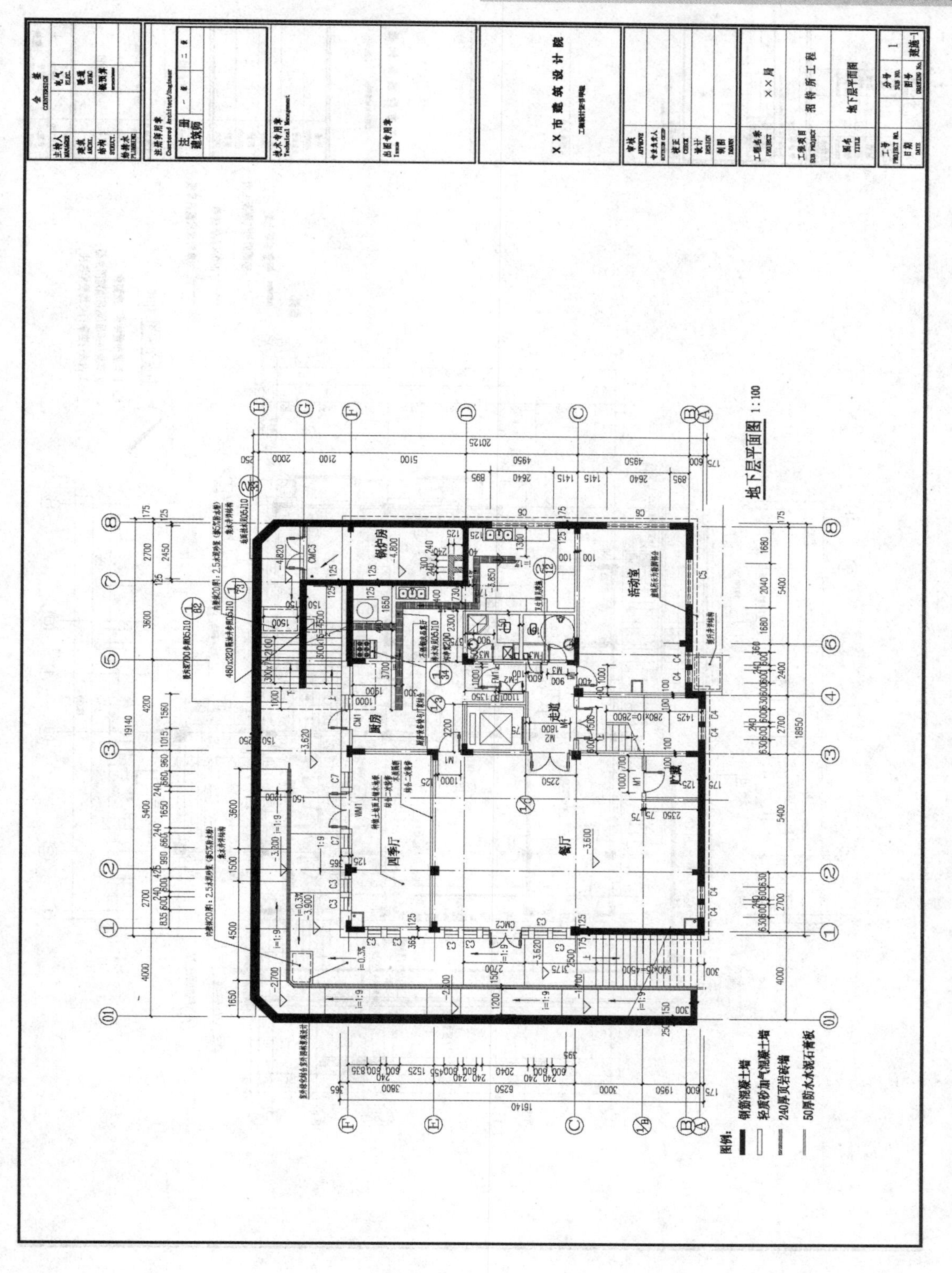

地下层平面图 1:100
锅炉房
活动室
厨房
走道
四季厅
餐厅
图例:
钢筋混凝土墙
轻质砂加气混凝土墙
240厚页岩砖墙
50厚防水水泥石膏板
XX市建筑设计院
招待所工程
地下层平面图
建施-1

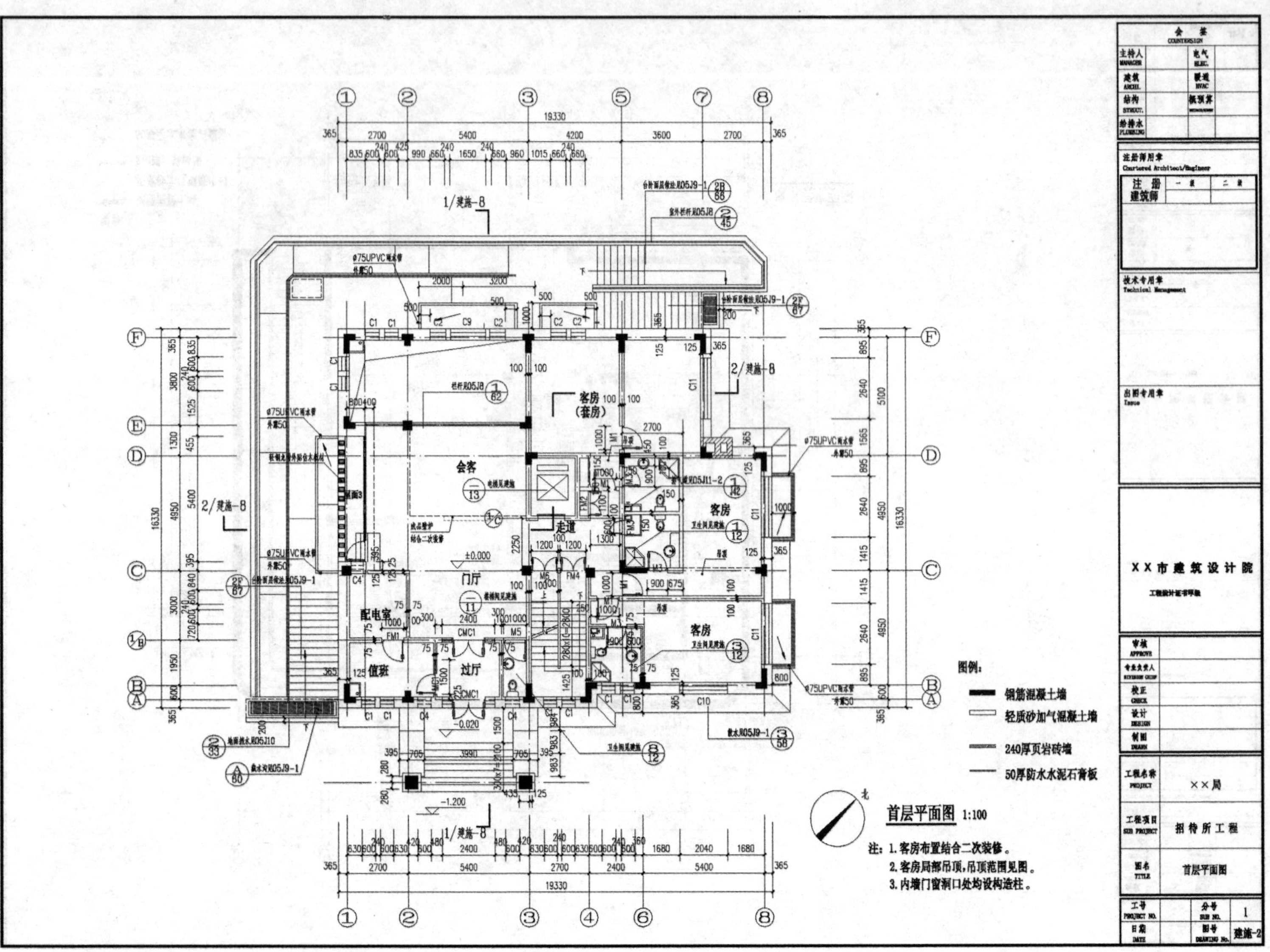

XX市建筑设计院
XX局
招待所工程
首层平面图
建施-2
客房
客房(套房)
会客
门厅
过厅
配电室
值班
走道
图例:
钢筋混凝土墙
轻质砂加气混凝土墙
240厚页岩砖墙
50厚防水水泥石膏板
首层平面图 1:100
注: 1. 客房布置结合二次装修。
2. 客房局部吊顶,吊顶范围见图。
3. 内墙门窗洞口处均设构造柱。

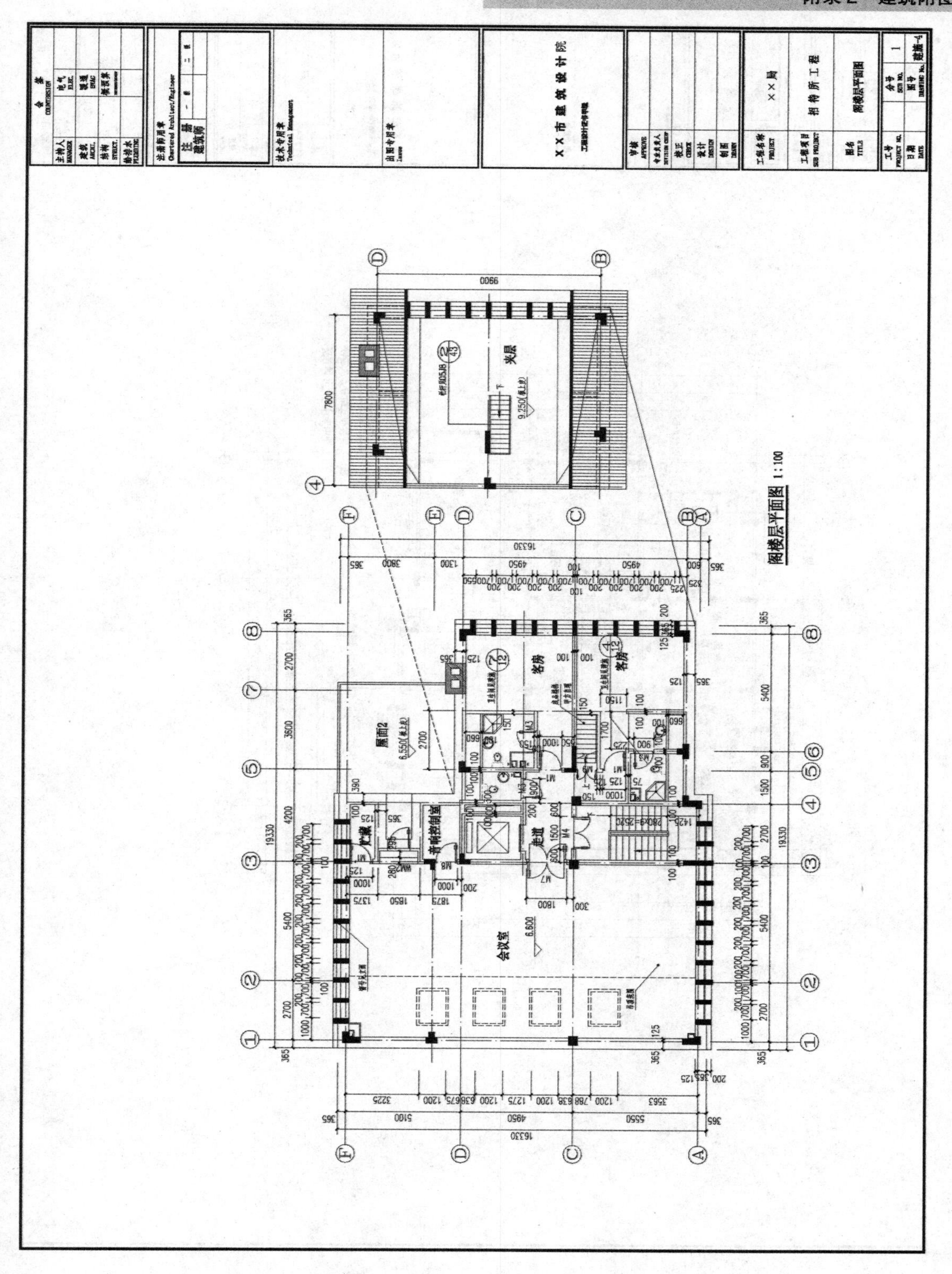
X X 市 建 筑 设 计 院
× × 局
招 待 所 工 程
阁楼层平面图
会议室
客房
夹层
屋面2
走道
阁楼层平面图 1:100

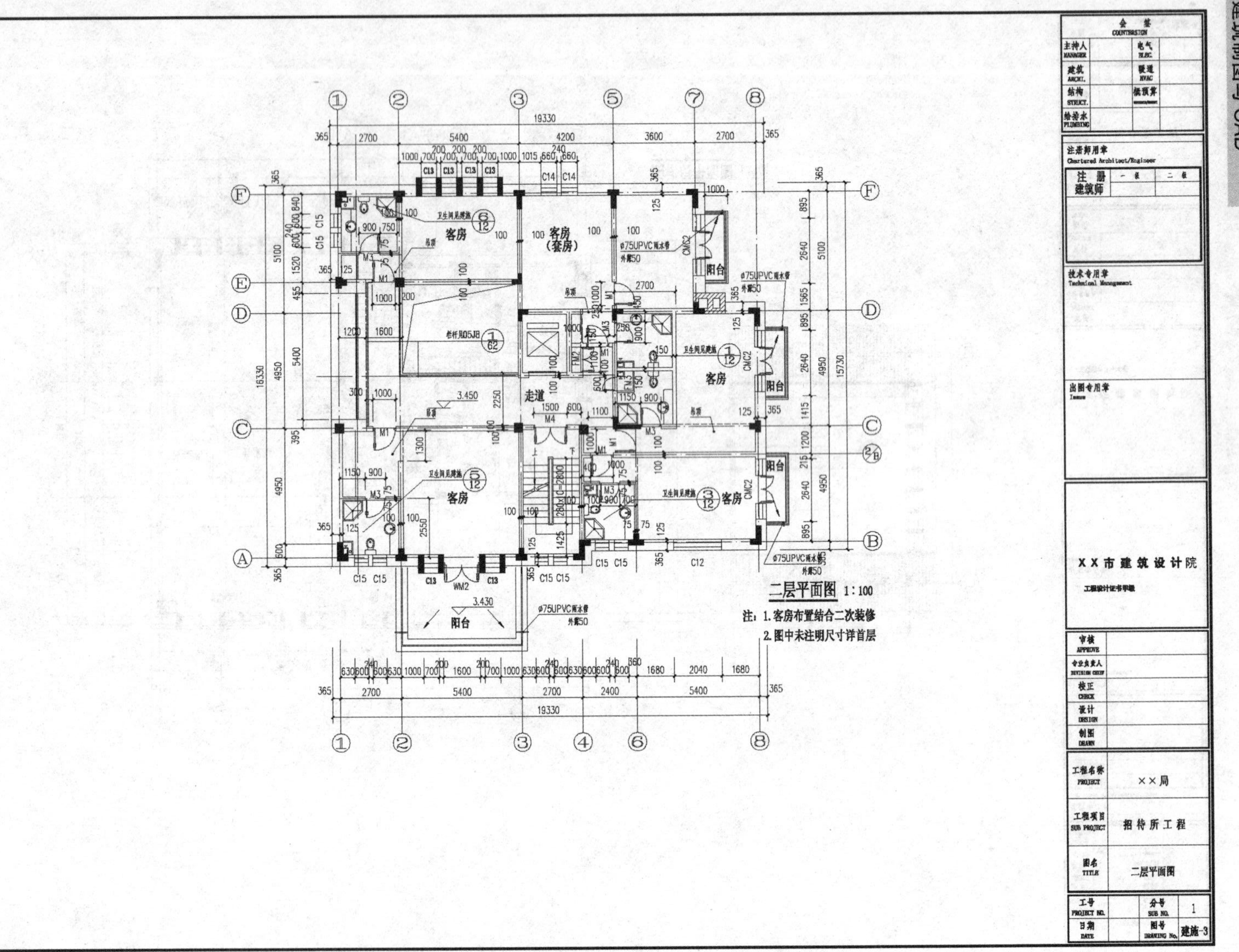

客房
客房（套房）
走道
阳台
二层平面图 1:100
注：1. 客房布置结合二次装修
2. 图中未注明尺寸详首层
会签 COUNTERSIGN
主持人 MANAGER
电气 ELEC.
建筑 ARCHI.
暖通 HVAC
结构 STRUCT.
概预算
给排水 PLUMBING
注册师用章 Chartered Architect/Engineer
注册建筑师
技术专用章 Technical Management
出图专用章 Issue
X X 市 建 筑 设 计 院
审核 APPROVE
专业负责人 DIVISION CHIEF
校正 CHECK
设计 DESIGN
制图 DRAWN
工程名称 PROJECT
××局
工程项目 SUB PROJECT
招 待 所 工 程
图名 TITLE
二层平面图
工号 PROJECT NO.
分号 SUB NO.
1
日期 DATE
图号 DRAWING No.
建施-3

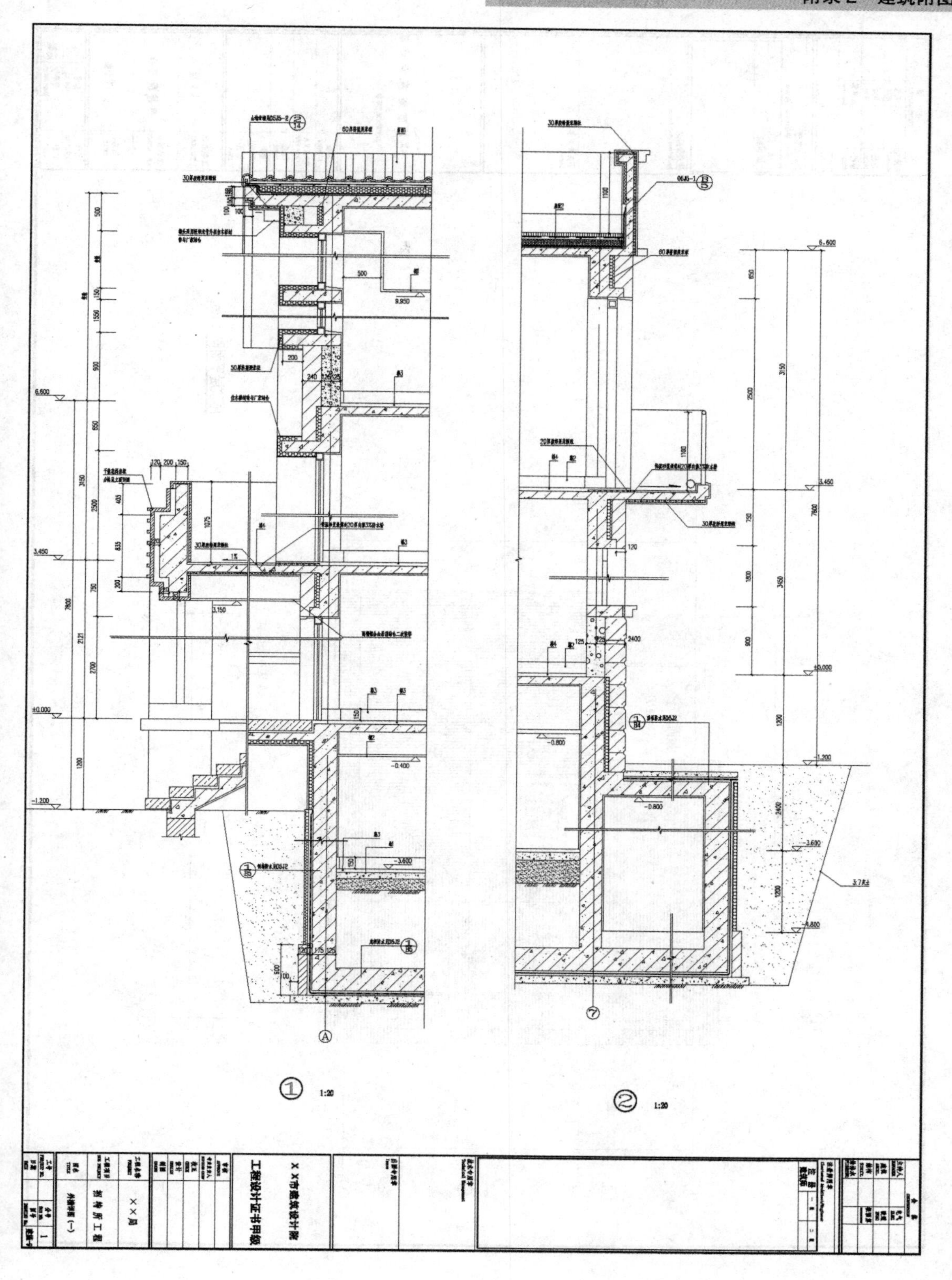

① 1:20
② 1:20
X X市建筑设计院
工程设计证书甲级

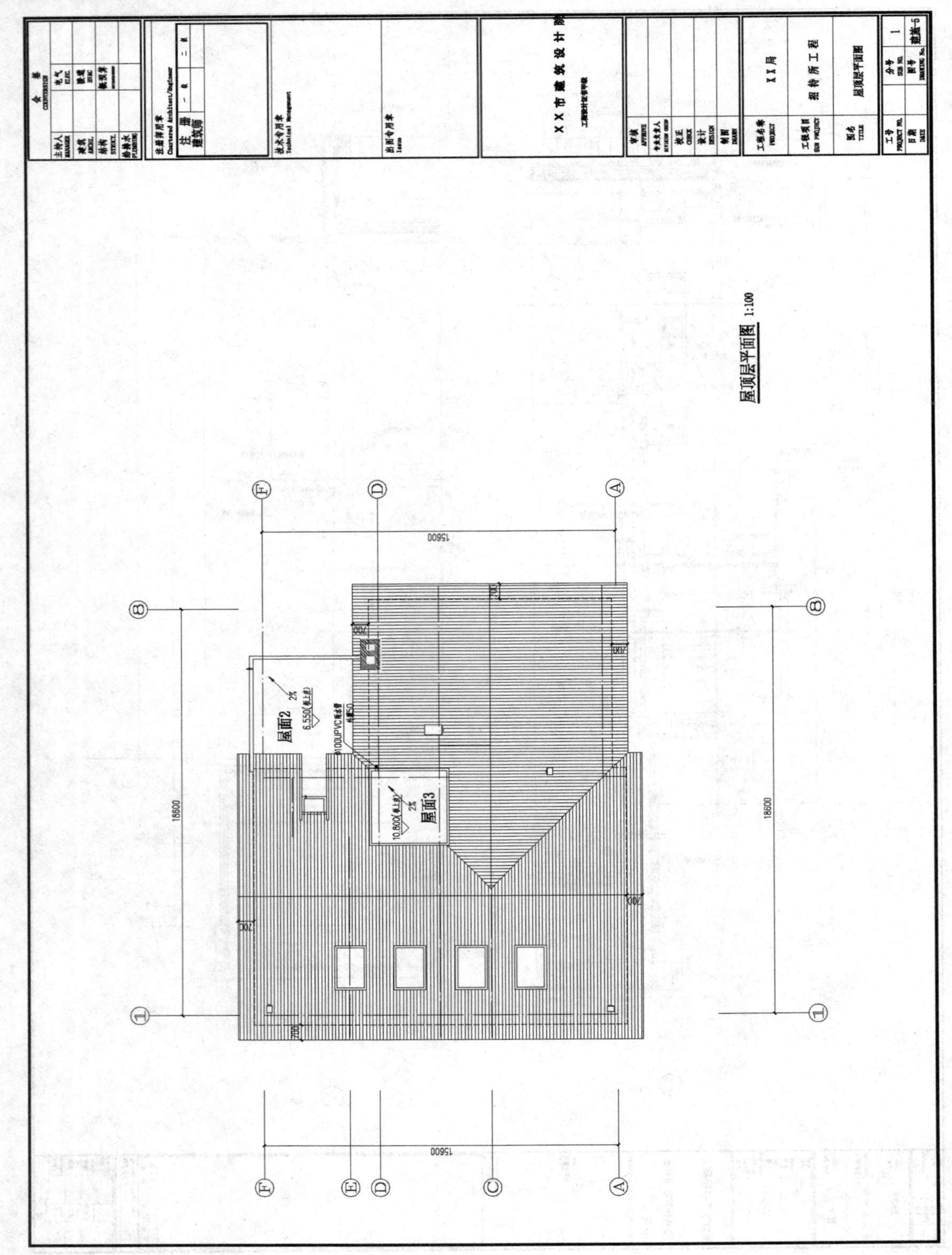
屋顶层平面图 1:100
屋面2
屋面3
15600
18600
XX市建筑设计院

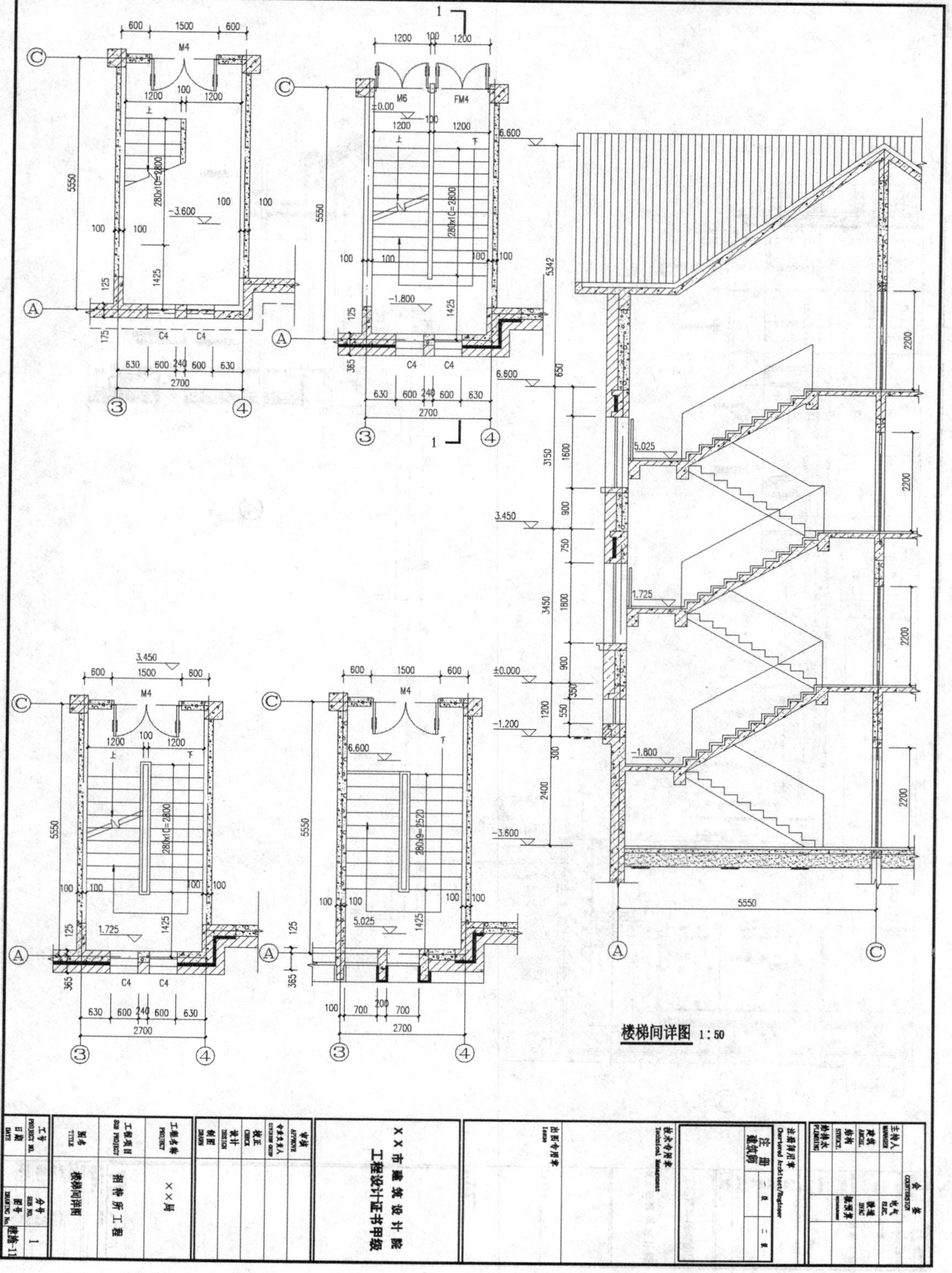

600
1500
M4
1200
100
5550
280x10=2800
−3.600
1425
125
175
C4
630
240
2700
M6
FM4
±0.00
−1.800
365
6.600
5342
650
3150
1600
900
750
3450
1800
550
300
2400
5.025
3.450
1.725
±0.000
−1.200
2200
280x9=2520
700
200
楼梯间详图 1:50
X X 市建筑设计院
工程设计证书甲级
××局
招待所工程
楼梯间详图
建施-11

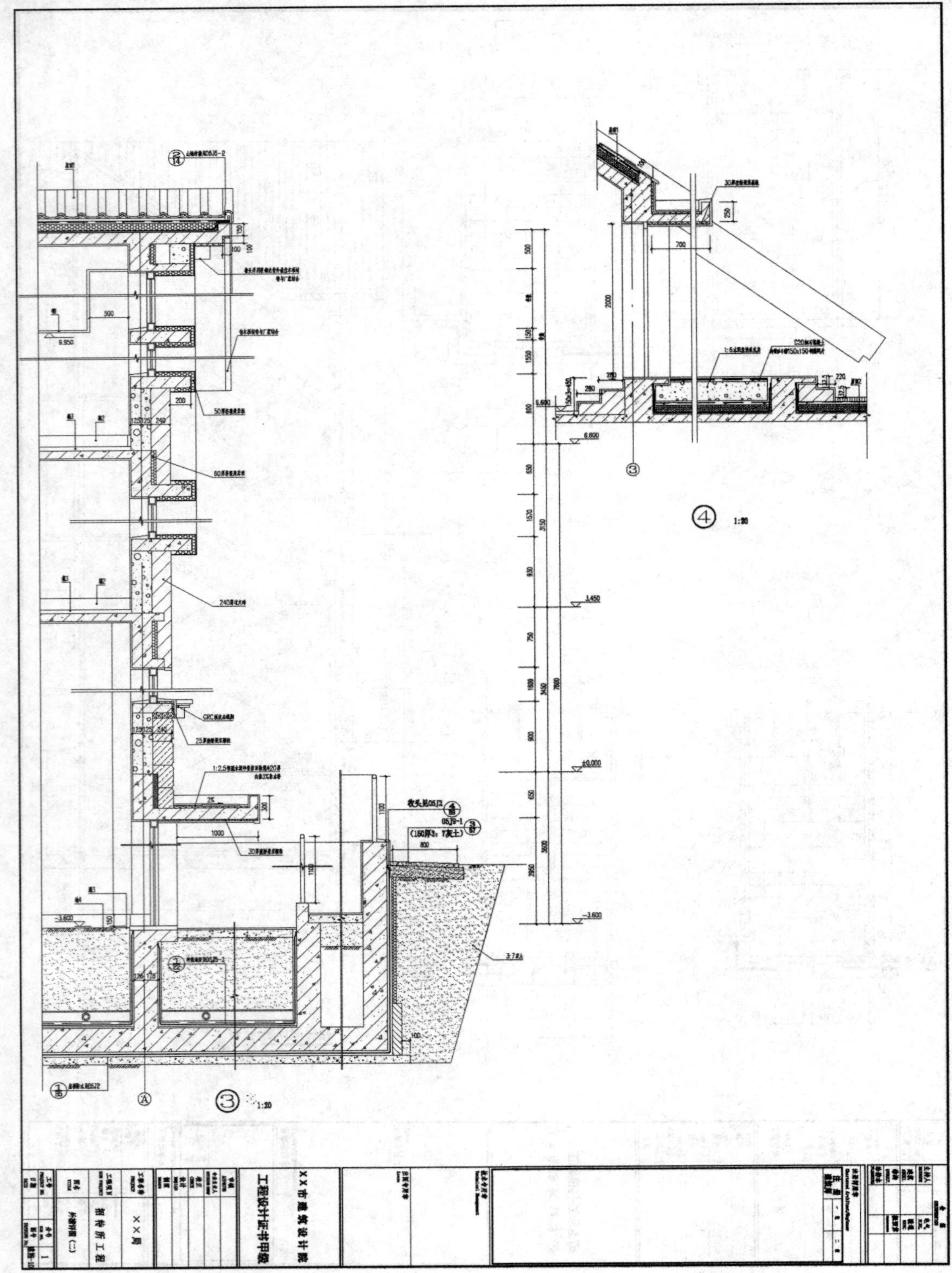

③ 1:20
④ 1:20
GRC
240厚砌块墙
30厚挤塑聚苯板
50厚挤塑聚苯板
80厚挤塑聚苯板
25厚挤塑聚苯板
3:7灰土
±0.000
3.450
6.600
9.950
-3.600
1000
800
700
2000
XX市建筑设计院
工程设计证书甲级
招待所工程
XX局

附录3　结构附图

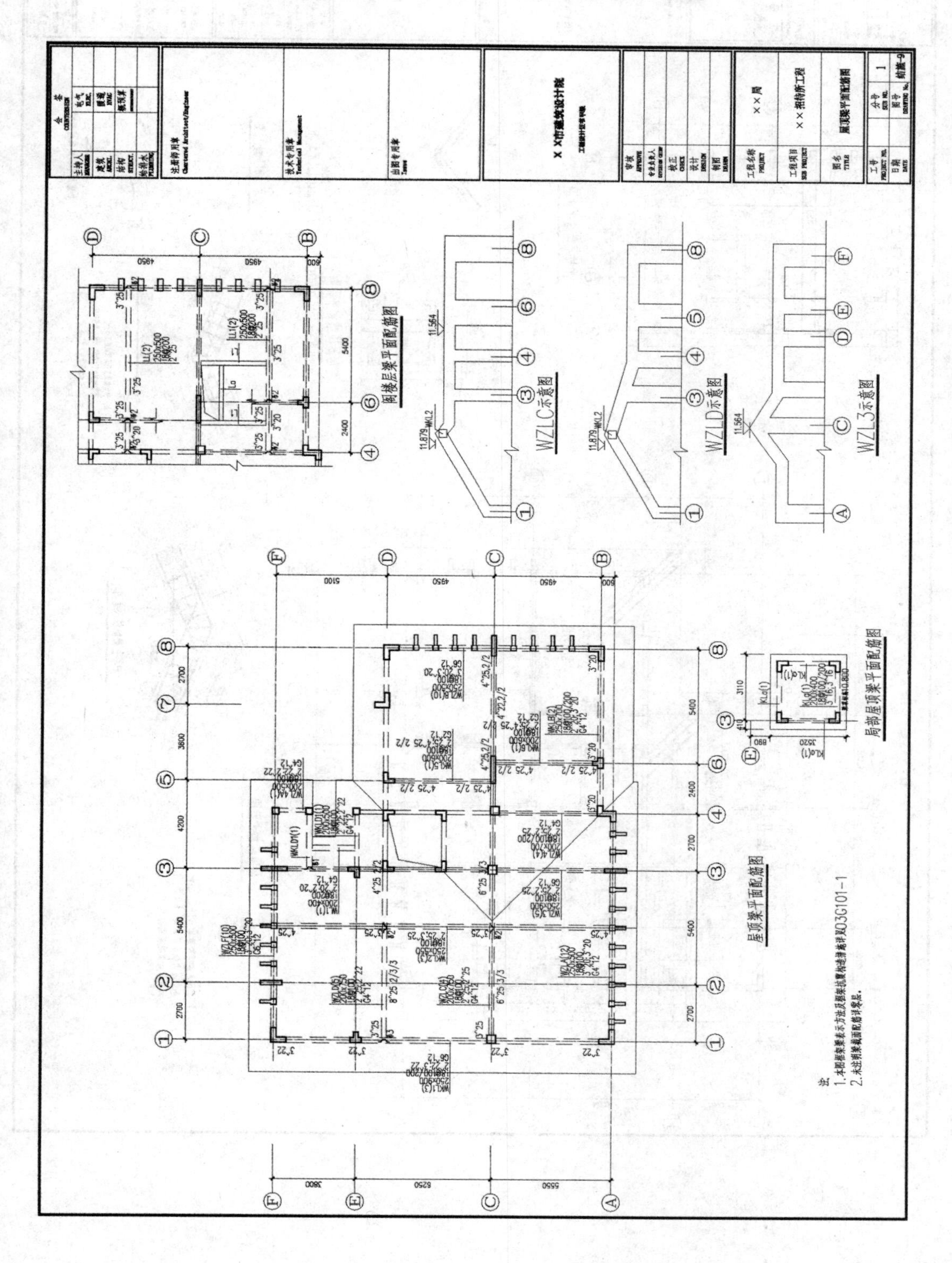

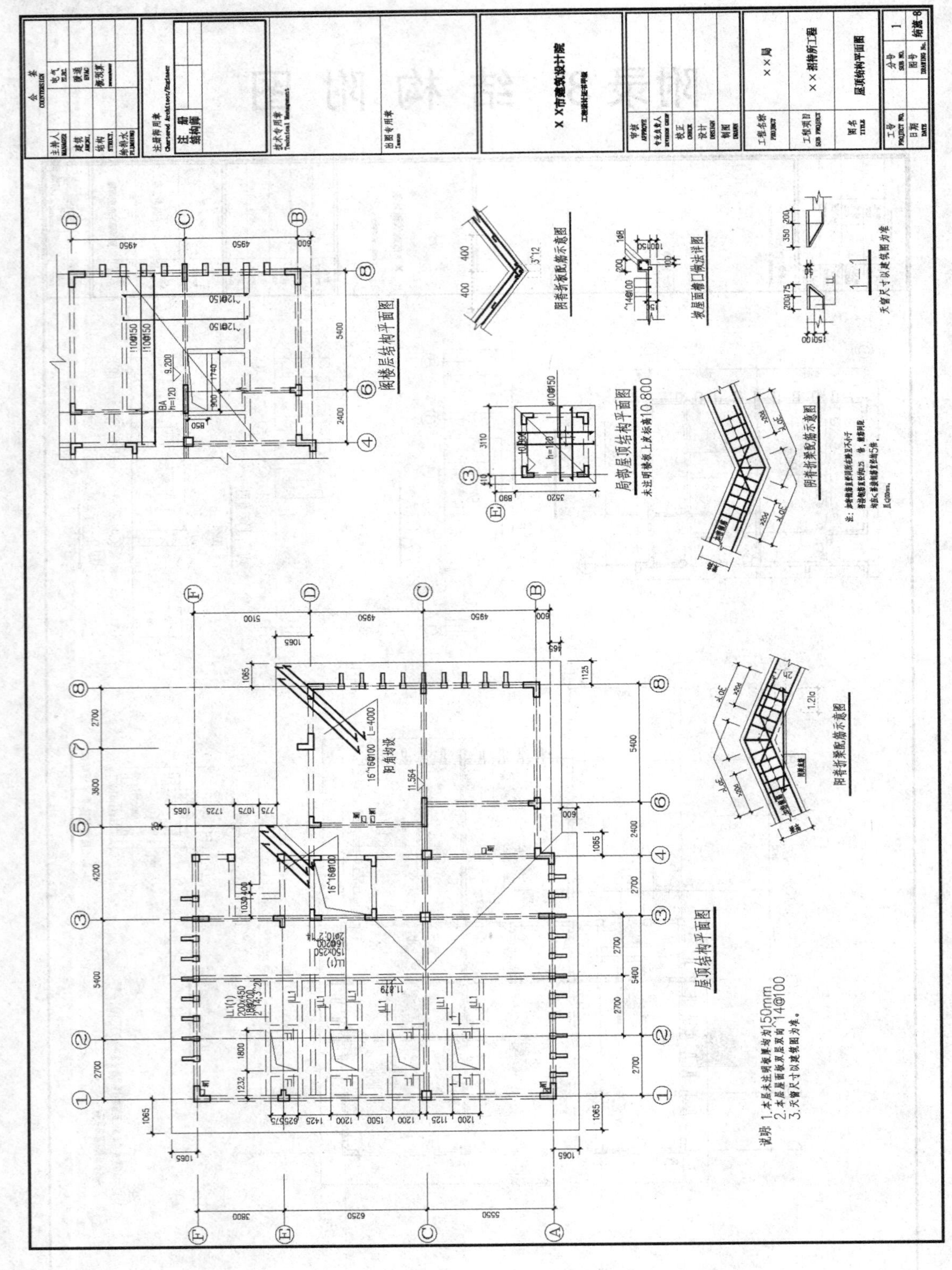

X X市建筑设计院
××局
××招待所工程
屋顶结构平面图
阁楼层结构平面图
局部屋顶结构平面图

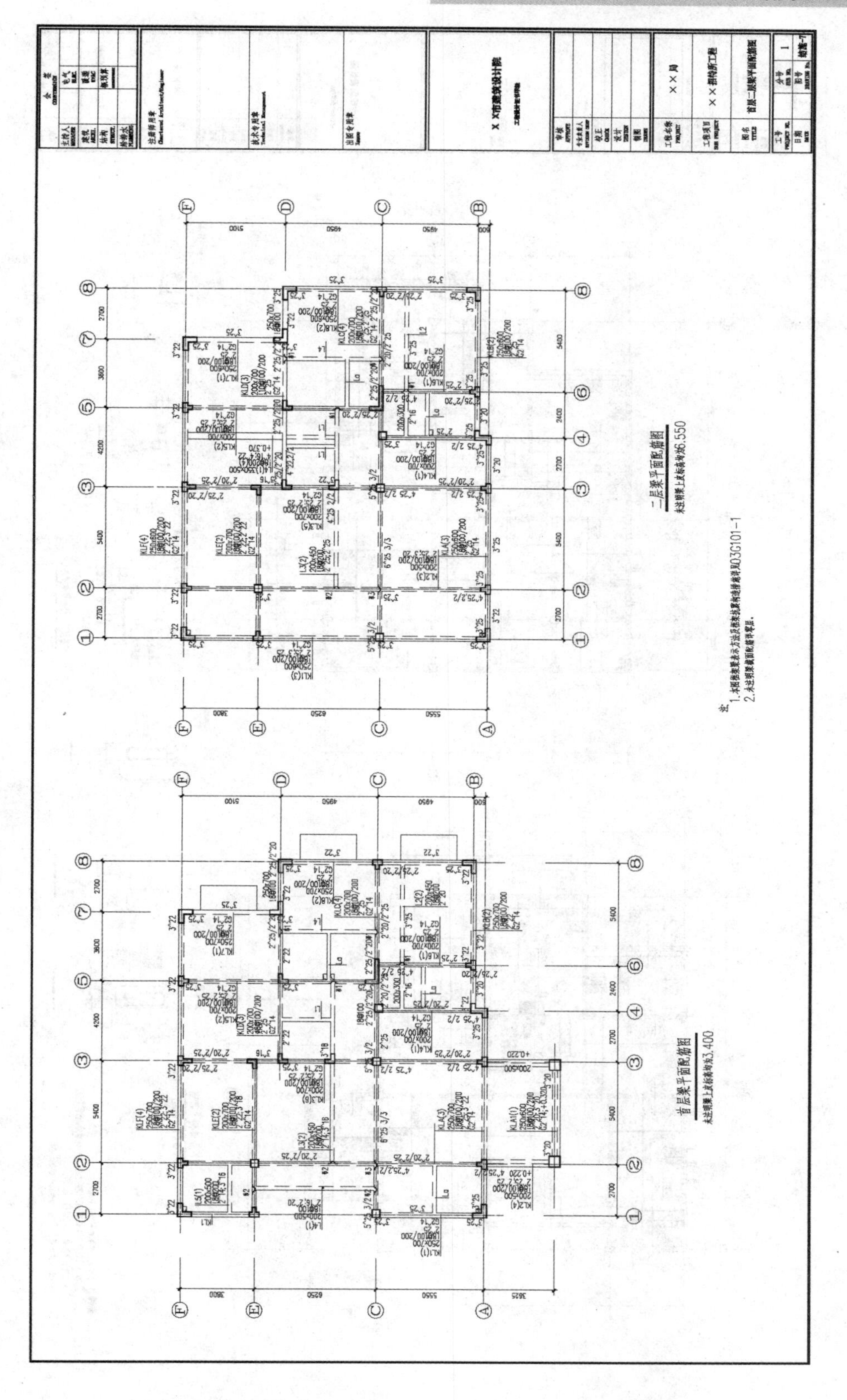

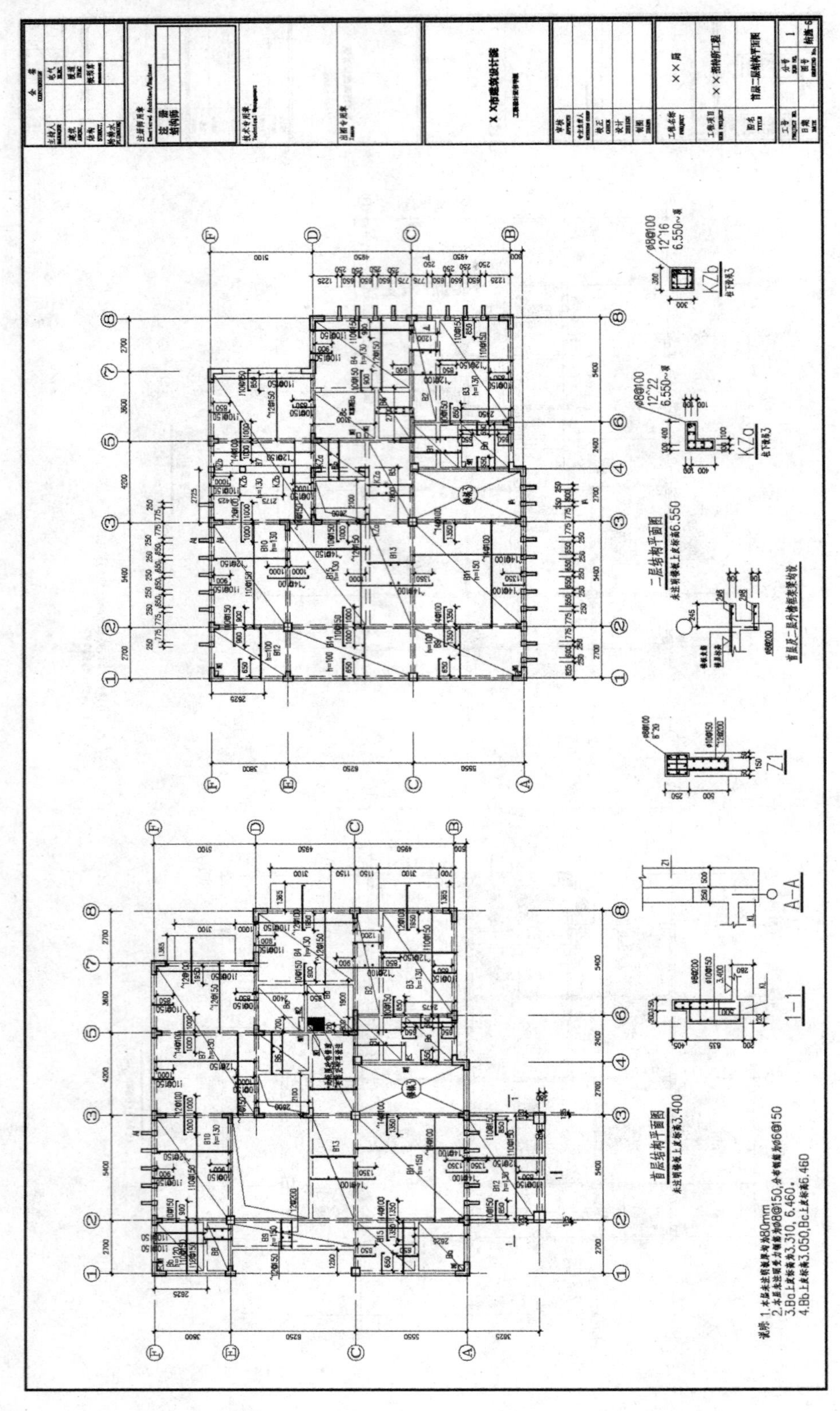
首层结构平面图
二层结构平面图
1-1
A-A
Z1
KZa
KZb

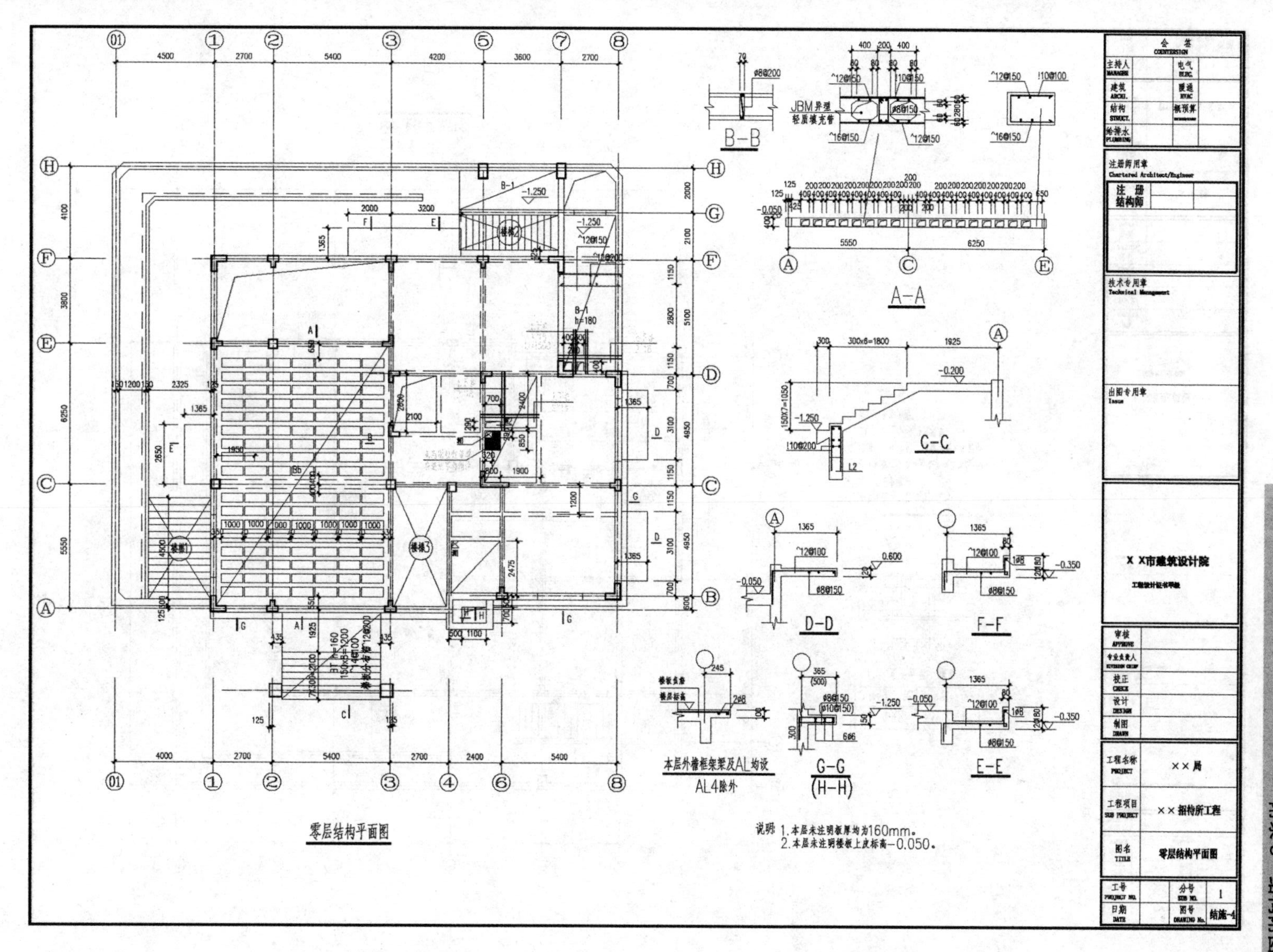
零层结构平面图
本层外檐框架梁及AL均设
AL4除外
说明 1.本层未注明板厚均为160mm。
2.本层未注明楼板上皮标高-0.050。
A-A
B-B
C-C
D-D
E-E
F-F
G-G
(H-H)
X X市建筑设计院
工程名称 ××局
工程项目 ××招待所工程
图名 零层结构平面图
结施-4

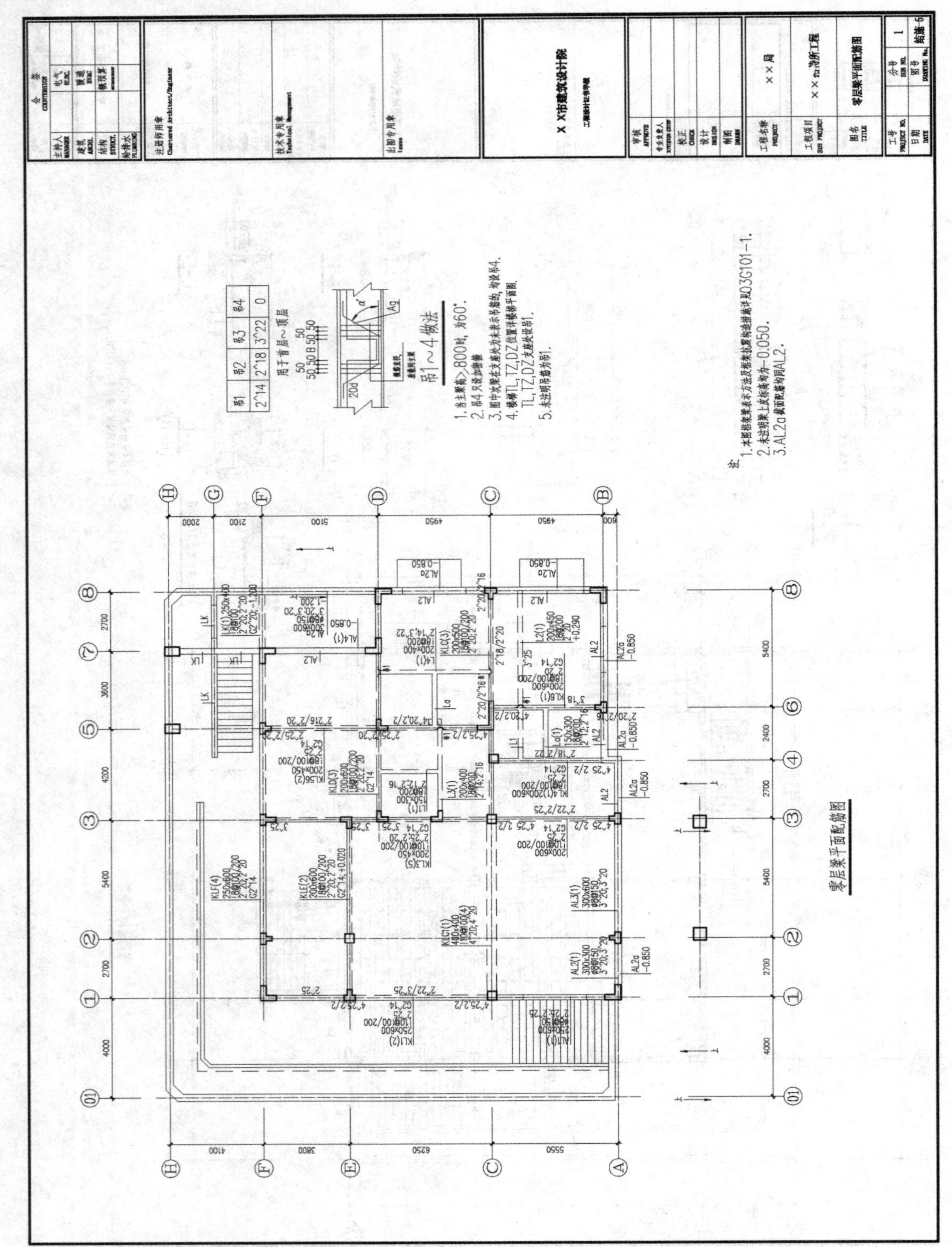
X X市建筑设计院
零层梁平面配筋图
××局

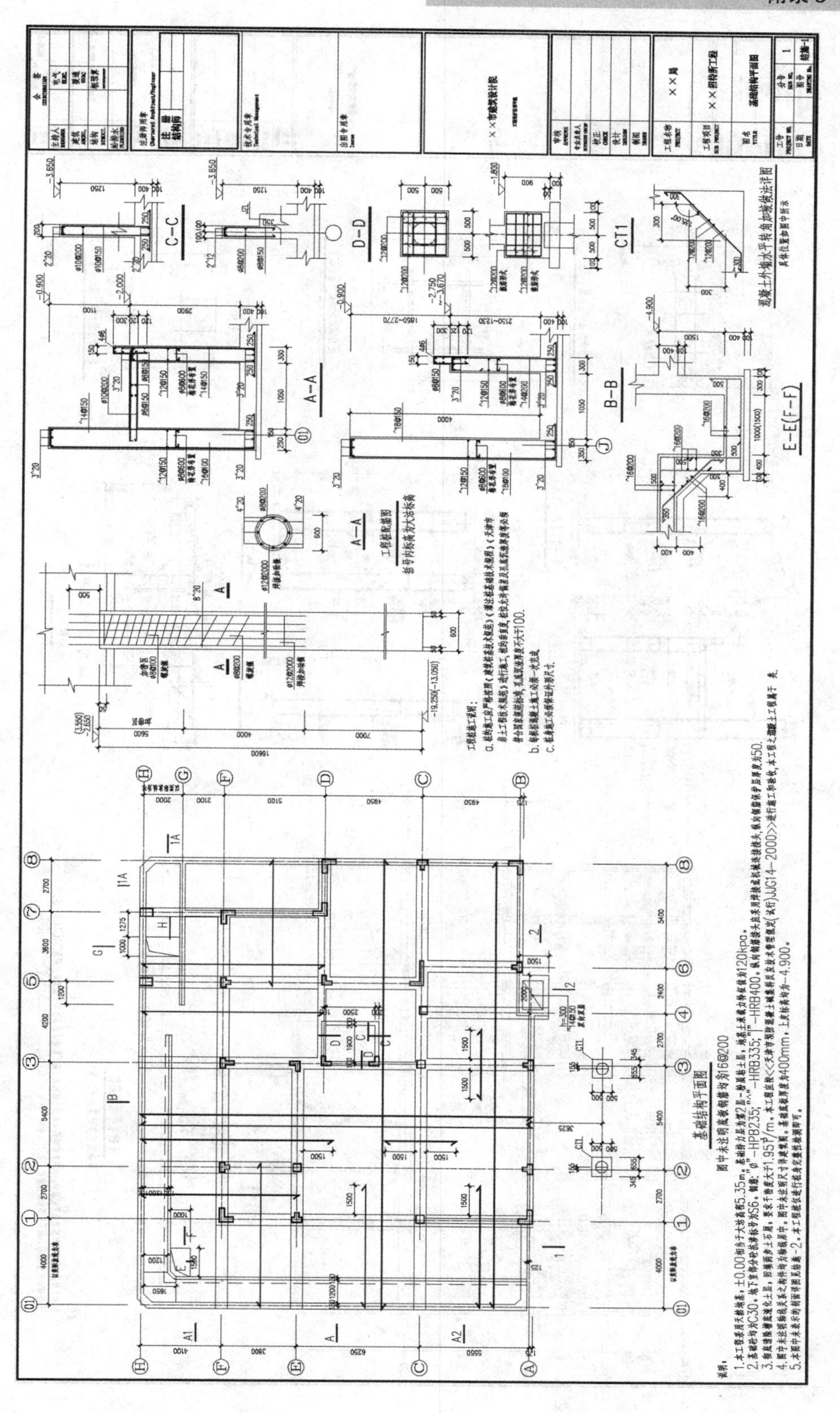
基础结构平面图
A—A
B—B
C—C
D—D
CT1
E-E(F-F)
××市建筑设计院

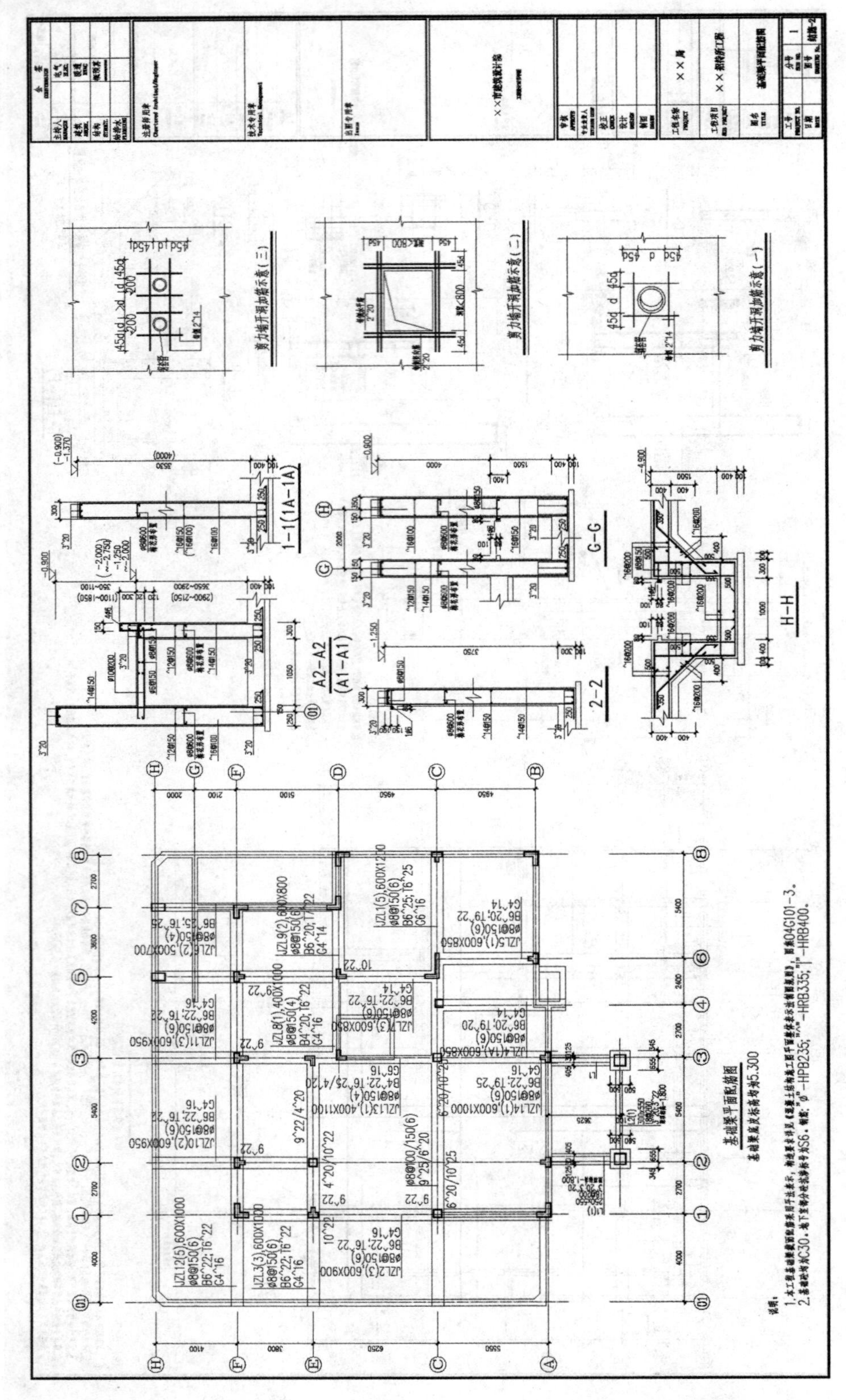

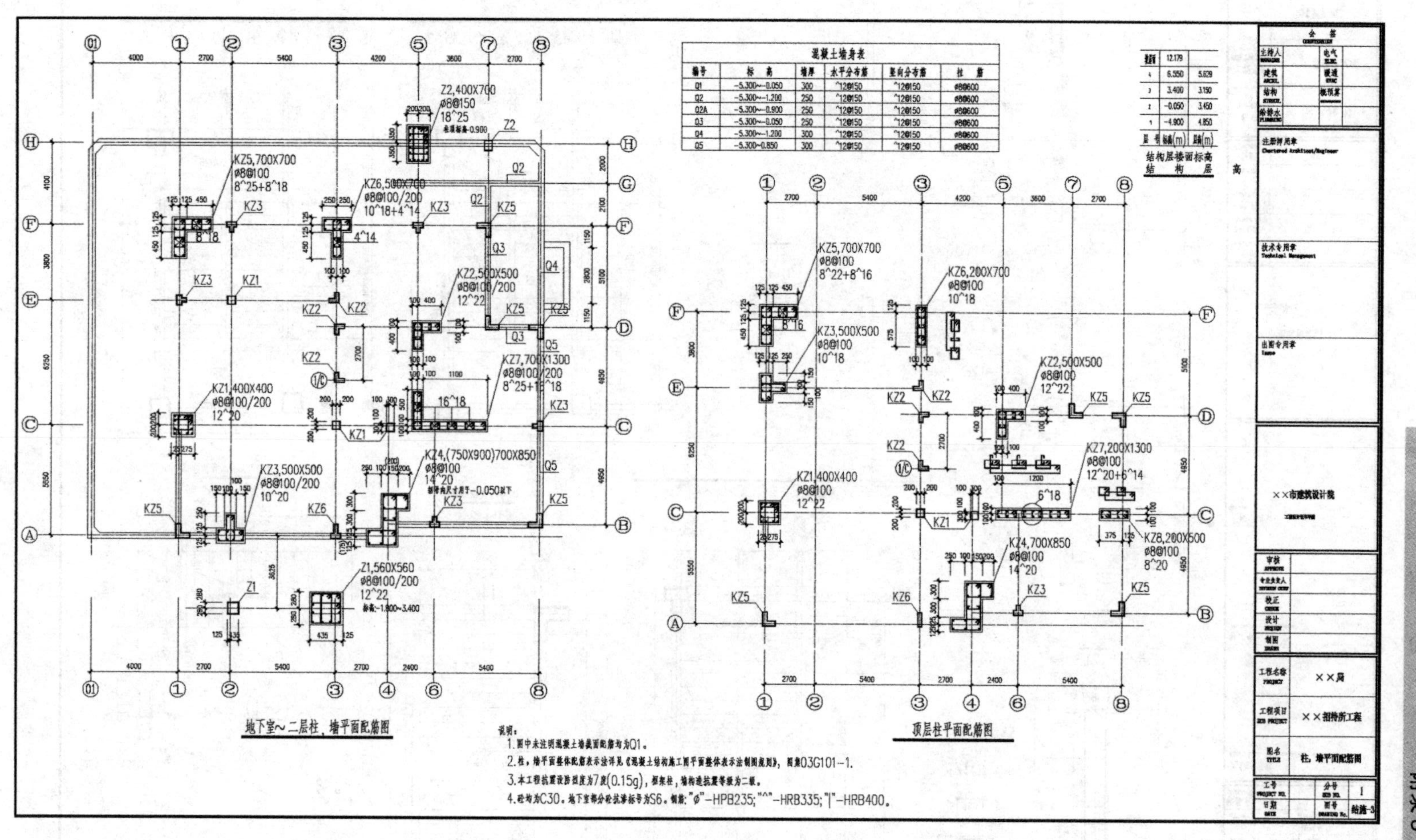

混凝土墙身表

编号	标高	墙厚	水平分布筋	竖向分布筋	拉筋
Q1	-5.300~-0.050	300	^12@150	^12@150	ø8@600
Q2	-5.300~-1.200	250	^12@150	^12@150	ø8@600
Q2A	-5.300~-0.900	250	^12@150	^12@150	ø8@600
Q3	-5.300~-0.050	250	^12@150	^12@150	ø8@600
Q4	-5.300~-1.200	300	^12@150	^12@150	ø8@600
Q5	-5.300~0.850	300	^12@150	^12@150	ø8@600

层号	标高(m)	层高(m)
屋面	12.179	
4	6.550	5.629
3	3.400	3.150
2	-0.050	3.450
1	-4.900	4.850

结构层楼面标高
结构层高

说明：

1. 图中未注明混凝土墙截面配筋均为Q1。
2. 柱，墙平面整体配筋表示法详见《混凝土结构施工图平面整体表示法制图规则》，图集03G101-1。
3. 本工程抗震设防烈度为7度(0.15g)，框架柱，墙构造抗震等级为二级。
4. 砼均为C30。地下室部分砼抗渗标号为S6。钢筋："ø"-HPB235；"^"-HRB335；"|"-HRB400。

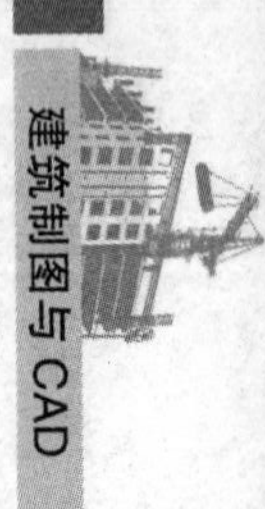

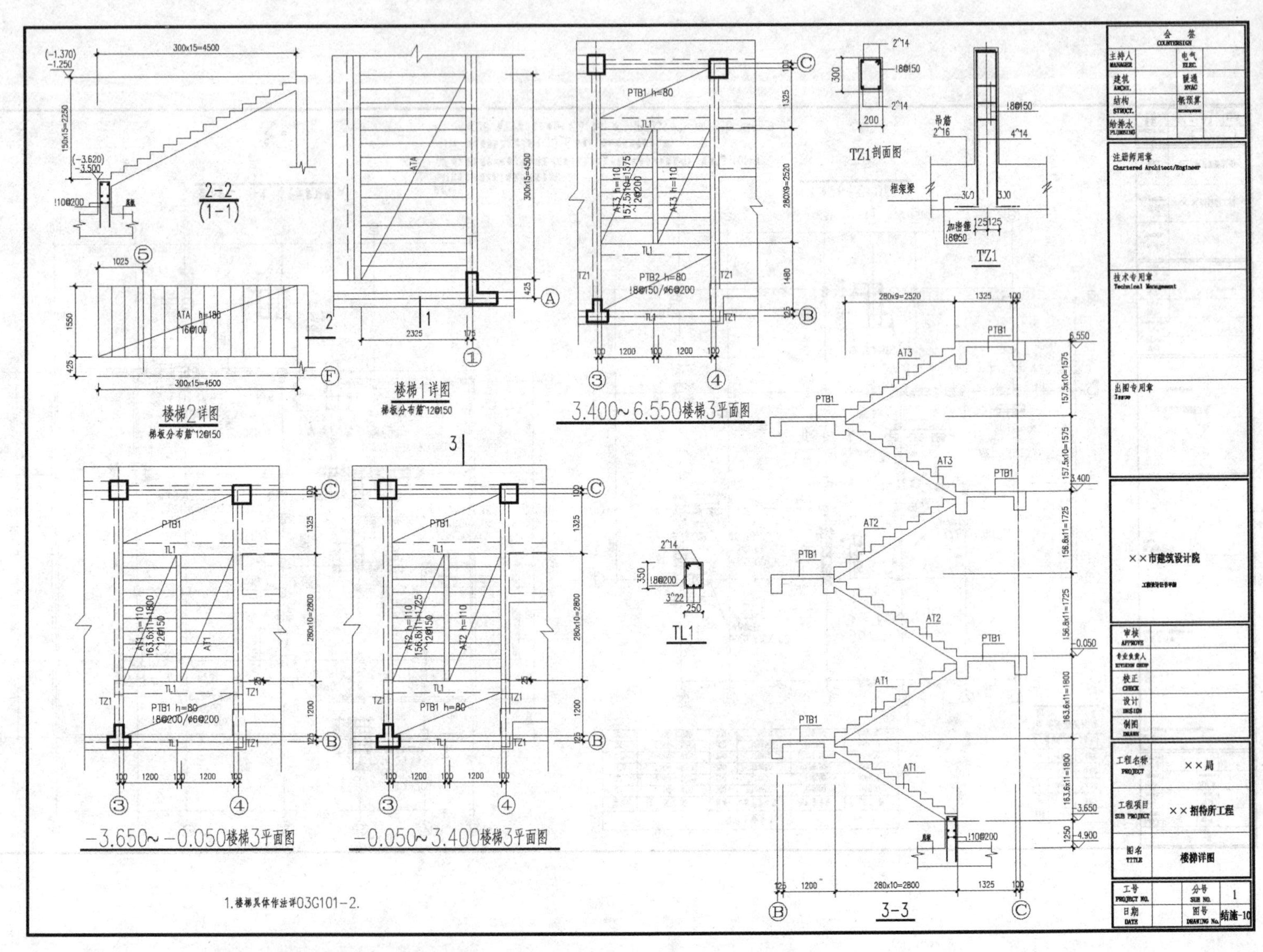

2-2
(1-1)
楼梯2详图
梯板分布筋12@150
楼梯1详图
梯板分布筋12@150
3.400~6.550楼梯3平面图
TZ1剖面图
TZ1
TL1
-3.650~-0.050楼梯3平面图
-0.050~3.400楼梯3平面图
3-3
1.楼梯具体作法详03G101-2.
注册师用章
技术专用章
出图专用章
××市建筑设计院
工程名称 ××局
工程项目 ××招待所工程
图名 楼梯详图
分号 1
图号 结施-10

参 考 文 献

[1] 李元玲. 建筑制图与识图[M]. 北京：北京大学出版社，2012.

[2] 郑贵超，赵庆双. 建筑构造与识图[M]. 北京：北京大学出版社，2009.

[3] 中华人民共和国住房与城乡建设部. GB/T 50103—2010 总图制图标准[S]. 北京：中国计划出版社，2010.

[4] 中华人民共和国住房与城乡建设部. GB/T 50001—2010 房屋建筑制图统一标准[S]. 北京：中国计划出版社，2010.

[5] 中华人民共和国住房与城乡建设部. GB/T 50104—2010 建筑制图标准[S]. 北京：中国计划出版社，2010.

[6] 王强. 建筑工程制图与识图 [M]. 北京：机械工业出版社，2004.

[7] 游普元. 建筑工程图识读与绘制 [M]. 天津：天津大学出版社，2010.

[8] 毛家华，莫章金. 建筑工程制图与识图[M]. 北京：高等教育出版社，2005.

[9] 陈华兵. 建筑主体工程施工——框架、框剪结构[M]. 北京：中国电力出版社，2013.

[10] 中国建筑标准设计研究院. 混凝土结构施工图平面整体表示方法制图规则和构造详图 11G101-1、2、3.北京：中国计划出版社，2011.

[11] 杨雨松，刘娜. AtuoCAD 2006 中文版实用教程[M]. 北京：化学工业出版社，2006.

[12] 周建国. AtuoCAD 2006 基础与典型应用一册通[M]. 北京：人民邮电出版社，2006.

[13] 全国计算机信息高新技术考试教材编写委员会. AtuoCAD 2002 职业培训教程[M]. 北京：北京希望电子出版社，2004.

[14] 李秀娟. AtuoCAD 绘图 2008 简明教程[M]. 北京：北京艺术与科学电子出版社，2009.

[15] 郝相林. TArch7. 0 天正建筑设计与工程应用案例教程[M]. 北京：清华大学出版社，2006.